普通高等教育"十二五"规划教材

大 学 物 理 实 验

第 2 版

主　编　陈子栋　潘伟珍

副主编　金国娟　何云尧　张荣波

主　审　楼智美

机 械 工 业 出 版 社

本书是为独立开设大学物理实验课程的普通高等院校理工类非物理专业学生编写的教材。全书共分四篇，第一篇为绪论、实验误差理论与数据处理；第二篇为基础性实验，包括 19 个实验；第三篇为综合性实验，包括 23 个实验；第四篇为设计与应用性实验，包括 12 个实验。每个实验包括实验目的、实验仪器、实验原理、实验内容、数据记录等内容，并附有思考题。本书可作为高等院校理工类各专业的大学物理实验课程的教材或参考书。

图书在版编目（CIP）数据

大学物理实验/陈子栋等主编. —2 版. —北京：机械
工业出版社，2013.1（2024.1 重印）
普通高等教育"十二五"规划教材
ISBN 978-7-111-40315-9

Ⅰ.①大… Ⅱ.①陈… Ⅲ.①物理学-实验-高等学
校-教材 Ⅳ.①04-33

中国版本图书馆 CIP 数据核字（2012）第 298284 号

机械工业出版社（北京市百万庄大街 22 号 邮政编码 100037）
策划编辑：张金奎 责任编辑：张金奎 任正一
版式设计：霍永明 责任校对：张莉娟
封面设计：张 静 责任印制：邓 博
北京盛通数码印刷有限公司印刷
2024 年 1 月第 2 版·第 11 次印刷
184mm×260mm·19.25 印张·490 千字
标准书号：ISBN 978-7-111-40315-9
定价：36.00 元

电话服务　　　　　　　网络服务
客服电话：010-88361066　机 工 官 网：www.cmpbook.com
　　　　　010-88379833　机 工 官 博：weibo.com/cmp1952
　　　　　010-68326294　金 书 网：www.golden-book.com
封底无防伪标均为盗版　机工教育服务网：www.cmpedu.com

第 2 版前言

近年来，随着科学技术和制造技术的发展，物理实验仪器的不断创新、升级和改造，很多进行物理实验的仪器设备发生了很大的变化，引入了许多新知识、新技术、新方法，与原有的物理实验仪器相比，有较大的区别。以我校为例，从 2009 年起到目前就已更新了近一半的物理实验仪器设备，因此原有的实验仪器配套的大学物理实验教材就必须进行修改，才能与新的物理实验仪器设备相适应，为学生在实验时提供必要的资料。

本教材是在由陈子栋与潘伟珍主编的《大学物理实验》基础上，结合新的物理实验仪器设备，删除已淘汰仪器的实验项目，重新改编、深化和更新。其中对部分特殊的物理实验仪器给出了仪器说明。全书共分为四篇内容，涉及的实验项目共 54 个。第一篇实验误差理论与数据处理，主要内容为绪论、误差理论与数据处理、物理实验中常用的基本方法等。第二篇为基础性实验，共 19 个实验，涉及力学、热学、电学与光学等知识。第三篇为综合性实验，共 23 个实验，内容涉及大学物理各方面知识及物理实验的技术。第四篇为设计与应用性实验，共 12 个实验，内容为应用物理学知识的比较简单的设计性实验，及包含物理新知识的一些应用性实验。本书可作为相关的普通高校理工类非物理专业的大学物理实验教材或参考书。

本书由陈子栋、潘伟珍主编，并由陈子栋负责进行全书的修订。

参加修订人员：陈子栋修订第一篇及实验三十二、三十三、三十六、四十三、四十四、四十八；潘伟珍修订实验十四～十八、三十八～四十二、五十、五十一、五十三；金国娟修订实验一～七、二十一～二十三；何云尧修订实验十～十三、实验二十九～三十一、实验三十四、三十五、三十七、四十七、四十九；张荣波修订实验八、九、二十四～二十八、四十五、四十六、五十二、五十四；陈厚田修订实验十九。

本书在编写过程中得到生产物理实验仪器厂家的大力支持，表示感谢。

由于物理实验方法和手段在不断发展和改进，实验仪器设备也在不断升级换代，书中难免存在不完善及不妥当之处，欢迎各位使用本教材的教师和学生提出建议，使本书得以进一步改进。

编　者
2012 年 12 月

第1版前言

大学物理实验是面向理工类专业学生开设的公共基础课，也是学生进入大学后学习的第一门实验课，是学生实验技能训练的开始。作为独立开设的大学物理实验课，其目的在于培养学生掌握正确的科学实验方法，提高学生的观察分析能力、应用创新能力和实际动手能力。物理实验的方法、思想及物理实验仪器和技术已广泛地应用在人类社会的各个领域。作为基本的实验课程，它能让学生学习到科学实验的基础知识，观察到各种实验现象，它能提高学生独立工作的能力，也能使学生在实验中对测量仪器的选择、测量条件的确定和实验方法的设计等方面受到训练。

本教材是在我校物理实验教学中心使用多年的《大学物理实验讲义》基础上经过改编、深化及更新而成。本书在实验项目编排上打破了传统的按实验内容编排实验项目的方法，而是采用从基础性、综合性、设计与应用性等层次化实验教学模式编排实验项目。全书分四篇内容，涉及实验项目共50个。第一篇是实验误差理论和数据处理，包括3章内容；第二篇是基础性实验，包括20个实验；第三篇是综合性实验，包括21个实验，第四篇是设计与应用性实验，包括9个实验。实验项目是根据我校物理实验课程教学改革和建设的需要，结合学生实际情况而设置的。本书可作为普通高等院校理工类非物理专业的大学物理实验课的教材或参考书。

本书由陈子栋、潘伟珍主编，并由陈子栋负责进行全书统稿。

编写分工：陈子栋编写第一篇及实验三十四、三十六、四十二；潘伟珍编写实验十五～十九、实验三十八～实验四十一、实验四十五～实验四十七；金国娟编写实验一～实验七、实验二十一～实验二十三；何云尧编写实验十～实验十四、实验二十九～实验三十三、三十五、三十七；张荣波编写实验八、实验九、实验二十四～实验二十八、实验四十三、实验四十四；李雪编写实验四十八～实验五十；陈厚田编写实验二十。

本书由楼智美主审，并为本书提出了很好的意见。

大学物理实验在本校独立设课已有十多年，随着实验教学改革的深入，新技术、新方法、新仪器不断引入物理实验教学，书中难免存在不完善和不妥当之处，欢迎各位同行和使用本教材的师生提出宝贵意见和建议。

编　者

2009 年 12 月

目　　录

第 2 版前言

第 1 版前言

第一篇　实验误差理论与数据处理

第一章　绪论 …………………………………………………………………… 1

　　第一节　如何做好大学物理实验 ……………………………………………… 1

　　第二节　物理实验课的内容 …………………………………………………… 1

　　第三节　怎样写好实验报告 …………………………………………………… 2

第二章　误差理论与数据处理 ………………………………………………… 3

　　第一节　测量与误差的基本概念 ……………………………………………… 3

　　第二节　测量值的有效数字 …………………………………………………… 6

　　第三节　测量结果的不确定度的评定 ………………………………………… 8

　　第四节　测量结果的处理 ……………………………………………………… 11

第三章　物理实验中常用的基本方法 ………………………………………… 15

　　第一节　物理实验数据处理的常用方法 ……………………………………… 15

　　第二节　物理实验中常用的基本方法 ………………………………………… 21

　　第三节　物理实验中的基本实验仪器调整技术 ……………………………… 24

第二篇　基础性实验

实验一　物体密度的测定 ……………………………………………………… 31

实验二　单摆法测定重力加速度 ……………………………………………… 35

实验三　牛顿第二定律的验证 ………………………………………………… 38

实验四　物体碰撞研究 ………………………………………………………… 43

实验五　复摆特性的研究 ……………………………………………………… 46

实验六　转动惯量的测定 ……………………………………………………… 49

实验七　气轨上简谐振动的研究 ……………………………………………… 54

实验八　空气比热容比的测定 ………………………………………………… 57

实验九　冷却法测量金属的比热容 …………………………………………… 61

实验十　示波器的原理和使用 ………………………………………………… 64

实验十一　电学元件的伏安特性测量 ………………………………………… 69

实验十二　惠斯顿电桥测电阻 ………………………………………………… 75

实验十三　用电流场模拟静电场 ……………………………………………… 79

实验十四　薄透镜焦距的测定 ………………………………………………… 83

实验十五　用牛顿环测定透镜的曲率半径 …………………………………… 86

实验十六　分光计的调节及棱镜玻璃折射率的测定 ……………………… 90
实验十七　测量透明固体和液体的折射率 ………………………………… 97
实验十八　用双棱镜干涉测钠光波长 ……………………………………… 102
实验十九　演示实验与仿真实验 …………………………………………… 105

第三篇　综合性实验

实验二十　金属丝弹性模量的测定（拉伸法）…………………………… 110
实验二十一　用霍尔位置传感器测定金属的弹性模量 …………………… 113
实验二十二　声速的测定 …………………………………………………… 120
实验二十三　弦振动研究 …………………………………………………… 125
实验二十四　液体黏滞系数的测定（落球法）…………………………… 129
实验二十五　用力敏传感器测液体表面张力系数 ………………………… 137
实验二十六　导热系数的测量 ……………………………………………… 142
实验二十七　固体线胀系数的测定 ………………………………………… 147
实验二十八　金属线膨胀系数的测量 ……………………………………… 150
实验二十九　铁磁材料磁化曲线和磁滞回线的研究 ……………………… 154
实验三十　用霍尔效应法测量螺线管线圈磁场 …………………………… 164
实验三十一　用电位差计测量电动势 ……………………………………… 172
实验三十二　交流电桥实验 ………………………………………………… 178
实验三十三　RLC 电路特性的研究 ………………………………………… 187
实验三十四　电子在电磁场中运动规律的研究 …………………………… 195
实验三十五　地磁场水平分量的测量 ……………………………………… 204
实验三十六　密立根油滴实验 ……………………………………………… 208
实验三十七　用比较法测量直流电阻 ……………………………………… 212
实验三十八　迈克耳孙干涉仪的调节和使用 ……………………………… 218
实验三十九　光栅特性研究并用光栅测定光波波长 ……………………… 224
实验四十　利用超声光栅测定液体中的声速 ……………………………… 227
实验四十一　偏振和旋光现象的观察和分析 ……………………………… 232
实验四十二　调节分光计并用掠入射法测定介质折射率 ………………… 239

第四篇　设计与应用性实验

实验四十三　双光栅振动实验 ……………………………………………… 243
实验四十四　静、动摩擦因数的研究 ……………………………………… 248
实验四十五　热敏电阻温度传感器特性研究 ……………………………… 249
实验四十六　集成温度传感器及测温电路的设计 ………………………… 261
实验四十七　指针式电表的设计与校准 …………………………………… 265
实验四十八　非平衡电桥的设计与应用 …………………………………… 270
实验四十九　非线性电阻伏安特性的研究 ………………………………… 280
实验五十　测定空气折射率 ………………………………………………… 282

实验五十一　激光全息照相…………………………………………… 285

实验五十二　液体变温黏滞系数的研究……………………………… 288

实验五十三　观察白光干涉并测量透明薄片的厚度………………… 293

实验五十四　光敏传感器特性的测量和应用………………………… 294

参考文献………………………………………………………………… 300

第一篇 实验误差理论与数据处理

第一章 绪 论

第一节 如何做好大学物理实验

物理学是一门以实验为基础的科学，物理学概念的形成、物理规律的发现以及理论的建立，都要以实验为基础并接受实验的检验。可以说，没有物理实验，就没有物理学；没有物理实验的重大突破，就没有物理学的发展。

《大学物理实验》是为理工类学生设置的一门必修基础课程，是同学们进入大学后接受系统实验方法和实验技能训练的开端。本课程的目的和任务是：

一、通过对实验现象的观察、分析和对物理量的测量，学习物理实验知识，加深对物理学原理的理解，提高对科学实验重要性的认识。

二、培养和提高学生的科学实验能力，其中包括：

1. 能够通过阅读实验教材或资料，作好实验前的准备。

2. 能够借助教材或仪器说明书，正确使用常用仪器。

3. 能够运用物理学理论，对实验现象进行初步的分析判断。

4. 能够正确记录和处理实验数据、绘制实验曲线、说明实验结果，撰写合格的实验报告。

5. 能够完成简单的、具有设计性内容的实验。

三、要正确认识《大学物理实验》课程的地位和作用，重视实验课；要求学生具有理论联系实际和实事求是的科学作风、严肃认真的工作态度、主动研究的探索精神，具有遵守纪律、团结协作和爱护公共财产的优良品德。

第二节 物理实验课的内容

《大学物理实验》课程的教学主要由三个环节构成：实验准备阶段——实验预习；实验进行阶段——实验的实际操作；完成实验报告阶段——实验的数据处理和简明的总结报告。

一、实验预习

实验前的预习是一次"思想实验"的练习，即在实验课前认真阅读实验教材和有关资料，弄清实验的目的、原理和方法，然后在头脑中"操作"这一实验，拟出实验步骤，思考可能出现的问题和得出预想的结论，写出预习报告。

二、实验的实际操作

1. 遵守实验室规则。为了保证实验正常进行，以及培养学生严肃认真的工作作风和良好的实验操作习惯，要求同学们遵守实验室规则。

2. 回答实验预习的检查问题。

3. 记录实验仪器设备型号、规格及编号，记录实验室环境数据（温度、气压、湿度等）。

4. 了解实验仪器的操作方法及注意事项。对于带电的实验，在接好实验线路后，需经教师或实验室工作人员检查，经许可后才能接通电源，以免发生意外。

5. 对有些实验，在正式测量之前可作试验性探索操作，以便更好地掌握仪器的操作方法。

6. 做实验时，要仔细观察和认真分析实验现象。

7. 在事先准备的原始数据记录纸上如实地记录实验数据和现象。

三、完成实验报告

实验报告是实验工作的总结，要求文字通顺、字迹端正、图表规范、数据完备、结论明确。一份好的实验报告应给同行以清晰的思路、见解和新的启迪。要养成在实验操作后在预习报告的基础上尽早写出实验报告的习惯，即对原始数据尽快进行处理和分析，得出实验结果并进行不确定度的评估和讨论。

第三节　怎样写好实验报告

实验报告通常分三部分。第一部分：预习实验报告；第二部分：实验数据记录；第三部分：数据处理与计算。

一、预习实验报告

预习实验报告是正式报告的前面部分，要求在实验前写好。内容包括：

1. 实验名称

2. 实验目的

3. 实验原理摘要

用较简短的文字扼要阐述实验原理，切忌照抄。力求图文并茂。图是指原理图、电路图或光路图等。写出实验所用的主要公式，说明各物理量的意义和单位，以及公式的适用条件等。

4. 主要仪器设备（型号、规格等可在实验时补写）

5. 准备好记录实验原始数据的表格

注意：未完成预习和预习报告者，教师有权停止其实验或将其成绩降档！

二、实验数据记录

此部分在进行实验时完成，内容包括：

1. 实验仪器

记录实验所用主要仪器的型号、规格和编号。记录仪器编号是一个良好的工作习惯，便于以后必要时对实验数据进行复查。实验室环境数据记录（温度、气压、湿度等）。

2. 实验内容

重点写出"做什么，怎么做"，哪些是直接测量量，哪些是间接测量，各用什么仪器及方法进行测量，结果的不确定度的估算方法等。

3. 实验步骤

主要记录实验仪器调节和测量的步骤、方法。

4. 实验数据和现象记录

数据记录应做到整洁、清晰、有条理，尽量采用列表法。要根据数据特点设计表格，力求简单明了，达到省工省时的目的。在表格栏内要注明单位。要实事求是地记录客观现象和实验数据，切勿将数据记录在草稿纸上，而应记录在已准备的实验记录本上，不能只记结果而略去原始数据，更不能为拼凑数据而将实验记录做随心所欲的修改。实验数据记录是进行实验的一项基本功，要养成良好的记录习惯。在实验操作中要逐步学会分析实验，排除实验中出现的各种故障，而不能过分地依赖教师。对实验所得结果要作出粗略的判断，与理论预期相一致后，再交教师签字认可。

注意：离开实验室前，要整理好所用的仪器，做好清洁工作，数据记录须经教师审阅签名。

三、实验数据处理与计算

此部分在实验后进行，内容包括：

1. 对实验内容和实验步骤进行归纳总结。

2. 用本实验规定的方法计算测量结果、作图，并对测量值的不确定度进行估算。

3. 结果表示：按标准形式写出实验结果（测量值、不确定度和单位），在必要时注明实验条件。

4. 完成作业题：完成教师指定的作业题。

5. 对实验中出现的问题进行说明和讨论，归纳出实验心得或提出建议等。

上交的实验报告必须附有经实验教师签字的原始数据记录纸。

注意：预习报告、原始数据记录和实验报告均采用实验室统一的实验报告册！

第二章　误差理论与数据处理

第一节　测量与误差的基本概念

物理实验的任务不仅在于观察各种自然现象，更重要的是要测量有关的物理量。在物理实验中可以得到大量的测量数据，而这些数据必须经过仔细的、正确的、有效的处理，才能得出合理的结论，从而把感性的认识上升为理性的认识，形成物理规律。因此，误差分析和数据处理是物理实验课的基础。

一、测量

1. 测量的定义

测量就是把待测的物理量与一个被选作标准的同类物理量进行比较，确定待测量与标准量的倍数关系，这个倍数称为待测量的数值，而这个标准量则称为该物理量的单位。可见，一个物理量必须由数值和单位组成，两者缺一不可。

选作比较用的标准量必须是国际公认的、唯一的和稳定不变的。各种测量仪器，如米尺、秒表、天平等，都有合乎一定标准的单位和与单位成倍数的标度。

2. 测量值的单位

按照中华人民共和国法定计量单位的规定，物理量的单位均以国际单位制（SI）表示，其中 m 米（长度）、kg 千克（质量）、s 秒（时间）、A 安培（电流强度）、K 开尔文（热力学温标）、mol 摩尔（物质的量）和 cd 坎德拉（发光强度）是基本单位，其他物理量的单位可由这些基本单位导出，称为国际单位制的导出单位。

3. 测量的分类

根据获得测量结果方法的不同，测量可以分为直接测量和间接测量。

（1）直接测量

由仪器或量具直接与待测量进行比较读数，称为直接测量。如用米尺测量物体的长度，用安培表测量电流等。所得到的相应物理量称为直接测量量。

（2）间接测量

需要借助一些函数关系由直接测量量计算出所要求的物理量，这样的测量称为间接测量，所得到的相应物理量称为间接测量量。如钢球的体积 V 可由直接测得的直径 D，由公式 $V = \pi D^3/6$ 计算得到。这里 D 为直接测量量，V 为间接测量量。在误差分析和估算中，要特别注意直接测量量与间接测量量的区别。

二、误差

每个待测的物理量都存在一个确定的客观实际数值，称为真值。然而，在实际测量时，由于实验条件、实验方法和仪器精度等的限制或不完善，以及实验人员技术水平的限制，使得测量值与真值之间有一定的差异。这个差异就是测量误差。

1. 误差的定义

误差就是实际测量值 x 与客观真值 A 之差。误差可以用绝对误差 Δ 表示，也可以用相对误差表示，即：

绝对误差 = 测量值 − 真值，$\Delta = x - A$

相对误差 = 测量的绝对误差/真值（%），$E = \dfrac{|\Delta|}{A} \times 100\% \approx \dfrac{|\Delta|}{x} \times 100\%$

被测量的真值是一个理想概念，即被测量的真值是不知道的。但为了对测量结果的误差进行估算，我们用"约定真值"来代替真值求误差。所谓"约定真值"就是我们自认为是非常接近被测量的真值的值，而它们之间的差别可以忽略不计。一般情况下，常把多次测量结果的算术平均值、标称值、校准值、理论值、公认值、相对真值等作为"约定真值"来使用。

2. 误差的分类

任何测量都不可避免地存在误差，所以，一个完整的测量结果应该包括测量值和误差两个部分。测量误差按其产生的原因与性质可分为系统误差、随机误差和粗大误差三大类。

（1）系统误差

在多次测量同一物理量时，误差值的数值和符号保持不变，或按某一确定的规律变化，或是有规律地重复。如仪器的缺陷，或测量理论不完善，或环境变化等对测量结果造成的误差，都可以认为是系统误差。

系统误差有多种来源，从物理实验教学角度分析，主要有：

1）仪器的零值误差

例如，电表的指针不指在零位，即产生零值误差。所以在使用电表前，应先检查指针是否指零，否则须旋动零位调节器使指针指零。又如，在使用千分尺测长度之前，也要先检查零位，并记下零位读数（即零值误差或修正值），以便对测量值进行修正。

例：用千分尺测长度，零位读数为 $C_x = 0.003$ mm，测量示值为 $L_A = 10.247$ mm，则实际测量值为 $L_x = L_A - C_x = 10.244$ mm。所以

$$实际测量值 = 测量示值 - 零值误差$$

2）仪器结构误差和测量附件误差

仪器结构误差：如由于等臂天平的两个臂实际上不相等，或者惠斯顿电桥两个比例臂示值相等但实际上不相同等各种原因，这类误差可用诸如交换测量法来消除。测量附件误差：如电学实验线路中开关、导线等剩余电阻所引入的误差，有时可用替代法来巧妙地避免这些误差的影响。

3）实验理论和方法误差

由于实验理论和方法不完善，所引用的理论与实验条件不符等情况产生的误差。如在空气中称重而没有考虑空气浮力的影响；测量长度时没有考虑热胀冷缩使尺子长度的改变；用伏安法测未知电阻，由于电表内阻的影响，使测量值比实际值总是偏大或总是偏小等。

4）环境误差

由于外部环境如温度、湿度、光照等与仪器要求的环境条件不一致而引起的误差。

5）其他按一定规律（指非统计规律）变化的误差

例如，在一直流电路中，可分别精确地测出两串联电阻电压 U_1、U_2，并由 U_1/U_2 求得此两电阻之比。但由于干电池在工作时，其电动势随时间均匀地略有下降，依次测定 U_1、U_2 时的电路电流就有所不同，因此 U_1/U_2 就具有与时间有关的误差。

从上述对系统误差的介绍可知，我们不能依靠在相同条件下多次重复测量来发现和消除系统误差，但是系统误差可以进行修正。在实验中发现系统误差是个实验技能问题，通常取决于实验者的经验和判断能力。在物理实验教学中，处理系统误差的通常做法是，首先，对实验依据的原理、方法、测量方法和所用仪器等可能引起误差的因素进行分析，查出系统误差源；其次，通过改进实验方法和实验装置、校准仪器等方法对系统误差加以补偿和抵消；最后，在实验数据处理中对测量结果进行理论修正，尽可能减小系统误差对实验结果的影响。

在本书中，我们把处理系统误差的思想和方法放到每个实验中进行讨论。比如在长度测量实验中对零值误差进行修正，牛顿环实验中，用逐差法消除中心难以确定而引起的系统误差等。

（2）随机误差（偶然误差）

随机误差（常称偶然误差）是指在相同的条件下，多次测量同一个量值时，误差的数值和符号均以不可预知的方式变化的误差。

随机误差是实验中各种因素的微小变动引起的。例如测量对象的自身微小变化，测量仪器指示数值的微小变动，以及观测者本人在判断和估计读数时的变动等。这些因素的共同影响就使测量值围绕着测量的平均值发生有涨落的变化，这种变化量就是各次测量的随机误差。在测量过程中，即使系统误差已经消除，在相同的条件下重复测量同一物理量，仍然会得到不同的结果。可见，随机误差的来源是非常复杂且难以确定的。因此，我们不能像处理系统误差那样去查出产生随机误差的原因，然后通过一定的方法予以修正或消除。

（3）粗大误差

粗大误差是由于观察者不正确地使用仪器，观察错误、数据记录错误等不正常情况引起的误差。它会明显地歪曲客观现象，在实验数据处理中，应按一定的规则来剔除粗大误差。

在作误差分析时，要估计的误差通常只有系统误差和随机误差。

总之，由于误差的性质不同，来源不同，处理方法不同，对测量结果的影响也不同。实验者要根据误差的来源和性质的不同，采取不同的方法加以解决。尽管我们采取各种办法来减少测量误差，但实验结果总是会存在误差的。因此，要对实验结果的质量进行评价，以反映测量结果的优劣程度。

三、测量结果的评定

对于测量结果做总体评定时，一般是把系统误差和随机误差联系起来看。通常用准确度、精密度、精确度来评定测量结果，但是这些概念的含义不同，使用时应加以区别。

（1）准确度：是指测量值与真值的接近程度。反映系统误差的影响，系统误差小则准确度高。

（2）精密度：表示测量结果中随机误差大小的程度。它是指在一定的条件下进行重复测量时，所得结果的相互接近程度，是描述测量重复性高低的指标。即测量数据的重复性好，随机误差较小，则精密度高。

（3）精确度：它反映系统误差和随机误差综合的影响程度。精确度高，说明准确度和精密度都高，意味着系统误差和随机误差都小。一切测量都应力求实现既精密又准确。

可用打靶的例子来说明上述三种情况，如图 1-2-1 所示：图 1-2-1a 是精密度高而准确度低；图 1-2-1b 是准确度高而精密度低；图 1-2-1c 是精确度高，既准确又精密。

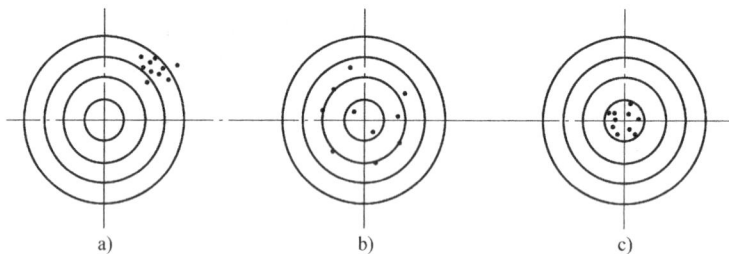

图 1-2-1　表示误差的三种情况

第二节　测量值的有效数字

一、有效数字

1. 有效数字的定义

测量结果的数值中可靠位数字与估读的一位估计数字（不确定的）组成的数字，称为有效数字。

在物理实验中的测量值都是有效数字，如：123、26.300、10.56 等。123 是三位有效数字，26.300 是五位有效数字，而 10.56 是四位有效数字。

2. 测量值的有效数字读取

测量总是有误差的，它的数值不能无止境地写下去。例如，用米尺测量一物体长度，如图 1-2-2 所示，其长度 $L = 24.3$ mm，最后一位"3"是估读出来的，是可疑数字，也即在该位上出现了测量误差（小数点后第一位上）。如果用精度更高的游标卡尺测量同一长度，结果为 $L = 24.30$ mm，此时小数点后第二位上的"0"是估读位即误差所在位。在数学上 $24.3 = 24.30$，但对测量值的有效数字，则 $24.3 \neq 24.30$，因为 24.3 是三位有效数字，而 24.30 是四位有效数字，它们有着不同的误差，不同的准确度。

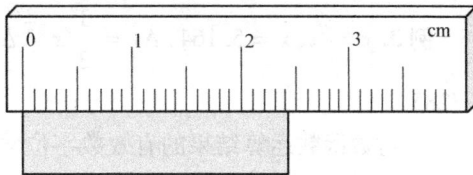

图 1-2-2　测量值的有效数字

在物理实验中常用的量具和仪器的测量读数可分为刻度型（包括带旋转刻度轮的仪器）、游标型、数字型三种。一般规定对有刻度的量具或实验仪器，测量值的有效数字为最小分度的后一位是估计位，则有效数字就由该位置决定，如：米尺、千分尺（螺旋测微计）、百分表、指针式电表等。对带有游标的量具或仪器，测量值的有效数字则由最小分度值决定，如游标卡尺、分光计等。对数字式量具或仪器，读数即为有效数字（或由该仪器的误差决定其有效数字）。

3. 有效数字的其他表示

（1）有效数字的科学表示

对有效数字进行科学表示时，底数即为有效数字的位数。如 2.340×10^5 表示有效数字的位数为四位，该有效数字不能表示为 234 000。有效数字的科学表示在单位之间进行换算时尤为重要。

（2）常数的有效数字

常数的有效数字位数，一般比测量值多取一位参与运算。如测量某球的体积，已测得球的直径为 $D = 6.210$ mm，体积为 $V = \pi D^3 / 6$，则常数 $\pi = 3.1416$ 参与运算。

二、有效数字的运算

在实验数据运算中，首先应保证测量的准确度。在此前提下，运算时应使测量结果具有正确的有效数字，其位数不要少算，也不要多算。少算会带来附加误差，降低测量结果的精度；多算没有必要，决不可能减少测量误差。

1. 加、减运算

多个有效数字相加（相减）时，其和（差）值的有效数字位数与参加运算的有效数字中最后一位所在位最高的位数相同。下面例中的有下划线的数字为估计位。

例1.　$20.\underline{1} + 4.17\underline{8}$

　　$= 24.\underline{27}8 = 24.\underline{3}$

$$
\begin{array}{r}
20.\underline{1} \\
+)\ 4.17\underline{8} \\
\hline
24.\underline{27}8 \quad \rightarrow 24.\underline{3}
\end{array}
$$

2. 乘、除运算

多个有效数字相乘（除）时，其积（商）所保留的有效数字位数，与参加运算的有效数字中有效数字的位数最少的一个相同。

例2.　$4.17\underline{8} \times 10.\underline{1}$

　　$= 42.\underline{1}9\underline{7}8 = 42.\underline{2}$

$$
\begin{array}{r}
4.17\underline{8} \\
\times)\ 10.\underline{1} \\
\hline
0.\underline{4}17\underline{8} \\
41.7\underline{8} \\
\hline
42.\underline{1}9\underline{7}8 \quad \rightarrow 42.\underline{2}
\end{array}
$$

3. 乘方运算的有效数字，其结果的有效数字位数与原底数的有效数字位数相同。

4. 开方运算的有效数字，其结果的有效数字位数由不确定度决定。

例 3. $y = \sqrt[3]{x}$，$x = 5.164$，$\Delta y = \frac{1}{3}x^{-\frac{2}{3}}\Delta x$，$\Delta x = 0.001$，$\Delta y = 0.00011$，故 $y = 1.72847\cdots = 1.7285$

5. 对数函数运算结果的有效数字位数由对数函数的不确定度决定。

例 4. $y = \ln x$，$x = 5.24$，$\Delta y = \frac{1}{x}\Delta x$，$\Delta x = 0.01$，$\Delta y = 0.0019$，$y = 1.65632\cdots = 1.656$

$y = \lg x$，$x = 5.24$，$\Delta y = \frac{1}{\ln 10 \cdot x}\Delta x$，$\Delta x = 0.01$，$\Delta y = 0.00083$，$y = 0.71933\cdots = 0.7193$

6. 指数函数运算结果的有效数字位数是把指数写成科学表示式，其小数点后的位数与指数的小数点后的位数相同。

例 5. $e^x = e^{8.15} = 3.46 \times 10^3$

7. 三角函数运算结果的有效数字位数由其不确定度所在位决定。

例 6. $x = 10°04'$，$\sin x = \sin 10.07 = 0.17485$，因为 $dy = \cos x dx$，$dx = 1' = 0.00029$，所以 $dy = 0.0003$，故取小数后 4 位，即：$\sin 10.07° = 0.1749$。

三、有效数字尾数舍入规则

在计算数据时，当有效数字的位数确定以后，应将多余的位数舍去，其舍入规则为尾数凑偶法，即：需舍去的数小于 5 则舍去，大于 5 则进入，等于 5 则把尾数变成偶数。

例 7. 4.32749→4.327　　4.32750→4.328

　　　　4.32751→4.328　　4.32850→4.328

这样的舍入规则可使舍和入的机会均等，避免在处理较多数据时因入多舍少而带来的系统误差。

四、测量结果的有效数字取舍原则

（1）最后运算结果保留一位估计位。若运算结果是某一中间数值，则保留二位估计位再参与后续运算；

（2）由测量结果的不确定度决定测量值有效数字的位数。

第三节　测量结果的不确定度的评定

一、不确定度的概念

由于测量误差的存在，任何一个测量值都不可能绝对精确，它必然是不确定的。既然测量误差是不可避免，那么现行的方法是根据测量数据和测量条件来进行推算，求得误差的估计值，这就是"不确定度"的评定。近年来，人们已经越来越普遍地用一种科学的、合理的、公认的方法来表征这种不确定程度，并认为，在测量结果的定量表述中，"不确定度"比"误差"更为合适。本书用 Δ 表示不确定度。

测量不确定度，指由于测量误差的存在而对测量值不能肯定（或可疑）的程度，测量不确定度是测量结果所含有的一个参数，用以表征合理地赋予被测量值的分散性。在测量方法正确的情况下，不确定度越小，表示测量结果越可靠；反之，不确定度越大，它的可靠性越差。

二、不确定度的分类

此处主要分析的是随机误差（偶然误差）的不确定度。不确定度可分为 A、B 二类。

1. A 类不确定度

（1）A 类不确定度的定义

在同一条件下多次重复测量，用统计学方法计算出的不确定度分量，用 Δ_A 表示。如测量值的标准偏差 S_x，平均值的标准偏差 $S_{\bar{x}}$ 都是 A 类不确定度。

（2）A 类不确定度的正态分布

在相同条件下，对同一物理量进行重复多次测量，测量误差服从正态分布（或称高斯分布）规律。由测量误差产生的不确定度也符合正态分布规律，标准化的正态分布曲线如图 1-2-3 所示。图中横坐标 x 代表某一物理量的实验测量值，纵坐标 $p(x)$ 为测量值的概率密度，且

$$p(x) = \frac{1}{\sigma\sqrt{2\pi}}\,e^{-(x-\mu)^2/2\sigma^2} \tag{1-2-1}$$

式中，$\mu = \lim\limits_{n\to\infty}\dfrac{\Sigma x_i}{n}$ 称算术平均值；$\sigma = \lim\limits_{n\to\infty}\sqrt{\dfrac{\Sigma(x_i-\mu)^2}{n}}$ 为正态分布的随机误差，是表示测量的分散性的一个重要参数。从曲线可以看出测量值在 $x=\mu$ 处概率密度最大，曲线峰值处的横坐标对应于测量次数 $n\to\infty$ 时被测量总体平均值 μ。横坐标上任一点到 μ 值的距离 $x-\mu$ 即为测量值 x 相应的随机误差分量。随机误差分量小的概率大，随机误差分量大的概率小。σ 表示曲线上拐点处的横坐标与 μ 值之差的绝对值，它是表示测量值的分散性的重要参数，称为正态分布的随机误差。

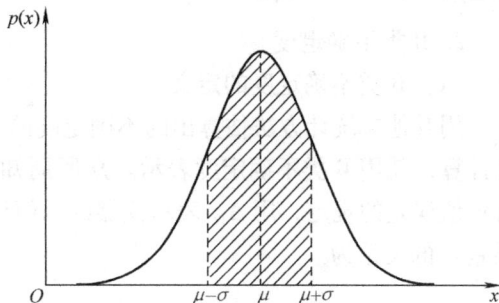

图 1-2-3　正态分布曲线

服从正态分布的随机误差有以下特征：

1）单峰性：绝对值小的误差比绝对值大的误差出现的概率大；

2）对称性：绝对值相等、符号相反的正、负误差出现的概率相等；

3）有界性：绝对值很大的误差出现的概率趋近于零；

4）补偿性：随机误差的算术平均值随测量次数的增加而减小。

（3）随机误差 σ、标准偏差 S_x 和平均值的标准偏差 $S_{\bar{x}}$

1）随机误差 σ

对测量中的随机误差如何处理？对于随机误差作出估计的方法有多种，常用的方法是用标准偏差来替代误差，从上面可知，随机误差为

$$\sigma = \lim\limits_{n\to\infty}\sqrt{\frac{\Sigma(x_i-\mu)^2}{n}} \tag{1-2-2}$$

式中，μ 是 $n\to\infty$ 时的算术平均值，在不考虑系统误差时，它可以认为是最接近被测量的真值。但由于实验中不可能做无限多次测量，因此必须确定有限次测量的随机误差的估计方法。

2）标准偏差 S_x

由于在物理实验中测量次数总是有限的，通常为 $n \ll \infty$，为此，我们实际应用有限次的标准偏差公式

$$S_x = \sqrt{\frac{\sum\limits_{i=1}^{n}(x_i - \overline{x})^2}{n-1}} = \sqrt{\frac{\sum\limits_{i=1}^{n}\Delta x_i^2}{n-1}} \qquad (1\text{-}2\text{-}3)$$

上式称为贝塞尔公式（见本篇附录一），式中，$\overline{x}$ 是有限次测量的算术平均值。

3）平均值的标准偏差 $S_{\overline{x}}$

对有限次的物理实验测量，一般情况下为次数 $n \leqslant 10$，在这有限次测量后，通常以平均值 $\overline{x}$ 来表达测量结果。而平均值 $\overline{x}$ 本身显然也是一个随机变量。因为平均值已经对单次测量的随机误差进行了一定程度的抵消，所以平均值的标准偏差要比单次测量值的标准偏差小。可以证明平均值的标准偏差 $S_{\overline{x}}$（见本篇附录二）为

$$S_{\overline{x}} = \frac{S_x}{\sqrt{n}} \approx \sqrt{\frac{\sum\limits_{i=1}^{n}(x_i - \overline{x})^2}{n(n-1)}} \qquad (1\text{-}2\text{-}4)$$

注意：规定本大学物理实验课程中的多次测量结果的 A 类不确定度，用平均值的标准偏差表示，即 $\Delta_A = S_{\overline{x}}$。

2. B 类不确定度

（1）B 类不确定度的定义

用其他非统计方法估算出的不确定度的分量，用 Δ_B 表示。如单次测量结果的不确定度的计算，就用 B 类不确定度表示。众所周知实验中所使用的仪器都是有示值误差的，也都有示值误差的规定，用 $\Delta_仪$ 表示仪器的示值误差，B 类不确定度与仪器示值误差（简称仪器误差）的关系为

$$\Delta_B = \frac{\Delta_仪}{C} \qquad (1\text{-}2\text{-}5)$$

式中，C 是大于等于 1 的修正因子。那么，在物理实验中 B 类不确定度 Δ_B 的修正因子 C 如何确定呢？这是一个比较困难的问题，这需要实验者的经验、知识、判断力以及对实验过程中所有有价值信息的把握和分析，然后合理地估算出 B 类不确定度 Δ_B 的修正因子 C。但对于一般的教学实验，可简单取 $C = 1$，即把仪器误差 $\Delta_仪$ 直接作为非统计方法估算的 B 类不确定度的分量 Δ_B。

注意：本大学物理实验课程规定 $\Delta_B = \Delta_仪$，即 $C = 1$。

（2）B 类不确定度的估算

1）有刻度的仪器与量具 $\Delta_仪$ 的确定

如果带有刻度的仪器与量具有误差规定，则按规定取仪器误差 $\Delta_仪$。若没有规定则取仪器与量具的最小分度值的一半。

2）有游标的仪器与量具仪器误差 $\Delta_仪$ 取最小分度值。

3）电表的仪器误差 $\Delta_仪$ 则由电表的准确度等级 k 和量程 A_{max} 决定，即

$$\Delta_仪 = A_{max} \times k\% \qquad (1\text{-}2\text{-}6)$$

4）数字式仪器与量具的仪器误差 $\Delta_仪$ 则按使用说明书的规定选取。

三、不确定度的合成

A、B 两类不确定度的分量采用"方、和、根"法合成，这是由于决定合成不确定度的

两种误差——随机误差和仪器误差是两个相互独立不相关的随机变量，其取值具有随机性。即有

$$\Delta = \sqrt{\Delta_A^2 + \Delta_B^2} \tag{1-2-7}$$

一般在实验中，Δ_A、Δ_B 可能不是单项，而是包含几项，即一个测量的最终结果可能同时存在好几项不确定度的影响，而这些误差来源又互不相关，则合成不确定度的表示式为

$$\Delta = \sqrt{\sum_{i=1}^{n} \Delta_{Ai}^2 + \sum_{j=1}^{m} \Delta_{Bj}^2} \tag{1-2-8}$$

注意：在本实验课程中规定，不确定度 Δ 只取一位，且最后的不确定度 Δ 的进位原则是只进不舍。

第四节　测量结果的处理

由于测量误差是不可避免的，使得真值无法确定。又因真值未知，也就无法确定误差的大小。因此，实验数据的处理只能求出实验测量的最佳估计值及其不确定度。一个完整的测量结果应包含三个要素：测量结果的最佳估计值、不确定度和单位。所以通常把测量结果表示为：

测量值 = 最佳估计值 ± 不确定度（单位）

一、直接测量结果表示

1. 单次直接测量结果与不确定度的表示

在实际测量中，有时测量不能或不需要重复多次；或者仪器精度不高，测量条件比较稳定，多次测量同一物理量结果相等。例如，用准确度等级为 2.5 级的万用表去测量某一电流，经多次重复测量，几乎都得到相同的结果。这是由于仪器的精度较低，一些偶然的未控因素引起的误差非常小，仪器不能反映出这种微小的变化。因而，在这种情况下只需进行单次测量，把单次测量值 x 作为最佳值。

单次测量结果的不确定度如何确定呢？显然根据 A 类不确定度的定义，单次测量的 Δ_A = 0。尽管此时 Δ_A 依然存在，但在单次测量的情况下，往往是 $\Delta_仪$ 要比 Δ_A 大得多。所以，对于单次测量，其不确定度 Δ 可简单地用仪器误差 $\Delta_仪$ 来表示，即

单次测量结果 = 测量值 ± $\Delta_仪$（单位）

$$X = x \pm \Delta \text{（单位）} \tag{1-2-9}$$

2. 多次直接测量结果与不确定度的表示

由于测量中存在随机误差，为了获得测量最佳值，并对测量结果做出正确评价，就需要对被测量进行多次重复测量。显然，测量次数增加，能减少随机误差对测量结果的影响。在物理实验中，考虑到测量仪器的准确度和测量方法、环境等因素的影响，对同一物理量作多次直接测量时，一般把测量次数定在 10 次左右较为妥当。

取多次重复测量结果的最佳估计值为多次重复测量值的算术平均值，因为多次重复测量值的算术平均值最为接近被测量的真值。

（1）最佳估计值

设被测量的真值为 A，多次测量值为 $(x_1, x_2, \cdots, x_i, \cdots, x_n)$，则每次测量误差为

$$\Delta x_i = x_i - A \tag{1-2-10}$$

n 次测量误差之和为

$$\sum_{i=1}^{n} \Delta x_i = \sum_{i=1}^{n} x_i - nA \tag{1-2-11}$$

测量真值为

$$A = \frac{1}{n} \sum_{i=1}^{n} x_i - \frac{1}{n} \sum_{i=1}^{n} \Delta x_i \tag{1-2-12}$$

由于随机误差具有补偿性，故当 $n \to \infty$ 时，$\frac{1}{n} \sum_{i=1}^{n} \Delta x_i \to 0$，因此

$$A \to \mu = \frac{1}{n} \sum_{i=1}^{n} x_i \tag{1-2-13}$$

结论一：多次测量值的算术平均值最接近被测量的真值，测量次数越多，接近程度越好，因此我们用算术平均值表示测量结果的最佳值。

（2）多次直接测量的不确定度

多次直接测量存在随机误差和仪器误差，故需采用不确定度的合成公式（1-2-7），其中 Δ_A 为平均值的标准偏差 $S_{\bar{x}}$，Δ_B 为仪器误差 $\Delta_{仪}$。

结论二：多次测量值的 A 类不确定度用平均值的标准偏差来估算，即

$$\Delta_A = S_{\bar{x}} = \sqrt{\frac{\sum (x_i - \bar{x})^2}{n(n-1)}} \tag{1-2-14}$$

多次直接测量的不确定度为

$$\Delta = \sqrt{\Delta_{仪}^2 + S_x^2} \tag{1-2-15}$$

（3）多次直接测量结果表示

$$x = \bar{x} \pm \Delta \quad （单位） \tag{1-2-16}$$

$$E_r = \frac{\Delta}{\bar{x}} \times 100\% \tag{1-2-17}$$

式中，$\bar{x}$ 是测量平均值，其有效数字由不确定度 Δ 来决定；$\bar{x}$ 与 Δ 的小数末位要对齐；E_r 为相对不确定度，可保留 1～2 位的有效数字。

二、间接测量结果的表示

间接测量值是通过一定函数式由直接测量值计算得到的。显然，把各直接测量结果的最佳值代入函数式，就可得到间接测量结果的最佳值。这样一来，直接测量结果的不确定度就必然影响到间接测量结果，这种影响的大小也可以由相应的函数式计算，这就是不确定度的传递公式。

1. 单元函数的间接测量量不确定度的传递公式

设单元函数（即由一个直接测量量计算得到间接测量量）为

$$y = F(x) \tag{1-2-18}$$

式中，y 是间接测量量；x 为直接测量量。若 $x = \bar{x} \pm \Delta_x$，即 x 的不确定度为 Δ_x，它必然影响间接测量结果，使 y 值也有相应的不确定度 Δ_y。由于不确定度是微小量（相对测量值而言），相对于数学中的增量，因此间接测量量的不确定度传递公式可用数学中的微分公式表达。根据微分公式有

$$dy = \frac{dF(x)}{dx}dx \tag{1-2-19}$$

可得到间接测量量 y 的不确定度为 Δ_y

$$\Delta_y = \frac{dF(x)}{dx}\Delta_x \tag{1-2-20}$$

式中，$\frac{dF(x)}{dx}$ 是不确定度的传递系数，反映了 Δ_x 对 Δ_y 的影响程度。

例 1. 球体体积的计算公式为 $V = \frac{1}{6}\pi D^3$，是通过测量直径计算体积，已知 $D = \overline{D} \pm \Delta_D$，则球体积的不确定度为多少？

解： 由 $\quad \frac{dF(x)}{dx} = \frac{dV}{dD} = \frac{1}{2}\pi D^2 \quad$ 得 $\quad \Delta_V = \frac{dV}{dD}\Delta_D = \frac{1}{2}\pi D^2 \Delta_D$

2. 多元函数的间接测量量不确定度的传递公式

在物理实验中，多数间接测量量的计算公式是多元函数式，即与多个直接测量量有关，因此更一般的情况是间接测量量 y 为

$$y = F(x_1, x_2, \cdots, x_i, \cdots, x_n) \tag{1-2-21}$$

式中，x_1，x_2，x_3，$\cdots$，x_i，$\cdots$是相互独立的直接测量量，它们的不确定度为 Δ_{x_1}，Δ_{x_2}，Δ_{x_3}，$\cdots$，这些直接测量量的不确定度是怎样影响间接测量量 y 的不确定度 Δ_y 的呢？由数学中多元函数求全微分或偏微分的方法，即

$$dy = \frac{\partial F}{\partial x_1}dx_1 + \frac{\partial F}{\partial x_2}dx_2 + \frac{\partial F}{\partial x_3}dx_3 + \cdots \tag{1-2-22}$$

只考虑 x_1 的不确定度 Δ_{x_1} 对 Δ_y 的影响时，有

$$(\Delta_y)_{x_1} = \frac{\partial F(x_1, x_2, x_3, \cdots)}{\partial x_1}\Delta_{x_1} = \frac{\partial F}{\partial x_1}\Delta_{x_1} \tag{1-2-23}$$

$$\cdots\cdots$$

同理可得

$$(\Delta_y)_{x_i} = \frac{\partial F(x_1, x_2, x_3, \cdots)}{\partial x_i}\Delta_{x_i} = \frac{\partial F}{\partial x_i}\Delta_{x_i} \tag{1-2-24}$$

间接测量量的不确定度传递公式为

$$\Delta_y = \frac{\partial F}{\partial x_1}\Delta_{x_1} + \frac{\partial F}{\partial x_2}\Delta_{x_2} + \frac{\partial F}{\partial x_3}\Delta_{x_3} + \cdots \tag{1-2-25}$$

对式（1-2-25）合成时，不能像全微分那样进行简单的相加。因为不确定度不是简单地等同于数学上的"增量"。在合成时要考虑到不确定度的统计性质，当 x_1，x_2，x_3，$\cdots$相互独立时，采用方和根方式合成，于是得到间接测量结果不确定度的合成公式为

$$\Delta_y = \sqrt{\left(\frac{\partial F}{\partial x_1}\right)^2(\Delta_{x_1})^2 + \left(\frac{\partial F}{\partial x_2}\right)^2(\Delta_{x_2})^2 + \cdots + \left(\frac{\partial F}{\partial x_i}\right)^2(\Delta_{x_i})^2 + \cdots} \tag{1-2-26}$$

如果间接测量函数式是积与商形式的函数，在计算间接测量量的不确定度时，往往两边先取自然对数，再求微分，然后合成，且得到间接测量量的相对不确定度传递公式，最后求出绝对不确定度。即对式（1-2-21）的多元函数式两边取自然对数得

$$\ln y = \ln F(x_1, x_2, \cdots, x_i, \cdots) \tag{1-2-27}$$

上式两边求全微分可得

$$\frac{\mathrm{d}y}{y} = \frac{\partial \ln F}{\partial x_1}\mathrm{d}x_1 + \frac{\partial \ln F}{\partial x_2}\mathrm{d}x_2 + \cdots + \frac{\partial \ln F}{\partial x_i}\mathrm{d}x_i + \cdots \qquad (1\text{-}2\text{-}28)$$

应用不确定度合成公式得

$$\frac{\Delta_y}{y} = \sqrt{\left(\frac{\partial \ln F}{\partial x_1}\right)^2(\Delta_{x_1})^2 + \left(\frac{\partial \ln F}{\partial x_2}\right)^2(\Delta_{x_2})^2 + \cdots + \left(\frac{\partial \ln F}{\partial x_i}\right)^2(\Delta_{x_i})^2 + \cdots} \qquad (1\text{-}2\text{-}29)$$

利用相对不确定度公式先求出 $E_r = \dfrac{\Delta_y}{y}$，进而求得

$$\Delta_y = \overline{y} \times E_r \qquad (1\text{-}2\text{-}30)$$

3. 间接测量量的结果表示

$$\begin{cases} y = \overline{y} \pm \Delta_y & \text{（单位）} \\ E_r = \dfrac{\Delta_y}{\overline{y}} \times 100\% \end{cases} \qquad (1\text{-}2\text{-}31)$$

式中，$\overline{y} = F(\overline{x_1}, \overline{x_2}, \cdots, \overline{x_i}, \cdots)$。

例 2. 用精度为 0.02 mm 的游标卡尺测量圆柱体的直径 D 和高 H 的数据如表 1-2-1 所示。求圆柱体的体积 V 和不确定度 Δ_V，并写出测量结果表示式。

表 1-2-1 圆柱体测量数据

次　数	D/mm	H/mm	次　数	D/mm	H/mm
1	8.96	15.52	6	8.96	15.58
2	8.94	15.58	7	8.98	15.52
3	8.92	15.54	8	8.94	15.54
4	8.96	15.56	9	8.92	15.56
5	8.94	15.54	10	8.96	15.58

解：（1）由测量数据计算出圆柱体的直径 D 和高 H 的平均值和 A 类不确定度（平均值的标准偏差）

$$\overline{D} = \frac{1}{n}\sum D_i = 8.948 \text{ mm}$$

$$S_{\overline{D}} = \sqrt{\frac{\sum(D_i - \overline{D})^2}{n(n-1)}} = \sqrt{\frac{0.00336}{10 \times 9}} \text{ mm} = 0.0061 \text{ mm}$$

$$\overline{H} = \frac{1}{n}\sum H_i = 15.552 \text{ mm}$$

$$S_{\overline{H}} = \sqrt{\frac{\sum(H_i - \overline{H})^2}{n(n-1)}} = \sqrt{\frac{0.00496}{10 \times 9}} \text{ mm} = 0.0074 \text{ mm}$$

（2）由游标卡尺的仪器误差为 B 类不确定度

$$\Delta_{仪} = 0.02 \text{ mm}$$

（3）直接测量量 D、H 的测量结果与不确定度

$$\Delta_D = \sqrt{S_{\overline{D}}^2 + \Delta_{仪}^2} = \sqrt{(0.0061)^2 + (0.02)^2} \text{ mm} = 0.021 \text{ mm}$$

$$\Delta_H = \sqrt{S_{\overline{H}}^2 + \Delta_{仪}^2} = \sqrt{(0.0074)^2 + (0.02)^2} \text{ mm} = 0.021 \text{ mm}$$

$$D = \overline{D} \pm \Delta_D = (8.95 \pm 0.03) \text{ mm}$$

$$H = \overline{H} \pm \Delta_H = (15.55 \pm 0.03)\ \text{mm}$$

（4）圆柱体的体积与不确定度

$$\overline{V} = \frac{\pi}{4} \overline{D}^2 \overline{H} = \frac{3.1416}{4} \times (8.948)^2 \times 15.552\ \text{mm}^3 = 977.978\ \text{mm}^3 = 977.98\ \text{mm}^3$$

方法一：
$$\Delta_V = \sqrt{\left(\frac{\partial V}{\partial D}\right)^2 (\Delta_D)^2 + \left(\frac{\partial V}{\partial H}\right)^2 (\Delta_H)^2}$$

$$\frac{\partial V}{\partial D} = \frac{\pi}{2} DH = \frac{3.1416}{2} \times 8.948 \times 15.552\ \text{mm}^2 = 218.591\ \text{mm}^2$$

$$\frac{\partial V}{\partial H} = \frac{\pi}{4} D^2 = \frac{3.1416}{4} \times 8.948^2\ \text{mm}^2 = 62.884\ \text{mm}^2$$

$$\Delta_V = \sqrt{218.591^2 \times 0.021^2 + 62.884^2 \times 0.021^2}\ \text{mm}^3 = 4.8\ \text{mm}^3$$

方法二：
$$\ln V = \ln\left(\frac{\pi}{4} D^2 H\right) = \ln\frac{\pi}{4} + 2\ln D + \ln H$$

$$\frac{\Delta_V}{\overline{V}} = \sqrt{\left(\frac{2}{D}\right)^2 (\Delta_D)^2 + \left(\frac{1}{H}\right)^2 (\Delta_H)^2}$$

$$= \sqrt{\left(\frac{2}{8.948}\right)^2 \times (0.021)^2 + \left(\frac{1}{15.552}\right)^2 \times (0.021)^2} = 0.0049$$

$$\Delta_V = \overline{V} \times \frac{\Delta_V}{\overline{V}} = 977.98 \times 0.0049\ \text{mm}^3 = 4.8\ \text{mm}^3$$

$$V = \overline{V} \pm \Delta_V = (978 \pm 5)\ \text{mm}^3$$

最后的不确定度 Δ_V 只取一位，而且体积 V 的有效数字位数由不确定度决定。中间过程的有效数字的位数可多取一位参与计算。

在本章第二节讨论的有效数字的运算规则，包括对数函数、指数函数和三角函数等运算结果的有效数字，必须按照不确定度传递公式来决定。实际上，所有运算结果的有效数字位数，均应由不确定度来决定，就是简单的四则混合运算也应遵循这一原则。

第三章　物理实验中常用的基本方法

物理实验是研究物质运动规律、物质结构和物质间相互作用的有效途径。在确定实验目的后，如何选择实验的最佳方案，选择适当的实验条件和测量方法，精心进行实验，正确处理实验数据，得出可靠的实验结果等，是实验能否成功的关键。在物理实验发展过程中，积累和总结了许多对物理实验具有普遍指导意义的思想和方法。学习和掌握这些思想和方法对掌握实验的基本技能和以后的科研和工程设计工作都大有益处。下面将简要介绍一些有关物理实验的基本方法。

第一节　物理实验数据处理的常用方法

物理实验的目的和任务不仅是对某一物理量进行测量，更重要的是要找出各物理量之间的关系和变化规律，因此，对实验数据进行分析、处理是重要的手段。所谓数据处理，就是用简明而严格的方法把实验数据所代表的事物的内在规律性提炼出来。它是由获得数据到得出结果（包括记录、整理、计算、分析等在内）的一个加工过程。数据处理方法较多，根据大学物理实验的实际情况，这里只介绍列表法、作图法、逐差法和最小二乘法。

一、列表法

直接从实验仪器或量具上读取的数据称为原始数据，在记录和处理数据时，一般要将原始数据（有时还把运算的中间项）列成表格，称为列表法。通过列表法可以把紊乱的数据有序化，其优点是能够简单而明确地表示出有关物理量之间的对应关系，便于对比检查测量与运算的结果是否合理，以减少或避免错误。同时便于发现和分析问题，有助于从中找出数据的规律。

列表的具体要求是：

（1）表格可以自行设计，但结构要合理，各相关量之间的对应关系应简单明了，便于分析处理数据。

（2）必须标明各符号所代表的物理量，并注明单位。单位及数值的数量级缩写在标题栏内，不要重复地记在每个数值上。

（3）要把原始数据和必要的运算过程中的中间结果列入表中，以方便进一步处理数据。

（4）表中所列的数据应能正确反映测量结果的有效数字。

（5）实验室所给出的数据或查得的单项数据也应列在表格中。

（6）必要时应附加说明。

例1. 使用 $0 \sim 25$ mm 的一级千分尺测量钢球直径 D，列表记录和处理数据，如表 1-3-1 所示。已知 $\Delta_{仪} = 0.004$ mm，求直径 D 的平均值及不确定度。

表 1-3-1　测量钢球直径

次　　数	初读数/mm	末读数/mm	直径 D/mm	$(D_i - \overline{D})/ \times 10^{-3}$ mm	$(D_i - \overline{D})^2/ \times 10^{-6}$ mm^2
1	0.003	6.512	6.509	0.5	0.25
2	0.003	6.510	6.507	-1.5	2.25
3	0.003	6.509	6.506	-2.5	6.25
4	0.003	6.514	6.511	2.5	6.25
5	0.003	6.511	6.508	-0.5	0.25
6	0.003	6.513	6.510	1.5	2.25
平均			$\overline{D} = 6.5085$		$\Sigma(D_i - \overline{D})^2 = 17.5$

解： 钢球直径的平均值为

$$\overline{D} = 6.508 \text{ mm}$$

不确定度为

$$\Delta_A = S_{\overline{D}} = \sqrt{\frac{\Sigma(D_i - \overline{D})^2}{n(n-1)}} = \sqrt{\frac{17.5 \times 10^{-6}}{6 \times 5}} \text{ mm} = 0.76 \times 10^{-3} \text{ mm}$$

$$\Delta_D = \sqrt{\Delta_{仪}^2 + S_{\overline{D}}^2} = 0.0041 \text{ mm}$$

测量结果为

$$D = \overline{D} \pm \Delta_D = (6.508 \pm 0.005)\ \text{mm}$$

二、图解法

图解法可分为作图和图解二方面。作图是把一系列数据之间的关系或其变化情况用图线直观地表示出来；图解是研究物理量之间的变化规律，找出对应的函数关系，进而求得经验公式的最常用的方法之一。图解法的基本步骤包括：图纸的选择；坐标的分度和标记；实验数据点的标出；作出一条与实验数据点能基本拟合的图线；进行注解、说明和分析等。

1. 作图要求

（1）选用合适的坐标与坐标纸

图纸通常有线性直角坐标纸、单对数坐标纸、双对数坐标纸、极坐标纸等，应根据物理量之间的函数关系选取合适的坐标纸。

（2）坐标轴的比例与标度

坐标纸的大小及坐标轴的比例，应根据测量数据的有效数字位数及结果的需要来定。原则上，数据中可靠的数字在图中亦是可靠的，数据中有误差的一位，在图中应是估计的。即坐标纸中的一小格对应数值中可靠数字的最后一位，以免因作图而引进额外的误差。

作图时应以横轴代表自变量，纵轴代表因变量。在轴的末端要标明所代表的物理量及其单位，在图纸的明显位置写清图的名称。

在坐标轴上每隔一定的间距应均匀地标出分度值，标记所用的有效数字位数应与原始数据的有效数字位数相同，单位应与坐标轴的单位一致，坐标的分度应以不用计算便能确定各点的坐标为原则，通常只用1，2，5进行分度，避免用3，7等进行分度。坐标分度值不一定从零开始，可以用低于原始数据的某一整数作为坐标分度的起点，用测量所得最高值的某一整数作为终点，这样图线就能充满所选用的整个图纸，如图1-3-1所示。

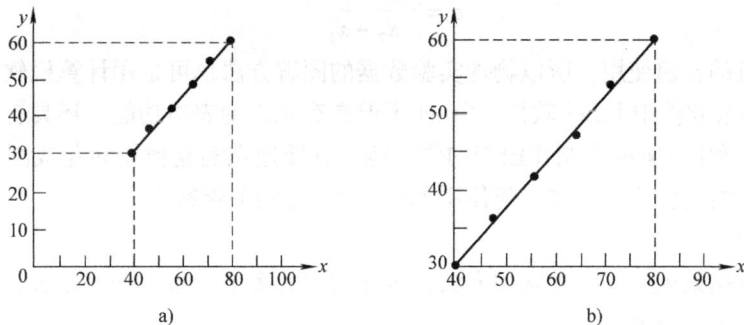

图　1-3-1

a）不正确　b）正确

（3）标点与连线

依据测量数据，用尖笔在坐标纸上以小而清晰的"＋"、"×"、"·"、"△"等符号标出各数据点，应使各测量数据对应的坐标准确地落在所标符号中心。当一张图上要画几条曲线时，各条曲线要用不同的符号标记，以便区别。

（4）标注图名

画好实验数据图线后，应在图纸上标明图线的名称，必要时在图名下方注明简要的实验条件。

2. 图解法

利用作好的图线，定量地求待测量或得出经验方程，称为图解法。当图线为直线时更为方便。由于图线中直线最容易绘制、也便于使用，所以在已知函数关系的情况下，最好通过变量代换将原来不是线性函数关系的曲线转换为线性函数关系的直线，这种方法称为曲线改直。例如：

1）幂函数 $y = ax^b$（a 和 b 为常数），则 $\lg y = \lg a + b\lg x$，$\lg y$ 与 $\lg x$ 是线性关系。

2）指数函数 $y = ae^{-bx}$ 和 $y = ab^x$（a 和 b 为常数），则 $\ln y = \ln a - bx$ 和 $\lg y = \lg a + (\lg b)x$，$\ln y$、$\lg y$ 与 x 是线性关系。

3）函数 $y = \dfrac{x}{a + bx}$，则 $\dfrac{1}{y} = b + \dfrac{a}{x}$，$\dfrac{1}{y}$ 与 $\dfrac{1}{x}$ 是线性关系。

以下以直线 $y = a + bx$ 为例，用图解法求直线的斜率和截距，通常采用两点法求解。

（1）求直线斜率

取直线上任意二点的坐标为 $P_1(x_1，y_1)$、$P_2(x_2，y_2)$，则直线的斜率为

$$b = \frac{y_2 - y_1}{x_2 - x_1} \tag{1-3-1}$$

注意：在物理实验的坐标中，纵、横坐标代表不同的物理量，分度值与空间坐标不同，故不能用从图上量角度的方法求斜率。

（2）求直线的截距

若横坐标的原点为零，直线延长与纵坐标轴的交点即为截距（即 $x = 0$，$y = a$）。若原点不为零，则可用选取的两点 $P_1(x_1，y_1)$、$P_2(x_2，y_2)$ 计算截距

$$a = \frac{y_1 x_2 - y_2 x_1}{x_2 - x_1} \tag{1-3-2}$$

由于计算机的普遍使用，所以物理实验数据的图解方法也可采用计算机软件中的应用工具，如 Office 办公软件中 Excel 软件。Excel 不但具有先进的表格功能，还具有强大的数据运算和处理功能。利用 Excel 中制作图表的作用能很方便地把实验数据转化成图线，并能进行数据拟合和自动给出公式。具体如何使用 Excel 软件见相关资料。

三、逐差法

逐差法是数据处理中的一种常用方法，本课程中有多个实验用到该方法。

1. 逐差法使用的条件

1）两个物理量 y 和 x 满足线性关系或 y 可表成 x 的多项式。若只有线性关系，用一次逐差；若二次方时，用两次逐差。

2）自变量 x 在实验测量中是等间距变化的，且有偶数组数据。

2. 用逐差法处理测量值

在物理实验中，多数物理量一般能等效为线性关系 $y = a + bx$，故用一次逐差即可。测量数据为 n 个（$n = 2m$），把 n 组数据分为前后两组，每组 m 个。

$y_1 = a + bx_1$，$y_2 = a + bx_2$，$\cdots$，$y_m = a + bx_m$，$y_{m+1} = a + bx_{m+1}$，$\cdots$，$y_n = a + bx_n$

把 n 个数据按测量顺序分成前 m 个和后 m 个两组，对应项相减 $y_i' = y_{m+i} - y_i$，有

$$y_1' = y_{m+1} - y_1$$

$$y_2' = y_{m+2} - y_2$$

$$\vdots$$

$$y_m' = y_n - y_m$$

y_m'表示自变量 x 变化了 m 个时的逐差值，因为是线性关系，可求 y' 的平均值

$$\overline{y'} = \frac{1}{m}\sum_{i=1}^{m} y_i' \qquad (1\text{-}3\text{-}3)$$

3. 用逐差法处理数据的不确定度计算

用逐差法处理数据时，有 m 个 y_i'，相当于 m 次的重复测量，故 A 类不确定度为

$$S_{\overline{y'}} = \sqrt{\frac{\Sigma\left(y_i' - \overline{y'}\right)^2}{m(m-1)}} \qquad (1\text{-}3\text{-}4)$$

B 类不确定度同样也是仪器误差或传递后的仪器误差。

例 2. 在"钢丝弹性模量的测量"实验中，金属钢丝在拉力的作用下，用光杠杆系统在望远镜中测量的伸长数据如表 1-3-2 所示。试计算受 1 N 力时，在望远镜中测得的钢丝的伸长量。

表 1-3-2

序 号	载荷/kg	伸长量/mm	$l_i = L_{i+4} - L_i$/mm
1	0.00	0.0	
2	1.00	2.34	
3	2.00	4.72	
4	3.00	7.16	
5	4.00	9.56	9.56
6	5.00	11.88	9.54
7	6.00	14.24	9.52
8	7.00	16.60	9.44
平均值			9.52

解： 在上表中第 4 列是每增加 4 kg(4×9.8 N) 砝码时金属丝的伸长量，平均值为

$$\overline{l_i} = \frac{\Sigma\left(L_{i+4} - L_i\right)}{4} = 9.52 \text{ mm}$$

每 1 N 的金属丝伸长量为 $\Delta l = 0.24$ mm。

四、最小二乘法和线性回归

作图法在数据处理中虽然是一种直观而便利的方法，但在图线的描绘中往往会引入附加误差，因此有时不如用函数解析式表示更为明确和准确。通过实验数据求出经验公式，这个过程称为回归分析，它包括两类问题：

1）函数关系已经确定，但式中的系数未知，在测量了 n 对 (x_i, y_i) 值后，需要确定系数的最佳估计值，以便将函数具体化。

2）y 和 x 之间的函数关系未知，需要从 n 对 (x_i, y_i) 测量数据中找出它们之间的函数关系式，即经验方程式。

本教材只讨论第一类问题中最简单的函数关系 $y = a + bx$，即一元线性的回归问题（或称直线拟合），线性回归是以最小二乘法为基础的实验数据处理方法。

1. 最小二乘法原理

最小二乘法是一种常用的数学方法，我们在讨论随机误差时，定义误差等于测量值与平均值之差。当随机误差服从正态分布时，误差有两个重要特性，即误差的代数和为零及误差的平方和最小，这正是最小二乘法的理论基础。最小二乘法的原理是：利用已获得的一组测量数据 (x_i, y_i)，求出一个误差最小的最佳经验公式，使测量值 y_i 与用最佳经验公式计算出的 $y = f(x)$ 值之间的误差平方和最小，即

$$\sum_{i=1}^{n} \left[y_i - f(x_i) \right]^2 \tag{1-3-5}$$

有最小值，进而可求出经验公式的待定系数。

2. 一元线性回归

回归分析是一种处理变量间相关关系的数理统计方法。回归也称拟合，线性回归也称直线拟合。当两个变量间具有线性关系时，可用一条理想的直线来描述，称为一元线性回归。当两个变量间有非线性相关关系时，可用一条理想的曲线来描述，称为一元非线性回归，也称曲线拟合。因为线性关系是最简单的一种函数关系，也是物理实验中经常用到的，同时又因为许多非线性的函数关系经过变量置换后常常可以转换成线性关系，此处只介绍一元线性回归。

当因变量 y 与自变量 x 之间具有线性关系时，用最小二乘法对一组数据 (x_i, y_i) 进行处理，求出最佳的直线方程，这就是一元线性回归。最佳直线方程为 $y = a + bx$ 称为回归方程，其中 a 和 b 为回归系数。求回归方程实际上就是要确定回归系数 a 和 b。

实验中已测得 x_i、$y_i (i = 1, 2, \cdots, n)$。对应每一个取值，用经验公式算出的 y 值应该是最佳值。由于测量中误差的存在，使测量值 y_i 与最佳值 y 之间有偏差 $y_i - y$，偏差的平方和为

$$\sum_{i=1}^{n} \left[y_i - y \right]^2 = \sum_{i=1}^{n} \left[y_i - (a + bx_i) \right]^2 \tag{1-3-6}$$

式中，x_i、y_i 都是已知的测量值；a、b 为待定系数。将式（1-3-6）对 a、b 求导有

$$\frac{\partial}{\partial a} \Sigma \left[y_i - (a + bx_i) \right]^2 = -2\Sigma (y_i - a - bx_i) = 0 \tag{1-3-7}$$

$$\frac{\partial}{\partial b} \Sigma \left[y_i - (a + bx_i) \right]^2 = -2\Sigma (y_i - a - bx_i) x_i = 0 \tag{1-3-8}$$

由式（1-3-7）和式（1-3-8）得

$$a = \frac{\Sigma y_i}{n} - b \frac{\Sigma x_i}{n} = \bar{y} - b \bar{x} \tag{1-3-9}$$

$$b = \frac{\overline{xy} - \bar{x} \cdot \bar{y}}{\overline{x^2} - \bar{x}^2} \tag{1-3-10}$$

一元线性回归的相关系数为

$$r = \frac{\overline{xy} - \bar{x} \cdot \bar{y}}{\sqrt{\left(\overline{x^2} - \bar{x}^2 \right) \left(\overline{y^2} - \bar{y}^2 \right)}} \tag{1-3-11}$$

其中，$\bar{x}=\frac{1}{n}\Sigma x_i$，$\overline{x^2}=\frac{1}{n}\Sigma x_i^2$，$\bar{y}=\frac{1}{n}\Sigma y_i$，$\overline{y^2}=\frac{1}{n}\Sigma y_i^2$，$\overline{xy}=\frac{1}{n}\Sigma x_iy_i$。相关系数是说明两变量之间相关性的一个参数。相关系数 r 的数值范围是 $0\leqslant|r|\leqslant1$。$r=0$，说明 y 与 x 之间根本不具有线性关系，$r=1$，说明 y 与 x 之间具有完全线性关系，是强相关。

第二节　物理实验中常用的基本方法

一、比较法

比较法是物理实验最基本、最重要的实验方法。因为物理实验离不开测量，测量就是把测得的物理量与标准量（量具或仪表）进行比较，得到比值的过程。与测量的分类相似，比较法也可分为直接比较法和间接比较法。

1. 直接比较法

将待测物理量与已知数值的同类物理量或标准量进行比较，直接获取量值的方法，称为直接比较测量方法。例如：用米尺测人的身高，这就是一种直接比较法。

（1）直读法

米尺测量长度、温度计测量温度、电压表测量电压、秒表测量时间等，都是在测量仪器的标度装置上直接读出被测值，称为直读法。直读法操作简便，但测量精确度较差。

（2）平衡法（或零示法、补偿法）

平衡状态是物理学的一个重要概念，平衡状态可以使许多复杂问题简化，便于问题的解决。将标准数值选择或调节到与待测量量值相等，用于平衡待测量的作用而使系统达到平衡状态。系统处于平衡时，待测量与标准量之间有确定关系，这种由标准量的量值得到待测量量值的方法称为平衡法。例如：天平测量物体的质量、电桥测量电阻、电位差计测量电动势等，都是利用平衡法进行测量的。平衡法的测量过程就是调节平衡的过程，这种方法可以减小测量仪器的某些误差，当系统能够提供高精度标准量和平衡指示器时，可获得较高的测量精度。

2. 间接比较法

当某些物理量难以进行直接比较测量时，可以利用各物理量之间的函数关系，将被测量转变为另一种能直接比较测量的物理量，最后得出被测量的方法，称为间接比较法。中国古代曹冲称象的故事就是一个间接测量的例子，曹冲把在当时不可测量的大象重量替换为可以测量的石头重量。

二、交换法

实验中，进行一组测量后，为了减小和修正某种系统误差，将待测物体与标准物体交换位置再进行测量，然后将两次测量结果进行几何平均的测量方法称为交换法。例如：天平测量物体质量时，第一次称量把物体放在天平的左盘，得到一个结果，第二次称量把物体放在天平的右盘，得到另一个结果，取两次结果的几何平均值作为被测物体的质量，可以消除天平不等臂引起的误差。

三、放大法

当待测量的数值很小，与测量仪器的误差的数量级较为接近时，其测量结果是不可信的。那么应如何改进测量方法，以便增加测量值的有效数字，从而提高测量的精度呢？放大法可解决这一问题。它是物理实验中常用的一种方法。这种方法可以提高测量的分辨率和灵敏度。

1. 积累放大法

物理实验中，受测量仪器的精度限制，或受人的反应时间的限制，单次直接测量的误差很大，采用累积放大测量的方法可以减小测量误差，这种方法称为累积放大法。例如：单摆摆动周期的测量。测量单摆摆动一个周期的时间，其测量误差会很大，可以让单摆多摆动几个周期，测量出几个周期的时间，然后取其平均值，得到一个周期的时间，这样可减小误差。

2. 机械放大法

利用游标可以提高仪器的细分程度，分度值为 y 的主尺，加上一个 n 等分的游标，就可以将分度值减小为 $x = y/n$，即细分了原来的分度值 y。使测量的分辨率提高 n 倍。例如，游标卡尺和分光计的游标。螺旋测微计的读数机构将螺距 d 通过螺母上的圆周（圆周等分为 m 格）进行细分，可以使其最小分度值减小为 $x = d/m$。通过这种细分装置，千分尺的最小分度值可达到 0.01 mm，读数精密度大为提高。

3. 光学放大法

光学放大法可分为视角放大和微小变化量放大。

（1）视角放大

由于人眼分辨率的限制，当视角小于某一量值时，人眼将不能分辨物体的细节。为观察物体的细节可以借助放大镜、显微镜、望远镜等光学放大仪器。这类仪器只在观察中放大了视角，不是对待测物体的实际尺寸进行放大，因此测量时不会增加误差。许多精密仪器为了提高测量的精确度，一般都会在仪器的读数装置上安装一个视角放大器。例如：光学仪器中的测微目镜、读数显微镜等。

（2）微小变化量放大

光入射到平面反射镜上，如果平面反射镜转过 θ 角，根据反射定律，反射光将相对原反射光转过 2θ 角度，反射一次将物体转动的角度放大一倍。这种方法可以使测量的小转角得以放大显示。冲击电流计就是利用这种原理制作的，光杠杆将长度测量转化为角度测量，再利用转角放大原理来测量微小长度的变化。

四、模拟法

模拟法是以相似性原理为基础，用于研究和测量一些特殊的、难于测量的物体的方法。利用相似性原理，人为地仿照一个类似研究对象的模型，用对模型的研究、测量来代替对实际对象的分析。模拟法按其性质的特点可以分为：物理模拟法和计算机模拟法。

1. 物理模拟法

物理模拟法可分为几何模拟、动力学相似模拟和替代或类比模拟。

1）几何模拟主要是对实验对象进行几何尺寸的放大或缩小。用适当模型来研究实验对象的物理性能和运动变化规律。例如：实验室中进行的水坝泥沙沉积实验等。

2）动力学相似模拟是在物理性质上保证模型与实验对象一致的模拟方法。例如：飞行器的风洞实验等。

3）替代或类比模拟是利用物理量之间的物理性质或规律的相似性或等同性进行模拟的方法。例如：静电场模拟实验等。

2. 计算机模拟法

利用模型与实验对象遵循相同的数学规律，通过计算机求解各种数理方程，直接模拟实验过程，预测可能的实验结果等。由于计算机的迅速发展，计算机模拟已发展成为物理学的一个分支——计算物理学。

由于计算机虚拟现实的功能，计算机仿真实验已成为物理实验的一部分。计算机仿真实验可以利用键盘和鼠标控制计算机屏幕上的仿真仪器，在计算机上实现实验现象的观察、测量和数据处理等各种任务。

五、转换测量法

物理量之间总是存在一定的联系，各个物理量相互联系、相互依存，在一定条件下相互转化。当物理量之间的相互关系已知时，就可以将一些不易测量的物理量转换为较易测量的物理量进行测量，这种方法称为转换测量法。它是物理实验的常用方法。

1. 把不可测的量转换为可以测量的量

例如：质子寿命的测量。质子寿命理论预言为 10^{38} s（近似为 10^{31} 年），这么漫长的时间是没有办法直接测量的，但如果把时间的测量转换为空间概率的测量。例如：观察 10^{33} 个质子一年内的衰变情况，如果衰变了 100 个质子，就可得知质子的寿命大约为 10^{31} 年。

2. 把测不准的量转换为可以准确测量的量

例如，非规则物体体积的测量。可以利用阿基米德原理，把测量不准的物体体积转换为可以准确测量的液体体积。

3. 传感器转换法

例如，利用温差电动势测量温度（热电转换）、利用光电管测量光强（光电转换）、利用霍尔元件测量磁场（磁电转换）等。

六、光学测量法

光学测量法是利用光的特性进行测量的方法，它主要有干涉测量法、衍射测量法和光谱测量法。光学测量的高精确度、高速度、非接触测量和三维图像显示等特点使它的作用越来越广泛。

1. 干涉测量法

在物理实验中，以干涉原理为基础，通过对干涉图样中干涉条纹明暗间距的测量，实现对微小长度、微小角度、光波波长等物理量的测量方法称为干涉测量法。例如，迈克尔逊干涉仪测量波长、劈尖干涉测量细丝直径等。

2. 衍射测量法

当光经过障碍物时，要发生衍射现象。通过对衍射图样的测量、分析，可以确定障碍物的大小。从而实现对障碍物参数的测量。例如，光栅常数的测量、晶体晶格常数的测量等。

3. 光谱测量法

利用分光元件（棱镜或光栅），将发光体发出的光分解为一系列分立的谱线，通过对发光体谱线的分析、测量，可以得到发光物质结构的信息，实现对发光体物质结构参数的测量。例如，氢原子光谱实验，通过对氢原子光谱谱线的观察、测量，可以得到氢原子光谱谱线的波长，得到氢原子的里德伯常数等。

上面仅介绍了几种基本的实验方法，其实物理实验的方法是非常多的，同学们要在实践中不断总结、积累，不断提高实验水平。

第三节　物理实验中的基本实验仪器调整技术

物理实验中，仪器调整是正常进行实验的基础，仪器使用前必须进行调整，要将它调整到正常的工作状态。一般情况下，仪器的调整要按仪器使用说明书进行。下面仅简要介绍几个物理实验中常用的仪器调整技术。

一、仪器初态和安全位置调整

仪器初态是指仪器实验、调整前的状态。正常的初态可以保证仪器安全，保证实验顺利进行。例如，电学实验中，实验前电源的输出调节旋钮要处于使电压输出为最小的位置；在分压电路中，滑线变阻器要处于使电压输出最小的位置等，这样可以保证仪器的安全。对设置有调整螺钉的仪器，在调整前，应先将螺钉处于松紧适度的状态，并有足够的调节量，以便仪器的调整。例如：分光计调整实验中，载物台的螺钉；迈克尔逊干涉仪实验中，干涉仪上反光镜的方位调整螺钉等。

二、仪器的零位调整

一般情况下，仪表在出厂时都是调整好了的。但由于运输途中的振动、使用环境的变化、磨损等原因，多数测量仪表会出现零点偏离的问题。因此使用前必须对仪表的零位进行检查、校正。对有零位校正器的仪表，测量时可调整零位校正器使仪表指针归零。如电压表、电流表等。如果没有零位校正器，要记录其对零点的偏离值，以便对测量结果进行修正。如千分尺，使用前要进行零点误差的测量等。

三、水平、铅直调整

为了使仪器正常工作，要对仪器进行水平或铅直状态的调整。例如，天平的刀承平面要水平、天平的立柱要铅直等。水平调整一般使用水准仪，铅直的调整一般使用悬垂线。需要进行水平或铅直调整的仪器一般在其底座上都有三个调整螺钉。改变螺钉的长度可达到水平或铅直调整的目的。

四、避免空程误差

由螺旋杆或螺母构成的传动与读数系统，由于螺母与螺旋杆之间有螺纹间隙，在测量刚开始或刚反向转动螺旋杆时，与螺旋杆连接在一起的鼓轮已有读数变化，但与螺母连接在一起的实验元件却未产生移动。由此产生读数误差，这种误差称为空程误差。为避免产生空程误差，使用这类仪器时，必须单方向旋转鼓轮，使螺旋杆与螺母紧密啮合后，才能开始读数，并且要在整个读数过程中使鼓轮始终沿同一方向旋转。

五、逐次逼近调整

依据一定的判据，逐次缩小调整范围，使系统较快地收敛于所需状态的方法称为逐次逼近调节法。不同的实验和仪器有不同的判断标准。例如，对电位差计要看检流计指针是否指示，以判断电位差计是否实验补偿；在分光仪调整实验中，根据"十"字叉丝像在载物台转动180°前后是否重于"丰"字叉丝的上十字，来判断望远镜光轴是否与中心转轴垂直等。

六、消视差调整

在实验中，从仪器中读取数据时，由于刻度标尺与指示器不在同一平面，而人眼视线方向与指示器不垂直时，将使测量数据产生误差，这种误差称为视差。例如，电表的表盘与指针不在同一平面，人眼观察指针的方向与读数盘不垂直，读数时就会产生视差。为了保证测量数据的正确，测量时必须消除视差。消除视差的方法是：使人眼的观察视线垂直指示器平面，然后进行读数。

在光学实验中，由于目镜中的准线（十字丝或叉丝）的像与物体经物镜所成的像不在同一平面，而产生视差。通过改变观察方向，观察准线像与物体的像之间有无相对位置变化来判断有无视差存在。视差的存在说明准线像与物体的像不在同一平面。要消除视差可以调节物镜和目镜的位置，使物体的像与准线像重合。

七、光路的共轴调整

在多折射面的光学系统中，各光学元件的光轴位于同一直线上，称该系统为共轴光学系统。在光学实验中，为了获得好的成像质量，要求各光学元件满足共轴光学条件。因此必须对各光学元件进行共轴调整。其轴调整一般分为两步：粗调和细调。

粗调：利用目测判断，将各光学元件的光轴调整到大致重合的位置。

细调：利用光学系统本身或借助其他光学仪器成像来判断，使光学元件沿光轴移动时，不会发生像的偏移。

使用光具座进行实验，为了准确读数，还应将光轴调整到与光具座平行的位置，以保证各光学元件的光心与光具座的距离相等，光学元件截面与光具座垂直。

八、电学实验仪器调整与操作

1. 准备

按实验要求画出合理的线路图。了解使用仪器的规格、指标和使用情况。

2. 合理布局

按线路图要求，把经常要调整的仪器放在易于操作的位置，把需要读数的仪器放在易于读数的位置，仪器分布要易于连接，易于检查线路。

3. 正确连线

连线要使用回路连接方法。将线路图分为几个回路，一个回路、一个回路地由高电位开始依次首尾相连，最后仍回到始点的连接方法，称为回路连接方法。对于有正负极性的仪器要注意极性的正确连接，不能把极性连接错了。

4. 仔细检查

线路连接好后，要按线路图检查线路。先检查线路连接是否正确，再检查开关是否断开，电表、电源极性是否正确，电表量程是否正确，电阻箱数值是否正确，仪器是否处于安全位置等。

5. 通电

在检查线路和仪器的安全状态都正确后，用跃接法（即瞬间接通）观察线路中各种仪器的反映是否正常，如电表指针偏转情况，有无打火现象等。一切正常，才可以合上开关进行实验，并随时准备在情况不正常时断开开关。

6. 安全

在实验中，要改变线路或更换电表时一定要断开开关后进行。不管线路中有无高压，要避免用手或身体接触线路中的导体。

7. 整理

实验完毕，首先断开开关，关闭电源。拆下所有导线并整理好，将仪器恢复至初态，并置于安全状态。将仪器和导线放回原处，将实验桌整理干净。

九、光学实验仪器操作

1) 实验前,仔细了解仪器的使用方法和操作方法。

2) 光学仪器的主体是光学元件,由于光学元件是用玻璃制成,光学面经过精细抛光处理。因此,在使用时,要求轻拿、轻放,避免光学元件的损坏。不用的光学元件要放在元件盒或实验桌中央。

3) 在任何时候都不能用手触及光学元件的通光面,只能拿光学元件的磨砂面(不通光面)。

4) 不要对着光学元件表面说话,更不能对着光学元件表面咳嗽、打喷嚏等。

5) 光学元件表面如被污染时,灰尘可以用专用橡皮球将灰尘吹去或用软毛刷将灰尘轻轻拂去。切不可用其他物品擦拭。其他污染物要用专门方法精细清理。

6) 光学仪器多数是精密仪器,使用仪器时要按操作规程进行,动作要轻,不能蛮动。不能随意拆卸仪器。

7) 在室内使用光学仪器时,要事先熟悉各种仪器和元件的位置。在暗室环境下操作时,手要贴着实验桌面寻找和调整仪器和元件,以免碰倒、摔坏仪器和元件。

十、暗室技术（显影和定影）

1. 感光底片

感光底片是用乳胶和卤化银混合后涂在基片(如赛璐珞、玻璃等)上制成的。曝光时,卤化银中的银离子在光的作用下,还原为金属银。被还原的银原子数与入射光强成正比,曝光后的银原子在底片上将按光的强弱形成一定的分布,形成潜像。

2. 显影

显影是潜像的显示过程。感光底片放到显影液中,受到光照射而被还原的银原子是显影的中心。光照射强的地方,银原子还原多,显影后很快变黑,没有曝光的地方保持原乳胶的颜色。显影时要掌握好显影的时间和显影液的浓度。

3. 停显

充分显影后,将底片从显影液中取出,由于底片带显影液,它会继续起作用,必须停止显影。停显液一般为弱酸性水溶液,如醋酸溶液。它可以和显影液中和,使显影迅速停止。停显后用清水冲洗底片。在要求不高的场合,可以用清水直接冲洗停显。

4. 定影

定影是使感光底片上未感光的卤化银乳胶全部溶解、去掉,把感光还原的银原子固定下来。定影也需要掌握好时间,时间太短定影不完全,时间太长底片会发黄变质。

5. 冲洗和晾干

定影好的底片要彻底冲洗,去除定影液。底片最好自然晾干,晾干后才可以使用。

附录一　测量值的标准偏差

一、测量结果的最佳值

由于真值 A 是无法知道的,所以绝对误差无法计算。在前面讨论过,可将无限多次的测量值的算术平均值 μ 作为测量结果的最佳值,即

$$A \rightarrow \mu = \lim_{n \to \infty} \frac{\sum x_i}{n} \tag{1}$$

二、标准偏差

在物理实验中测量的次数往往是有限的，不可能为无限多次。所以，我们应该用各次测量值 x_i 与有限次的算术平均值 $\bar{x}$ 之差 Δx_i 来估算标准偏差，并记为

$$\Delta x_i = x_i - \bar{x} \tag{2}$$

而各次测量的随机误差为 $\delta_i = x_i - \mu$，把这些误差求和取平均得

$$\frac{1}{n} \sum_{i=1}^{n} \delta_i = \frac{1}{n} \sum_{i=1}^{n} (x_i - \mu) = \bar{x} - \mu \tag{3}$$

式（3）可写为

$$\bar{x} = \mu + \frac{1}{n} \sum_{i=1}^{n} \delta_i \tag{4}$$

把式（4）代入式（2）得

$$\Delta x_i = x_i - \mu - \frac{1}{n} \sum_{i=1}^{n} \delta_i = \delta_i - \frac{1}{n} \sum_{i=1}^{n} \delta_i \tag{5}$$

对式（5）平方求和得

$$\begin{aligned}
\sum_{i=1}^{n} (\Delta x_i)^2 &= \sum_{i=1}^{n} \left[(\delta_i)^2 - 2\delta_i \frac{1}{n} \sum_{i=1}^{n} \delta_i + \left(\frac{1}{n} \sum_{i=1}^{n} \delta_i \right)^2 \right] \\
&= \sum_{i=1}^{n} (\delta_i)^2 - 2\frac{1}{n} \left(\sum_{i=1}^{n} \delta_i \right)^2 + n \left[\frac{1}{n^2} \left(\sum_{i=1}^{n} \delta_i \right)^2 \right] \\
&= \sum_{i=1}^{n} (\delta_i)^2 - \frac{1}{n} \left(\sum_{i=1}^{n} \delta_i \right)^2
\end{aligned} \tag{6}$$

因为在测量中正负误差出现的概率接近相等（对称性），故 $\left(\sum_{i=1}^{n} \delta_i \right)^2$ 展开后，当 n 适当大时，交叉项 $\sum_{i \neq j}^{n} \delta_i \delta_j \approx 0$，故得

$$\sum_{i=1}^{n} (\delta_i)^2 \approx \left(\sum_{i=1}^{n} \delta_i \right)^2 \tag{7}$$

由式（6）可得

$$\sum_{i=1}^{n} (\Delta x_i)^2 = \sum_{i=1}^{n} (\delta_i)^2 - \frac{1}{n} \sum_{i=1}^{\infty} (\delta_i)^2 = \frac{n-1}{n} \sum_{i=1}^{n} (\delta_i)^2 \tag{8}$$

即

$$\sqrt{\frac{\sum (\Delta x_i)^2}{n-1}} = \sqrt{\frac{\sum (\delta_i)^2}{n}} = \sqrt{\frac{\sum (x_i - \mu)^2}{n}} \tag{9}$$

式（9）的等式右边即为随机误差 σ 的定义式，因此等式左边的表达式就是对测量随机误差的最佳估计值，称为标准偏差，简称标准差，用符号 S_x 表示，即

$$S_x = \sqrt{\frac{\sum (\Delta x_i)^2}{n-1}} = \sqrt{\frac{\sum (x_i - \bar{x})^2}{n-1}} \tag{10}$$

这是计算测量结果随机误差及标准偏差时很有用的公式，称为贝塞耳（Bessel）公式。

附录二 算术平均值的标准偏差

一、算术平均值的计算

算术平均值的计算公式为

$$\bar{x} = \frac{1}{n}(x_1 + x_2 + \cdots + x_i + \cdots + x_n) = \frac{\sum x_i}{n} \tag{11}$$

式中，x_i 为任一次的测量值。

二、算术平均值的标准偏差 $S_{\bar{x}}$

因为测量值 x_i 存在误差，所以平均值也同样有误差，根据误差传递公式（1-2-26），算术平均值的标准偏差 $S_{\bar{x}} = \Delta_{\bar{x}}$，可得

$$\Delta_{\bar{x}} = \sqrt{\frac{1}{n^2}\left[(\Delta_{x_1})^2 + (\Delta_{x_2})^2 + \cdots + (\Delta_{x_i})^2 + \cdots + (\Delta_{x_n})^2\right]} = \sqrt{\frac{1}{n^2}\sum_{i=1}^{n}(\Delta_{x_i})^2} \tag{12}$$

由于多次测量同一物理量是等精度测量，故有

$$(\Delta_{x_1})^2 = (\Delta_{x_2})^2 = \cdots = (\Delta_{x_n})^2 \tag{13}$$

式(12)可化为

$$\Delta_{\bar{x}} = \sqrt{\frac{1}{n^2}n(\Delta_{x_i})^2} = \frac{\Delta_{x_i}}{\sqrt{n}} \tag{14}$$

即算术平均值的标准偏差为

$$S_{\bar{x}} = \frac{S_x}{\sqrt{n}} \approx \sqrt{\frac{\sum(x_i - \bar{x})^2}{n(n-1)}} \tag{15}$$

习   题

1. 试述系统误差、随机误差的区别及产生原因。

2. 重复测量某物体 m 质量 6 次。数据为

零点读数: 0.000   （单位：g）

32.125	32.126	32.121	32.124	32.122	32.122

已知天平误差限为 $\Delta_仪 = 0.005$ g，求 m 的不确定度，并表示出测量结果。

3. 用精度为 0.02 mm 的游标卡尺测圆柱体的高为 $h = 8.012$ cm，用精度为 0.01 mm 的千分尺测直径 $d = 2.0315$ cm。试正确表示圆柱体体积的测量结果。

4. 写出下列函数的不确定度表示式：

（1）$M = \dfrac{FL^3}{4\lambda D^2}$ （2）$f = \dfrac{k}{2}\left(x - \dfrac{1}{3}y^3\right)$ k 为常数

5. 用分度值为 0.002 cm 的游标尺测量一空心圆柱体，测得其内径 $D_1 = 1.504$ cm，外径 $D_2 = 3.300$ cm，高 $h = 4.810$ cm，试计算其体积 V 和不确定度 Δ。

6. 按有效数字规则要求，将下列各量中符合有效数字规范的数据选出来。

(1) 用精度为 0.01 mm 的千分尺测物体的长度，测值为

0.46 cm　　　0.5 cm　　　0.317 cm　　　0.0236 cm

(2) 用精度为 0.02 mm 的游标卡尺测物体的长度，测值为

40 mm　　　71.05 mm　　　52.6 mm　　　23.46 mm

(3) 用最小分度为 0.5℃ 的温度计测温度，测值为

45.4 ℃　　　10 ℃　　　26.50 ℃　　　13.73 ℃

7. 换算下列各测量值的单位。

(1) 4.80 cm = _____ m = _____ mm；

(2) 30.70 g = _____ kg = _____ mg；

(3) 3.50 mA = _____ A = _____ μA。

8. 按照误差理论和有效数字规则，改正下列表达式的错误。

(1) $d = (10.800 \pm 0.02)$ cm

(2) $D = (27000 \pm 1000)$ km

(3) $t = (8.50 \pm 0.45)$ s

(4) 0.221 m × 0.221 m = 0.048841 m^2

(5) (12.0012 ± 0.0625) cm

(6) (0.576361 ± 0.0005) mm

(7) (9.75 ± 0.0626) mA

(8) (96500 ± 500) g

(9) (22 ± 0.5) ℃

9. 判断下列各式的对错，并在括号内填写有效数字的正确答案。

(1) 1.732 × 1.56 = 2.70192　(　　　)

(2) 628.7 ÷ 7.5 = 83.827　(　　　)

(3) (30.56 − 30.12) × 5.231 = 2.30164　(　　　)

10. 按有效数字运算规则计算下列各式结果。

(1) 试完成下列测量值的有效数字运算：

① sin20°6′　　②lg480.3　　③$e^{3.250}$

(2) 某间接测量的函数关系为 $y = x_1 + x_2$，x_1、x_2 为实验值。

若　① $x_1 = (1.1 \pm 0.1)$ cm，$x_2 = (2.387 \pm 0.001)$ cm；

　　② $x_1 = (37.13 \pm 0.02)$ mm，$x_2 = (0.623 \pm 0.001)$ mm

试求算出 y 的实验结果。

(3) $Z = \alpha + \beta + \gamma$，其中 $\alpha = (1.218 \pm 0.002)\Omega$，$\beta = (2.1 \pm 0.2)\Omega$，$\gamma = (2.1 \pm 0.2)\Omega$，试计算出 Z 的实验结果。

(4) $U = RI$，今测得 $I = (1.00 \pm 0.05)$ A，$R = (1.00 \pm 0.03)$ Ω，试算出 U 的实验结果。

(5) 试利用有效数字运算法则，计算下列各式的结果(应写出每一步简化的情况)：

① $\dfrac{76.000}{40.00 - 2.0} = $　　　　② $\dfrac{50.00 \times (18.30 - 16.3)}{(103 - 3.0)(1.00 + 0.001)} = $

③ $\dfrac{100.0 \times (5.6 + 4.412)}{(78.00 - 77.0) \times 10.00} + 110.0 = $

11. 用级别为 0.5 级，量程为 10 mA 的电流表对某电路的电流作 10 次等精度测量，测量数据如下表所示。试计算测量结果以及标准偏差，并用测量结果表达式表示。

n	1	2	3	4	5	6	7	8	9	10
I/mA	9.55	9.56	9.50	9.53	9.60	9.40	9.57	9.62	9.59	9.56

12. 下列是测量金属丝电阻-温度系数的实验数据，试绘制 R-t 关系图。

若 $R = R_0(1 + \alpha t)$，其中 R_0 是温度为 0 ℃ 时的电阻，求 α。

t/℃	0.00	8.2	14.7	32.5	51.1	68.1	82.1	93.4
R/Ω	5.8	8.7	11.5	18.7	25.5	32.4	37.8	41.8

13. 用伏安法测电阻，其实验数据如下：

I/mA	0.00	2.00	4.00	6.00	8.00	10.00	12.00	14.00	16.00	18.00	20.00	22.00
U/V	0.01	1.00	2.01	3.05	4.00	5.01	5.90	6.98	8.00	9.00	9.99	11.00

用逐差法求出 U-I 的函数关系式和电阻 R。

第二篇　基础性实验

实验一　物体密度的测定

密度是物质的基本属性之一，在生产和科学实验中，为了对材料成分进行分析和纯度鉴定，需要测定各种固体和液体材料的密度。

【实验目的】

1. 用流体静力称衡法测量固体和液体的密度。
2. 掌握物理天平的使用方法。
3. 巩固有效数字和不确定度的计算方法

【实验仪器】

物理天平（附砝码）、烧杯、蒸馏水、待测固体、待测液体、温度计、细线等。

【实验原理】

密度定义

$$\rho = \frac{m}{V} \tag{2-1-1}$$

测出物体质量 m 和体积 V 后，可间接测得物体的密度 ρ。利用天平很容易测出质量，对于规则形状的固体，可通过测出它的外形尺寸，间接测得其体积，但是对于不规则形状的固体，若通过测外形尺寸来求体积，则计算起来比较麻烦，甚至十分困难。此时，用转换法来测定其体积既简单又精确。

（1）流体静力称衡法测定不规则固体的密度

物体的质量为 m_1，体积为 V，则其密度为

$$\rho_1 = \frac{m_1}{V} \tag{2-1-2}$$

测定 m_1 及 V 就可以得到 ρ_1。本实验中，用物理天平测 m_1，用流体静力称衡法间接地解决 V 的测量问题，对于测定不规则物体的密度，这是一种常用的方法。

如果不计空气的浮力，物体在空气中的重量 $W_1 = m_1 g$ 与它浸没在液体中的视重 $W_2 = m_2 g$ 之差即它在液体中所受的浮力

$$F = W_1 - W_2 = (m_1 - m_2)g \tag{2-1-3}$$

式中，m_1 和 m_2 是该物体在空气中及全浸入液体中称衡时相应的天平砝码质量。根据阿基米德原理，物体在液体中所受的浮力等于它所排开液体的重量即

$$F = \rho_0 V g \tag{2-1-4}$$

式中，ρ_0 是液体的密度（本实验用水即为 $\rho_水$）；在物体全部浸入液体中时，V 是排开液体的体积亦即物体的体积。由式（2-1-2）、式（2-1-3）、式（2-1-4）可得

$$\rho_1 = \frac{m_1}{m_1 - m_2}\rho_0 \qquad (2\text{-}1\text{-}5)$$

本实验中液体用水，ρ_0 即为水的密度。不同温度下水的密度见本实验附录二。

用这种方法测密度，避开了不易测量的不规则物体的体积，转换成容易准确测量的质量，这种实验方法称为转换法。

如果待测物体的密度小于液体的密度，则在称物体在空气中的质量 m_3 后，再在物体下挂上一个重物，先使待测物体在液面之上，而重物全部浸没在液体中进行称衡，相应砝码质量为 m_4，再将待测物体连同重物全部浸没在液体之中进行称衡，相应砝码质量为 m_5，则物体在液体中所受浮力为

$$F = (m_4 - m_5)g \qquad (2\text{-}1\text{-}6)$$

物体密度为

$$\rho_2 = \frac{m_3}{m_4 - m_5}\rho_0 \qquad (2\text{-}1\text{-}7)$$

（2）流体静力称衡法测定液体的密度

如果要测液体密度，可以先将一个重物分别放在空气和浸没在密度为 ρ_0 已知的液体中称衡，相应的质量分别为 m_1 和 m_2，再将该重物重新完全浸没在另一种待测定密度为 ρ_3 的液体中称衡，相应的质量为 m_6，重物在待测液体中所受浮力为

$$F' = (m_1 - m_6)g = \rho_3 Vg \qquad (2\text{-}1\text{-}8)$$

重物在密度 ρ_0 液体中所受浮力为

$$F = (m_1 - m_2)g = \rho_0 Vg \qquad (2\text{-}1\text{-}9)$$

由式（2-1-8）和式（2-1-9）可得待测液体密度为

$$\rho_3 = \frac{m_1 - m_6}{m_1 - m_2}\rho_0 \qquad (2\text{-}1\text{-}10)$$

【实验内容】

1. 测金属物的密度

（1）调整物理天平，测 m_1，为观察和消除天平不等臂误差，采用换位法测量，先把物体放左盘，测出质量 m_1，再把物体放右盘测出质量 m_1'，用几何平均值法计算 $\overline{m_1} = \sqrt{m_1 m_1'}$。

（2）称出物体浸没于水中的质量 m_2：将盛水的烧杯置于天平托板上，把细线系在物体上然后悬挂在秤盘钩上并完全浸没于水中，且使表面没有附着气泡，测得此时的质量 m_2。

2. 测量不规则塑料管密度

先称出塑料管在空气中质量 m_3；再分别称出塑料管在水面上而下悬金属物在水中时的质量 m_4 及两者全部浸没在水中时的质量 m_5。

3. 测量液体密度

将烧杯倒去水，再倒入待测液体，将前面所测的不规则金属物浸没其中并称出质量 m_6。

注意：烧杯中倒入待测液体前应将烧杯中水擦干。

4. 记录所用水的温度

从附录二中查出相应温度下水的密度 ρ_0。

【数据记录及处理】

将实验数据记录进表 2-1-1。

1. 不规则金属物体质量测量

金属物体质量：$m_1 = $ ＿＿＿＿＿＿ g；$m_1' = $ ＿＿＿＿＿＿ g；

几何平均值：$\overline{m_1} = \sqrt{m_1 \cdot m_1'} = $ ＿＿＿＿＿＿ g；

天平仪器误差限（即感量）：$\Delta_仪 = $ ＿＿＿＿＿＿ g。

2. 流体静力称衡法测固体和液体的密度

表 2-1-1 测量固体和液体的密度数据表

测量内容	测量次数					平均值	标准偏差
	1	2	3	4	5		
m_2						$\overline{m_2} = $	$S_{\overline{m_2}} = $
m_3						$\overline{m_3} = $	$S_{\overline{m_3}} = $
m_4						$\overline{m_4} = $	$S_{\overline{m_4}} = $
m_5						$\overline{m_5} = $	$S_{\overline{m_5}} = $
m_6						$\overline{m_6} = $	$S_{\overline{m_6}} = $

水在 ＿＿＿＿＿ °C 时的密度 $\rho_0 = $ ＿＿＿＿＿ g/cm^3；$\Delta_{\rho_0} = 0.001$ g/cm^3

（1）$\overline{\rho_1} = \dfrac{\overline{m_1}}{m_1 - \overline{m_2}}\rho_0$ ＿＿（代入计算数据）＿＿ ＿＿＿＿＿ g/cm^3

$\Delta_{\overline{m_2}} = \sqrt{S_{\overline{m_2}}^2 + \Delta_仪^2}$ ＿＿（代入计算数据）＿＿ ＿＿＿＿＿ g/cm^3

$\Delta_{\overline{\rho_1}} = \overline{\rho_1}\sqrt{\left(\dfrac{\Delta_{m_1}}{\overline{m_1}}\right)^2 + \left(\dfrac{\Delta_{\overline{m_2}}}{\overline{m_2}}\right)^2 + \left(\dfrac{\Delta_{\rho_0}}{\rho_0}\right)^2}$ ＿＿（代入计算数据）＿＿ ＿＿＿＿＿ g/cm^3

$\rho_1 = \overline{\rho_1} + \Delta_{\overline{\rho_1}}$ ＿＿（代入计算数据）＿＿ ＿＿＿＿＿ g/cm^3

（2）$\overline{\rho_2} = \dfrac{\overline{m_3}}{\overline{m_4} - \overline{m_5}}\rho_0$ ＿＿（代入计算数据）＿＿ ＿＿＿＿＿ g/cm^3

$\Delta_{\overline{m_3}} = \sqrt{S_{\overline{m_3}}^2 + \Delta_仪^2}$ ＿＿（代入计算数据）＿＿ ＿＿＿＿＿ g/cm^3

$\Delta_{\overline{m_4}} = \sqrt{S_{\overline{m_4}}^2 + \Delta_仪^2}$ ＿＿（代入计算数据）＿＿ ＿＿＿＿＿ g/cm^3

$\Delta_{\overline{m_5}} = \sqrt{S_{\overline{m_5}}^2 + \Delta_仪^2}$ ＿＿（代入计算数据）＿＿ ＿＿＿＿＿ g/cm^3

$\Delta_{\overline{\rho_2}} = \overline{\rho_2}\sqrt{\left(\dfrac{\Delta_{m_3}}{\overline{m_3}}\right)^2 + \left(\dfrac{\Delta_{\overline{m_4}}}{\overline{m_4}}\right)^2 + \left(\dfrac{\Delta_{\overline{m_5}}}{\overline{m_5}}\right)^2 + \left(\dfrac{\Delta_{\rho_0}}{\rho_0}\right)^2} = $ ＿＿＿＿＿ g/cm^3

$\rho_2 = \overline{\rho_2} \pm \Delta_{\overline{\rho_2}}$ ＿＿（代入计算数据）＿＿ ＿＿＿＿＿ g/cm^3

（3）$\overline{\rho_3} = \dfrac{\overline{m_1} - \overline{m_6}}{m_1 - \overline{m_2}}\rho_0$ ＿＿（代入计算数据）＿＿ ＿＿＿＿＿ g/cm^3

$$\Delta_{\overline{m_6}} = \sqrt{S_{\overline{m_6}}^2 + \Delta_{\mathrm{仪}}^2} \underset{\text{（代入计算数据）}}{\underline{\hspace{4cm}}} \mathrm{g/cm^3}$$

$$\Delta_{\overline{\rho_3}} = \overline{\rho_3}\sqrt{\left(\frac{\Delta_{m_1}}{\overline{m_1}}\right)^2 + \left(\frac{\Delta_{\overline{m_2}}}{\overline{m_2}}\right)^2 + \left(\frac{\Delta_{\overline{m_6}}}{\overline{m_6}}\right)^2 + \left(\frac{\Delta_{\rho_0}}{\rho_0}\right)^2} = \underline{\hspace{3cm}} \mathrm{g/cm^3}$$

$$\rho_3 = \overline{\rho_3} \pm \Delta_{\overline{\rho_3}} \underset{\text{（代入计算数据）}}{\underline{\hspace{4cm}}} \mathrm{g/cm^3}$$

【注意事项】

1. 只有在浸没液体后物体性质不会发生变化时，才能用流体静力称衡法测密度。

2. 天平称衡时，每次加、减砝码必须首先放下天平横梁使天平止动，以防天平损坏。

【思考题】

1. 在使用天平前应进行哪些调节，为什么用换位测量法可消除天平不等臂误差？

2. 若待测物体的密度比水小，则测其密度时应测哪些物理量？

3. 测定不规则固体密度时，若被测物体浸没水中时表面吸附有气泡，则实验结果所得密度值偏大还是偏小？为什么？

附录一：物理天平

1. 物理天平的结构

TW-02B 型为双盘悬挂等臂式天平。天平的横梁上装有三个刀口，中间刀口向下，它置于支柱顶端的玛瑙刀承上，两侧等臂刀口朝上，通过挂钩各悬挂一个秤盘。一个指针固定于横梁上，当横梁摆动时，指针下端在支柱标牌前摆动。转动制动旋钮时，横梁可上升或下降。当横梁降下后，支架上有两个支销托住横梁，使横梁处于制动位置，中间刀口与刀承分离，避免刀口磕碰磨损。横梁两端有平衡螺母，用于天平空载时调节平衡。横梁上有游码，用于 1 g 以下的称量。TW-02B 型天平横梁刻有 50 分度，分度值为 20 mg。支柱左边装有一个托板，用来托住不需称量的物体（如烧杯等）。

2. 天平的两个重要技术指标

1）称量——指允许称衡的最大质量

2）感量/灵敏度——感量指天平指针偏转标尺上 1 个分度格时，天平称盘上应增加（或减少）的砝码值。感量的倒数称为天平的灵敏度。

天平的仪器误差一般可以用感量值表示，例如 TW-02B 型称量为 200 g，感量为 20 mg，则仪器误差为 20 mg。

3. 物理天平的使用及注意事项

1）称量前，应检查天平各部件安装是否正确。调节天平底脚螺钉，若底座上的水准器气泡居中，说明天平支柱竖直。

2）空载时调整零点：将游码移到横梁左端零刻度线上，挂钩连同秤盘架于横梁两端的刀口上，支起横梁，观察指针是否停在零位或在零位两边对称摆动。如天平不平衡，放下横梁调节平衡螺母，直至天平平衡。

3）称物时，被称物放在左盘，砝码放在右盘。拿取或移动砝码，必须使用镊子，严禁用手。天平的起动和制动操作要做到绝对平稳，在初称阶段不必全起动，只要已判断出哪边重，哪边轻，便立即制动。取放物体、砝码和移动游码都应使横梁处于制动位置。

4）称量完毕,立即将横梁制动,并将砝码放回盒中,同时将横梁两端刀口上的挂钩摘下。

5）天平和砝码均要预防锈蚀，不得直接称量高温物件、液体及有腐蚀性的化学药品。

附录二：在标准大气压下不同温度的水的密度

温度 $t/℃$	密度 $\rho/(kg/m^3)$	温度 $t/℃$	密度 $\rho/(kg/m^3)$	温度 $t/℃$	密度 $\rho/(kg/m^3)$
0	999.87	12	999.52	24	997.32
1	999.93	13	999.40	25	997.07
2	999.97	14	999.27	26	996.81
3	999.99	15	999.13	27	996.54
4	1000.00	16	998.97	28	996.26
5	999.99	17	998.60	29	995.97
6	999.97	18	998.62	30	995.67
7	999.93	19	998.43	31	995.37
8	999.88	20	998.23	32	995.05
9	999.81	21	998.02	33	994.72
10	999.73	22	997.80	34	994.40
11	999.63	23	997.57	35	994.06

实验二　单摆法测定重力加速度

重力加速度是力学中常用的物理量，在地球的不同地区重力加速度有微小的不同。重力加速度的测量方法有多种，本实验用单摆法测定重力加速度。

【实验目的】

1. 了解用单摆测重力加速度的原理。
2. 掌握周期的测定方法，学习用累计放大法提高测量精度。
3. 练习用坐标纸作图处理数据。
4. 验证单摆的摆长与周期的关系。

【实验仪器】

FB818-1 型动力学综合（单摆）实验装置、FB213C 型多功能智能微秒仪（使用见复摆特性的研究附录一）、钢卷尺、游标卡尺。

【实验原理】

一根长为 l 不能伸长的细线，上端固定。下端悬挂一质量为 m 的小球，设细线质量比小球质量小很多，可以将小球当做质点，将小球略微推动后，小球在重力作用下可在竖直平面内来回摆动，这种装置称为单摆。

单摆在往返摆动一次所需要的时间称为单摆的周期，可以证明，当摆幅很小时，单摆周期 T 满足以下公式：

$$T = 2\pi \sqrt{\frac{L}{g}} \tag{2-2-1}$$

式中，单摆的摆长 L 是从上端悬点到小球球心的距离；g 是当地的重力加速度。如果测出单摆的摆长和周期，根据式（2-2-1）可导出

$$g = \frac{4\pi^2}{T^2} L \tag{2-2-2}$$

就可以计算出重力加速度 g。这是粗略测量重力加速度的一个简便方法。

上述单摆测量 g 的方法依据的理论公式是式（2-2-1）。这个公式的成立是有条件的，否则将使测量产生如下系统误差：

1）单摆的摆动角应很小，如果摆角 $\theta > 5$，根据振动理论，周期不仅与摆长 L 有关而且与摆动的角振幅 θ_m 有关，其公式为

$$T = 2\pi\sqrt{\frac{L}{g}}\left(1 + \frac{1}{4}\sin^2\frac{\theta_m}{2} + \cdots\right) \tag{2-2-3}$$

2）悬线质量 m_0 应远小于摆球的质量 m，摆球的半径 r 应远小于摆长 L，实际上任何一个单摆都不是理想的，由理论可以证明，此时考虑上述因素的影响，其摆动周期为

$$T = 2\pi\sqrt{\frac{L}{g}}\left[\frac{1 + \dfrac{2r^2}{5L^2} + \dfrac{m_0}{3m}\left(1 - \dfrac{2r}{L} + \dfrac{r^2}{L^2}\right)}{1 + \dfrac{m_0}{2m}\left(1 - \dfrac{r}{L}\right)}\right]^{\frac{1}{2}} \tag{2-2-4}$$

3）如果考虑空气的浮力，则周期应为

$$T = T_0\left(1 + \frac{\rho_{空气}}{2\rho_{球}}\right) \tag{2-2-5}$$

式中，T_0 是同一单摆在真空中的摆动周期；$\rho_{空气}$ 是空气的密度；$\rho_{球}$ 是摆球的密度，由式（2-2-5）可知单摆周期并非与摆球材料无关，当摆球密度很小时影响较大。

4）忽略了空气的黏滞阻力及其他因素引起的摩擦力，实际上单摆摆动时，由于存在这些摩擦阻力，使单摆不是作简谐振动而是作阻尼振动，使周期增大。

上述四种因素带来的误差都是系统误差，均来自理论公式所要求的条件在实验中未能很好满足，因此属于理论方法误差。此外，使用的仪器如停表、米尺，也会带来仪器误差。

【实验内容】

1. 测量摆长

摆长是从单摆的悬点到摆球中心的距离，用米尺测量单摆上悬挂点到小球最低点的长度 l，用游标尺测定摆球的直径 d，故摆长为

$$L = l - \frac{d}{2} \tag{2-2-6}$$

改变 l，即可改变摆长 L。

用游标卡尺多次测量小球的直径，分别记入表格 2-2-1。

表 2-2-1　测量小球直径表

测量次数	1	2	3	平均值
直径 d/cm				

2. 测量摆动周期

为了减小系统误差，应保证摆角小于 5°，当摆长约 1 m 时，摆球离开平衡位置的位移应小于 7~8 cm。略微移动小球使单摆摆动，当摆动稳定后开始计时，摆球通过平衡位置（即摆球速度最大）时，在小摆幅下，用 FB213C 多功能微称仪测单摆摆动 10~20 个周期以及相应摆动的总时间 t，则周期 $T = t/n$，重复测量 5 次，列表记录数据：

表 2-2-2　测量摆动周期数据表　　　　　　　　$L = $ 　　cm

次　数	周期数/n	t/s	周期 $T = (t/n)$/s	δT/s
1				
2				
3				
4				
5				
平　　均				

3. 计算重力加速度：

根据式（2-2-2），将 L、$\overline{T}$ 值代入，可求得 g 的平均值

$$\overline{g} = \frac{4\pi^2}{\overline{T}^2} \cdot L$$

测量结果的相对不确定度：$E_g = \sqrt{\left(\dfrac{\Delta_L}{L}\right)^2 + \left(2\dfrac{\Delta_T}{T}\right)^2} = $

测量结果的不确定度：$\Delta_g = \overline{g} \cdot E_g = $

测量结果最终表达：$g \pm \Delta_g = $

4. 作 T^2-L 关系图，由作图求解 g：

改变摆长 L，分别取 40.00 cm，50.00 cm，60.00 cm，…，120.00 cm，测出在不同摆长情况下的摆动周期 T，列表记录数据：

表 2-2-3　测量不同摆长的摆动周期数据表

L/cm	n	T/s	$T = (t/n)$/s	T^2/s^2
40.00				
50.00				
60.00				
70.00				
80.00				
90.00				
100.00				
110.00				
120.00				

按作图法要求，用坐标纸（或用 Excel）作 T^2-L 关系曲线，求出直线的斜率

$$K = $$

由式（2-2-2）可导得由斜率 K 求解重力加速度 g 的实验公式

$$g = \frac{4\pi^2}{K} = \tag{2-2-7}$$

将测量值与公认值相比较，求百分偏差 E

$$E = \frac{|g - g_公|}{g_公}\% = $$

5. 作 T-θ_m 关系曲线

取摆长为 1 m，分别取不同的幅角 θ_m，测出对应的周期 T，由于角度 θ_m 不容易测定，

以摆球离开竖直线最大距离分别为 $X = 10$ cm，15 cm，20 cm，25 cm，30 cm，35 cm，40 cm，测出对应的周期 T。算出幅角 $\theta_{\mathrm{m}} = \arcsin \dfrac{X}{L}$，由于幅角较大时，衰减较显著，因此取摆幅始末的平均值做摆幅，并且减少每次测量的周期数，根据前面式（2-2-3）算出对应角度 θ_{m} 的周期 T（理论）值。列表记录数据：

表 2-2-4　测量不同幅角时的摆动周期数据表　　　　　　摆长 $L =$ 　　cm

θ_{m}	5°	10°	15°	20°	25°	30°	35°
T/s							
$T_{\text{理}} = 2\pi \sqrt{\dfrac{L}{g}}\left(1 + \dfrac{1}{4}\sin^2\dfrac{\theta_{\mathrm{m}}}{2}\right)$							

以幅角 θ_{m} 为横坐标，周期 T 为纵坐标作 T-θ_{m} 关系曲线，在同一坐标纸上作出 $T_{\text{理}}$-θ_{m} 理论曲线，由这两条线可以看出式（2-2-3）与实际情况符合的程度。

【思考题】

1. 为什么在摆球经过平衡位置时开始计时，误差最小？

2. 为什么测量周期 T 时，不直接测量往返摆动一次时的周期值？试从测量误差的角度来分析说明。

实验三　牛顿第二定律的验证

力学实验最困难的问题就是摩擦力对测量的影响。气垫导轨就是为消除摩擦而设计的力学实验仪器。它利用从导轨表面的小孔喷出的压缩空气，使导轨表面与滑块之间形成一层很薄的"气垫"，将滑块浮起。这样滑块在导轨表面的运动几乎可以看成是"无摩擦"的。利用滑块在气垫上的运动可以进行许多力学实验，如测定速度、加速度，验证牛顿第二运动定律和守恒定律以及研究简谐振动等。

【实验目的】

1. 熟悉气垫的原理、调整和使用。

2. 观察运动现象，测量物体的速度、加速度。

3. 研究加速度与力学基本量的关系，从实验中归纳总结牛顿第二定律。

4. 学会气垫导轨和计时计数测速仪的使用。

【实验仪器】

气垫导轨仪器、滑块、砝码、计时计数测速仪。

【实验原理】

1. 速度的测定

物体作直线运动时，平均速度为 $\bar{v} = \Delta x/\Delta t$，时间间隔 Δt 或位移 Δx 越小时，平均速度越接近某点的实际速度，取极限就得到某点的瞬时速度。在实验中直接用定义式来测量某点的瞬时速度是不可能的，因为当 Δt 趋向零时，Δx 也同时趋向零，在测量上有具体困难。但是在一定误差范围内，我们仍可取一很小的 Δt 及其相应的 Δx，用其平均速度来近似地代替瞬时速度。

被研究的物体（滑块）在气垫导轨上作"无摩擦阻力"的运动，滑块上装有一个一定宽度的挡光片，当滑块经过光电门时，挡光片前沿挡光，计时仪开始计时；挡光片后沿挡光时，计时立即停止。计数器上显示出两次挡光所间隔的时间 Δt；Δx 则是两片挡光片同侧边沿之间的宽度，如图 2-3-1 所示。由于 Δx 较小，相应的 Δt 也较小。故可将 Δx 与 Δt 的比值看做是滑块经过光电门所在点（以指针为准）的瞬时速度。

2. 加速度的测定

当滑块在水平方向上受一恒力作用时，滑块将作匀加速直线运动。其加速度 a 由公式 $v^2 - v_0^2 = 2a(x - x_0)$ 即可得到

$$a = \frac{v^2 - v_0^2}{2(x - x_0)} \qquad (2\text{-}3\text{-}1)$$

图 2-3-1　挡光片

根据上述测量速度的方法，只要测出滑块通过第一个光电门的初速度 v_0，及通过第二个光电门的末速度 v，从光电门的指针读出 x_0 和 x，这样根据式（2-3-1）就可算出滑块的加速度 a。

3. 验证牛顿第二定律

牛顿第二定律是动力学的基本定律。其内容是物体受外力作用时，物体获得的加速度的大小与合外力的大小成正比，并与物体的质量成反比。

在图 2-3-2 中，滑块质量为 m_1，砝码盘和砝码的总质量为 m_2，细线张力为 F_T，则有

$$\begin{cases} m_2 g - F_\text{T} = m_2 a \\ F_\text{T} = m_1 a \end{cases} \qquad (2\text{-}3\text{-}2)$$

合外力 $F = m_2 g = (m_1 + m_2) a$，令 $M = m_1 + m_2$，有

$$F = Ma \qquad (2\text{-}3\text{-}3)$$

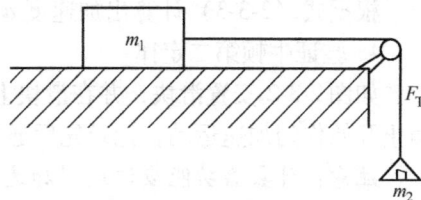

图 2-3-2　验证牛顿第二定律

由推得的公式可以看出：F 越大，加速度 a 也越大，且 F/a 为一常量；在恒力（F 保持不变）作用下，M 大的物体，对应的加速度小，反之亦然，由此可以验证牛顿第二定律，其中加速度 a 由式（2-3-3）求得。

【实验内容】

实验前仔细阅读附录，弄清仪器结构和使用方法。

1. 气垫导轨的水平调节

在气垫导轨上进行实验，必须先按要求将导轨调节水平。可按下列任一种方法调平导轨：

（1）静态调节法：接通气源，使导轨通气良好，然后把装有挡光片的滑块轻轻置于导轨上。观察滑块"自由"运动情况。若导轨不水平，滑块将向较低的一边滑动。调节导轨一端的单脚螺钉，使滑块在导轨上保持不动或稍微左右摆动而无定向移动，则可认为导轨已调平。

（2）动态调节法：将两光电门分别安装在导轨某两点处，两点之间相距约 50 cm（以指针为准）。打开光电计数器的电源开关，导轨通气后滑块以某一速度滑行。设滑块经过两光电门的时间分别为 Δt_1 和 Δt_2。由于空气阻力的影响，对于处于水平的导轨，滑块经过第一个光电门的时间 Δt_1 总是略小于经过第二个光电门的时间 Δt_2（即 $\Delta t_1 < \Delta t_2$）。因此，若滑块反复在导轨上运动，只要先后经过两个光电门的时间相差很小，且后者略为增加（两者相差 2% 以内），就可认为导轨已调水平。否则，根据实际情况调节导轨下面的单脚螺钉，反

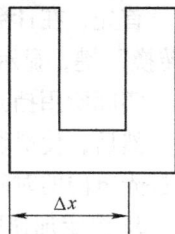

复观察，直到计算左右来回运动对应的时间差（$\Delta t_2 - \Delta t_1$）小于 0.5 ms 即可。

2. 测定速度

首先，在计数器上设定挡光片的宽度。方法是：在打开计数器电源开关后，用手指按住"转换"键，显示屏上立即显示"1.0、3.0、5.0、10.0、…"。当显示"3.0"时立即松开手，实际所用挡光片宽度即已设定。

然后，使滑块在导轨上运动，计数器设定在"计时"功能。显示屏上依次显示出滑块经过光电门的时间，及滑块经过两光电门的速度 v_1 和 v_2。

3. 测定加速度

按动计数器"功能"键，将功能设定"加速度"位置。

利用图 2-3-2 装置，在滑块挂钩上系一细线，绕过导轨端部的滑轮，线的另一端系上砝码盘（砝码盘和单个砝码的质量均为 $m = 5$ g），估计线的长度，使砝码盘在落地前滑块能顺利通过两个光电门。

将滑块移至远离滑轮的一端，稍静置后自由释放。滑块在合外力 F 作用下从静止开始作匀加速运动。此时计数器屏上依次显示出滑块经过光电门的速度 v_1 和 v_2 及加速度 a。

选定两光电门之间的距离分别为 50.00 cm、60.00 cm、70.00 cm，测量出相应的加速度，并比较加速度是否相等，从而证明滑块是否作匀加速运动。

根据式（2-3-3）计算出加速度 a，与测量值 a 比较，求百分偏差。

4. 验证牛顿第二定律

如图 2-3-2 安置滑块，并在滑块上加两个砝码 $2m$，将滑块移至远离滑轮的一端，让它从静止开始作加速运动，记录先后通过两个光电门的速度和加速度。

注意：计数器功能应设定"加速度"位置。

再将滑块上的两个砝码分两次从滑块上移至砝码盘中，重复上述步骤，验证物体质量不变时，加速度大小和合外力大小成正比。

利用同一装置，测量某质量时滑块由静止作匀加速运动时的速度，再分两次将两个加重块（50 g、100 g 两种）逐次加在滑块上，测量出对应的加速度，验证物体合外力不变时，加速度大小与物体质量成反比。

【数据与结果】

表 2-3-1　测定加速度数据表

$\Delta x =$ 　　　cm,　　　$M = m_1 + m_2 =$ 　　　g

次　　数	$S_1 = 50.00$ cm			$S_1 = 60.00$ cm			$S_1 = 70.00$ cm		
	$v_1/$ (cm/s)	$v_2/$ (cm/s)	$a_1/$ (cm/s^2)	$v_1/$ (cm/s)	$v_2/$ (cm/s)	$a_2/$ (cm/s^2)	$v_1/$ (cm/s)	$v_2/$ (cm/s)	$a_3/$ (cm/s^2)
1									
2									
3									
				$\bar{a} =$ 　　　cm/s^2					

$$a_{计} = \frac{m_2 g}{m_1 + m_2} = \underline{\hspace{3cm}} \text{ cm/s}^2$$

百分偏差　$E = \dfrac{\bar{a} - a_{计}}{a_{计}} \times 100\% = \underline{\hspace{2cm}}$

表 2-3-2　加速度与合外力关系的数据表

$$M = m_1 + 2m_0 + m_2 = \qquad \text{g}$$

外力 F	$F_1 = m_2 g =$			$F_2 = (m_2 + m_0)g =$			$F_3 = (m_2 + 2m_0)g =$		
次数	$v_1/$ (cm/s)	$v_2/$ (cm/s)	$a_1/$ (cm/s^2)	$v_1/$ (cm/s)	$v_2/$ (cm/s)	$a_2/$ (cm/s^2)	$v_1/$ (cm/s)	$v_2/$ (cm/s)	$a_3/$ (cm/s^2)
1									
2									
3									
$\bar{a}$									

如外力 F 与 $\bar{a}$ 成正比，且比例系数为 M 则式（2-3-2）得到验证。

表 2-3-3　验证加速度与质量关系的数据表

$$F = m_2 g = \qquad \text{N}, \qquad m' \text{（加重块）} = \qquad \text{g}$$

次　　数	$M_1 = m_1 + m_2 = \qquad$ g			$M_1 = m_1 + m_2 + m' = \qquad$ g			$M_1 = m_1 + m_2 + 2m' = \qquad$ g		
	$v_1/$ (cm/s)	$v_2/$ (cm/s)	$a_1/$ (cm/s^2)	$v_1/$ (cm/s)	$v_2/$ (cm/s)	$a_2/$ (cm/s^2)	$v_1/$ (cm/s)	$v_2/$ (cm/s)	$a_3/$ (cm/s^2)
1									
2									
3									
4									
F	$M_1 a_1 =$			$M_2 a_2 =$			$M_3 a_3 =$		

如 F 与 F' 在误差范围内相符，则式（2-3-2）得到验证。

【思考题】

1. 如何调整与判断气轨是否水平？根据是什么？

2. 滑块的初速度不同是否会影响加速度的测定？

3. 在验证牛顿第二定律时，如何保持系统质量不变而使系统所受的外力等间距变化？

附录：气垫导轨

气垫导轨是一种摩擦力很小的力学实验仪器，它利用气轨表面小孔喷出的压缩空气使安放在导轨上的滑块与导轨之间形成很薄的空气层（这就是所谓的"气垫"），促使滑块从导轨面上浮起，从而避免了滑块与导轨面之间的接触摩擦，仅有微小的空气层黏滞阻力和周围空气的阻力。这样，滑块的运动可近似看成是"无摩擦"运动。

1. 气垫导轨由以下几部分组成（见图 2-3-3）

1）导轨：由长 1.5 m 的一根非常平直的三角形截面的中空铝合金管制成，两侧轨面上均匀分布着两排很小的气孔，导轨的一端封闭，另一端装有进气嘴，当压缩空气经软管从进气嘴进入导轨后，就从小孔喷出而托起滑块。导轨两端及滑块上都装了缓冲弹簧。导轨的一端还装有小轻滑轮。整个导轨装在梯形铝合金底座上，其下面有三个底脚螺钉，既作为支承点，也用以调整气轨的水平状态，还可在螺钉下加放垫块，使气轨成为斜面。

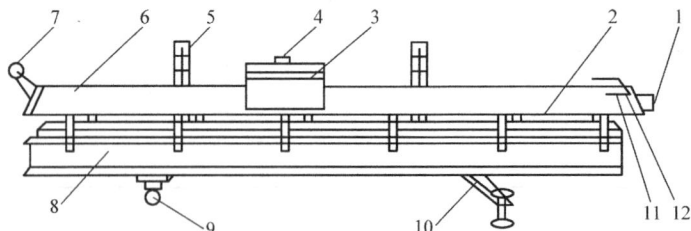

图 2-3-3　气轨结构

1—进气口　2—标尺　3—滑块　4—挡光片　5—光电门　6—导轨
7—滑轮　8—支承梁　9—垫脚　10—支脚　11—发射架　12—端盖

2）滑块：由角形铝材制成，是导轨上的运动物体，其两侧内表面与导轨表面精密吻合。两端装有缓冲弹簧或尼龙搭扣，上面安置测量时用的矩形（或窄条形）挡光片。

3）光电门：导轨上设置两个光电门，光电门上装有光源（聚光小灯泡或红外发光管）和光敏二极管，光敏管的二极通过导线和计时器的光控输入端相接。当滑块上的挡光片经过光电门时，光敏管受到的光照发生变化，引起光敏两极间电压发生变化，由此产生电脉冲信号触发计时系统开始或停止计时。光电门可根据实验需要安置在导轨的适当位置，并由定位窗口读出它的位置。

4）气源：每台气垫导轨配有一台气泵作为气源。对气源的要求是供气压力稳定、消振、消声及空气的清洁过滤。供气过小阻力增加，过大易造成滑快不稳定，一般以滑快被托起 0.1 ~ 0.2 mm 为宜。

2. 注意事项

1）气轨表面的平直度、光洁度要求很高，为了确保仪器精度，决不允许其他东西碰、划伤导轨表面，要防止碰倒光电门损坏轨面。未通气时，不允许将滑块在导轨上来回滑动。实验结束后应将滑块从导轨上取下。

2）滑块的内表面经过仔细加工，并与轨面紧密配合，两者是配套使用的，因此绝对不可将滑块与别的组的滑块调换。实验中必须轻拿轻放，严防碰伤变形。拿滑块时，不要拿在挡光片上，以防滑块掉落摔坏。

3）气轨表面或滑块内表面必须保持清洁，如有污物，可用纱布沾少许酒精擦净。如轨面小气孔堵塞，可用直径小于 0.6 mm 的细钢丝钻通。

4）实验结束后，应该用盖布将气轨盖好。

实验四 物体碰撞研究

【实验目的】
1. 观察弹性碰撞和完全非弹性碰撞现象。
2. 验证碰撞过程中动量守恒和机械能守恒。

【实验仪器】
气垫导轨全套、MUJ-5C/5B 计时计数测速仪、物理天平。

【实验原理】

设两滑块的质量分别为 m_1 和 m_2，碰撞前的速度分别为 v_{10} 和 v_{20}，相碰后的速度分别为 v_1 和 v_2。根据动量守恒定律，有

$$m_1 v_{10} + m_2 v_{20} = m_1 v_1 + m_2 v_2 \qquad (2\text{-}4\text{-}1)$$

测出两滑块的质量和碰撞前后的速度，就可验证碰撞过程中动量是否守恒。其中 v_{10} 和 v_{20} 是在两个光电门处的瞬时速度，即 $\Delta x / \Delta t$，Δt 越小此瞬时速度越准确。在实验中，我们以挡光片的宽度为 Δx，挡光片通过光电门的时间为 Δt，即有 $v_{10} = \Delta x / \Delta t_1$，$v_{20} = \Delta x / \Delta t_2$。

实验分两种情况进行：

1. 完全弹性碰撞

完全弹性碰撞的特点是碰撞前后系统的动量守恒，机械能相等。实验时在两滑块的相碰端装有缓冲弹簧，滑块相撞时缓冲弹簧先发生弹性形变，然后又迅速恢复原状，并将滑块弹开，系统机械能近似无损失，碰撞前后总动能保持不变，有

$$\frac{1}{2} m_1 v_{10}^2 + \frac{1}{2} m_2 v_{20}^2 = \frac{1}{2} m_1 v_1^2 + \frac{1}{2} m_2 v_2^2 \qquad (2\text{-}4\text{-}2)$$

1）若两个滑块质量相等，$m_1 = m_2 = m$，且令 m_2 碰撞前静止，即 $v_{20} = 0$。则由式（2-4-1）、式（2-4-2）得到

$$v_1 = 0, \qquad v_2 = v_{10}$$

即两个滑块将彼此交换速度。

2）若两个滑块质量不相等，$m_1 \neq m_2$，仍令 $v_{20} = 0$，则有

$$m_1 v_{10} = m_1 v_1 + m_2 v_2 \qquad (2\text{-}4\text{-}3)$$

及

$$\frac{1}{2} m_1 v_{10}^2 = \frac{1}{2} m_1 v_1^2 + \frac{1}{2} m_2 v_2^2 \qquad (2\text{-}4\text{-}4)$$

可得速度关系为

$$v_1 = \frac{m_1 - m_2}{m_1 + m_2} v_{10}, \qquad v_2 = \frac{2 m_1}{m_1 + m_2} v_{10}$$

当 $m_1 > m_2$ 时，两滑块相碰后，二者沿相同的速度方向（与 v_{20} 相同）运动；当 $m_1 < m_2$ 时，二者相碰后运动的速度方向相反，m_1 将反向，速度应为负值。

2. 完全非弹性碰撞

将两滑块上的缓冲弹簧取去。在滑块的相碰端装上尼龙扣。相碰后尼龙扣将两滑块扣在

一起，具有同一运动速度（两滑块在碰撞前后系统的动量守恒，但机械能不守恒）：

$$v_1 = v_2 = v$$

令 $v_{20} = 0$，这样式（2-4-1）可以简化为

$$m_1 v_{10} = (m_1 + m_2) v \qquad (2\text{-}4\text{-}5)$$

所以

$$v = \frac{m_1}{m_1 + m_2} v_{10}$$

当 $m_2 = m_1$ 时，$v = \frac{1}{2} v_{10}$。即两滑块扣在一起后，质量增加一倍，速度为原来的一半。

本实验就是通过验证式（2-4-2）、式（2-4-3）、式（2-4-4）的正确性来验证动量守恒和机械能守恒定律。

3. 恢复系数 e

相互碰撞的两物体，碰撞前的相对速度和碰撞后的相对速度之比，称为恢复系数 e

$$e = \frac{v_2 - v_1}{v_{10} - v_{20}} \qquad (2\text{-}4\text{-}6)$$

通常可以根据恢复系数对碰撞进行分类：

1）$e = 0$，即 $v_2 = v_1$ 为完全非弹性碰撞。

2）$e = 1$，即 $v_2 - v_1 = v_{10} - v_{20}$ 为完全弹性碰撞。

3）$0 < e < 1$，是一般的非完全弹性碰撞。

4. 碰撞时动能的损耗

设碰撞后和碰撞前动能之比为 R，即

$$R = \frac{\frac{1}{2} m_1 v_1^2 + \frac{1}{2} m_2 v_2^2}{\frac{1}{2} m_1 v_{10}^2 + \frac{1}{2} m_2 v_{20}^2} \qquad (2\text{-}4\text{-}7)$$

经过推导可得

$$R = \frac{m_1 + m_2 e^2}{m_1 + m_2} \qquad (2\text{-}4\text{-}8)$$

由式（2-4-8）可见，只有当 $e = 1$ 时，动能才守恒；当 $e = 0$ 时，$R = m_1 / (m_1 + m_2)$，若取 $m_1 = m_2$，$R = 1/2$。由式（2-4-8）可知，当由实验求出恢复系数后，就可以算出碰撞前后的能量比和碰撞中的能量损失。

【实验内容】

1. 安装好光电门，光电门指针之间的距离约为 50 cm。导轨通气后，调节导轨水平，使滑块作匀速直线运动。计数器处于正常工作状态，设定挡光片宽度为 3.0 cm，功能设定在"碰撞"位置。调节天平，称出两滑块的质量 m_1 和 m_2。

2. 完全非弹性碰撞

（1）在两滑块的相碰端安置有尼龙扣，碰撞后两滑块粘在一起运动，因动量守恒，即

$$m_1 v_{10} = (m_1 + m_2) v \qquad (2\text{-}4\text{-}9)$$

（2）在碰撞前，将一个滑块（例如质量为 m_2）放在两光电门中间，使它静止（$v_{20} = 0$），将另一个滑块（例如质量为 m_1）放在导轨的一端，轻轻将它推向 m_2 滑块，记录 v_{10}。

（3）两滑块相碰后，它们粘在一起以速度 v 向前运动，记录挡光片通过光电门的速度 v。

（4）按上述步骤重复数次，计算碰撞前后的动量，验证其是否守恒。

可考察当 $m_1 = m_2$ 的情况，重复进行。

3. 完全弹性碰撞

在两滑块的相碰端有缓冲弹簧，当滑块相碰时，由于缓冲弹簧发生弹性形变后恢复原状，在碰撞前后，系统的机械能近似保持不变。仍设 $v_{20} = 0$，则有

$$\frac{1}{2}m_1v_{10}^2 = \frac{1}{2}m_1v_1^2 + \frac{1}{2}m_2v_2^2 \tag{2-4-10}$$

【数据记录】

表 2-4-1　完全非弹性碰撞数据表

相同滑块碰撞: $m_1 = m_2 = m =$　　g, $v_1 = v_2 = v$, $v_{20} = 0$

次数	碰　前		碰　后		百分偏差
	v_{10} /cm·s^{-1}	$k_0 = m_1 v_{10}$ /g·cm·s^{-1}	v /cm·s^{-1}	$k = (m_1 + m_2)v$ /g·cm·s^{-1}	$E = \dfrac{k_0 - k}{k_0} \times 100\%$
1					
2					
3					

不同滑块碰撞: $m_1 =$　g,　　$m_2 =$　g, $v_{20} = 0$

次数	碰　前		碰　后		百分偏差
	v_{10} /cm·s^{-1}	$k_0 = m_1 v_{10}$ /g·cm·s^{-1}	v /cm·s^{-1}	$k = (m_1 + m_2)v$ /g·cm·s^{-1}	$E = \dfrac{k_0 - k}{k_0} \times 100\%$
1					
2					
3					

表 2-4-2　弹性碰撞数据表

不同滑块碰撞: $m_1 =$　g, $m_2 =$　g, $v_{20} = 0$

次数	碰　前		碰　后				百分偏差
	v_{10} /cm·s^{-1}	$k_0 = m_1 v_{10}$ /g·cm·s^{-1}	v_1 /cm·s^{-1}	$k_1 = m_1 v_1$ /g·cm·s^{-1}	v_2 /cm·s^{-1}	$k_2 = m_2 v_2$ /g·cm·s^{-1}	$E = \dfrac{k_0 - (k_1 + k_2)}{k_0}$
1							
2							
3							

相同滑块碰撞: $m_1 = m_2 = m =$　g,　, $v_{20} = 0$, $v_1 = 0$

次数	碰　前		碰　后		百分偏差
	v_{10} /cm·s^{-1}	$k_0 = m_1 v_{10}$ /g·cm·s^{-1}	v_2 /cm·s^{-1}	$k = m_2 v_2$ /g·cm·s^{-1}	$E = \dfrac{k_0 - k}{k_0} \times 100\%$
1					
2					
3					

【思考题】

1. 为了验证动量守恒，在本实验操作上如何来保证实验条件，减小测量误差？

2. 为了使滑块在气垫导轨上匀速运动，是否应调节导轨完全水平？应怎样调节才能使滑块受到的合外力近似等于零？

实验五　复摆特性的研究

【实验目的】

1. 掌握对复摆物理模型的分析。

2. 通过实验学习用复摆测量重力加速度的方法。

3. 了解并探究单摆的非线性运动行为。

4. 对复摆在大摆幅无阻尼状态下的运动行为进行探究。

【实验仪器】

FB818A 型动力学综合（复摆）实验装置、FB213C 多功能微秒仪（使用见附录一）、钢卷尺等。

【实验原理】

复摆又称为物理摆。图 2-5-1 所示为一个形状不规则的刚体，挂于过 O 点的水平轴（回转轴）上，若刚体离开竖直方向转过 θ 角度后释放，它在重力力矩的作用下将绕回转轴自由摆动，这就是一个复摆。当摆动的角度 θ 较小时，摆动近似为简谐振动。振动周期为

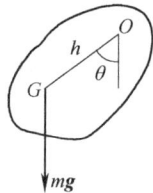

$$T = 2\pi \sqrt{\frac{J}{mgh}} \qquad (2\text{-}5\text{-}1)$$

式中，h 为回转轴到重心 G 的距离；J 为刚体对回转轴 O 的转动惯量；m 为刚体的质量；g 是当地的重力加速度。

图　2-5-1

设刚体对过重心 G，并且平行于水平的回转轴 O 的转动惯量为 J_C，根据平行轴定理得

$$J = J_C + mh^2$$

将此公式代入式（2-5-1），得

$$T = 2\pi \sqrt{\frac{J_C + mh^2}{mgh}} \qquad (2\text{-}5\text{-}2)$$

由此可见，周期 T 是重心到回转轴距离 h 的函数，且当 $h \to 0$ 或 $h \to \infty$ 时，$T \to \infty$。因此，对下面的情况分别进行讨论：

1）h 在零和无穷大之间必存在一个使复摆对该轴周期为最小的值，可将此值叫做复摆的回转半径，用 r 表示。

由式（2-5-2）和极小值条件 $\dfrac{\mathrm{d}T}{\mathrm{d}h} = 0$ 得

$$r = \sqrt{\frac{J_G}{m}}$$

代入式（2-5-2）又得最小周期为

$$T_{\min} = 2\pi \sqrt{\frac{2r}{g}} \tag{2-5-3}$$

2）在 $h = r$ 两边必存在无限对回转轴，使得复摆绕每对回转轴的摆动周期相等。而把这样的一对回转轴称为共轭轴，假设某一对共轭轴分别到重心的距离为 h_1、h_2（$h_1 \neq h_2$），测其对应摆动周期为 T_1、T_2。将此数据分别代入式（2-5-2）并利用 $T_1 = T_2$ 得

$$J_G = m h_1 h_2 \tag{2-5-4}$$

$$T = 2\pi \sqrt{\frac{h_1 + h_2}{g}} \tag{2-5-5}$$

把式（2-5-5）与单摆的周期公式 $T = 2\pi \sqrt{\dfrac{l}{g}}$ 比较可知，复摆绕距离重心为 h_1 或其共轭轴 h_2 的回转轴的摆动周期与所有质量集中于离该轴为 $h_1 + h_2$ 点的单摆周期相等，故称 $h_1 + h_2$ 为该轴的等值摆长。可见，实验测出复摆的摆动周期 T 及该轴的等值摆长 $h_1 + h_2$，由式（2-5-2）就可求出当地的重力加速度 g 的值。

本实验所用复摆为一均匀钢棒，它上面从中心向两端对称地刻了一些刻线。测量时分别将复摆悬挂在不同刻线位置，如图2-5-2所示，便可测出复摆绕不同回转轴摆动的周期以及回转轴到重心的距离，得到一组 T_1、h_1 数据，作 T-h 图，如图2-5-3所示，从而直观地反映出复摆摆动周期与回转轴到重心距离的关系。

由于钢棒是均匀的，复摆上的刻度也是对称的，所以在摆的重心两侧测 T 随 h 的变化也是相同的，则实验曲线必为两条。且与垂直重心的直线交于 H 点。不难看出：$AH = HD = h_1$，$BH = HC = h_2$，即 $AC = BD = h_1 + h_2$ 为等值摆长。

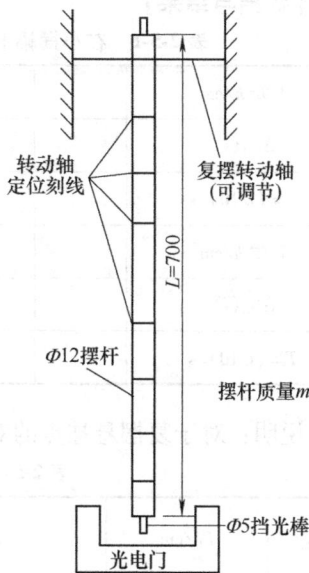

图 2-5-2　复摆示意图

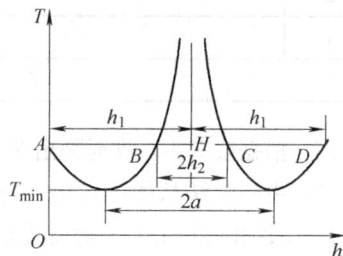

图 2-5-3　复摆的 T-h 关系曲线

【实验内容】

1. 把 FB818A 型动力学实验装置（复摆）安装好，调节仪器底座底脚螺钉，利用水准器，把仪器底座调节到水平状态。

2. 把光电门移动到复摆实验测试位置，并把光电门的连接线与 FB213C 型多功能智能微秒仪正确连接；调节光电门的位置，使其能正常工作。

3. 接通 FB213C 型多功能智能微秒仪的工作电源，把功能调节到摆动周期状态，把周期数设置为 10 个周期。

4. 先测量周期 T_1：将复摆摆杆的第一节刻线作为转动轴位置固定。

5. 如图 2-5-2 所示，把复摆沿水平方向拉开一个角度 $\theta < 20°$，平稳放手后让复摆左右摆动，等待一回儿，在摆动平稳时，启动多功能微秒仪开始计时。数据记录到表 2-5-1 中。

6. 改变悬挂点位置，测量不同悬挂点的周期 T_1、T_2、$\cdots$、T_n。同样把数据结果记录到表 2-5-1 中。

7. 用钢卷尺测出从复摆摆杆的一端（下端）到各个悬挂点的距离 L_1、L_2、$\cdots$、L_n（要从一端而不是从两端量起）。

【数据与结果】

表 2-5-1　在小摆幅下用 **FB213C** 微秒仪测定复摆在不同悬挂点时摆动的周期

L 端 h/cm								
$\Delta t_{10}(i)$								
$T = (t/10)/s$								
R 端 h/cm								
$\Delta t_{10}(i)$								
$T = (t/10)/s$								

说明：对于复摆悬挂点的对称点可以根据对称原理获得，不必重复测量。

表 2-5-2　重力加速度 g 的测量和不确定度的计算

次数	L_1'/cm	L_2'/cm	L'/cm	T/s	$g =$ /cm · s^{-2}	$\Delta_g =$ /cm · s^{-2}
1						
2						
3						
平　均						

1. 根据表 2-5-1 数据画出 T-L 曲线。

2. 由图解法从图中求出任意三个不同周期所对应的等值摆长记入表 2-5-2 中，据式（2-5-5）求出相应的重力加速度再求出其平均值，并与当地的重力加速度相比较，分析产生误差的原因。

其测量结果：$g = \bar{g} \pm \Delta_g =$

【思考题】

1. 什么是回转轴、回转半径、等值摆长？改变悬挂点时，等值摆长会改变吗？摆动周期会改变吗？

2. 式（2-5-2）成立的条件是什么？在实验操作时，怎样才能满足这些条件呢？

3. 如果所用复摆不是均质的钢棒，重心不在棒的几何中心，对实验的结果有无影响？两实验曲线是否还对称？为什么？

【注意事项】

1. 在大摆幅实验操作时，千万要注意安全，避免摆球或摆杆打到人。

2. 在调节仪器完成时，要锁紧固定螺钉，避免螺钉松动掉下伤人。

【附录】

FB213C 多功能智能微秒仪使用说明

FB213C 多功能智能微秒仪如图 2-5-4 所示。

（1）FB213C 多功能智能微秒仪配用一个光电门，可测定在设定的摆动周期数内或转动周期数内过光电门的总时间，或者测定通过两个光电门的总时间（以任意一个光电门为起点，以另一光电门为终点），还可测定摆锤过光电门时的瞬时速度。计时精度为 $1\mu s$，测定总时间可达 999999.999999s。

（2）本微秒仪操作非常简单，只要按屏幕右下角提示的按键操作即可。

（3）开机后，液晶屏显示欢迎画面："欢迎使用多功能智能微秒仪 杭州精科"，屏幕右下角显示字母"S"，表示接着可以按"S 预置"键进行参数设置。

图 2-5-4 FB213C 型多功能
智能微秒仪实物照片

（4）按下"S 预置"键后，显示预置画面，一共有四个预置参数：摆动周期数（1～999）、转动周期数（1～100）、初始角（最大为 90°，用于在测速时设定摆的初始角）和测速次数（1～100，用于设定摆在最大 +90°～ −90° 之内摆的测速次数，测速点每次移动一个固定角度）。用"4 上调"，"5 下调"，"6 左移"，"7 右移"键进行调整，调整好后，按"D 确认"键进入工作方式画面。

（5）FB213C 微秒仪一共有四种工作方式：摆动周期测量、转动周期测量、瞬时速度以及计时。按相应的键可进入各种工作状态。

1）摆动周期测量：用于测定和保存设定周期过光电门的总时间及最多保存 59 组单周期时间数据。

2）转动周期测量：用于测定设定周期过光电门的总时间及 99 组单周期时间，不保存。（若测定对象转动一周有"两次"挡光，则实测周期数应等于设定周期数的一半）。

3）瞬时速度：进入该工作状态后，屏幕上出现一横坐标，按一次"X 执行"键，可测定一次瞬时速度，屏幕上显示出该速度值并画一个"点"，再按一次"X 执行"，再测一次速度，直到测速次数达到设定值后，出现"OK"，仪器自动完成一幅以测量次数为横坐标，以速度值为纵坐标的图形。按"R 返回"键则返回工作菜单。

4）计时：用于测定先后通过两个光电门的总时间。

5）四个预置参数设定好后自动保存，开机后自动恢复此预置值。

6）可保存 60 组摆动周期测定的时间，前面各组为单周期时间，最后一组为总时间。可保存 50 组瞬时速度值和 30 组计时值。

7）在画面右下角出现"F 计时查询"、"8 周期查询"或"9 速度查询"符号时，可进入各查询画面进行相应数据的查询。

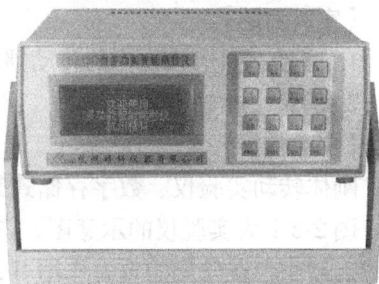

实验六　转动惯量的测定

转动惯量是刚体转动中惯性大小的量度。它取决于刚体的总质量、质量分布、形状及转轴的位置。对于形状简单、质量均匀分布的刚体，可以通过数学方法计算出它绕特定转轴的转动惯量，但对于形状比较复杂或质量分布不均匀的刚体，用数学方法计算其转动惯量是非常困难的，因此大多采用实验方法来测定。本实验是利用"刚体转动惯量实验仪"来测定刚体的转动惯量。为了便于与理论计算比较，实验中仍采用形状规则的刚体。

【实验目的】

1. 测量不同形状物体的转动惯量。

2. 验证平行轴定理。

【实验仪器】

刚体转动实验仪、数字存储式毫秒计、游标卡尺、天平、砝码、被测物。

图 2-6-1 为实验仪的示意图，图中 1 为载物台，2 为绕线轮，3 为引线，4 为滑轮，5 为砝码。载物台在砝码的重力作用下，可作匀加速运动。

【实验原理】

根据刚体转动定律，转动系统所受合外力矩 $M_合$ 与角加速度 β 的关系为

$$M_合 = J\beta \qquad (2\text{-}6\text{-}1)$$

式中，J 为该系统对回转轴的转动惯量。合外力矩 $M_合$ 主要由引线的张力矩 M 和轴承的摩擦力矩 $M_阻$ 构成，则 $M - M_阻 = J\beta$，其中 $M_阻$ 摩擦力矩是未知的，但是它主要来源于接触摩擦，可以认为是恒定的，因而将式 (2-6-1) 改为

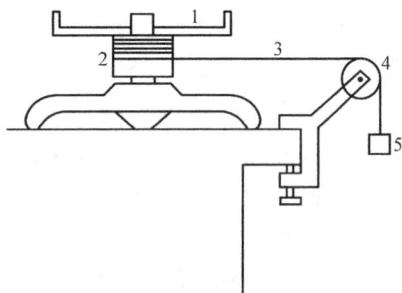

图　2-6-1

$$M = M_阻 + J\beta \qquad (2\text{-}6\text{-}2)$$

在此实验中，若要研究引线的张力矩 M 与角加速度 β 之间是否满足式（2-6-2）的关系，就要测定不同 M 时的 β 值。

（1）关于引线张力矩 M

设引线的张力为 F_T，绕线轴半经为 R，则

$$M = F_T R \qquad (2\text{-}6\text{-}3)$$

又设滑轮半径为 r，其转动惯量为 J，转动时砝码下落加速度为 a，参照图 2-6-2 可得

$$\begin{cases} mg - F_{T1} = ma \\ F_{T1}r - F_T r = J_轮 \dfrac{a}{r} \end{cases} \qquad (2\text{-}6\text{-}4)$$

从上面两式中消去 F_{T1} 同时取 $J_轮 = \dfrac{1}{2}m'r^2$（m' 为滑轮质量），得出

$$F_T = m\left[g - \left(a + \dfrac{m'}{2m}a \right) \right] \qquad (2\text{-}6\text{-}5)$$

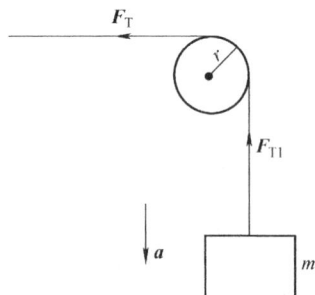

图　2-6-2

实验中，$(a + m'a/2m)$ 不超过 g 的 3%，如果要求低一些，可取 $F_T \approx mg$，这时

$$M \approx mgR \qquad (2\text{-}6\text{-}6)$$

在实验中是通过改变砝码来改变 M 的。

（2）角加速度 β 的测量

如图2-6-3所示，在回转台上加挡光片，附近固定一光电门，在保持起始状态不变的条件下，测量从光电门开始的第1个半圈时间 t_1，再测第2、3、4个半圈的累计时间 t_2、t_3、t_4。第1个半圈的平均角速度为 π/t_1，应当等于时刻 $t_1/2$ 时的即时角速度；前四个半圈的平均角速度为 $4\pi/t_4$，应当等于时刻 $t_4/2$ 时的即时角速度，则 β 等于

$$\beta = \frac{\dfrac{4\pi}{t_4} - \dfrac{\pi}{t_1}}{\dfrac{t_4}{2} - \dfrac{t_1}{2}} = 2\pi \frac{\dfrac{4}{t_4} - \dfrac{1}{t_1}}{t_4 - t_1} \tag{2-6-7}$$

（3）转动惯量的计算

测量4个不同 M 的 β 值，作 M-β 图线。这将是一条直线，它的斜率就是刚体对转轴的转动惯量 J，而纵轴截距则是摩擦力矩 $M_{阻}$，或用 Excel 处理数据，得出线性回归方程 $y = a + bx$，y 为 M 即动力矩，a 为 $M_{阻}$，b 为转动惯量 J，x 为 β。

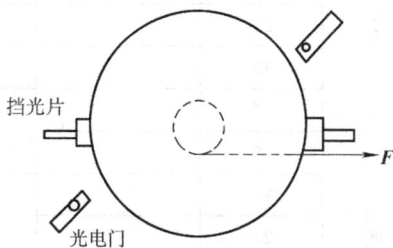

图 2-6-3

（4）平行轴定理

对于两个平行轴而言，质量为 m_1 物体对于任意轴的转动惯量 J_a，等于通过物体以质心为轴的转动惯量 J_C 加上物体质量 m_1 与两轴间距离二次方 d^2 的乘积，这就是平行轴定理。

$$J_a = J_C + m_1 d^2 \tag{2-6-8}$$

【实验内容】

1. 用水准器将载物台调成水平

2. 测绕线轴直径 D（30.00 mm，40.00 mm，50.00 mm，60.00 mm，70.00 mm）

3. 测空台转动惯量 J_0

增加砝码即改变质量 m（小砝码及砝码钩为5.0 g，大砝码为10.0 g），测量对应砝码的角加速度 β，共改变5次（15.0 g，20.0 g，25.0 g，30.0 g，35.0 g）。数据记入表2-6-1，计算空台转动惯量 J_0。

4. 测圆盘转动惯量

将被测物圆盘置于载物台上，分别加4次不同质量的砝码，测量相应的 β，数据记入表2-6-1，计算其转动惯量，设为 J_1'，则圆盘对中心轴的转动惯量 J_1 为

$$J_1 = J_1' - J_0 \tag{2-6-9}$$

5. 测圆环转动惯量 J_2（方法同4），数据记入表2-6-1

6. 测量圆盘的质量及直径（$d_1 = 240.00$ mm），测量圆环的质量 m_2 及外直径 d_{21}（$d_{21} = 240.00$ mm）和内直径 d_{22}（$d_{22} = 210.00$ mm），可用下式求出它们的转动惯量

$$J_{1理} = \frac{1}{8} m_1 d_1^2 \tag{2-6-10}$$

$$J_{2理} = \frac{1}{8}m_2(d_{21}^2 + d_{22}^2) \tag{2-6-11}$$

7. 验证平行轴定理

将小圆柱分别放在离转轴 5 cm，7.5 cm，10.0 cm 处，测得此时系统的转动惯量 J 值，并将其与 md^2 相比较，从而验证平行轴定理，数据记入表 2-6-2。

【数据记录及处理】

表 2-6-1　测量空台、圆盘、圆环转动惯量数据表　　　　$D = $ _____ mm

试样	m/g	$M/N\cdot m$	t_1/s	t_2/s	t_3/s	t_4/s	$\beta_i/rad\cdot s^{-2}$
空台	15						
	20						
	25						
	30						
	35						
加圆盘	15						
	20						
	25						
	30						
	35						
加圆环	15						
	20						
	25						
	30						
	35						
圆盘、圆环质量	$m_1 = $　　kg			$m_2 = $　　kg			

在坐标纸上作 M-β 图线或用 Excel 图表功能处理数据（见附录）得出方程。

$y = a + b_0x = $ _____

$y = a + b_1x = $ _____

$y = a + b_2x = $ _____

空台转动惯量：$J_0 = b_0 = $ _____ kg·m²

圆盘转动惯量：$J_1 = b_1 - b_0 = $ _____ kg·m²

圆环转动惯量：$J_2 = b_2 - b_0 = $ _____ kg·m²

计算圆盘理论值：$J_{1理} = \frac{1}{8}m_1d_1^2 = $ _____ kg·m²

计算百分偏差：$E_1 = \frac{|J_1 - J_{1理}|}{J_{1理}} \times 100\% = $ _____

计算圆环理论值：$J_{2理} = \frac{1}{8}m_2(d_{21}^2 + d_{22}^2) = $ _____ kg·m²

计算百分偏差：$E_2 = \dfrac{|J_2 - J_{2理}|}{J_{2理}} \times 100\% = $ ＿＿＿＿＿＿

表 2-6-2　验证平行轴定理数据表　　　　　$D = $ ＿＿＿＿＿＿ mm

小圆柱	m/g	$M/N \cdot m$	t_1/s	t_2/s	t_3/s	t_4/s	$\beta_i/rad \cdot s^{-2}$
5 cm 处	15						
	20						
	25						
	30						
	35						
7.5 cm 处	15						
	20						
	25						
	30						
	35						
10 cm 处	15						
	20						
	25						
	30						
	35						

在坐标纸上作 $M\text{-}\beta$ 图线或用 Excel 图表功能处理数据（见附录），得出方程。

$y = a + b_3 x = $ ＿＿＿＿＿＿＿＿

$y = a + b_4 x = $ ＿＿＿＿＿＿＿＿

$y = a + b_5 x = $ ＿＿＿＿＿＿＿＿

圆柱在 5 cm 处转动惯量：$J_3 = b_3 - b_0 = $ ＿＿＿＿＿＿ kg·m^2

圆柱在 7.5 cm 处转动惯量：$J_4 = b_4 - b_0 = $ ＿＿＿＿＿＿ kg·m^2

圆柱在 10 cm 处转动惯量：$J_5 = b_5 - b_0 = $ ＿＿＿＿＿＿ kg·m^2

将以上转动惯量与 md^2 相比较，从而验证平行轴定理。

【思考题】

1. 可以用该实验仪器测量不规则物体的转动惯量吗？如何测量？

2. 验证平行轴定理时，两个小圆柱不对称放置时是否也能验证平行轴定理？为什么？

【附录】　Excel 图表功能介绍

Excel 的图表功能为实验数据处理的作图、拟合直线、拟合曲线、拟合方程和相关系数平方的数值讨论带来了极大的方便。

其操作步骤为：

1. 先选定数据表中包含所需数据的所有单元格。

2. 单击工具栏"图表向导"按钮，便进入"图表向导—4 步骤之 1"的对话框，选出希望得到的图表类型。如本实验选 XY 散点图，再单击"下一步"按钮按其要求完成对话框内容的输入，最后单击"完成"按钮，便可得到图表。

3. 选中图表并单击"图表"主菜单，单击"添加趋势线"命令。单击"类型"选项卡，如本实验选"线性"。

单击"选项"选项卡，可选中"显示公式"、"显示 R 平方"复选框，单击"确定"按钮便可得到拟合直线或曲线、拟合方程和相关系数平方的数值。

实验七　气轨上简谐振动的研究

振动现象广泛存在，如钟摆运动，发声物体的运动等都是振动。振动现象的直接研究是很复杂的，为简化问题，可以引进一个理想的振动模型，即简谐振子。简谐振子的运动是一种特别简单的周期运动，称为简谐振动。可以证明，一切复杂的周期振动都可以表示为多个简谐振动的和。因此，熟悉简谐振动的规律及其特征，对于理解复杂振动的规律，是非常必要的。

【实验目的】

1. 观察简谐振动现象，测定简谐振动周期。
2. 观察简谐振动周期随振子质量和弹簧倔强系数而变化的情形。
3. 熟练掌握使用气垫导轨和计时仪器。

【实验仪器】

气垫导轨全套、物理天平、米尺、计时计数测速仪。

【实验原理】

如图 2-7-1 所示，在水平气垫导轨上的滑块两端联结两根相同的弹簧，两弹簧的另一端分别固定在气轨的两端点。选取水平向右的方向为 x 轴的正方向，又设两弹簧的劲度系数均为 k，根据胡克定律，使弹簧伸长一段距离 x 时，需加的外力为 kx。

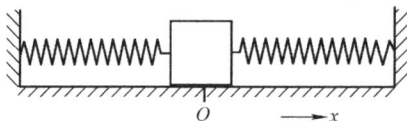

当质量为 m 的滑块位于平衡位置时，两根弹簧的伸长量相同，所以滑块所受的合外力为零。当把滑块向右移动距离 x 时，左边的弹簧被拉长，它的收缩力达到 kx，右边的弹簧被压缩，它的膨胀力达到 kx，结果滑块受到一个方向向左、大小为 $2kx$ 的弹性力 F 的

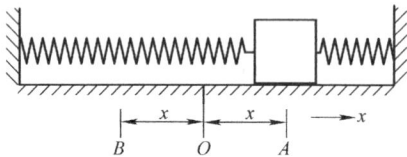

图　2-7-1

作用。考虑到弹性力 F 的方向指向平衡位置 O，且跟位移 x 的方向相反，故有

$$F = -2kx \tag{2-7-1}$$

如果上述两根弹簧的劲度系数不相同，而分别为 k_1 和 k_2，显然这时式（2-7-1）中的 $2k$ 应换为 $k_1 + k_2$，于是有

$$F = -(k_1 + k_2)x \tag{2-7-2}$$

在弹性力 F 的作用下，滑块要发生运动。按照牛顿第二定律（$F = ma$），可得

$$m\frac{\mathrm{d}^2x}{\mathrm{d}t^2} = -(k_1 + k_2)x \tag{2-7-3}$$

令 $\omega^2 = \dfrac{k_1 + k_2}{m}$，则有

$$\frac{\mathrm{d}^2 x}{\mathrm{d}t^2} = -\omega^2 x \tag{2-7-4}$$

可见，位移 x 必定是一个满足式（2-7-4）的时间函数。解微分方程得

$$x = x_0 \cos(\omega t + \varphi_0) \tag{2-7-5}$$

式（2-7-5）表明，滑块的运动是简谐振动。式中，x_0 表示振幅，表示滑块运动的最大位移；ω 是 $\left(\dfrac{k_1 + k_2}{m}\right)^{1/2}$ 的缩写，称为再频率，只跟运动系统的 k_1、k_2 和 m 有关；φ_0 称为初位相。

从式（2-7-5）还看出，ωt 每增加 2π 时，滑块的运动经过一周后回到原出处（即由 $A \rightarrow O \rightarrow B \rightarrow O \rightarrow A$）。滑块运动一周所需要的时间称为周期，通常用 T 表示，而且

$$T = \frac{2\pi}{\omega} = 2\pi \sqrt{\frac{m}{k_1 + k_2}} \tag{2-7-6}$$

可见，如果弹簧的劲度系数 k_1、k_2 和滑块的质量 m 改变，则周期 T 也会随着改变。

在上面的讨论中，曾假定：①由于气垫的漂浮作用，滑块与导轨平面间的摩擦阻力已经非常小，即使加上滑块运动时受到的空气阻力，总的阻力跟弹簧的弹性力相比可以忽略不计；②选用的两根弹簧质量与滑块相比较，可以忽略不计。

实际情形并不完全如此。例如，由于存在阻力，系统在运动过程中必须克服阻力做功，因而使系统的总能量不断降低，振幅逐渐减小。不论阻力多么微小，最终将使滑块停止在平衡位置，也就是说，滑块的运动是一种振幅随时间而减小的阻尼振动。但是，由于振幅衰减得较慢，在实验进行的时间内，可以把滑块的运动看做是近似的简谐振动。

【实验内容】

（一）直接测定滑块振动的周期（数据记录十表 2-7-1）

1. 将气轨调成水平。

2. 如图 2-7-1 所示，把振动系统安放到气轨上，并给滑块一个位移，令其振动。观察滑块的速度变化情况，进而分析动能和弹簧位能之间的交换情形。

3. 用计时仪测出滑块振动周期。

4. 分别改变滑块的振幅大小 5 次，重复步骤 3，求出不同振幅对应的周期，然后计算周期的平均值、绝对误差和相对误差。

（二）观测滑块振动周期随 m 和 k 的变化（数据记录于表 2-7-2）

1. 做完实验内容（一）后在滑块 m 上加若干个砝码（设砝码的质量为 Δm）测出振动 n 周的时间，算出周期 T'。验证关系式 $\dfrac{T}{T'} = \left(\dfrac{m}{m + \Delta m}\right)^{1/2}$ 是否成立。

2. 去掉 Δm，将两根弹簧距其一端 20 匝处挂在气轨的两端后，重测滑块振动 n 周的时间，算出周期 T_0，与实验内容（一）测定的周期 T 相比较，则可知，此时两根弹簧的倔强系数是增大还是减小了。

（三）间接测定滑块振动的周期（数据记录于表 2-7-3）

1. 在气轨调成水平后，把弹簧的一端挂在气轨上，另一端为自由端，连接着跨过滑轮的细线，细线的另一端挂着砝码钩，悬垂于滑轮下。

2. 弹簧静止后，记下自由端在标尺上的位置 x_0，然后加砝码 m_1，再次记下自由端的位置 x_1，按胡克定律 $f = k\Delta x$，可求出 $k = \dfrac{m_1 g}{x_1 - x_0}$ 的值。

3. 改变砝码的质量 5 次，重复步骤 2，求出弹簧倔强系数的平均值及平均绝对误差。

4. 用天平测出滑块的质量 m。

5. 按公式（2-7-6）算出周期 T 的数值、相对误差 E_r 和绝对误差 ΔT。

$$E_{\mathrm{r}} = \frac{\Delta m}{2m} + \frac{\Delta k_1 + \Delta k_2}{2(k_1 + k_2)}$$

$$\Delta T = E_{\mathrm{r}} T$$

【数据记录】

表　2-7-1　　　　　　　　　　　　　　　　　　　$n = $　　周

振幅 x/ cm	t/ms	T/ms	$\overline{T}$/ms	ΔT/ms	E_r

表　2-7-2　　　　　　　　　　　　　　$m = $　　g, $\Delta m = $　　g

振幅 x/ cm	t/ms	T'/ms	$\overline{T'}$/ms	T/T'	$\left(\dfrac{m}{m+\Delta m}\right)^{1/2}$

振幅 x/ cm	t/ms	T_0/ms	$\overline{T_0}$/ms	k 增大还是减小

砝码质量 m	x/cm	$k=\dfrac{mg}{\Delta x}/(\text{N/m})$	$\bar{k}/(\text{N/m})$	$\Delta k/(\text{N/m})$	$T=2\pi\sqrt{\dfrac{m}{2k}}/\text{ms}$
m_1					
$2m_1$					
$3m_1$					
$4m_1$					
$5m_1$					

表　2-7-3　　　　$m_1=5\text{g}$, 滑块质量 $m=$　　g, $\Delta m=$　　g

$$E_r=\frac{\Delta m}{2m}+\frac{\Delta k_1+\Delta k_2}{2(k_1+k_2)}=\qquad \Delta T=E_rT=$$

【思考题】

1. 测定滑块振动周期方法有两种，即直接测定和间接测定，试比较用这两种方法测出的周期是否相等。为什么？

2. 如果把劲度系数分别为 k_1 和 k_2 的两根弹簧串接起来，合成的弹簧的劲度系数为多大？如果并联起来，劲度系数又为多大？

3. 在图 2-7-1 所示的系统中，两根弹簧本身也在振动，但弹簧上各点的振动情况不一样，所以振动时的质量不是弹簧的全部质量，而只是它的一部分，称为弹簧振动的有效质量。如有效质量不能忽略，则公式中的 m 应换为 $m+m'$。你能用实验和作图的方法将这个等值质量 m' 求出来吗？具体的算法如何？试作简要的回答。

实验八　空气比热容比的测定

比热容比 γ 也叫绝热指数，是一个重要的物理量。γ 值的测定对研究气体的内能、气体分子的运动和分子内部运动规律都是很重要的。由绝热过程方程可以看出，理想气体作绝热膨胀时，它的温度必然降低；反之，气体绝热压缩时，温度必然升高。据此我们可以用绝热过程来调节气体的温度，也可以借助绝热过程来获得低温。在生产和生活中广泛应用的制冷设备中，绝热过程起着举足轻重的作用。本实验用绝热膨胀法测定 γ 值。

【实验目的】

1. 用绝热膨胀法测定空气的比热容比。

2. 观测热力学过程中状态变化及基本物理规律。

3. 学习气体压力传感器和电流型集成温度传感器的原理及使用方法。

【实验仪器】

空气比热容比测定仪、直流电源、气压湿度室温时钟挂屏、电阻箱及若干导线。

【实验原理】

理想气体的摩尔定压热容 $C_{p,\text{m}}$ 和摩尔定容热容 $C_{V,\text{m}}$ 之关系由下式表示：

$$C_{p,\text{m}}-C_{V,\text{m}}=R \tag{2-8-1}$$

式中，R 为摩尔气体常数。气体的比热容比 γ 值为

$$\gamma=\frac{C_{p,\text{m}}}{C_{V,\text{m}}} \tag{2-8-2}$$

气体的比热容比 γ 又称为气体的绝热指数，是一个重要的物理量，γ 值经常出现在热力学方程中。

热力学系统与外界无热量交换的过程，叫做绝热过程。在用良好的绝热材料隔绝的系统中进行的过程，或由于过程进行得很快，以致同外界的热量交换可以忽略不计的过程，都可近似地看做绝热过程。

在绝热的准静态过程中，热力学状态参量之间存在着一定的关系，称为绝热过程方程。理想气体准静态绝热过程方程有三种等价的表述形式

$$pV^{\gamma} = 常量 \tag{2-8-3}$$

$$TV^{\gamma-1} = 常量 \tag{2-8-4}$$

$$p^{\gamma-1}/T^{\gamma} = 常量 \tag{2-8-5}$$

理论上，根据以上任何一个公式，通过对 p、T、V 物理量的测量都能得到 γ 值。本实验利用式（2-8-3）进行推导运算。设室温为 T_0，大气压强为 p_0，状态为（$p_1 > p_0$，$T_1 = T_0$，V_1）的气体装在一个瓶内。设想瓶内体积为 V_1 的空气可以分成体积为 V_{a1} 和 V_{a2} 的两部分，以处于 p_1、T_0 和体积为 V_{a1} 的瓶内部分气体为研究对象，即为状态 I（$p_1 > p_0$，T_0，V_{a1}）。通过一个绝热膨胀过程，将 V_{a2} 的气体放到大气中去，并使留在瓶内的气体由 V_{a1} 膨胀到 V_1，同时压强降至大气压强 p_0，温度降至 T，即为状态 II（p_0，T，V_1）。瓶内膨胀后的气体，经过一定时间后，瓶内温度又升至 T_0，这时气体到达状态 III（p_2，T_0，V_1）。状态 I →状态 II →状态 III 的实验过程如图 2-8-1 和图 2-8-2 所示。

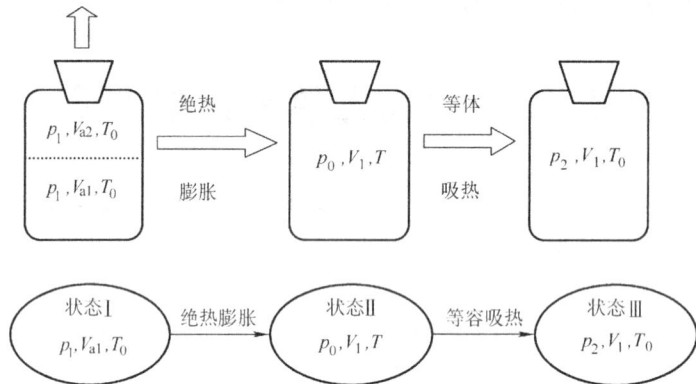

图　2-8-1

状态 I →状态 II 是绝热过程，由绝热过程方程式（2-8-3）得

$$p_1 V_{a1}^{\gamma} = p_0 V_1^{\gamma} \tag{2-8-6}$$

状态 I 和状态 III 的温度均为 T_0，由气体状态方程得

$$p_1 V_{a1} = p_2 V_1 \tag{2-8-7}$$

合并式（2-8-6）、式（2-8-7），消去 V_{a1}、V_1 得

$$\gamma = \frac{\ln p_1 - \ln p_0}{\ln p_1 - \ln p_2} = \frac{\ln p_1/p_0}{\ln p_1/p_2} \tag{2-8-8}$$

由式（2-8-8）可以看出，只要测得 p_0、p_1、p_2

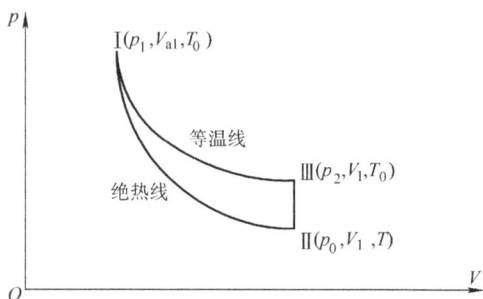

图　2-8-2

就可求得空气的 γ。查询热学教材中的实验数据有，在常温下双原子气体的摩尔定容热容为 $C_{V,m} \approx \dfrac{5}{2}R$（$R$ 为摩尔气体常数），结合 $\gamma = \dfrac{C_{p,m}}{C_{V,m}}$ 和 $C_{p,m} - C_{V,m} = R$，可以估算出来，在常温下双原子气体的比热容比为 $\gamma = 1.40$。

【实验仪器简介】

比热容比测定仪（见图 2-8-3）主要由三部分组成：机箱（含数字电压表二只）、储气瓶、传感器两只（电流型集成温度传感器 AD590 和扩散硅压力传感器各一只）。

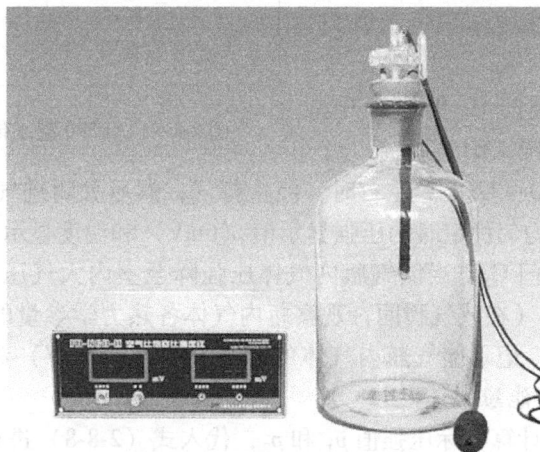

图 2-8-3　空气比热容比测定仪

技术指标：

1. 储气瓶：包括玻璃瓶，进气、放气阀门，橡皮塞。

2. 数字电压表：三位半数字电压表作硅压力传感器的二次仪表（测空气压强），四位半数字电压表作集成温度传感器的二次仪表（测空气温度）。

3. 扩散硅压力传感器配三位半数字电压表，它的测量范围大于环境气压 $0 \sim 10\text{kPa}$，灵敏度为 20mV/kPa，精度为 5Pa。如图 2-8-4 所示，实验时，储气瓶内空气压强变化范围约 6kPa。当待测气体压强为环境大气压强 p_0 时，数字电压表显示为 0；当待测气体压强为 $p_0 + 10\text{kPa}$ 时，数字电压表显示为 200mV。例如，电压表读数为 118.1mV，大气压强 p_0 为 $1.0248 \times 10^5\text{Pa}$，则 $p_1 = (1.0248 + 118.1/2000) \times 10^5\text{Pa} = 1.0838 \times 10^5\text{Pa}$。空气温度测量采用电流型集成温度传感器 AD590，该半导体温度传感器灵敏度高、线性好，它的灵敏度为 $1\mu\text{A/℃}$。

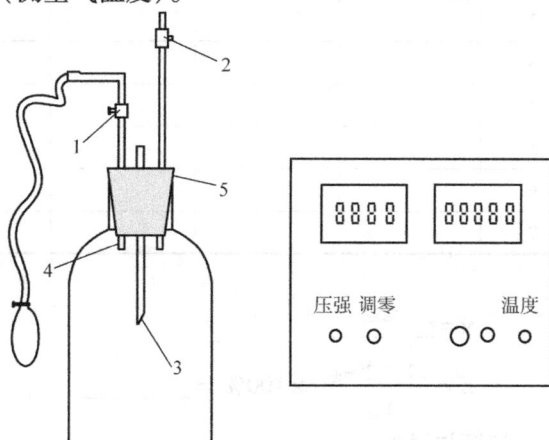

图 2-8-4　空气比热容比测定实验装置图

1—进气阀门 C_1　2—放气阀门 C_2　3—AD590 传感器

4—气体压力传感器　5—704 胶粘剂

AD590 测温原理：

AD590 接 6V 直流电源后组成一个稳流源，如图 2-8-5 所示，它的测温灵敏度为 $1\mu A/℃$，若串接 $5k\Omega$ 电阻后，可产生 $5mV/℃$ 的信号电压，接 $0\sim2V$ 量程四位半数字电压表，灵敏度即可达到 $0.02℃$。

【实验内容】

1. 记录大气压强 p_0 和环境室温 T_0。开启电源，打开阀门 C_1 和 C_2，将电子仪器部分预热 20min，然后再用调零电位器调节零点，把三位半数字电压表表示值调到零。

2. 关闭阀门 C_2，阀门 C_1 仍然打开。先用打气球把空气缓缓压入储气瓶内，当

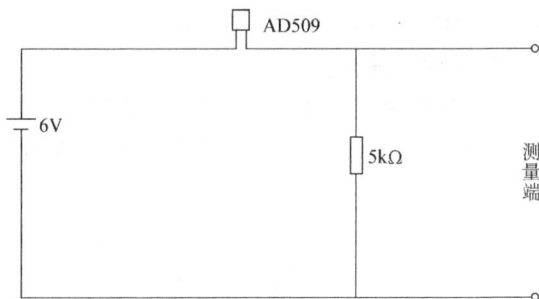

图 2-8-5　AD590 温度传感器测温原理图

瓶内气体压强变化约 $100\sim120mV$ 左右时，停止打气，然后关闭进气阀门 C_1。待读数稳定后，记录瓶内气体压强均匀稳定时的压强显示值 $p'_1(mV)$ 和温度显示值 $T'_1(mV)$。

3. 接着迅速打开阀门 C_2，当储气瓶内气体压强降至室内大气压强 p_0 时（即放气声消失），迅速关闭阀门 C_2。（在放气瞬间，观察瓶内气体各热力学参量的变化）待储气瓶内气体的温度上升至室温时，记下储气瓶内气体的压强显示值 $p'_2(mV)$ 和温度显示值 $T'_2(mV)$。（注意：放气过程要尽可能短。）

4. 重复测量 7 次，计算实际压强值 p_1 和 p_2，代入式（2-8-8）进行计算，求得空气比热容比值 γ 及其平均值。

5. 将测出的 γ 值与理论值 $\gamma=1.403$ 比较，计算相对不确定度 e。

【实验数据记录及处理】

$p_0=$ _____ Pa；$T=$ _____ K；$p_{1,2}=p_0+p'_{1,2}/2000$ （10^5 Pa）

次数	p'_1/mV	T'_1/mV	p'_2/mV	T'_2/mV	$p_1/\times10^5Pa$	$p_2/10^5Pa$	γ
1							
2							
3							
4							
5							
6							
7							

$$\overline{\gamma}=\underline{\hspace{3cm}}$$

$$E=\frac{|\overline{\gamma}-\gamma_{理论}|}{\gamma_{理论}}\times100\%=\underline{\hspace{3cm}}$$

【问题与讨论】

1. 在放气瞬间，观察瓶内气体温度有无变化？若有变化，请解释原因。

2. 如何把握放气结束后关闭 C_2 的时机？如果关闭过快（过慢），对测量结果 γ 有何影响？

【注意事项】

1. 实验内容 3 打开阀门 C_2 放气时，当听到放气声结束应迅速关闭活塞，提早或推迟关闭阀门 C_2，都将影响实验结果，引起误差。由于数字电压表尚有滞后显示，用计算机实时测量可以发现此放气时间仅约零点几秒，并与放气声音的产生与消失基本一致，所以用听声的方法关闭阀门 C_2 更可靠些。

2. 实验要求环境温度基本不变，如发生环境温度不断下降的情况，可在远离实验仪的地方适当加温，以保证实验正常进行。

3. 请不要靠近窗口，不要在太阳光照射较强处做实验，以免影响实验结果。

实验九　冷却法测量金属的比热容

根据牛顿冷却定律，用冷却法测定金属或液体的比热容，是热学中常用的方法之一。若已知标准样品在不同温度时的比热容，那么，通过作冷却曲线就可测得各种金属在不同温度时的比热容。本实验以铜为标准样品，测定铁、铝在100℃时的比热容。

【实验目的】

1. 学会用冷却法测定金属的比热容。

2. 通过实验，了解金属的冷却速率和它与环境之间的温差关系，以及用冷却法测金属比热容的实验条件。

【实验仪器】

冷却法金属比热容测量仪、被测样品。

【实验原理】

根据牛顿冷却定律，用冷却法测定金属的比热容是量热学常用的方法之一。若已知标准样品在不同温度的比热容，通过作冷却曲线就可测量各种金属在不同温度时的比热容。本实验以铜为标准样品，测定铁、铝样品在100℃或200℃时的比热容。通过实验了解金属的冷却速率和它与环境之间的温差关系，以及进行测量的实验条件。

单位质量的物质，其温度每升高 1K（1℃）所需的热量叫做该物质的比热容，其值随温度而变化。将质量为 M_1 的金属样品加热后，放在较低温度的介质（例如室温的空气）中，样品将会逐渐冷却。其单位时间的热量损失（$\Delta Q/\Delta t$）与温度下降的速率成正比，于是得到下述关系式：

$$\frac{\Delta Q}{\Delta t} = c_1 M_1 \frac{\Delta \theta_1}{\Delta t} \tag{2-9-1}$$

式中，c_1 为该金属样品在温度 θ_1 时的比热容；$\dfrac{\Delta \theta_1}{\Delta t}$ 为金属样品在 θ_1 的温度下降速率。根据冷却定律有

$$\frac{\Delta Q}{\Delta t} = \alpha_1 S_1 (\theta_1 - \theta_0)^m \tag{2-9-2}$$

式中，α_1 为表面传热系数，旧称换热系数；S_1 为该样品外表面的面积；m 为常数；θ_1 为金属样品的温度；θ_0 为周围介质的温度。由式（2-9-1）和式（2-9-2）可得

$$c_1 M_1 \frac{\Delta\theta_1}{\Delta t} = \alpha_1 S_1 (\theta_1 - \theta_0)^m \qquad (2\text{-}9\text{-}3)$$

同理，对质量为 M_2，比热容为 c_2 的另一种金属样品，同样可得

$$c_2 M_2 \frac{\Delta\theta_2}{\Delta t} = \alpha_2 S_2 (\theta_2 - \theta_0)^m \qquad (2\text{-}9\text{-}4)$$

由式（2-9-3）和式（2-9-4），可得

$$c_2 = c_1 \frac{M_1 \dfrac{\Delta\theta_1}{\Delta t} \alpha_2 S_2 (\theta_2 - \theta_0)^m}{M_2 \dfrac{\Delta\theta_2}{\Delta t} \alpha_1 S_1 (\theta_1 - \theta_0)^m} \qquad (2\text{-}9\text{-}5)$$

如果两样品的形状尺寸都相同，即 $S_1 = S_2$；两样品的表面状况也相同（如涂层、色泽等），而周围介质（空气）的性质也不变，则有 $\alpha_1 = \alpha_2$。于是，当周围介质温度不变（即室温 θ_0 恒定而样品又处于相同温度 $\theta_1 - \theta_2 = 0$）时，式（2-9-5）可以简化为

$$c_2 = c_1 \frac{M_1 \left(\dfrac{\Delta\theta}{\Delta t}\right)_1}{M_2 \left(\dfrac{\Delta\theta}{\Delta t}\right)_2} \qquad (2\text{-}9\text{-}6)$$

如果已知标准金属样品的比热容 c_1，质量 M_1；待测样品的质量 M_2，及两样品在温度 θ 时冷却速率之比，就可以求出待测的金属材料的比热容 c_2。已知铜在 100℃ 时的比热容为：$c_1 = c_{Cu} = 393 \text{J}/(\text{kg} \cdot ℃)$。若各样品的温度下降范围相同（如 $\Delta\theta = 103℃ - 99℃ = 4℃$），那么式（2-9-6）可以进一步简化为

$$c_2 = c_1 \frac{M_1 (\Delta t)_2}{M_2 (\Delta t)_1} \qquad (2\text{-}9\text{-}7)$$

【实验内容】

1. 用铜-康铜热电偶测量温度，而热电偶的热电势采用温漂极小的放大器和三位半数字电压表，经信号放大后输入数字电压表，显示的满量程为 20mV，读出的 mV 数通过查表即可方便地换算成温度值。

2. 选取长度、直径、表面粗糙度尽可能相同的三种金属样品（铜、铁、铝）用物理天平或电子天平秤出它们的质量 M。再根据 $M_{Cu} > M_{Fe} > M_{Al}$ 的特点，把它们区分开来（由于样品表面都镀上了相同的金属薄膜，而它们的长度、直径又都相同，故难以直观分辨）。

3. 连接好热电偶的测温电路，将样品放置在防风金属筒内，开始加热。当样品加热到 150℃ 时（即毫伏指示 6.5mV），切断加热电源并移开加热源，盖上金属圆筒的盖子。样品继续安放在有机玻璃容器内自然冷却，盖上金属圆筒的盖子（为防止实验室内因电风扇造成空气流速过快，需加上容器盖子，防止空气对流造成散热时间的改变）。当温度降到接近 103℃ 时开始记录，测量样品从 103℃（即毫伏指示 4.20mV）下降到 99℃（即毫伏指示 4.03mV）所需要的时间 Δt。一般可按铁、铜、铝的次序，分别测量其温度下降速度，每一样品需重复测量 5 次。

4. 仪器红色指示灯亮，表示连接线未连好或加热温度过高（超过 200℃），已启动自动保护。

5. 注意：测量降温时间时，按"计时"或"暂停"按钮的动作应迅速、准确，以减小人为计时误差。

【实验数据记录及处理】

样品质量分别为：$M_{Cu} = $ _____ g；$M_{Fe} = $ _____ g；$M_{Al} = $ _____ g；

热电偶冷端温度：_____ ℃。

样品温度从103℃下降到99℃所需时间 Δt（单位为 s）。

表 2-9-1

样品＼次数	1	2	3	4	5	平均值 Δt
Fe						
Cu						
Al						

以铜为标准：$c_1 = c_{Cu} = 393J/(kg \cdot ℃)$，计算铁和铝材料100℃的比热容。

【思考题】

为什么实验应在有机玻璃圆筒中进行？

【附录】

1. 几种金属材料的比热容

表 2-9-2

温度/℃＼比热容/J·kg⁻¹·℃⁻¹	c_{Fe}	c_{Al}	c_{Cu}
100℃	462	996	393

2. 铜-康铜热电偶分度表

表 2-9-3

温度/℃	0	1	2	3	4	5	6	7	8	9
	热电动势/mV									
0	0	0.038	0.076	0.114	0.152	0.190	0.228	0.226	0.304	0.342
10	0.380	0.419	0.458	0.497	0.536	0.575	0.614	0.654	0.693	0.732
20	0.772	0.811	0.850	0.889	0.929	0.969	1.008	1.048	1.088	1.128
30	1.169	1.209	1.249	1.289	1.330	1.371	1.411	1.451	1.492	1.532
40	1.573	1.614	1.655	1.696	1.737	1.778	1.819	1.860	1.901	1.942
50	1.983	2.025	2.066	2.108	2.149	2.191	2.232	2.274	2.315	2.356
60	2.398	2.440	2.482	2.524	2.565	2.607	2.649	2.691	2.733	2.775
70	2.816	2.858	2.900	2.941	2.983	3.025	3.066	3.108	3.150	3.191
80	3.233	3.275	3.316	3.358	3.400	3.442	3.484	3.526	3.568	3.610
90	3.652	3.694	3.736	3.778	3.820	3.862	3.904	3.946	3.988	4.030
100	4.072	4.115	4.157	4.199	4.242	4.285	4.328	4.371	4.413	4.456
110	4.499	4.543	4.587	4.631	4.674	4.707	4.751	4.795	4.839	4.883
120	4.527									

实验十　示波器的原理和使用

示波器是一种用途广泛的基本电子测量仪器，用它能观察电信号的波形、幅度和频率等电学参数。用双踪示波器还可以测量两个信号之间的时间差，一些性能较好的示波器甚至可以将输入的电信号存储起来，以备分析和比较。在实际应用中，凡是能转化为电压信号的电学量和非电学量，都可以用示波器来观测。

【实验目的】

1. 了解示波器的基本结构和工作原理，掌握使用示波器和信号发生器的基本方法。

2. 学会使用示波器观测电信号波形和电压幅值以及频率。

3. 学会使用示波器观察李萨如图并测量频率。

【实验仪器】

双踪示波器、信号源、直流稳压电源或未知电压等。

【实验原理】

不论何种型号和规格的示波器都包括了如图 2-10-1 所示的几个基本组成部分：示波管，又称阴极射线管（Cathode Ray Tube，CRT）、垂直放大电路（Y 放大）、水平放大电路（X 放大）、扫描信号发生电路（锯齿波发生器）、自检标准信号发生电路（自检信号）、触发同步电路、电源等。

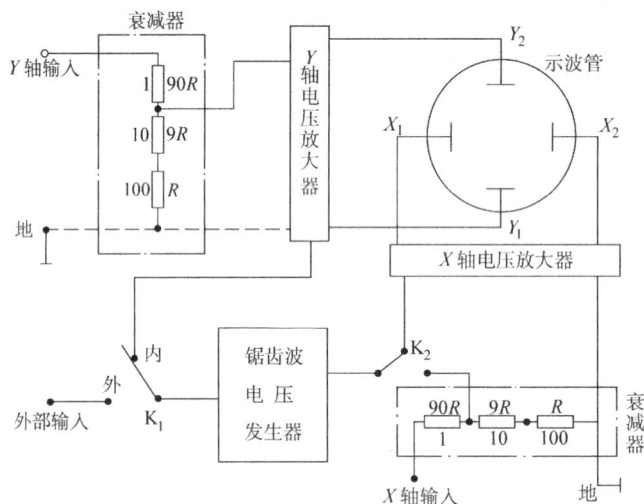

图 2-10-1　示波器基本组成框图

1. 示波管的基本结构

示波管的基本结构如图 2-10-2 所示（其中 H—灯丝，K—阴极，G_1，G_2—控制栅极，A_1—第一阳极，A_2—第二阳极，Y—竖直偏转板，X—水平偏转板）。主要由电子枪、偏转系统和荧光屏三部分组成，全都密封在玻璃壳体内，里面抽成高真空。

（1）电子枪由灯丝、阴极、控制栅极、第一阳极和第二阳极五部分组成。灯丝通电后加热阴极。阴极是一个表面涂有氧化物的金属圆筒，被加热后发射电子。控制栅极是一个顶端有小孔的圆筒，套在阴极外面。它的电位比阴极低，对阴极发射出来的电子起控制作用，只有初速度较大的电子才能穿过栅极顶端的小孔，然后在阳极加速下奔向荧光屏。

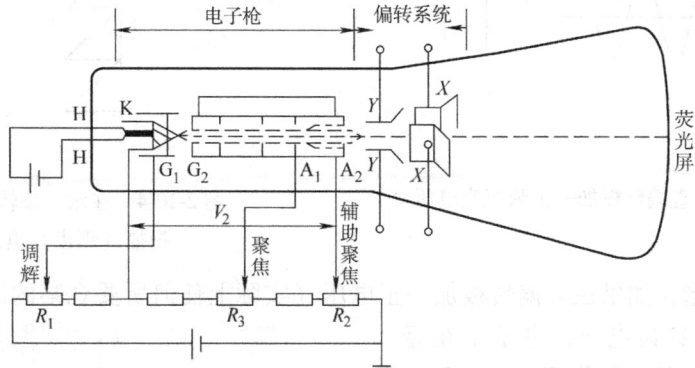

图 2-10-2　示波管结构图

示波器面板上的"辉度"调整就是通过调节电位以控制射向荧光屏的电子流密度，从而改变了荧光屏上的光斑亮度。阳极电位比阴极电位高很多，电子被它们之间的电场加速形成射线。当控制栅极、第一阳极与第二阳极电位之间电位调节合适时，电子枪内的电场对电子射线有聚焦作用，所以，第一阳极也称聚焦阳极。第二阳极电位更高，又称加速阳极。面板上的"聚焦"调节，就是调第一阳极电位，使荧光屏上的光斑成为明亮、清晰的小圆点。有的示波器还有"辅助聚焦"功能，是通过调节第二阳极电位实现的。

（2）偏转系统：它由两对互相垂直的偏转板组成，一对竖直偏转板，一对水平偏转板。在偏转板上加以适当电压，电子束通过时，其运动方向发生偏转，从而使电子束在荧光屏上产生的光斑位置也发生改变。

（3）荧光屏：荧光屏上涂有荧光粉，电子打上去它就发光，形成光斑。不同材料的荧光粉发光的颜色不同，发光过程的延续时间（一般称为余辉时间）也不同。荧光屏前有一块透明的、带刻度的坐标板，用于测定光点的位置。在性能较好的示波管中，将刻度线直接刻在荧光屏玻璃内表面上，使之与荧光粉紧贴在一起以消除视差，光点位置就能测得更准。

2. 波形显示原理

（1）仅在垂直偏转板（Y 偏转板）加一正弦交变电压：如果仅在 Y 偏转板加一正弦交变电压，则电子束所产生的亮点随电压的变化在 y 方向来回运动，如果电压频率较高，由于人眼的视觉暂留现象，则看到的是一条竖直亮线，其长度与正弦信号电压的峰-峰值成正比。如图 2-10-3 所示。

（2）仅在水平偏转板加一扫描（锯齿）电压：为了能使 y 方向所加的随时间 t 变化的信号电压 $U_y(t)$ 在空间展开，需在水平方向形成一个时间轴。这一 t 轴可通过在水平偏转板加一如图 2-10-4 所示的锯齿电压 $U_x(t)$，由于该电压在 $0 \sim 1$ 时间内电压随时间成线性关系达到最大值，使电子束在荧光屏上产生的亮点随时间线性水平移动，最后到达荧光屏的最右端。在 $1 \sim 2$ 时间内（最理想情况是该时间为零）$U_x(t)$ 突然回到起点（即亮点回到荧光屏的最左端）。如此重复变化，若频率足够高的话，则在荧光屏上形成了一条如图 2-10-4 所示的水平亮线，即 t 轴。

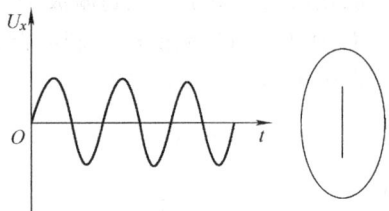

图 2-10-3　在垂直偏转板加一正弦交变电压

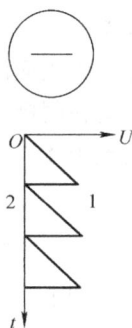

图 2-10-4　在水平偏转板加一
扫描（锯齿）电压

常规显示波形：如果在 Y 偏转板加一正电压（实际上任何所要观察的波形均可）同时在 X 偏转板加一锯齿电压，电子束在竖直、水平两个方向的力的作用下，电子的运动是两相互垂直运动的合成。当两电压周期具有合适的关系时，在荧光屏上将显示出所加正弦电压完整周期的波形图。如图 2-10-5 所示。

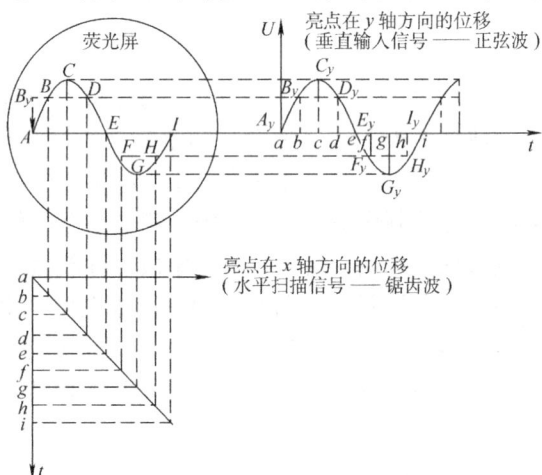

图 2-10-5　波形显示原理图

3. 同步原理

（1）同步的概念：为了显示如图 2-10-5 所示的稳定图形，只有保证正弦波到 I_y 点时，锯齿波正好到 i 点，从而亮点扫完了一个周期的正弦曲线。由于锯齿波这时马上复原，所以亮点又回到 A 点，再次重复这一过程。光点所画的轨迹和第一周期的完全重合，所以在荧光屏上显示出一个稳定的波形，这就是所谓的同步。

由此可知同步的一般条件为

$$T_x = nT_y, \quad n = 1, 2, 3, \cdots$$

式中，T_x 为锯齿波周期；T_y 为正弦周期。

若 $n = 3$，则能在荧光屏上显示出三个完整周期的波形。

如果正弦波和锯齿波电压的周期稍微不同，荧光屏上出现的是一移动着的不稳定图形。这情形可用图 2-10-6 说明。设锯齿波形电压的周期 T_x 比正弦波电压周期 T_y 稍小，比方说 $T_x = nT_y$，$n = 7/8$。在第一扫描周期内，荧光屏上显示正弦信号 0～4 点之间的曲线段；在第二周期内，显示 4～8 点之间的曲线段，起点在 4 处；第三周期

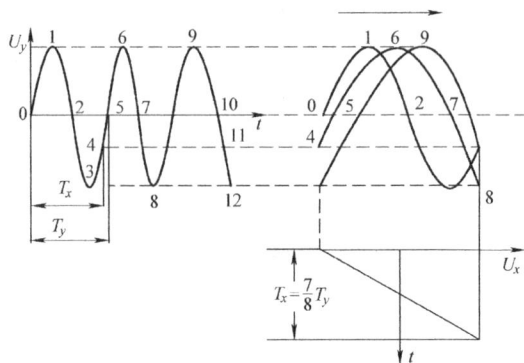

图　2-10-6

内，显示 8 ~ 11 点之间曲线段，起点在 8 处。这样，荧光屏上显示的波形每次都不重叠，好像波形在向右移动。同理，如果 T_x 比 T_y 稍大，则好像在向左移动。以上描述的情况在示波器使用过程中经常会出现。其原因是扫描电压的周期与被测信号的周期不相等或不成整数倍，以致每次扫描开始时波形曲线上的起点均不一样所造成的。

（2）同步的手动调节：为了获得一定数量的稳定波形，示波器设有"扫描周期"、"扫描微调"旋钮，用来调节锯齿波电压的周期 T_x（或频率 f_x），使之与被测信号的周期 T_y（或频率 f_y）成整数倍关系，从而，在示波器荧光屏上得到所需数目的完整被测波形。

（3）自动触发同步调节：输入 Y 轴的被测信号与示波器内部的锯齿波电压是相互独立的。由于环境或其他因素的影响，它们的周期（或频率）可能发生微小的改变。这时，虽通过调节扫描旋钮能使它们之间的周期满足整数倍关系，但过了一会可能又会改变，使波形无法稳定下来。这在观察高频信号时尤为明显。为此，示波器内设有触发同步电路，它从垂直放大电路中取出部分待测信号，输入到扫描发生器，迫使锯齿波与待测信号同步，此称为"内同步"。操作时，首先使示波器水平扫描处于待触发状态，然后使用"电平"（LEVEL）旋钮，改变触发电压大小，当待测信号电压上升到触发电平时，扫描发生器才开始扫描。若同步信号是从仪器外部输入的，则称"外同步"。

4. 李萨如图形的原理

如果示波器的 X 和 Y 输入是频率相同或成简单整数比的两个正弦电压，则荧光屏上将呈现特殊的光点轨迹，这种轨迹图称为李萨如图形。图 2-10-7 所示的为 $f_y : f_x = 2 : 1$ 的李萨如图形。频率比不同的输入将形成不同的李萨如图形。图 2-10-8 所示的是频率比成简单整数比值的几组李萨如图形。从中可总结出如下规律：如果作一个限制光点 x、y 方向变化范围的假想方框，则图形与此框相切时，横边上切点数 n_x 与竖边上的切点数 n_y 之比恰好等于 Y 和 X 输入的两正弦信号的频率之比，

$$f_y : f_x = n_x : n_y$$

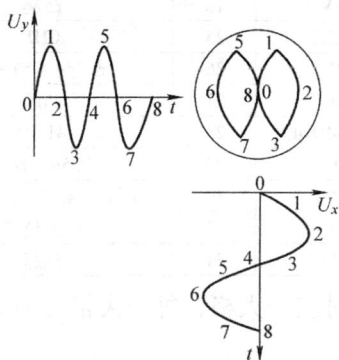

图 2-10-7

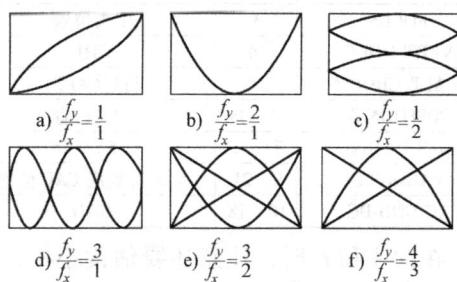

图 2-10-8

但若出现图 2-10-8b 或 f 所示的图形，有端点与假想边框相接时，应把一个端点计为 1/2 个切点。所以，利用李萨如图形能方便地比较两正弦信号的频率。若已知其中一个信号的频率，数出图上的切点数 n_x 和 n_y，便可算出另一待测信号的频率。

【实验内容】

1. 示波器的基本调节

（1）示波器面板

认识并熟悉示波器面板（见图 2-10-9）上各旋钮、按键的功能和作用。

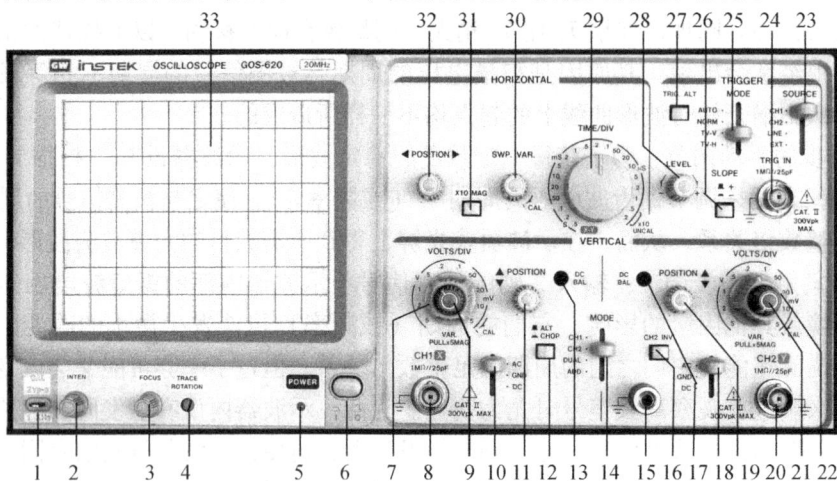

图 2-10-9　GOS-620 双踪示波器前面板图

（2）示波器的使用

示波器在使用前，请务必确认其后面板上的电源电压选择器已调到规定的电压位。确认之后，请依照表 2-10-1，顺序设定各旋钮及按键。通过 CH1（或 CH2）输入电压。调节 LEVEL 和 TIME/DIV 使波形稳定，调节 VOLTS/OIV 和 POSITION，读出测量值。根据探头上的衰减比（×10，×1），计算 U_{P-P} 和周期。

$$U_{P-P} = A \times V/div \qquad T = B \times T/div$$

式中，A 为波形在荧光屏上所占垂直格数；B 为一个波形周期在荧光屏上所占水平格数。

表 2-10-1　面板控制件位置

控制件名称		位置	控制件名称		设定
POWER	6	OFF 状态	CH2 INV	16	凸起
INTEN	2	中央位置	SOURCE	23	CH1
FOCUS	3	中央位置	SLOPE	26	凸起（+斜率）
VERT MODE	14	CH1	TRIG. ALT	27	凸起
ALT/CHOP	12	凸起（ALT）	TRIGGER MODE	25	AUTO
POSITION ⬍	11　19	中央位置	TIME/DIV	29	0.5ms/DIV
VOLTS/DIV	7　22	0.5V/DIV	SWP. VAR	30	顺时针到底 CAL 位置
VARIABLE	9　21	顺时针到底 CAL 位置	◄POSITION►	32	中央位置
AC-GND-DC	10　18	GND	×10 MAG	31	凸起

在读 A 和 B 时，注意还要估读小格，旋钮每一级对应一大格，每一大格分为 5 小格，例如 3.3 大格。

2. 观察正弦信号波形并测量电压和频率值

（1）信号发生器的调节

打开电源开关，调节波形选择在"～"正弦波位置。调节频率和幅度到所需的位置。

（2）校准示波器的电压和周期

示波器在定量测量电压与周期前，必须进行校准，才能获得准确的电压与周期数值。

3. 观察李萨如图形并利用李萨如图形测量频率

若规定 $f_x = 500$ Hz 为约定真值，要求调出 1∶1、1∶2、1∶3、2∶3 的较稳定李萨如图形，依次算出信号发生器的输出频率f_y，并与该信号发生器读数值f_y进行比较，求出它们的相对误差，并讨论之。

4. 测一给定未知输出信号的电压与频率。

【数据与结果】

1. 画出校准信号波形并记录其信号周期频率和电压。

2. 观察波形及电压和频率的测量

（1）在坐标纸上将所观察到的正弦波形和锯齿波用曲线板按1:1的比例绘出。

（2）电压和频率测量数据记录参考表2-10-2。

表 2-10-2

信号仪表上读数		示波器观测数据						
电压 U_{P-P}/V	频率 f/kHz	V/div	H/cm	u_{P-P}	$u_{有效}=\dfrac{u_{P-P}}{2\sqrt{2}}$	T/div	L/cm	f'/kHz

（3）比较u_{P-P}与U_{P-P}，f'与f，计算百分误差，分析示波器在量值测量上的误差。

3. 绘出所观察到的各种频率比的李萨如图形

表 2-10-3

$n_x : n_y$	1:1	1:2	1:3	2:3
图形				
$f_y = \dfrac{n_x}{n_y} f_y$				
f'				
$E = \left\| \dfrac{f_y - f'_y}{f_y} \right\| \times 100\%$				

4. 测量未知信号的幅度、周期和频率。

【思考题】

1. 如果被观测的图形不稳定，出现向左移或向右移的原因是什么？如何操作才能使之稳定？

2. 什么是同步？实现同步有几种调整方法？如何操作？

3. 若被测信号幅度太大（在不引起仪器损坏的前提下），则在示波器上能看到什么图形？要完整地显示图形，应如何调节？

4. 示波器能否用来测量直流电压？如果能测，应如何进行测量？

实验十一　电学元件的伏安特性测量

电路中有各种电学元件，如线性电阻、半导体二极管和晶体管，以及光敏、热敏和压敏元件等。了解这些元件的伏安特性，对正确使用它们至关重要。利用滑线变阻器的分压接法，通过电流和电压表正确地测出它们的电压与电流的变化关系，称为伏安测量法（简称伏安法）。伏安法是电学中常用晶体的一种基本测量方法。

【实验目的】

1. 了解分压器电路的调节特性。

2. 验证欧姆定律。

3. 掌握测量伏安特性的基本方法。

4. 学会直流电源、滑线变阻器、电压表、电流表、电阻箱等仪器的正确使用方法。

【实验仪器】

伏安特性实验仪或直流电源、直流电流表、直流电压表、电阻箱、被测电阻及二极管等电器元件和导线若干。

【实验原理】

1. 分压电路及其调节特性

（1）分压电路的接法

如图 2-11-1 所示，将变阻器 R 的两个固定端 A 和 B 接到直流电源 E 上，而将滑动端 C 和任一固定端（A 或 B，图中为 B）作为分压的两个输出端接至负载 R_L。图中 B 端电位最低，C 端电位较高，CB 间的分压大小 U 随滑动端 C 的位置改变而改变，U 值可用电压表来测量。滑线变阻器的这种接法通常称为分压器接法。分压器的安全位置一般是将 C 滑至 B 端，这时分压为零。

（2）分压电路的调节特性

如果电压表的内阻大到可忽略它对电路的影响，那末根据欧姆定律很容易得出分压为

$$U = \frac{R_{BC}R_L}{RR_L + (R - R_{BC})R_{BC}}E \tag{2-11-1}$$

从式（2-11-1）可见，因为电阻 R_{BC} 可以从零变到 R，所以分压 U 的调节范围为零到 E，分压曲线与负载电阻 R_L 的大小有关。理想情况下，即当 $R_L \gg R$ 时，$U = ER_{BC}/R$，分压 U 与阻值 R_{BC} 成正比，亦即随着滑动端 C 从 B 滑至 A，分压 U 从零到 E 线性地增大。

当 R_L 不是比 R 大很多时，分压电路输出电压就不再与滑动端的位移成正比了。实验研究和理论计算都表明，分压与滑动端位置之间的关系如图 2-11-2 的曲线所示。R_L/R 越小，曲线越弯曲，这就是说当滑动端从 B 端开始移动，在很大一段范围内分压增加很小，接近 A 端时分压急剧增大，这样调节起来不太方便。因此作为分压电路的变阻器通常要根据外接负载的大小来选用。必要时，还要同时考虑电压表内阻对分压的影响。

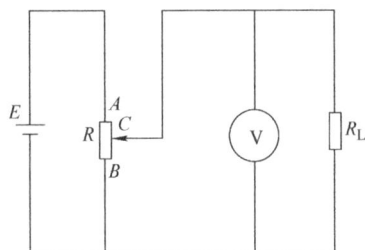

图 2-11-1　分压电路

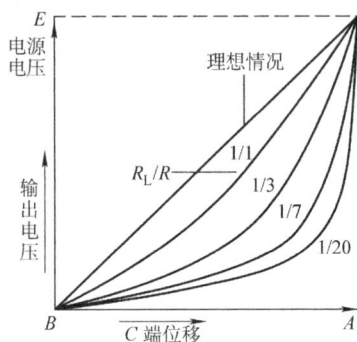

图 2-11-2　分压电路输出电压与
滑动端位置的关系

2. 电学元件的伏安特性

在某一电学元件两端加上直流电压，在元件内就会有电流通过，通过元件的电流与端电压之间的关系称为电学元件的伏安特性。在欧姆定律 $U = IR$ 式中，电压 U 的单位为伏特，电流 I 的单位为安培，电阻 R 的单位为欧姆。一般以电压为横坐标和电流为纵坐标作出元件的电压-电流关系曲线，称为该元件的伏安特性曲线。

对于碳膜电阻、金属膜电阻、线绕电阻等电学元件，在通常情况下，通过元件的电流与加在元件两端的电压成正比关系变化，即其伏安特性曲线为一直线。这类元件称为线性元件，如图 2-11-3 所示。至于半导体二极管、稳压管等元件，通过元件的电流与加在元件两端的电压不成线性关系变化，其伏安特性为一曲线。这类元件称为非线性元件，图 2-11-4 所示为某非线性元件的伏安特性。

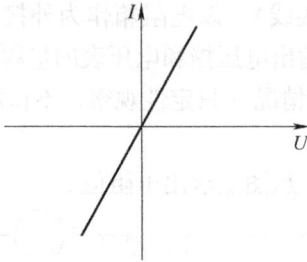
图 2-11-3　线性元件的伏安特性

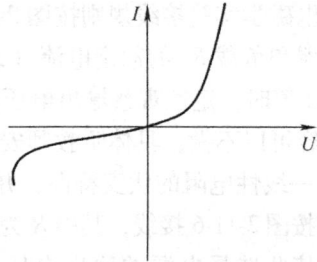
图 2-11-4　某非线性元件的伏安特性

在设计测量电学元件伏安特性的线路时，必须了解待测元件的规格，使加在它上面的电压和通过的电流均不超过额定值。此外，还必须了解测量时所需的其他仪器的规格（如电源、电压表、电流表、滑线变阻器等的规格），也不得超过其量程或使用范围。根据这些条件设计的线路，可以将测量误差减到最小。

3. 实验线路的比较与选择

在测量电阻 R 的伏安特性的线路中，常有两种接法，即图 2-11-5a 中电流表内接法和图 2-11-5b 中电流表外接法。电压表和电流表都有一定的内阻（分别设为 R_V 和 R_A）。简化处理时直接用电压表读数 U 除以电流表读数 I 来得到被测电阻值 R，即 $R = U/I$，这

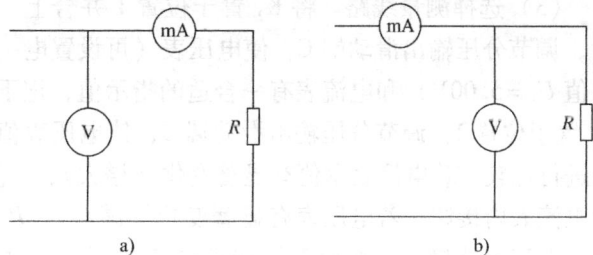
图　2-11-5
a) 电流表内接　b) 电流表外接

样会引进一定的系统性误差。当电流表内接时，电压表读数比电阻端电压值大，即有

$$R = \frac{U}{I} - R_A \tag{2-11-2}$$

当电流表外接时，电流表读数比电阻 R 中流过的电流大，这时应有

$$\frac{1}{R} = \frac{1}{U} - \frac{1}{R_V} \tag{2-11-3}$$

在式（2-11-2）和式（2-11-3）中，R_A 和 R_V 分别代表安培表和伏特表的内阻。比较电流表的内接法和外接法，显然，如果简单地用 U/I 值作为被测电阻值，电流表内接法的结果偏大，而电流表外接法的结果偏小，都有一定的系统性误差。在需要作简化处理的实验场

合，为了减少上述系统性误差，测量电阻的线路方案可以粗略地按下列办法来选择：

1）当 $R \ll R_V$，且 R 较 R_A 大得不多时，宜选用电流表外接；

2）当 $R \gg R_A$，且 R_V 和 R 相差不多时，宜选用电流表内接；

3）当 $R \gg R_A$，且 $R \ll R_V$ 时，则必须先用电流表内接法和外接法测量，然后再比较电流表的读数变化大还是电压表的读数变化大？根据比较结果再选择电流表采用内接还是外接，具体方法见本实验的实验内容第 2 点的第（3）小点。

如果要得到待测电阻的准确值，则必须测出电表内阻并按式（2-11-2）和式（2-11-3）进行修正，本实验不进行这种修正。

【实验内容】

1. 定性观察分压电路的调节特性。

根据电磁学实验接线规则按图 2-11-1 接线（按回路接线），以电阻箱作为外接负载 R_L，根据变阻器和负载 R_L 的额定电流（或功率），选择电源输出电压挡和电压表的量程。当 R_L/R 取不同比值时，定性观察输出电压随滑动端位移变化的情况（只定性观察，不作曲线）。

此内容可以不做，具体听教师安排。

2. 测一线性电阻的伏安特性，并作出伏安特性曲线，从图上求出电阻值。

（1）按图 2-11-6 接线，其中 R 为 500Ω 的电阻。

（2）依此选择电源的输出电压挡为 15V，电流表和电压表的量程分别为 20mA 和 20V，分压输出滑动端 C 置于 B 端（为什么？注意本实验中 B 端皆指于电源负极的公共端）。然后自己复核电路无误后，请教师检查。

（3）选择测量线路。将 K_2 置于位置 1 并合上 K_1，调节分压输出滑动端 C，使电压表（可设置电

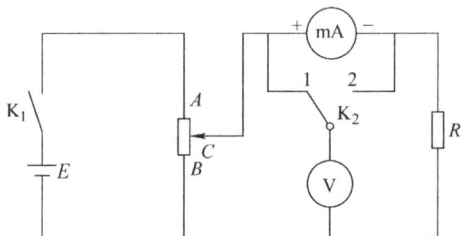

图 2-11-6

压值 $U_1 = 5.00\text{V}$）和电流表有一合适的指示值，记下这时的电压值 U_1 和电流值 I_1，然后将 K_2 置于位置 2，调节分压输出滑动端 C，使电压表值不变，记下 U_2 和 I_2。将 U_1、I_1 与 U_2、I_2 进行比较，若电流表示值有显著变化（增大），R 便为高阻（相对电流表内阻而言）则采用电流表内接法。若电压表有显著变化（减小），R 即为低阻（相对电压表内阻而言），则采用电流表外接法。按照系统误差较小的联接方式接通电路（即确定电流表内接还是外接）。但若无论电流表内接还是外接，电流表示值和电压表示值均没有显著变化，则采用任何一种联结方式均可（为什么会产生这样的现象？）。

（4）选定测量线路后，取合适的电压变化值（如从 3.00V 变化到 10.00V，变化步长取为 1.00V），改变电压测量 8 个测量点，将对应的电压与电流值列表记录，以便作图。

3. 测定二极管正向伏安特性，并作出伏安特性曲线（选做）。

（1）联线前，先记录所用晶体管型号和主要参数（即最大正向电流和最大反向电压）。然后用万用表欧姆挡测量其正反向阻值，从而判断晶体二级管的正负极（万用表处于欧姆挡时，负笔为正电位，正笔为负电位。指针式、数字式则相反）。

想一想如何利用伏安特性测量方法来判别二极管的正负极？还有其他判别二极管极性的办法吗？

在本实验中，我们实际上可以直接根据在二极管元件上的标志来判断其正负极。

（2）测晶体二极管正向特性：

因为二极管正向电阻小，可用图 2-11-7 所示的电路，图中 R 为保护电阻，用以限流。接通电源前应调节电源 E 使其输出电压为 3V 左右，并将分压输出滑动端 C 置于 B 端（这与图 2-11-6 是一样的）。然后缓慢增加电压，如取 0.00V、0.10V、0.20V、…（到电流变化大的地方，如硅管约 0.6~0.8V 可适当减小测量间隔），读出相应电流值，将数据记入相应表格。最后关断电源。

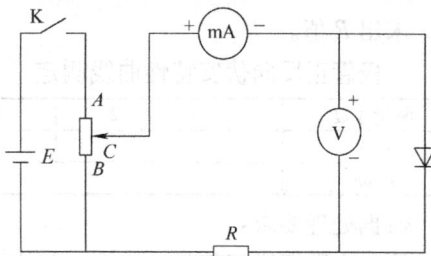

此实验硅管电压范围在 1V 以内，电流应小于最大正向电流，可据此选用电表量程。表格上方应注明各电表量程及相应误差。

图 2-11-7　测晶体二极管正向特性电路

【数据与结果】

1. 定性观察分压电路的调节特点

2. 线性电阻伏安特性的测定

3. 测量线路的选择及误差分析

电压表准确度等级 $K =$ ＿＿＿＿＿ ，量程 U_m ＿＿＿＿＿ V

电流表准确度等级 $K =$ ＿＿＿＿＿ ，量程 I_m ＿＿＿＿＿ mA

K_2 合 1 电流表内接	U_1	I_1	$R_1 = \dfrac{U_1}{I_1}$	$\dfrac{\Delta_{R_1}}{R_1}$	$R_1 \pm \Delta_{R_1}$
K_2 合 2 电流表外接	U_2	I_2	$R_2 = \dfrac{U_2}{I_2}$	$\dfrac{\Delta_{R_2}}{R_2}$	$R_2 \pm \Delta_{R_2}$

上表中 Δ_R、Δ_U、Δ_I 的计算公式如下：

$$\frac{\Delta_R}{R} = \sqrt{\left(\frac{\Delta_U}{U}\right)^2 + \left(\frac{\Delta_I}{I}\right)^2} \tag{2-11-4}$$

式中，$\Delta_U = K\% \cdot U_m$，U 为测得值；$\Delta_I = K\% \cdot I_m$，I 为测得值。

由此可见，使电表读数尽可能接近满量程时，测量电阻的准确度高。

将 U_1、I_1 与 U_2、I_2 进行直接比较，可以确定电流表内接还是外接。本实验可以作进一步分析。

电阻伏安特性测定

测量序数	1	2	3	4	5	6	7	8
U/V								
I/mA								

数据处理要求：

（1）按上表数据进行等精度作图（复习等精度作图规则）。以自变量 U 为横坐标，应变量 I 为纵坐标，且据等精度原则选取作图比例尺。例如电压表准确度 $K = 0.5$，$U_m = 15V$，则 $\Delta_U = 15 \times 0.5\% = 0.075V \approx 0.08V$，即测量的电压值中十分之一伏为可信值，而百分之一伏这一位为可疑数，故作图时横轴的比例尺应为 1 mm = 0.1V。同理，可定出纵轴 1 mm 代表多少 mA。

（2）从 $U\text{-}I$ 图上求电阻 R 值。在 $U\text{-}I$ 图上选取两点 A 和 B（不要与测量点数据相同，且

尽可能相距远些，为什么？请思考），由式

$$R = \frac{U_B - U_A}{I_B - I_A}$$

求出 R 值。

二极管正反向伏安特性曲线测定

测量序数	1	2	3	4	5	6	7	8
U/V								
I/mA								

数据处理要求：

按上表数据进行等精度作图，画出二极管正向伏安特性曲线。

【思考题】

1. 电流表或电压表面板上的符号各代表什么意义？电表的准确度等级是怎样定义的？怎样确定电表读数的示值误差和读数的有效数字？

2. 实验接线的基本原则是什么？电学实验基本的操作规程是什么？

3. 滑线变阻器在电路中主要有几种基本接法？它们的功能分别是什么？在图 2-11-6 所示的线路中，滑线变阻器各起什么作用？在图 2-11-8 中，当滑动端 C 移至 A 或 B 时，电压表读数的变化与图 2-11-8 中移动 C 点时的变化是否相同？

4. 1.5 级 0 ~ 3V 的电压表表面共有 60 分格，如以 V 为单位，它的读数应读到小数点后第几位？2.5 级 0 ~ 10mA 的毫安表表面共有 50 分格，如以 mA 为单位，它的读数又应读到小数点后第几位？

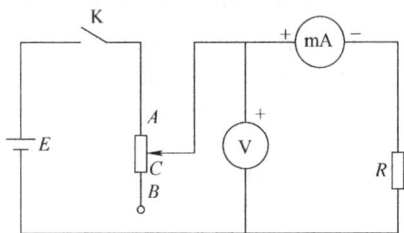

图 2-11-8　变阻器的限流接法

5. 有一个 0.5 级、量限为 100mA 的电流表，它的最小分度值一般应是多少？最大绝对误差是多少？当读数为 50.0mA，此时的相对误差是多少？若电表还有 200mA 的量限，上列各项分别是多少？

6. 用量限为 1.5/3.0/7.5/15 伏的电压表和 50/500/1000mA 的电流表测量额定电压为 6.3V，额定电流为 300mA 的小电珠的伏安特性，电压表和电流表应选哪一量限？若欲测另一额定电压为 12 伏的小电珠，额定电流不知道，这时电压表和电流表的量程如何选取？

7. 在电表的表盘上常标有下列各种符号，试说明它们表示的意义是什么。

$$- \quad 0.5 \cdot \quad \cap \quad \boxed{\text{II}} \;; \quad \Pi$$

8. 检流计在测量电路中的作用是什么？它的表面和指针有什么特点？

9. 为了保护检流计不致过载，在使用时应怎样做？为了保证检流计有足够的灵敏度，上述措施还应具有什么功能？

10. 提供下列仪表：0 ~ 6V 可调直流稳压电源；滑线电阻器 $R_0 = 100\Omega$（2A）及 1kΩ（0.5A）各一只；0.5 级多量程电流表；0.5 级多量程电压表；待测电阻一只；待校 1.5 级电压表一只。

已知电表内阻

电流表 $\begin{cases} \text{量程/mA} & 7.5 & 15 & 30 & 75 \\ \text{内阻 } R_A/\Omega & 3.43 & 2.31 & 1.26 & 0.49 \end{cases}$

电压表 $\begin{cases} \text{量程/V} & 3 & 7.5 & 15 \\ \text{内阻 } R_V/\Omega & & \times 500\Omega/V \end{cases}$

（1）设计一个伏安法测电阻的控制电路，待测电阻200Ω，电流表内接，电流调节范围20～30mA，画出电路，并注明电路中各元件的参数。

（2）设计一个校正电压表的控制电路，待校表量程5V，内阻50kΩ，画出电路，并注明电路中各元件的参数。

实验十二　惠斯顿电桥测电阻

【实验目的】

1. 通过组装电桥，掌握直流平衡单臂电桥的原理和特点。

2. 掌握正确使用盒式电桥测量电阻的方法。

3. 学习实验数据的记录和结果的误差分析。

【实验仪器】

盒式电桥、电阻箱、检流计、滑线变阻器、电源、开关等。

【实验原理】

电桥电路可记为四边形再加两条对角线。

用 B、D 两点的电位来进行比较，当 B、D 两点的电位相等时，即电流计 G 中的电流等于"0"时，有

$$I_1 R_x = I_2 R \tag{2-12-1}$$

$$I_1 R_1 = I_2 R_2 \tag{2-12-2}$$

两式相除，得

$$R_x = \frac{R_1}{R_2} R \tag{2-12-3}$$

图 2-12-1 中，R_1/R_2 称为比率臂；R 称为比较臂；R_x 称为待测臂。

条件：平衡。

判据：电流计 G 中的电流等于"0"。但是电流等于"0"是相对的，其准确程度与电流计灵敏度有关，与电源

图 2-12-1

的电压有关，与被测电阻的大小有关。因此引进了电桥灵敏度（相对灵敏度）的概念。

定义：电桥的相对灵敏度 S_i。

当电桥测量调平衡以后，有意识的改变 R_x（或 R）使电桥失去平衡，电流计发生 Δn 格的偏转，与 Δn 对应的改变量为 ΔR_x 或 ΔR，我们定义 S_i 为

$$S_i = \frac{\Delta n}{\Delta R_x / R_x} \quad 或 \quad S_i = \frac{\Delta n}{\Delta R / R} \tag{2-12-4}$$

S_i 的单位是"格"。

误差分析：

1. 由于桥路平衡灵敏度引起的误差，可以用测电桥相对灵敏度的方法求得。

实验时先根据式（2-12-4），测出 S_i，再令 $\Delta n = 0.1$ 格（0.1 为判断平衡时肉眼所能感觉到的格数），根据式（2-12-4）有

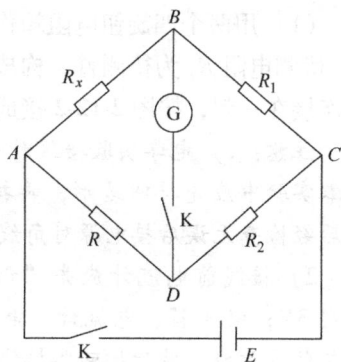

不平衡产生的误差　　　　　　　　$\Delta R_{x1} = 0.1 \times \dfrac{R_x}{S_i}$

2. 由于桥臂电阻箱引起的误差，根据 $R_x = (R_1/R_2) \times R$ 可从误差公式求得

$$E = \frac{\Delta R_x}{R_x} = \sqrt{\left(\frac{\Delta R_1}{R_1}\right)^2 + \left(\frac{\Delta R_2}{R_2}\right)^2 + \left(\frac{\Delta R}{R}\right)^2} \tag{2-12-5}$$

$$\Delta R_x = R_x \times E \tag{2-12-6}$$

3. 总的误差应该为两部分误差的合成，即

$$\Delta_{仪} = \sqrt{\Delta R_{x1}^2 + \Delta R_x^2} \tag{2-12-7}$$

电阻 R_x 的测量结果表达式

$$R_x = \frac{R_1}{R_2} \times R \pm \Delta_{仪} \tag{2-12-8}$$

注意：组装电桥时因为不知道电桥的准确度，所以用此方法来估算被测电阻的误差。用盒式电桥测电阻时，已经知道电桥的准确度，因此用 R_x 乘准确度的方法来估算被测电阻的误差，即

$$\Delta_{仪} = R_x \times 准确度（单位） \tag{2-12-9}$$

【实验内容及数据记录】

1. 组装电桥

（1）用两个四旋钮电阻箱作为比率臂 R_1/R_2，六旋钮电阻箱作为（标准电阻）比较臂 R，待测电阻 R_x 为待测臂，构成四边形的四边，在四边形的对角线上分别与电流计、电源等连接在一起，按图 2-12-2 接成桥路。

注意：1）电学实验接线时一定要按回路接。在本实验中应先接四边形，再接电流计对角线，最后经检查无误后接电源对角线。

2）接线前电流计应先"调零"，电源电压选用 3V；电阻箱、电流计、电源都按图 2-12-2 布局位置放好，然后按回路接线。因实验中没有开关，电源对角线只准先接一个头，另一个头空着，实验时当开关用。

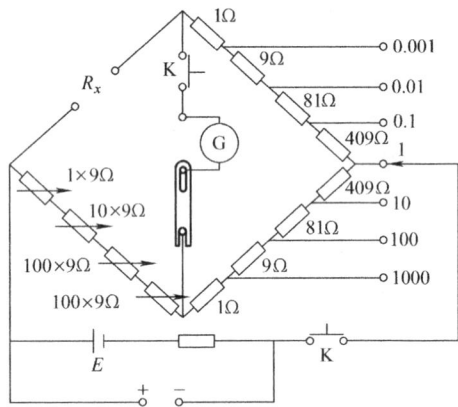

图　2-12-2

（2）根据附录的图 2-12-3 读出待测电阻 R_x 的大小，再根据四位有效数的要求，选择比率臂 R_1/R_2，测出 R_x 的正确值。

（3）测定组装电桥的灵敏度 S_i，利用式（2-12-4）得到的 S_i 和式（2-12-6）、式（2-12-7）确定的测量结果的误差 ΔR_x，并写出结果的表达式。

数据记录及处理：

R_1	R_2	R_1/R_2	R	ΔR	Δn

电桥的相对灵敏度：$S_i = \dfrac{\Delta n}{\Delta R/R} = $

电阻 R_x 的测量值：$R_x = \dfrac{R_1}{R_2} R =$

电阻测量值的误差：$\Delta R_{x1} = 0.1 \times \dfrac{R_x}{S_i} =$

$$E = \frac{\Delta R_x}{R_x} = \sqrt{\left(\frac{\Delta R_1}{R_1}\right)^2 + \left(\frac{\Delta R_2}{R_2}\right)^2 + \left(\frac{\Delta R}{R}\right)^2} = \qquad \Delta R_x = R_x \times E =$$

$$\Delta_{仪} = \sqrt{\Delta R_{x1}^2 + \Delta R_x^2} =$$

测量值的表达式：$R_x = \overline{R}_x \pm \Delta_{仪} =$

2. 利用盒式电桥测量上面测过的同一个电阻 R_x 的值，再根据电桥准确度算出误差 ΔR_x，并写出结果的表达式。

注意：（1）电桥未平衡时，B（电源开关）、G（电流计开关）键只能瞬时按下。

（2）接通时先按 B，后按 G；断开时先放 G，后放 B。（为什么？）

（3）外接电源选用 5V，不要超过 6V。（为什么？）

（4）判断平衡时最好不要以电流计指针"指零"为依据，而是以 G 接通，断开，接通，断开，变化时指针动与不动为依据。（为什么？）

（5）调节平衡的过程必须先粗调后细调，先确定比率臂，再确定比较臂。具体操作是先将比较臂调到最大，找到能使电流计指针偏转相反的两挡，取用大的一挡；再从大到小依次调节比较臂，每次找到能使电流计指针偏转相反的两挡时，均取用大的一挡，直到平衡。

（6）按式（2-12-9）求出 ΔR_x 值。

数据记录及处理：

R_1/R_2	R	准确度

电阻测量值的误差　$\Delta_{仪} = R_x \times$ 准确度

测量值的表达式：　　$R_x = \overline{R}_x \pm \Delta_{仪} =$

3. 利用盒式电桥测定测试板上标称值相同的 8 只电阻的阻值，并确定这批电阻的离散程度，写出正确的表达式。

数据记录及处理：

n	1	2	3	4	5	6	7	8
R_i								
$R_i - \overline{R}$								

$$\overline{R} = \frac{\sum R_i}{n} = \qquad S = \sqrt{\frac{\sum (R_i - \overline{R}_i)^2}{n(n-1)}} =$$

$$\Delta = \sqrt{S^2 + \Delta_{仪}^2} = \qquad R = \overline{R} \pm \Delta =$$

附录：元件参数的标志方法

元件参数的标志方法有三种：直标法，文字符号法和色标法。

早期生产元件或体积较大的元件，如电解电容等，都采用直标法、文字符号法。元件上标出商标、型号、功率、生产日期、规格大小和误差范围等。随着新材料的采用，元件的体积越来越小，如阻容元件采用色标法。现着重介绍色标法。

色标法用不同颜色的带或点标在电阻器上，在电阻器、电容器和电感器的表面标出产品的标称阻值或电容电感值和元件允许偏差。色标法颜色醒目，标志清晰，不易退色并且从元件各个方向都能看清（指色带法）。色标法又可分为两位有效数字的色标法和三位有效数字的色标法。

（1）两位有效数字的色标法

普通精度的阻容元件用四条色带表示，其中三条表示阻值（或容值），一条标志偏差。如图 2-12-3 所示：

1）第一色带表示电阻值（电容量）的第一位数字；第二色带标志第二位数字；

三条色带表示倍数，也即数字后"0"的个数。

2）第四条带表示电阻值（或容量）的允许偏差。金色表示 ±5%；银色表示 ±10%；无色表示 ±20%。各条色带的含义见图 2-12-3。

（2）三位有效数字的色标法

精密电阻（或电容）用五条色带表示阻值（容量）及偏差。这类元件常用于制造精密仪器或军用产品。详见图 2-12-4。

注：图 2-12-3、图 2-12-4 中电阻器标称值的单位是欧姆（Ω），电容器标称容量的单位为皮法（pF）。

下面举几个例子加以说明。如电阻（电容）上的色带依次为：

橙、白、棕、银——表示是 $390\Omega \pm 10\%$ 的电阻器（或 $390pF \pm 10\%$ 的电容器）。

棕、蓝、绿、黑、棕——表示是 $165\Omega \pm 1\%$ 的电阻器（或 $165pF \pm 1\%$ 的电容器）。

黄、紫、橙、金——表示是 $47k\Omega \pm 5\%$ 的电阻器（或 $0.047\mu F \pm 5\%$ 的电容器）。

颜色	第一有效数	第二有效数	倍数	允许偏差
棕	1	1	$\times 10^1$	
红	2	2	$\times 10^2$	
橙	3	3	$\times 10^3$	
黄	4	4	$\times 10^4$	
绿	5	5	$\times 10^5$	
蓝	6	6	$\times 10^6$	
紫	7	7	$\times 10^7$	
灰	8	8	$\times 10^8$	
白	9	9	$\times 10^9$	+50% −20%
黑	0	0	$\times 10^0$	
金			$\times 10^{-1}$	±5%
银			$\times 10^{-2}$	±10%
无色				±20%

图 2-12-3

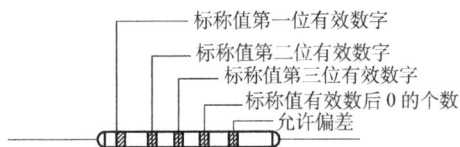

颜色	第一有效数	第二有效数	第三有效数	倍数	允许偏差
棕	1	1	1	$\times 10^1$	
红	2	2	2	$\times 10^2$	±10%
橙	3	3	3	$\times 10^3$	±2%
黄	4	4	4	$\times 10^4$	
绿	5	5	5	$\times 10^5$	±0.5%
蓝	6	6	6	$\times 10^6$	±0.25%
紫	7	7	7	$\times 10^7$	±0.1%
灰	8	8	8	$\times 10^8$	
白	9	9	9	$\times 10^9$	
黑	0	0	0	$\times 10^0$	
金					
银					

图 2-12-4

此外小型电解电容器在正极引线的根部常用颜色表示工作电压的大小，颜色和所表示的电压值如下表所示：

颜色	黑	棕	红	橙	黄	绿	蓝	紫	灰
工作电压/V	4	6.3	10	16	25	32	40	50	63

实验十三　用电流场模拟静电场

【实验目的】

1. 掌握用模拟方法来测绘具有相同数学形式的物理场的知识。

2. 了解分布曲线及场量的分布特点。

3. 加深对各物理场概念的理解。

4. 初步学会用模拟法测量和研究二位静电场。

【实验仪器】

GVZ-3 型导电微晶静电场描绘仪。

【实验原理】

模拟法本质上是用一种易于实现、便于测量的物理状态或过程模拟不易实现、不便测量的状态和过程的实验方法，要求这两种状态或过程有一一对应的两组物理量，且满足相似的数学形式及边界条件。

一般情况下，模拟可分为物理模拟和数学模拟，对一些物理场的研究主要采用物理模拟（物理模拟就是保持同一物理本质的模拟）。例如，用光测弹性模拟工件内部应力的分布等。数学模拟也是一种研究物理场的方法，它是把不同本质的物理现象或过程，用同一数学方程来描绘的数学方法。对一个稳定的物理场，若它的微分方程和边界条件一旦确定，其解是唯一的。两个不同本质的物理场如果描述它们的微分方程和边界条件相同，则它们的解是一一对应的，只要对其中一种易于测量的场进行测绘，并得到结果，那么与它对应的另一个物理场的结果也就知道了。由于稳恒电流场易于测量，所以就用稳恒电流场来模拟与其具有相同数学形式的其他物理场。

我们还要明确，模拟法是实验和测量难以直接进行、尤其是在理论难以计算时采用的一种方法，它在工程设计中有着广泛的应用。

（一）模拟长同轴圆柱形电缆的静电场

稳恒电流场与静电场是两种不同性质的场，但是它们在一定条件下具有相似的空间分布，即两种场的规律在形式上相似，都可以引入电位 U，电场强度 $\boldsymbol{E} = -\nabla U$，都遵守高斯定律。

对于静电场，电场强度在无源区域内满足以下积分关系：

$$\oint_S \boldsymbol{E} \cdot \mathrm{d}\boldsymbol{S} = 0 \qquad \oint_L \boldsymbol{E} \cdot \mathrm{d}\boldsymbol{l} = 0$$

对于稳恒电流场，电流密度矢量 $\boldsymbol{j}$ 在无源区域内也满足类似的积分关系

$$\oint_S \boldsymbol{j} \cdot \mathrm{d}\boldsymbol{S} = 0 \qquad \oint_L \boldsymbol{j} \cdot \mathrm{d}\boldsymbol{l} = 0$$

由此可见，$\boldsymbol{E}$ 和 $\boldsymbol{j}$ 在各自区域中满足同样的数学规律。在相同边界条件下，具有相同的解析解。因此，我们可以用稳恒电流场来模拟静电场。

在模拟的条件上，要保证电极形状一定，电极电位不变，空间介质均匀，在任何一个考察点，均应有"$U_{稳恒} = U_{静电}$"或"$E_{稳恒} = E_{静电}$"。下面用实验来验证这种等效性。

1. 同轴电缆及其静电场分布

如图 2-13-1a 所示，在真空中有一半径为 r_a 的长圆柱体 A 和一内半径为 r_b 的长圆筒形导体 B，它们同轴放置，分别带等量异号电荷。由高斯定理可知，在垂直于轴线的任一截面 S 内，都有均匀分布的辐射状电场线，这是一个与坐标 Z 无关的二维场。在二维场中，电场强度 E 平行于 XY 平面，其等位面为一簇同轴圆柱面。因此只要研究 S 面上的电场分布即可。

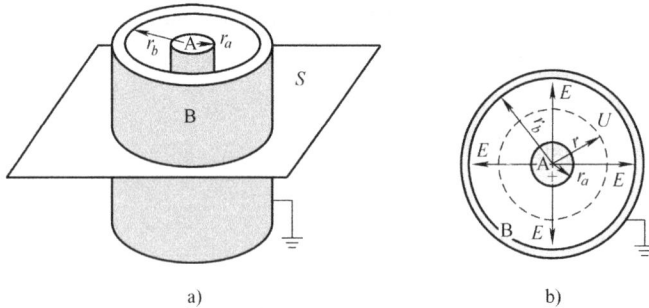

图 2-13-1　同轴电缆及其静电场分布

由静电场中的高斯定理可知，在距轴线的距离为 r 处（见图 2-13-1b）的各点电场强度为

$$E = \frac{\lambda}{2\pi\varepsilon_0 r} \tag{2-13-1}$$

式中，ε_0 为柱面各单位长度的电荷量，其电位为

$$U_r = U_a - \int_{r_a}^{r} \boldsymbol{E} \cdot \mathrm{d}r = U_a - \frac{\lambda}{2\pi\varepsilon_0}\ln\frac{r}{r_a} \tag{2-13-2}$$

设 $r = r_b$ 时，$U_b = 0$，则有

$$\frac{\lambda}{2\pi\varepsilon_0} = \frac{U_a}{\ln\dfrac{r_b}{r_a}} \tag{2-13-3}$$

代入式（2-13-2），得

$$U_r = U_a \frac{\ln\dfrac{r_b}{r}}{\ln\dfrac{r_b}{r_a}} \tag{2-13-4}$$

$$E_r = -\frac{\mathrm{d}U_r}{\mathrm{d}r} = \frac{U_a}{\ln\dfrac{r_b}{r_a}} \cdot \frac{1}{r} \tag{2-13-5}$$

2. 同轴圆柱面电极间的电流分布

若上述圆柱形导体 A 与圆筒形导体 B 之间充满了电导率为 σ 的不良导体，A、B 与电源电流正负极相连接（见图 2-13-2），A、B 间将形成径向电流，建立稳恒电流场 E'_τ，可以证明不良导体中的电场强度 E'_γ 与原真空中的静电场 E_τ 是相等的。

取厚度 t 的圆轴形同轴不良导体片为研究对象，设材料电阻率为 $\rho(\rho = 1/\sigma)$，则任意半

径 r 到 $r+dr$ 的圆周间的电阻是

$$dR = \rho \cdot \frac{dr}{S} = \rho \cdot \frac{dr}{2\pi rt} = \frac{\rho}{2\pi t} \cdot \frac{dr}{r} \tag{2-13-6}$$

则半径为 r 到 r_b 之间的圆柱片的电阻为

$$R_{rr_b} = \frac{\rho}{2\pi t} \int_r^{r_b} \frac{dr}{r} = \frac{\rho}{2\pi t} \ln \frac{r_b}{r} \tag{2-13-7}$$

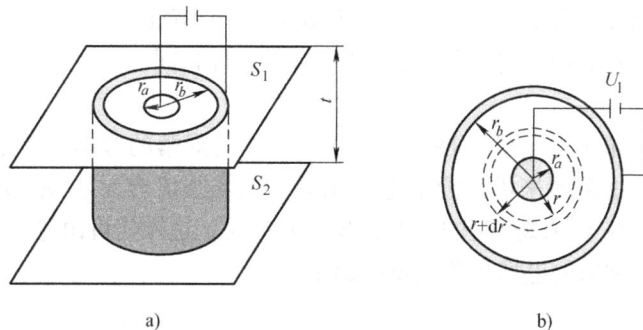

图 2-13-2 同轴电缆的模拟模型

总电阻为（半径 r_a 到 r_b 之间圆柱片的电阻）

$$R_{r_a r_b} = \frac{\rho}{2\pi t} \ln \frac{r_b}{r_a} \tag{2-13-8}$$

设 $U_b = 0$，两圆柱面间所加电压为 U_a，则径向电流为

$$I = \frac{U_a}{R_{r_a r_b}} = \frac{2\pi t U_a}{\rho \ln \dfrac{r_b}{r_a}} \tag{2-13-9}$$

距轴线 r 处的电位为

$$U_r = IR_{rr_b} = U_a \frac{\ln \dfrac{r_b}{r}}{\ln \dfrac{r_b}{r_a}} \tag{2-13-10}$$

则

$$E'_r = -\frac{dU'_r}{dr} = \frac{U_a}{\ln \dfrac{r_b}{r_a}} \cdot \frac{1}{r} \tag{2-13-11}$$

由以上分析可知 $U_r \approx U'_r$，$E_r \approx E'_r$ 的分布函数完全相同。为什么这两种场的分布相同呢？我们可以从电荷产生场的观点加以分析。在导电质中没有电流通过时，其中任一体积元（宏观小、微观大，其内仍包含大量原子）的正负电荷数量相等，没有净电荷，呈电中性。当有电流通过时，单位时间内流入和流出该体积元的正或负电荷数相等。这就是说，真空中的静电场和有稳恒电流通过时导电质中的场都是由电极上的电荷产生的。事实上，真空中电极上的电荷是不动的，在有电流通过的导电质中，电极上的电荷一边流失，一边由电源补

充，在动态平衡下保持电荷的数量不变。所以这两种情况下电场分布是相同的。

模拟条件：

模拟方法的使用有一定的条件和范围，不能随意推广，否则将会得到荒谬的结论。用稳恒电流场模拟静电场的条件可以归纳为以下三点：

1）稳恒电流场中的电极形状应与被模拟的静电场中的带电体几何形状相同。

2）稳恒电流场中的导电介质是不良导体且电导率分布均匀，并满足 $\sigma_{电源} \gg \sigma_{导电质}$，才能保证电流场中的电极（良导体）的表面也近似是一个等位面。

3）模拟所用电极系统与被模拟电极系统的边界条件相同。

测绘方法：

电场强度 E 在数值上等于电位梯度，方向指向电位降落的方向。考虑到 E 是矢量，而电位 U 是标量，从实验测量来讲，测定电位比测定电场强度容易实现，所以可先测绘等位线，然后根据电场线与等位线正交的原理，画出电场线。这样就可由等位线的间距确定电场线的疏密和指向，将抽象的电场形象地反映出来。

实验装置：

GVZ-3 型导电微晶静电场描绘仪（包括导电微晶，双层固定支架，同步探针等）如图 2-13-3 所示，支架采用双层式结构，上层放记录纸，下层放导电微晶。电极已直接制作在导电微晶上，并将电极引线接出到外接线柱上，电极间有导电率远小于电极且各项均匀的导电介质。接通直流电源（10V）就可以进行实验。在导电微晶和记录纸上方各有一探针，通过金属探针臂把两

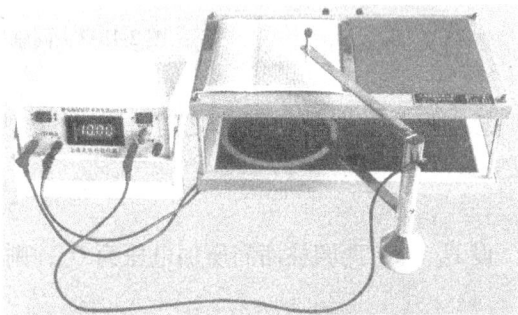

图　2-13-3

探针固定在同一手柄座上，两探针始终保持在同一铅垂线上。移动手柄座时，可保证两探针的运动轨迹是一样的。由导电微晶上方的探针找到待测点后，按一下记录纸上方的探针，在记录纸上留下一个对应的标记。移动同步探针在导电微晶上找出若干电位相同的点，由此即可描绘出等位线。

【实验内容】

描绘同轴电缆的静电场分布

利用图 2-13-2b 所示的模拟模型，将导电微晶内外两电极分别与直流稳压电源的正负极相连接，电压表正负极分别与同步探针及电源负极相连接，移动同步探针测绘同轴电缆的等位线簇。要求相邻两等位线间的电位差为 1V，以每条等位线上各点到原点的平均距离 r 为半径画出等位线的同心圆簇。然后根据电场线与等位线正交的原理，再画出电场线，并指出电场强度方向，得到一张完整的电场分布图。在坐标纸上或用 Excel 工具作出相对电位 U_R/U_a 和 ln$r$ 的关系曲线，并与理论结果比较，再根据曲线的性质说明等位线是以内电极中心为圆心的同心圆。

【注意事项】

由于导电微晶边缘处电流只能沿边缘流动，因此等位线必然与边缘垂直，使该处的等位线和电力线严重畸变，这就是用有限大的模拟模型去模拟无限大的空间电场时必然会受到

的"边缘效应"的影响。如果想减小这种影响，就要使用"无限大"的导电微晶进行实验，或者人为地将导电微晶的边缘切割成电力线的形状。

【思考题】

1. 根据测绘所得等位线和电力线的分布，分析哪些地方电场强度较强，哪些地方电场强度较弱。

2. 从实验结果能否说明电极的电导率远大于导电介质的电导率？如不满足这条件会出现什么现象？

实验十四　薄透镜焦距的测定

【实验目的】

1. 掌握薄透镜焦距的常用测定方法。

2. 观察薄透镜成像的几种情况，明确成像规律。

3. 学会调节光学系统使之共轴。

【实验仪器】

光具座、光源、凸透镜和凹透镜、平面镜、白屏、物屏等。

【实验原理】

透镜成像规律，是许多光学仪器的设计依据，焦距（focal length）又是透镜的一个重要参数。测定焦距是最基本的光学实验。如图 2-14-1 所示，设薄透镜的像方焦距为 f'，物距为 u，对应的像距为 v，则透镜成像的高斯公式为

$$\frac{1}{u} + \frac{1}{v} = \frac{1}{f'} \qquad (2\text{-}14\text{-}1)$$

故

$$f' = \frac{uv}{u+v} \qquad (2\text{-}14\text{-}2)$$

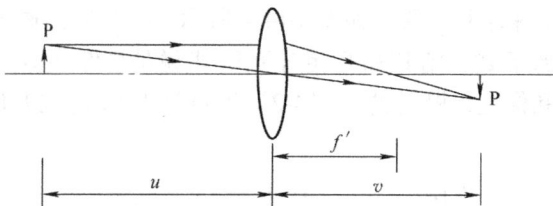

图 2-14-1　凸透镜成像光路图

应用式（2-14-2）时，必须注意各物理量所适用的符号定则。u、v 和 f' 均从薄透镜的光心算起，实物与实像取正，虚物与虚像取负，凸透镜（convex lens）取正，凹透镜（concave lens）取负。运算时已知量前需添加符号，未知量则根据求得结果中的符号判断其物理意义。

（一）测量凸透镜焦距的方法：

1. 物距、像距法

因为实物经会聚透镜后，在一定条件下能成实像（real image），故可用白屏接收并观察，通过测量物距和像距，利用式（2-14-2）即可算出 f'。

2. 二次成像法

为了使测量的结果更精确些，可使物和像屏的相对位置保持不变，并使其间距 $L > 4f'$，则当凸透镜在物与屏之间移动时，可以找到两个位置，都能在屏上得到清晰的像。如图 2-14-2 所示，在位置 Ⅰ，物 P 经透镜成倒立、放大的实像 P'；而在位置 Ⅱ，则成倒立、缩小的实像 P″。

设物与屏的距离为 L，透镜两个位置（Ⅰ与Ⅱ）之间距离的绝对值为 d，位置Ⅱ与屏之间的距离为 v_2，则对位置Ⅰ而言，有 $u=(L-d-v_2)$ 及 $v=d+v_2$ 代入式（2-14-2）得

$$f'=\frac{(L-d-v_2)(d+v_2)}{L}$$

对于位置Ⅱ而言，有 $u=(L-v_2)$ 及 $v=v_2$，则

$$f'=\frac{(L-v_2)v_2}{L}$$

由以上两式可解出

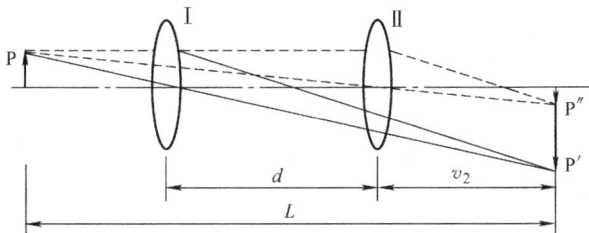

图 2-14-2　凸透镜二次成像光路图

$$v_2=\frac{L-d}{2}$$

因此

$$f'=\frac{L^2-d^2}{4L} \tag{2-14-3}$$

测量 L 和 d 值，即可求得凸透镜的焦距 f'。

3. 自准值法

当物 Q 放在透镜 L 的物方焦面上时，由 Q 发出的光经过透镜后将成为平行光；根据光路的可逆性，如果在透镜后放一平面镜 M，使平行光线反射回来，此反射光线被透镜折射而成像于原物所在平面上。像和物等大，为一倒立实像。如图 2-14-3 所示，则物与透镜 L 的距离即为 f'。

（二）测量凹透镜焦距的方法：辅助透镜法

对于凹透镜，因为实物得不到实像，故不能用屏接收方法求焦距，但可以用辅助透镜的方法来求得焦距。如图 2-14-4 所示，物 P 经凸透镜 L_1 后成像于 P'，而加上待测透镜 L_2 后将成像于 P''，则 P' 和 P'' 相对于 L_2 来说是物像共轭的，分别测出 L_2 到 P' 和 P'' 的距离，即为物距和像距，根据式（2-14-2）即可算出 L_2 的像方焦距 f'。

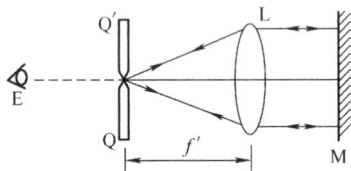

图 2-14-3　自准直法测凸透镜焦距

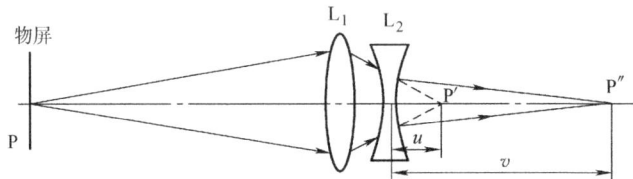

图 2-14-4　辅助透镜法测凹透镜焦距

【实验内容】

1. 光具座上各元件的共轴调节

物距、像距和透镜移动的距离等都是沿着主光轴计算长度的。其长度是由光具座的刻度来读取的，为了准确测量，应调节各个透镜的主光轴使之共轴，且与导轨平行。这些调节统称为共轴调节，方法如下：

（1）粗调

在光具座上依次放上光源、物屏、透镜，像屏，先把它们靠拢，调节高低、左右，使各

元件的中心大致在与导轨平行的同一条直线上，并使物平面、像屏平面和透镜面相互平行且垂直于光具座导轨。

（2）细调

依靠成像规律来进行判断和调节。如利用二次成像法测凸透镜焦距的实验，应先使物屏和像屏之间的距离 $L > 4f'$，插入透镜。移动透镜位置在屏上分别得到放大像和缩小像。若物的中心处在透镜光轴上，而且光轴与导轨基线平行，则移动透镜时，大小两次成像的中心必将重合；若物的中心偏离光轴或导轨与光轴不平行，则当透镜移动时，两次成像时像的中心不再重合。这时可根据像中心的偏移判断，将其调节至共轴等高状态。如图 2-14-5 所示，物体的中心 P 偏离在透镜光轴之下，则大小两像的中心 P′、P″均偏离光轴，分别位于光轴上方的 P′ 和 P″处，小像中心 P″离光轴较近。

一般调节的方法是成小像时，调节光屏位置，使 P″与屏中心重合；而在成大像时，则调节透镜的高低和左右，使 P′位于光屏中心。依次反复调节，便可调好。

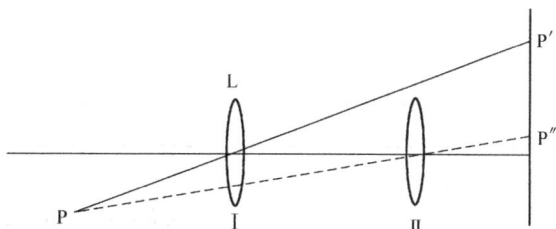

如果系统是由多个透镜等元件所组成的，可依次采用以上方法来调节共轴。

图 2-14-5　共轴调节示意图

2. 物距像距法测凸透镜焦距

按图 2-14-1 所示，在完成步骤 1 后，将待测凸透镜置于物、像屏之间，移动透镜使屏上出现清晰的实像，记录物距 u 和像距 v。改变物屏到像屏的距离，重复测 3 次。

3. 二次成像法测凸透镜焦距

将物屏和像屏固定在大于 $4f'$ 的位置，测出它们之间的距离 L，将待测凸透镜放在物屏和像屏之间，如图 2-14-2 所示。移动透镜，使屏上出现清晰像，记录透镜的位置。移动透镜至另一位置，使屏上又出现清晰像，再记录透镜的位置。改变距离 L，重复测 3 次。

4. 自准直法测凸透镜焦距

按图 2-14-3 所示，将仪器调成共轴后，移动透镜 L 和平面镜 M 的方位，使物屏上成一清晰倒像，且与物重合，测量物屏到待测透镜中心的距离，即为待测透镜焦距 f'。重复测 3 次。

5. 辅助透镜法测凹透镜焦距

在光具座上按图 2-14-4 所示，先用凸透镜使物在屏上成一小像 P′，记下 P′ 的位置。然后将凹透镜 L_2 置于 L_1 与 P′ 之间，将像屏往外移，移动凹透镜或像屏使屏上重新得到清晰像 P″，记下它的位置。分别测出 P′ 和 P″至凹透镜 L_2 的距离即物距 u 和像距 v，代入式（2-14-2），求出 f'（注意符号法则）。改变凹透镜位置，重复测 3 次。

【数据记录及处理】

表 2-14-1　物距、像距法测凸透镜焦距 f'

次序	物屏位置 / cm	透镜位置 / cm	像屏位置 / cm	物距 u / cm	像距 v / cm	焦距 f' / cm	$\overline{f'}$ / cm
1							
2							
3							

表 2-14-2　　二次成像法测凸透镜焦距 f'

次序	物屏位置/cm	像屏位置/cm	透镜在 I 位置/cm	透镜在 II 位置/cm	物像屏间距 L/cm	d/cm	f'/cm	$\overline{f'}$/cm
1								
2								
3								

表 2-14-3　　自准直法测凸透镜焦距 f'

次序	物屏位置/cm	透镜位置/cm	f'/cm	$\overline{f'}$/cm
1				
2				
3				

表 2-14-4　　测凹透镜焦距 f'

次序	P′位置/cm	L_2 位置/cm	P″位置/cm	u/cm	v/cm	f'/cm	$\overline{f'}$/cm
1							
2							
3							

【问题与讨论】

1. 共轴调节的目的是要实现哪些要求？
2. 在用二次成像法测凸透镜焦距 f' 时，为什么要求物像屏间距 $L > 4f'$？
3. 请设想用一种简单的方法来辨别凸透镜和凹透镜。

实验十五　用牛顿环测定透镜的曲率半径

所谓牛顿环（Newton's rings），就是用平行单色光照射于一块曲率半径很大的透镜与平面玻璃所组成的空气间隙时产生的圆环形状的干涉条纹。牛顿环在检验光学元件表面质量和测量球面的曲率半径及测量光波波长方面得到广泛应用。

【实验目的】

1. 观察光的干涉现象，了解光的干涉原理。
2. 掌握用牛顿环测量光学元件曲率半径的方法。

【实验仪器】

牛顿环仪、钠光灯、读数显微镜、45°半反射镜组、升降台、扩束镜及支架。

【实验原理】

如图 2-15-1 所示，当一束单色平行光垂直投射到"牛顿环"仪器上时，光线在空气薄膜上表面分为两支：一支直接在膜层上表面 a 反射；另一支则向下经过厚度为 d 的空气层在膜的下表面 b 反射，上下表面的反射光波将相互干涉，形成的干涉条纹为膜的等厚各点的轨迹，这种干涉是一种等厚干涉，在反射方向观察时，将看到一组以接触点为中心的亮暗相间的圆形干涉条纹，而且中心是一暗纹（见图 2-15-2a）；如果在透射方向观察，则看到的干涉环纹与反射光的干涉环纹的光强分布恰好互补（见图 2-15-2b）。这种干涉现象最早为牛顿所发现，故称为牛顿环。

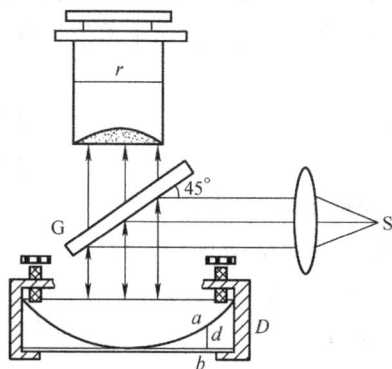

图 2-15-1　仪器装置示意图

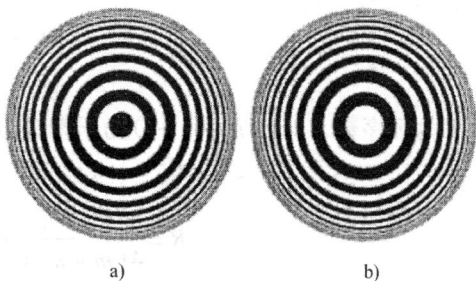

图 2-15-2　反射光和透射光的干涉环纹

设透镜的曲率半径为 R，离接触点 O 任一距离 r 处的空气膜厚度 d，则由图 2-15-3 中的几何关系可知

$$R^2 = (R - d)^2 + r^2 = R^2 - 2Rd + d^2 + r^2$$

因 $R \gg d$，故略去 d^2 项而得

$$d = \frac{r^2}{2R} \qquad (2\text{-}15\text{-}1)$$

当光线垂直入射时，由空气膜上、下表面反射光所产生的光程差为

$$\Delta = 2d + \frac{\lambda}{2} \qquad (2\text{-}15\text{-}2)$$

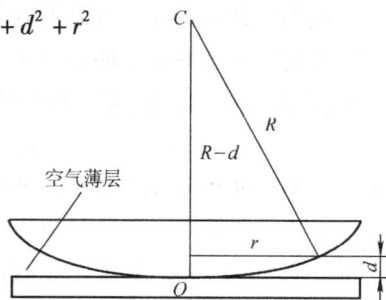

图 2-15-3　原理图

式（2-15-2）中 $\lambda/2$ 的附加程差是因为光从光疏媒质（空气）到光密媒质（平玻璃）反射时产生的半波损失（λ 是入射单色光的波长）。

将式（2-15-1）代入式（2-15-2），得到以 O 为圆心、r 为半径的圆上各点处的光程差

$$\Delta = \frac{r^2}{R} + \frac{\lambda}{2} \qquad (2\text{-}15\text{-}3)$$

根据相干条件得

暗环　　　$$\Delta = 2d + \frac{\lambda}{2} = \frac{r^2}{R} + \frac{\lambda}{2} = (2K + 1)\frac{\lambda}{2} \quad \left(亦有\ d = \frac{K}{2}\lambda\right) \qquad (2\text{-}15\text{-}4)$$

即　　　$$r_K = \sqrt{KR\lambda}, \quad K = 0, 1, 2, \cdots$$

或直径为

$$D_K = \sqrt{4KR\lambda} \tag{2-15-5}$$

式（2-15-5）表明，若单色光源波长 λ 已知，只要测出第 K 级暗环直径 D_K，即可算出平凸透镜的曲率半径 R。

透镜中心与平面玻璃的接触处，理论上讲 $d=0$，$\Delta = \lambda/2$ 为 0 级暗斑。但由于平凸透镜和平面玻璃的接触点受力而引起玻璃的弹性形变，并且在接触处难免附着尘埃或存在缺陷，因而在近圆心处环纹比较模糊和粗阔，以致难以确定干涉级数 K，即干涉环纹的级数和序数不一定一致，致使用式（2-15-5）直接测量透镜的曲率半径可能产生较大的误差。为了提高精度，通常测量距中心较远的、比较清晰的两个环纹的直径。例如，第 m 个和第 n 个暗环的直径（注意：这里 m 和 n 均为环序数，不一定是干涉级数），再由这两个差值计算 R 值。由式（2-15-5）得

$$D_m^2 = 4(m+j)R\lambda \tag{2-15-6}$$

$$D_n^2 = 4(n+j)R\lambda \tag{2-15-7}$$

m、n 为环序数，$(m+j)$、$(n+j)$ 为干涉级数（j 为干涉级修正值）。于是

$$D_m^2 - D_n^2 = 4\left[(m+j)-(n+j)\right]R\lambda = 4(m-n)R\lambda \tag{2-15-8}$$

即

$$R = \frac{D_m^2 - D_n^2}{4(m-n)\lambda} = \frac{(D_m + D_n)(D_m - D_n)}{4(m-n)\lambda} \tag{2-15-9}$$

式中，D_m、D_n 分别为第 m 和 n 个暗环直径。

因此，只要精确地测定两个暗环的直径，就可以由式（2-15-9）算出透镜的曲率半径 R；或在 R 已知的情况下，求得入射光的波长。

【实验步骤】

1. 按图 2-15-1 所示，安装好仪器，使光源 S 与半反射镜组 G 中心等高。

2. 在亮光下观察牛顿环是否在透镜中心，如不在中心，可调节牛顿环仪上的三颗螺钉。但要注意螺钉不可旋得过紧，以免接触压力过大引起透镜弹性形变，甚至损坏透镜。

3. 调节读数显微镜的目镜，使目镜中看到的叉丝最为清晰，然后将读数显微镜对准牛顿环仪，从下向上移动镜筒对干涉条纹进行调焦（为防止压坏被测物体和物镜，不得由上向下移动!），使干涉条纹尽可能清晰，并与显微镜的测量叉丝之间无视差。移动牛顿环装置，使干涉条纹的中央暗区在显微镜叉丝正下方；如果干涉环的亮度不够，可以略微调节 45°半反射镜，以便获得最大的照度。

测量时，显微镜的叉丝最好调成其中一根叉丝与显微镜移动方向垂直，移动测量时，使这根叉丝始终保持与干涉环纹相切，便于观察测量。（注意：叉丝应对准暗条纹中央。）

4. 旋转读数显微镜的控制丝杆，使叉丝交点从暗斑中心向右移到最外层，然后回过头来移到左边最外层，观察整个干涉场中条纹的清晰度，以选择干涉环的测量范围。

5. 实际测量时，要根据具体情况确定所测的条纹数目。在本实验中，测量第 10 个到第 19 个暗环。从第 19 个暗环开始测量起，记下读数显微镜上对应的读数 X_{19}，继续旋转丝杆使叉丝移向第 18、第 17、…、第 10 个，逐次记下对应的读数 X_{18}、X_{17}、…、X_{10}。继续转动丝杆、越过中心暗斑，自反方向第 10 个暗环测起，一直测到第 19 个暗环，读得 X'_{10}、X'_{11}、…、X'_{19}，则可得各暗环的直径为

$$D_{19} = \mid X_{19} - X'_{19} \mid 、D_{18} = \mid X_{18} - X'_{18} \mid 、\cdots、D_{10} = \mid X_{10} - X'_{10} \mid$$

实验时重复测量 2 次，镜在测量过程中不能返回。

【数据记录与处理】

环序 m	暗环左边位置 X_m／mm			暗环右边位置 X'_m／mm			各环直径 ／mm	两环直径平方差 ／mm^2
	第一次	第二次	平均 $\overline{X}_m$	第一次	第二次	平均 $\overline{X'}_m$	$D_m = \mid \overline{X}_m - \overline{X'}_m \mid$	$D_m^2 - D_n^2$
19								$D_{19}^2 - D_{14}^2 =$
18								
17								$D_{18}^2 - D_{13}^2 =$
16								
15								$D_{17}^2 - D_{12}^2 =$
14								
13								$D_{16}^2 - D_{11}^2 =$
12								
11								$D_{15}^2 - D_{10}^2 =$
10								
$\lambda = 589.3\text{nm} = 5.893 \times 10^{-4}\ \text{mm}$							平均	$\overline{D_m^2 - D_n^2}$

由 $\overline{R} = \dfrac{\overline{D_m^2 - D_n^2}}{4(m-n)\lambda}$ 计算 $\overline{R}$ 及其不确定度 Δ_R，并写出测量结果。

【问题与讨论】

1. 被测透镜是平凹透镜，能否应用本实验方法测定其凹面的曲率半径？

2. 测 D_m 和 D_n 时叉丝交点未通过圆环中心，因而测量的是弦长，而非真正的直径。试问，此种情况对实验结果有否影响？为什么？

【注意事项】

1. 由于读数显微镜的测微螺旋左右移动的范围有限，所以必须将牛顿环的中央暗区调节至螺旋移动的中央附近。

2. 接近中心的干涉环的宽度变得很大，不易测准，且不一定是理想的圆形，所以，不要选择这些干涉环作为测量对象。

3. 应避免螺旋空程引入的误差。在整个测量过程中，鼓轮只能沿一个方向移动，不许倒转，如稍有倒转，全部数据即应作废。正确的操作方法是：如果要从第 19 环开始读数，则至少要在叉丝压着第 25 环后，再使鼓轮倒转至第 19 环开始读数，并沿同一方向依次测完全部数据。

4. 读数时应尽量使叉丝对准暗条纹中央或与暗纹相切，注意不要数错条纹数。

5. 在实验中，要保证桌面平稳，不能震动，读数显微镜不能摇晃，否则要重测。

6. 实验完毕，将牛顿环仪周边的螺钉松开，以免透镜发生形变。

【附录】　JCD₃ 型读数显微镜使用说明书

JCD₃ 型读数显微镜物镜放大倍数是 3 倍，目镜放大倍数是 10 倍，显微镜总放大倍数为 30 倍。读数显微镜纵向测量范围为 50 mm，最小读数值为 0.01 mm，测量精度为 0.02 mm；升降方向测量范围为 40 mm，最小读数值 0.1 mm。其结构示意图如图 2-15-4 所示。

目镜（2）可用锁紧螺钉（3）固定于任一位置，棱镜室（19）可在 360°方向上旋转，物镜（15）用丝扣拧入镜筒内，镜筒（16）用调焦手轮（4）完成调焦。转动测微鼓轮（6），显微镜沿燕尾导轨作纵向移动，利用锁紧手轮 I（7），将方轴（9）固定于接头轴十字孔中。接头轴（8）可在底座（11）中旋转、升降，用锁紧手轮 II（10）紧固。根据使用要求不同方轴可插入接头轴另一个十字孔中，使镜筒处于水平位置。压片（13）用来固定被测件。旋转反光镜旋轮（12）调节反光镜方位。

为便于做牛顿环实验，本仪器还配备了半反射镜（14）附件。

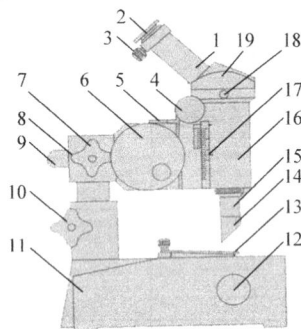

图 2-15-4　读数显微镜结构示意图

1—目镜接筒　2—目镜　3—锁紧螺钉　4—调焦手轮
5—标尺　6—测微鼓轮　7—锁紧手轮 I　8—接头轴
9—方轴　10—锁紧手轮 II　11—底座　12—反光镜旋轮
13—压片　14—半反射镜组　15—物镜组　16—镜筒
17—刻尺　18—锁紧螺钉　19—棱镜室

使用时，将被测件放在工作台面上，用压片固定。旋转棱镜室（19）至最舒适位置，用锁紧螺钉（18）锁紧，调节目镜进行视度调整，使分划板清晰，转动调焦手轮，从目镜中观察，使被测件成像清晰为止，调整被测件，使其被测部分的横截面和显微镜移动方向平行。转动测微鼓轮，使十字分划板的纵丝对准被测件的起点，记下此值 A［在标尺（5）上读取整数，在测微鼓轮上读取小数，此二数之和即是此点的读数］，沿同方向转动测微鼓轮，使十字分划板的纵丝恰好停止于被测件的终点，记下此值 A'，则所测之长度计算可得 $L = |A' - A|$。为提高测量精度，可采用多次测量，取其平均值。

实验十六　分光计的调节及棱镜玻璃折射率的测定

光线在媒质中传播时，遇到不同媒质的分界面时会发生反射和折射；通过圆孔、狭缝、直边或其他任意形状的孔或障碍物时会发生衍射，光线将改变传播方向。结果在入射光线与反射光线、折射光线、衍射光线之间就有一定的夹角，通过对这些角度的测量，就可以间接地测出许多与角度有关的物理量，如折射率、光的波长、光栅常数和光学材料的色散率等，因此，精确测量角度在光学测量中显得十分重要。分光计是一种精确测量角度的典型光学仪器。

【实验目的】

1. 了解分光计的构造，学会调节和使用分光计。
2. 掌握测量三棱镜顶角和最小偏向角的方法。
3. 测定棱镜玻璃对某波长光波的折射率。

【实验仪器】

分光计及附件（光学平行平板、变压器等）、正三棱镜（$n_D = 1.6475$）、低压汞灯。

（一）分光计的构造

分光计主要由阿贝式自准直望远镜、装有可调狭缝的平行光管、可升降的载物台及带有照明装置的光学度盘游标读数系统等四大部分组成，如图 2-16-1 所示。

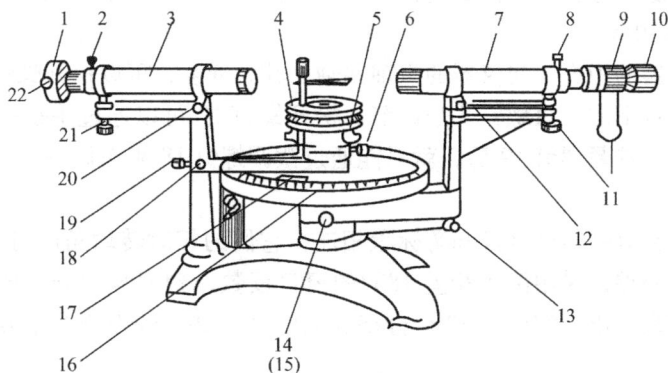

图 2-16-1　分光计示意图

1—狭缝装置　2—狭缝装置锁紧螺钉　3—平行光管　4—载物台　5—载物台调
平螺钉（3 只）　6—载物台锁紧螺钉　7—望远镜　8—目镜筒锁紧螺钉
9—阿贝式自准直目镜　10—目镜视度调节手轮　11—望远镜光轴高低调节螺钉
12—望远镜光轴水平方向调节螺钉　13—望远镜微调螺钉　14—转座与度盘止
动螺钉　15—望远镜止动螺钉（在背面）　16—度盘　17—游标盘
18—游标盘微调螺钉　19—游标盘止动螺钉　20—平行光管光轴水平调节
螺钉　21—平行光管光轴高低调节螺钉　22—狭缝宽度调节螺钉

下面将各部分进行逐一介绍。

1. 阿贝式自准直望远镜

分光计中所采用的望远镜是一种自准望远镜，它由物镜、叉丝分划板和目镜（阿贝目镜）组成，分别装在三个套筒中，彼此之间可以相对滑动，以便调节，如图 2-16-2 所示。中间的一个套筒里装有一块分划板，分划板下方与全反射小棱镜的一个直角面紧贴着。在这个直角面上刻有一个"十"字形透光的叉丝，套筒侧面正对棱镜的另一个直角面处开有一个小孔，孔内装有一个小灯泡。点亮灯泡，光线经全反射小棱镜折射后照亮"十"字形叉丝，用这个"十"字形作为物，来调节望远镜，达到要求的性能。

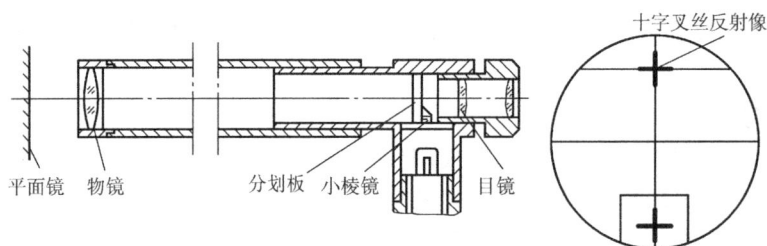

图 2-16-2　望远镜示意图

2. 平行光管

平行光管的作用是产生平行光，它的管筒固定在架座的一只脚上，管筒一端装有消除色差的复合正透镜，另一端装有带可调狭缝（宽度在 0.02 ~ 2 mm 之间可调）的套管。用光源照亮狭缝，调节狭缝位置，使它位于透镜的焦平面上，即可产生平行光。

3. 可升降的载物台

载物台插在仪器的中央，与仪器的主轴共轴，其高低度，可以松开螺钉 6 来调整，平台的倾斜度可以通过台下的三只螺钉 5 来调节。松开螺钉 19 可以通过手扶平台或移动游标盘来粗调平台的方位，拧紧螺钉 19 后，就只能通过微调螺钉 18 来微调平台的方位。

4. 读数装置

望远镜和载物台分别与刻度盘和游标盘相连，它们的相对转动角度可从读数窗中读出。为消除刻度盘的偏心差，采用两个相差 180° 的窗口读数，刻度盘的分度值为 0.5°，0.5° 以下的读数需用游标来读出。游标上 30 个分格和刻度盘上 29 个分格相等，所以游标的分度值为 1′。

（二）分光计的调节

分光计在实验中通常是用来测量光线经各种光学元件（如棱镜、光栅等）后的偏转角度。实验时，转动望远镜使之对准偏转光线，由刻度盘上所得读数变化，即所测的角度。为此，仪器必须精密调整，以保证：①入射光线是平行光（即要求调整平行光管，使之发射平行光）；②检测工具能接收平行光（即要求望远镜调焦于无穷远，亦即使平行光入射时能最清晰地成像）；③光线偏转平面（即待测光路平面）应精确地与望远镜转动时光轴所扫过的平面（即观察面）一致（即要求调整平行光管和望远镜的光轴与分光计主轴垂直），同时也要调整待测光路平面垂直于分光计主轴。

1. 目测粗调

松开望远镜止动螺钉 15，将望远镜转到正对平行光管的位置，调节螺钉 11、12、20、21，使望远镜、平行光管大致在同一水平线上。调节载物台的调平螺钉 5，使载物台大致水平。

2. 精细调节

（1）望远镜的调节

1）调整自准直望远镜，使其调焦于无穷远。其方法称作自准直法。步骤如下：先调目镜，即旋动目镜视度调节手轮 10，使眼睛能清楚地看到分划板上的暗叉丝。再调物镜，将平行平板的一反射面紧贴在望远镜物镜口，点亮望远镜中的小灯泡，使它发出的光经平面镜反射回来，从望远镜中可看到下方有一绿色亮斑。松开目镜筒锁紧螺钉 8，伸缩目镜筒，使十字叉丝反射像（为一绿色十字线）清晰，并消除视差。此时望远镜能接收平行光，即聚焦于无穷远。旋紧目镜筒锁紧螺钉8（**注意：此后目镜筒不要再伸缩移动**）。

2）用半调法调节望远镜光轴与分光计中心转轴相垂直。步骤如下：按图2-16-3所示的方法，将平行平板放在载物台上，a、b、c为小平台下的调节螺钉位置。这样放的优点是，要想调节平面镜的倾斜度，只要调节螺钉a或b即可，螺钉c的调节和镜面的倾斜度无关。适当调节望远镜的倾斜度（即调节螺钉11）和平行平板的垂直度（即调节螺钉5和6），分别使平行平板的两反射面反射回来的十字叉丝的反射像均能在望远镜中找到。若镜面反射的十字叉丝的反射像和调整用叉丝不重合（见图2-16-4），则调节望远镜高低调节螺钉11，使二叉丝间距减小一半（见图2-16-5），再调节载物台调平螺钉a（或b）使二者重合。这种调节方法称作"半调法"。转动载物平台，使另一反射面对准望远镜，同样用"半调法"进行调节使两叉丝重合。反复进行以上调节，直到无论转到哪一反射面，十字叉丝的反射像均能和调整用叉丝重合为止（见图2-16-6）。此时望远镜光轴与分光计中心转轴已垂直。此后不允许再调节望远镜光轴高低调节螺钉11。

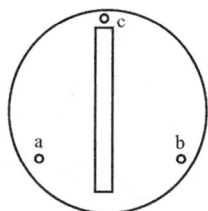

图　2-16-3

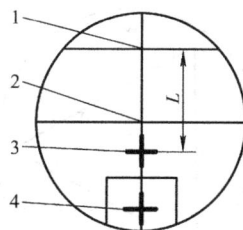

图　2-16-4

1—调整用叉丝　2—测量用十字叉丝

3—十字叉丝反射像　4—十字叉丝

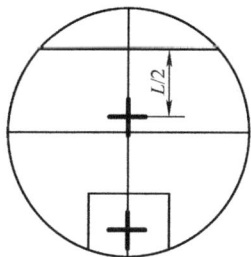

图　2-16-5

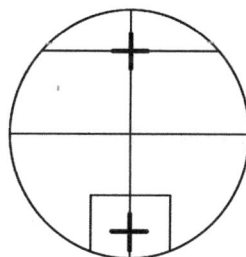

图　2-16-6

（2）调节平行光管使其产生平行光，并使其光轴与望远镜的光轴重合

步骤如下：移去平行平板，打开光源，用已调好的望远镜作为基准，正对平行光管观察。松开狭缝装置的锁紧螺钉2，调节平行光管狭缝与会聚透镜的距离，在望远镜中能看到清晰的狭缝像，且与分划板无视差，此时平行光管发出的光就是平行光。调节狭缝宽度调节螺钉22，使缝宽约为1 mm。然后将平行光管狭缝旋转90°使之成水平状，调节平行光管光轴高低调节螺钉21，使狭缝成像在测量用十字叉丝的水平线上，这时平行光管光轴与望远镜光轴就重合了。最后，将狭缝重新转回到竖直状，拧紧狭缝装置锁紧螺钉2。

（3）调节待测元件，使待测光路平面垂直分光计中心转轴

　　使三棱镜的两个光学面的法线垂直于分光计的主轴，即棱镜折射主截面垂直于仪器的主轴。为便于调整，将三棱镜按图 2-16-7 放置在载物平台上（这样放有什么好处？）。具体的调节方法是先用望远镜对准棱镜的 AB 面，调节螺钉 c，使十字叉丝反射像处在图 2-16-6 所示位置；再对准 AC 面，调节螺钉 a，使十字叉丝反射像处在图 2-16-6 所示位置。如此反复调节，直至无论望远镜对准 AB 面还是 AC 面，十字叉丝反射像均在图 2-16-6 所示位置。此时棱镜折射的主截面才和仪器的主轴垂直。

【实验原理】

　　让一束单色平行光入射到由待测材料磨成的三棱镜的一个光学面 AB 上，经三棱镜折射后由另一个光学面 AC 射出，如图 2-16-8 所示，i 为入射角，即入射线和 AB 面法线的夹角，i' 为出射角，即出射光线和 AC 面的法线的夹角，出射线和入射线之间的夹角 Δ 称为偏向角。可以证明，当入射角 i 和出射角 i' 相等时，偏向角最小，称作最小偏向角，以 δ 表示之。

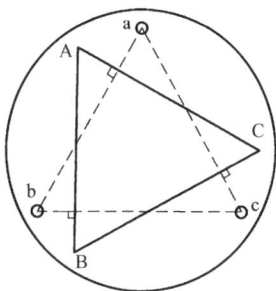

图 2-16-7　三棱镜放置方法

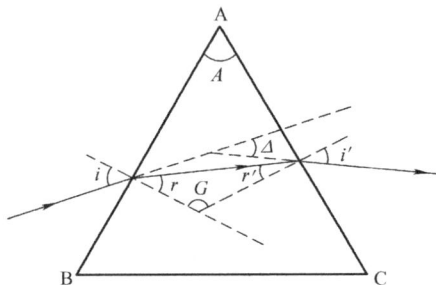

图 2-16-8　三棱镜折射示意图

由图 2-16-8 可知

$$\Delta = (i - r) + (i' - r')$$

当 $i = i'$ 时，由折射定律有 $r = r'$，得

$$\delta = \Delta_{min} = 2(i - r) \tag{2-16-1}$$

又因为

$$r + r' = 2r = \pi - G = \pi - (\pi - A) = A$$

A 为三棱镜的顶角，所以

$$r = A/2 \tag{2-16-2}$$

由式（2-16-1）、式（2-16-2）得 $i = (A + \delta)/2$。

　　又根据折射定律，有

$$n = \frac{\sin i}{\sin r} = \frac{\sin\left[(A + \delta)/2\right]}{\sin(A/2)} \tag{2-16-3}$$

　　由式（2-16-3）可知，只要测出三棱镜顶角 A 和最小偏向角 δ，即可算出三棱镜材料的折射率。

【实验步骤】

1. 调节分光计：将自准直望远镜调焦到无穷远，并使其光轴垂直于仪器主轴；将平行

光管调节到能产生平行光，并使其光轴垂直于仪器的主轴。

2. 待测光路平面调节并用自准直法测三棱镜的顶角：将三棱镜的两个光学平面 AB 和 AC 的法线调节至均垂直于分光计的主轴，拧紧螺钉 19，使三棱镜固定，旋转望远镜位置至 T_1（见图 2-16-9），使其与棱镜面 AC 相垂直，即使 AC 面的十字叉丝反射像在如图 2-16-6 所示位置。将望远镜固定，读出（记下）R、L 两游标尺指示的度数 R_1、L_1；再旋转望远镜至位置 T_2，使望远镜与 AB 面垂直，再使十字叉丝反射像处在如图 2-16-6 所示位置，记下此时 R、L 两游标尺指示的度数 R_2、L_2。望远镜由 T_1 转到 T_2 位置所经过的角度 Φ，即为棱镜角 A 的补角，如图 2-16-9 所示。

3. 测最小偏向角求折射率：点燃汞灯，照亮平行光管的狭缝，转动载物台和望远镜，使平行光管、三棱镜、望远镜粗调到如图 2-16-10 所示的位置，并从望远镜的物镜中看到狭缝的像，因为汞灯发出线状光谱，不同波长的光波以同一入射角入射到三棱镜上，经三棱镜折射后色散成一串彩色的光谱。进一步调节狭缝宽度，在望远镜内即可观察到清晰明亮、宽度合适的线状光谱。汞灯在可见光区域内有好几条谱线，我们只测玻璃对波长 $\lambda = 546.1\text{nm}$ 的绿光的折射率。

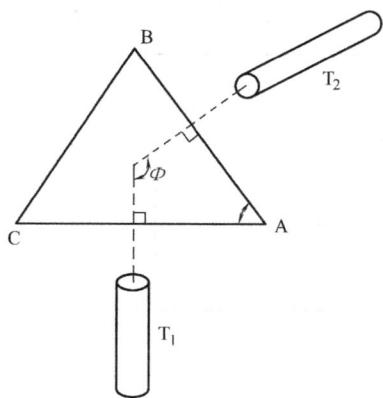

图 2-16-9　自准直法测三棱镜顶角　　　　　图 2-16-10　分光计的放置

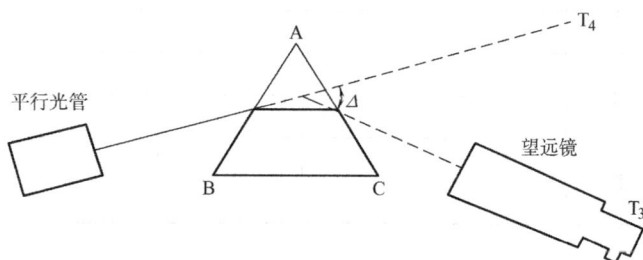

　　先让载物平台带动游标盘一起转动，使光谱线朝偏向角减小的方向移动，同时转动望远镜，跟踪绿色光谱线，直到该光谱线的偏向角不再减小，反而向增大方向移动时，此转折点即为该光谱线的最小偏向角位置。先固定载物平台和游标盘，用望远镜和分划板上的测量用十字叉丝竖线对准该绿线的中间，记下分光计两个游标的读数 R_3 和 L_3；保持载物台不动，转动望远镜，使叉丝竖线对准狭缝像，再记下分光计两个游标的读数 R_4 和 L_4，则最小偏向角 δ 即可求出。测 3 次求出 $\bar{\delta}$。将实验中测得的 $\bar{A}$ 和 $\bar{\delta}$ 代入式（2-16-3），计算出所用棱镜玻璃对 $\lambda = 546.1\text{nm}$ 的绿光的折射率。

【数据记录及处理】

1. 测量三棱镜的顶角 A

次序	角度 测量	望远镜位置		Φ_R 或 Φ_L	$\Phi = \dfrac{\Phi_R + \Phi_L}{2}$	$A = 180° - \Phi$
		T_1	T_2			
I	R					
	L					
II	R					
	L					
III	R					
	L					

$\overline{A} =$

注意：由 T_1 转到 T_2 时，零刻度（即 360°刻度）没有越过游标 R（或 L）时，则有

$$\Phi_R = |R_2 - R_1| \quad （或 \Phi_L = |L_2 - L_1|）$$

由 T_1 转到 T_2 时，零刻度越过了游标 R（或 L）时，则有

$$\Phi_R = 360° - |R_2 - R_1| \quad （或 \Phi_L = 360° - |L_2 - L_1|）$$

2. 测量最小偏向角 δ（$\lambda = 546.1$ nm 绿光）

次序	角度测量	望远镜位置		δ_R 或 δ_L	$\delta = \dfrac{\delta_R + \delta_L}{2}$	$\overline{\delta}$
		T_3	T_4			
I	R					
	L					
II	R					
	L					
III	R					
	L					

3. 求折射率 n

$$n = \frac{\sin i}{\sin r} = \frac{\sin\left[(\overline{A} + \overline{\delta})/2 \right]}{\sin(\overline{A}/2)} =$$

【注意事项】

1. 使用光学元件（平面镜、三棱镜等）时，要注意轻拿轻放，以免损坏，切忌用手触摸光学面。

2. 分光计是较精密的光学仪器，要加倍爱护，不能在止动螺钉锁紧时强行转动望远镜，也不要随意拧动狭缝。

3. 在测量数据前，务须检查分光计的止动螺钉，看它们是否锁紧，若未锁紧，测得的数据会不可靠。

4. 测量中应正确使用可使望远镜转动的微调螺钉，以便提高工作效率和测量的准确度。

5. 汞灯辐射紫外线较强，为防止眼睛受伤，不要直接注视汞灯。

【问题与讨论】

1. 分光计由哪几个主要部分组成，它们的作用各是什么？

2. 使用分光计为什么要调整望远镜光轴和平行光管光轴与仪器主轴垂直？不垂直对测量结果有什么影响？

3. 在本实验中，怎样寻找最小偏向角所对应的出射线？如图 2-16-11 所示的三种情况，按折射定律定性分析，入射光的方位应处于哪一种情况时才可能找到最小偏向角？

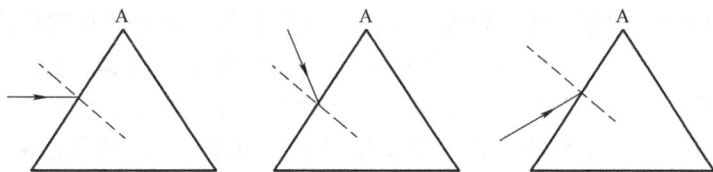

图 2-16-11　入射光三种可能的方位

实验十七　测量透明固体和液体的折射率

折射率（refractive index）是反映介质材料光学特性的一个重要参数。根据介质的形态（气体、液体和固体）、形状以及折射率的大小，折射率可以用不同的方法和仪器来测定。折射率既与材料的性质有关，也与入射光的波长有关。

【实验目的】

1. 学会读数显微镜的使用，并学会用读数显微镜测量透明固体及液体的折射率。

2. 了解阿贝折射仪的工作原理，并熟悉其使用方法。

【实验仪器】

玻璃砖、读数显微镜、阿贝折射仪、附件（烧杯、清水、滴管、钢尺）。

【实验原理】

当光线从绝对折射率为 n 的媒质 1 穿进绝对折射率为 n' 的媒质 2 时，在分界面上发生折射，如图 2-17-1 所示。

根据折射定律，入射角 i，折射角 i' 及两媒质折射率 n、n' 的关系为

$$n\sin i = n'\sin i' \qquad (2\text{-}17\text{-}1)$$

若 $n = 1$（空气），则

$$n' = \frac{\sin i}{\sin i'} \qquad (2\text{-}17\text{-}2)$$

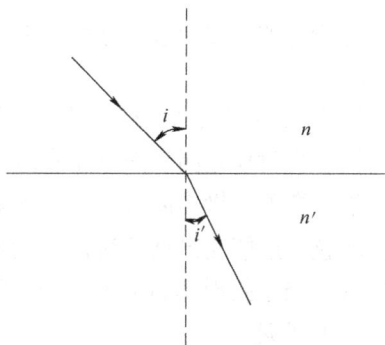

【实验内容】

1. 读数显微镜的使用及透明媒质（固体或液体）折射率的测定

（1）原理

图 2-17-1　光的折射

如图 2-17-2 所示，两媒质分界面 AB 的下方是折射率为 n 的待测媒质（透明固体或液体），上方为折射率 $n' = 1$ 的空气，在分界面 AB 下实际"深度"为 t_1 处有一物点 P_1，眼睛从空气向下看 P_1，则其像 P_2 的"视深" t_2 必比物 P_1 的实际"深度"小。由折射定律，接近垂直方向（$i \to 0°$）向下观察时，n、t_1、t_2 的关系为

$$n = \frac{t_1}{t_2} \tag{2-17-3}$$

所以，测出 t_1 和 t_2，即可求得 n。

（2）实验步骤

如图 2-17-3 所示，白纸上任一处画一黑色"×"记号，将待测玻璃砖或装清水的平底烧杯置于"×"记号上面。"×"记号代表物。先调节显微镜的目镜，直到从目镜中能清晰地看到镜内叉丝像，再上下左右调节显微镜筒（**注意：勿将镜头浸入液体中**），使通过显微镜能看到清晰的"×"记号的像 P_2，并要使"×"的像和叉丝的像无视差，然后从标尺上读下显微镜筒的位置 y_2；拿走玻璃砖（或烧杯），再调节显微镜的高低，使从显微镜中看到清晰的"×"的像，读下此时显微镜的位置 y_1，则 $|y_1 - y_2| = t_1 - t_2$，量出玻璃砖的高度（或杯中水的高度），即为 t_1，再由 $|y_1 - y_2| = t_1 - t_2$，算出 t_2。从而由式（2-17-3）算出 n。

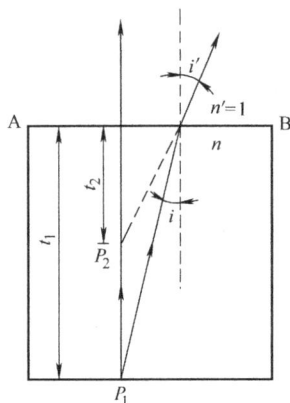

图 2-17-2　透明媒质的折射

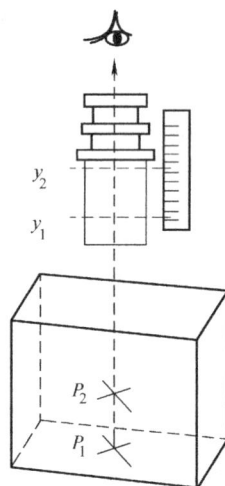

图 2-17-3　测透明媒质折射率示意图

分别对玻璃砖和水作测量，算出 n_G 和 n_W（其中水要改变高度 t_1，测 3 次取平均值，算得 $\overline{n}_W$）。

2. 阿贝折射仪的原理、结构、使用和透明媒质（液体）折射率的测定

阿贝折射仪是测量固体和液体折射率的常用仪器，测量范围为 1.3～1.7，可以直接读出折射率数值，操作简便，测量比较准确（精度为 0.0003），还可测量不同温度时的折射率。本仪器还能测出糖溶液内含糖量浓度的百分数，从 0～95%（相当于折射率为 1.333～1.531）。

（1）原理

光线在两种不同介质的交界面发生折射现象，遵守折射定律 $N_1 \sin\alpha_1 = N_2 \sin\alpha_2$，图 2-17-4 中，$N_1$、$N_2$ 为交界面两侧的二介质的折射率，α_1 为入射角，α_2 为折射角，若光线从光密介质进入光疏介质，入射角小于折射角，改变入射角可以使折射角为 90°，此时入射角称为临界角，阿贝折射仪测定折射率就是基于测定临界角的原理。图 2-17-5 中当不同角

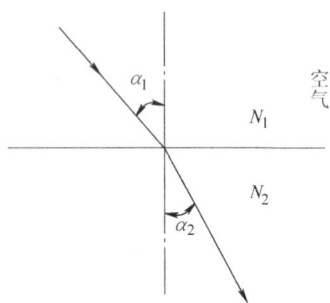

图　2-17-4

度光线射入 AB 面时，其折射角都大于 i；如果用一望远镜在 AC 方向观察，可以看到视场一半暗一半亮（见图 2-17-6），明暗分界处即为临界角光线在 AC 的出射方向。

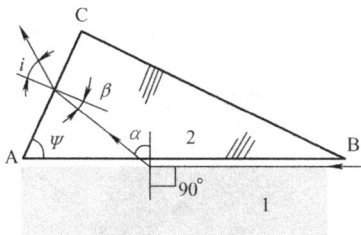

图　2-17-5

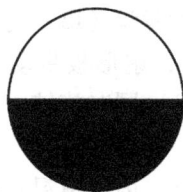

图　2-17-6

图 2-17-5 中 ABC 为一折射棱镜，AB 面以下为被测物体（透明固体或液体），其折射率用 N_1 表示。而折射棱镜 ABC 的折射率用 N_2 表示。

由折射定律得

$$\begin{cases} N_1 \sin 90° = N_2 \sin\alpha \\ N_2 \sin\beta = \sin i \end{cases} \tag{2-17-4}$$

又 $\psi = \alpha + \beta$，则 $\alpha = \psi - \beta$，代入式（2-17-4）得

$$N_1 = N_2 \sin(\psi - \beta) = N_2(\sin\psi\cos\beta - \cos\psi\sin\beta) \tag{2-17-5}$$

由式（2-17-4）得

$$N_2^2 \sin^2\beta = \sin^2 i$$

即

$$N_2^2(1 - \cos^2\beta) = \sin^2 i$$

得

$$\cos\beta = \frac{\sqrt{N_2^2 - \sin^2 i}}{N_2}$$

代入式（2-17-5）可得

$$N_1 = \sin\Psi\sqrt{N_2^2 - \sin^2 i} - \cos\Psi \cdot \sin i$$

当 Ψ 角及 N_2 为已知时，测得 i 角就可得到被测物体折射率 N_1。

（2）结构

1）光学系统，其由两部分组成：望远系统与读数系统（见图 2-17-7）。

望远系统：光线由反射镜（1）进入进光棱镜（2）及折射棱镜（3），被测液体放在（2）、（3）之间，经阿米西棱镜（4），抵消掉由于折射棱镜及被测物体所产生的色散。由物镜（5）将明暗分界线成像于场镜（6）的平面上，经场镜（6）、目镜（7）放大后成像于观察者眼中。

读数系统：光线由小反光镜（13）经过毛玻璃（12）照明度盘（11），经转向棱镜（10）及物镜（9）将刻度成像于场镜（8）的平面上，经场镜（8）、目镜（7）放大后成像于观察者眼中。

2）机械结构（见图 2-17-8）：底座（1）是仪器之支承座，也是轴承座，连接二镜筒的支架（5）与外轴相连，支

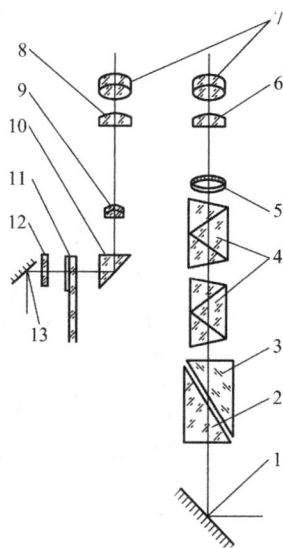

图 2-17-7　望远系统与读数系统

架上装有圆盘（3），此支架能绕主轴（17）旋转，便于工作者选择适当的工作位置，在无外力作用时应是静止的。圆盘（3）内有扇形齿轮板，玻璃度盘就固定在齿轮板上，主轴（17）连接棱镜盘（13）与齿轮板，当旋转手轮（2）时，扇形板带动主轴，而主轴带动棱镜组（13）同时旋转，使明暗分界线位于视场中央。

棱镜组（13）内有恒温水槽，因测量时的温度对折射率有影响，为了保证测量精度，在必要时可加恒温器。

如发现棱镜组（13）的二只棱镜座互相不能自锁，可将保护罩（16）下方铰链上的2只M5螺钉适当拧紧。

（3）使用方法

1）准备工作：

A. 在开始测定前必须先用标准试样校对读数，在标准试样之抛光面上加一滴溴代萘，贴在折射棱镜之抛光面上，标准试样抛光面之一端应向上，以接受光线（见图2-17-9）。当读数镜内指示于标准试样上之刻值时，观察望远镜内明暗分界线是否在十字线中间，若有偏差，则用附件校正板手转动示值调节螺钉［图2-17-8上之（9）］，使明暗分界线调整至中央（见图2-17-10a）。在以后测定过程中，螺钉（9）不允许再动。

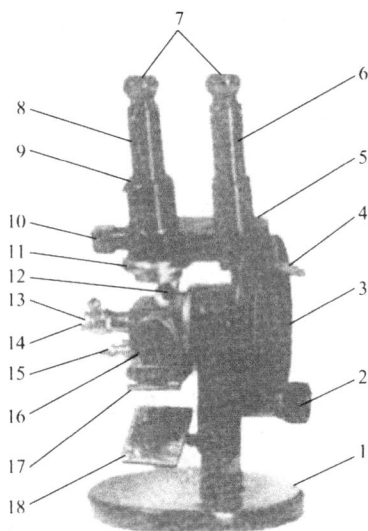

图 2-17-8　机械结构
1—底座　2—棱镜转动手轮　3—圆盘组（内有刻度板）
4—小反光镜　5—支架　6—读数镜筒　7—目镜
8—望远镜筒　9—示值调节螺钉　10—阿米西棱
镜手轮　11—色散值刻度圈　12—棱镜锁紧扳手
13—棱镜盘　14—温度计座　15—恒温器接头
16—保护罩　17—主轴　18—反光镜

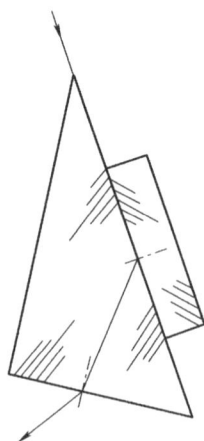

图 2-17-9　标准试样的贴法

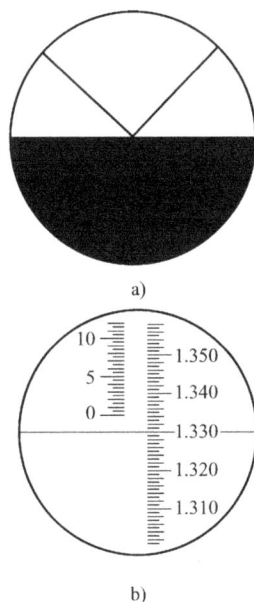

图 2-17-10　望远镜及读数镜视场

B. 开始测定之前必须将进光棱镜及折射棱镜擦洗干净，以免留有其他物质，影响测量精度。（若用乙醚或酒精清洗，必须等干燥后再加入被测液体）。

2）测定工作：

A. 将棱镜表面擦干净后，把待测液体用滴管加在进光棱镜的磨砂面上（磨砂面主要是产生漫反射使液层内有各种不同角度的入射光），旋转棱镜锁紧手柄［图 2-17-8 之（12）］，要求液体均匀无气泡并充满视场。（若被测液体为易挥发物，则在测定过程中须用针筒在棱镜组侧面的一小孔内加以补充）。

B. 调节两反光镜［图 2-17-8 上之（4）、（18）］，使二镜筒视场明亮。

C. 旋转手轮（2），使棱镜组（13）转动，在望远镜中观察明暗分界线上下移动的情况，同时旋转阿米西棱镜手轮（10），使视场中除黑白二色外无其他颜色，当视场中无色且分界线在十字线中心时，观察读数镜视场右边所指示刻度值（见图 2-17-10b），即为待测物的折射率。

D. 测量固体时，固体上需有二个相互垂直的抛光面。测定时，不用反光镜（18）及进光棱镜，将固体一抛光面用溴代萘粘在折射棱镜上，另一抛光面向上（见图 2-17-11），其他操作与上同。若被测固体之折射率大于 1.66，则不应用溴代萘粘住固体，而应改用二碘甲烷（$N_D = 1.74$）。

E. 当测量半透明固体时，固体上需有一个抛光平面，测量时将固体的一个抛光面用溴代萘粘在折射棱镜上，取下保护罩［图 2-17-8 之（16）］作为进光面，如图 2-17-12 所示，利用反射光来测量，具体操作与上同。

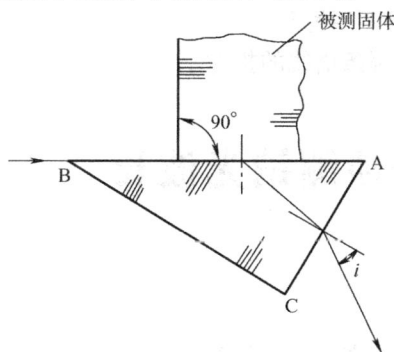

图 2-17-11　固体的贴法

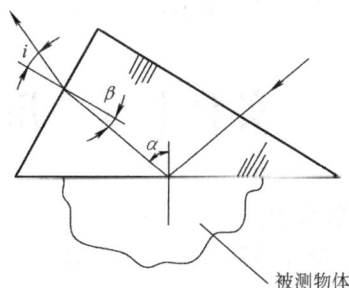

图 2-17-12　半透明固体的贴法

F. 测量糖溶液内含糖量浓度时，操作与测量液体折射率时相同，此时应将读数镜视场左边的指示值读出，即为糖溶液含糖量浓度的百分数。

（4）透明媒质（液体）折射率的测定

自行设计实验步骤，测定水的折射率。

注意：任何物质的折射率都与测量时使用的光波波长和温度有关。由于阿米西棱镜是按照让 D 谱线直通（偏向角为零）的条件设计的，故用阿贝折射仪测得的折射率就是待测物对 D 谱线（波长 $\lambda = 589.3nm$）的折射率 n_D。如需要测量不同温度的折射率，可将阿贝折射仪与恒温、测温装置连用，待阿贝棱镜组和待测物质达到所需温度后，方能进行测量。一般均在室温下进行。

【实验数据记录及处理】

1. 用读数显微镜测量透明媒质（固体或液体）的折射率

表 2-17-1　测玻璃砖的折射率

y_1/mm	y_2/mm	t_1/mm	t_2/mm	n_G

表 2-17-2　测水的折射率

次数	y_1/mm	y_2/mm	t_1/mm	t_2/mm	n_W	$\overline{n}_W$
1						
2						
3						

2. 用阿贝折射仪测量水的折射率

表 2-17-3　用阿贝折射仪测水的折射率

次数	1	2	3	4	5
n_W					

$\overline{n}_W =$

【问题与讨论】

1. 根据实验，比较以上两种折射率测量方法的异同和特点。

2. 阿贝折射仪使用什么光源？所测得的折射率是哪条谱线的折射率？

实验十八　用双棱镜干涉测钠光波长

【实验目的】

1. 理解菲涅耳双棱镜获得双光束干涉的方法。

2. 观察双棱镜产生的双光束干涉现象，进一步理解产生干涉的条件。

3. 学会用双棱镜测定光波波长。

【实验仪器】

双棱镜、可调狭缝、辅助透镜（两片）、测微目镜、光具座、白屏、单色光源（钠灯）。

【实验原理】

如果两列频率相同的光波沿着几乎相同的方向传播，并且这两列光波的位相差不随时间而变化，那么在两列光波相交的区域内，光强的分布不是均匀的，而是在某些地方表现为加强，在另一些地方表现为减弱（甚至可能为零），这种现象称为光的干涉。

菲涅耳利用图 2-18-1 所示装置，获得了双光束的干涉现象。图中双棱镜 AB 是一个分割波前的分束器，它的外形结构如图 2-18-2 所示。将一块平玻璃板的上表面加工成两楔形板，端面与棱脊垂直，楔角 A 较小（一般小于 1°）。从单色光源 M 发出的光波经透镜 L 会聚于狭缝 S，使 S 成为具有较大亮度的线状光源。当狭缝 S 发出的光波投射到双棱镜 AB 上时，经折射后，其波前便分割成两部分，形成沿不同方向传播的两束相干柱波。通过双棱镜观察这两束光，就好像它们是由虚光源 S_1 和 S_2 发出的一样，故在两束光相互交叠的区域 P_1、P_2 内产生干涉。如果狭缝的宽度较小且双棱镜的棱脊和光源狭缝平行，便可在白屏 P 上观察到平行于狭缝的等间距干涉条纹。

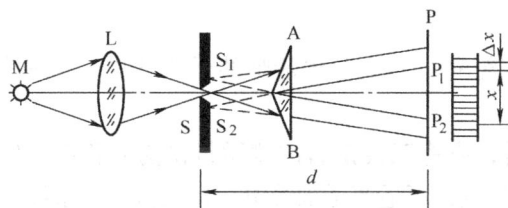

图 2-18-1　双棱镜干涉装置原理图

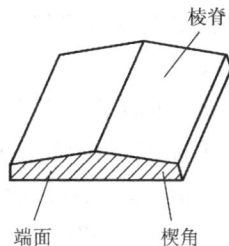

图 2-18-2　双棱镜

设 d' 代表两虚光源 S_1 和 S_2 间的距离，d 为虚光源所在的平面（近似地在光源狭缝 S 的平面内）至观察屏 P 的距离，且 $d' \ll d$，干涉条纹宽度为 Δx，则实验所用光波波长 λ 可由下式表示：

$$\lambda = \frac{d'}{d} \Delta x \tag{2-18-1}$$

式（2-18-1）表明，只要测出 d'、d 和 Δx，就可算出光波波长。这是一种光波波长的绝对测量方法，通过使用简单的米尺和测微目镜，进行毫米量级的长度测量，便可推算出微米量级的光波波长。

由于干涉条纹宽度 Δx 很小，必须使用测微目镜进行测量。两虚光源间的距离 d'，可用已知焦距为 f' 的会聚透镜 L' 置于双棱镜与测微目镜之间（见图 2-18-3），由透镜两次成像法求得。只要使测微目镜到狭缝的距离 $d > 4f'$，前后移动透镜，就可以在 L' 的两个不同位置，从测微目镜中看到两虚光源 S_1

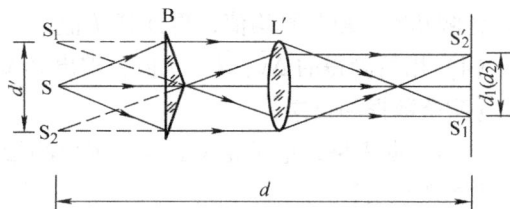

图 2-18-3　二次成像法测两虚光源间距 d'

和 S_2 经透镜所成的实像 S_1' 和 S_2'，其中之一组为放大的实像，另一组为缩小的实像。如果分别测得二放大像的间距 d_1 和二缩小像的间距 d_2，则根据式

$$d' = \sqrt{d_1 d_2} \tag{2-18-2}$$

即可求得两虚光源之间的距离 d'。

【实验内容】

1. 调节共轴

（1）将单色光源 M、会聚透镜 L、狭缝 S、双棱镜 AB 与测微目镜 P，按图 2-18-1 所示次序放置在光具座上，用目视粗略地调整它们中心等高、共轴，并使双棱镜的底面与系统的光轴垂直，棱脊和狭缝的取向大体平行。

（2）点亮光源 M 照亮狭缝 S，用手持白纸屏在双棱镜后面检查：

1）经双棱镜折射后的光束，有否叠加区 P_1P_2（应更亮些）？

2）叠加区能否进入测微目镜？

3）当白屏移动时叠加区是否逐渐向左、右（或上、下）偏移？

根据观察到的现象作出判断，再进行必要的调节（共轴）。

2. 调节干涉条纹

（1）减小狭缝宽度（以提高光源的空间相干性），一般情况下可从测微目镜观察到不太清晰的干涉条纹。

（2）绕系统光轴缓慢地向左或向右旋转双棱镜 AB，将显示出清晰的干涉条纹。这时棱镜的棱脊与狭缝的取向要严格平行。

（3）为便于测量，在看到清晰的干涉条纹后，应将双棱镜后的测微目镜前后移动，使干涉条纹的宽度适当。同时只要不影响条纹的清晰度，可适当增加缝宽，以保持干涉条纹有足够的亮度。双棱镜和狭缝的距离不宜过小，因为减小它们的距离，S_1、S_2 的间距也将减小，这对 d' 的测量不利。

3. 测量与计算

（1）用测微目镜测量干涉条纹的宽度 Δx。为了提高测量精度，可测出 n 条（10～20 条）干涉条纹的间距，再除以 n，即得 Δx。测量时，先将目镜叉丝对准某亮纹的中心，然后旋转测微螺旋，使叉丝移过 n 个条纹，读出起止时的读数。重复测量几次，求出 Δx。

（2）用米尺量出狭缝到测微目镜叉丝平面的距离 d，测量几次，取其平均值。

（3）用透镜两次成像法测两虚光源的间距 d'。保持狭缝与双棱镜原来的位置不变（问：为什么不许动？可否移动测微目镜？）在双棱镜和测微目镜之间放置已知焦距为 f' 的会聚透镜 L'，移动测微目镜使它到狭缝的距离大于 $4f'$，分别测得两次清晰成像时实像的间距 d_1 和 d_2。各测几次，取其平均值，再计算 d' 值。

（4）用所得的 $\overline{\Delta x}$、$\overline{d'}$、d 值，求出光源的光波波长 λ。

【实验数据和结果】

自拟数据表格，记录相关数据并求出测量结果。

【注意事项】

1. 使用测微目镜时，首先要确定测微目镜读数装置的分格精度；要注意防止回程误差；旋转读数轮时动作要平稳、缓慢；测量装置要保持稳定。

2. 在测量光源狭缝至观察屏的距离 d 时，因为狭缝平面和测微目镜的分划板平面均不和光具座滑块的读数准线共面，必须引入相应的修正量（例如 GP-78 型光具座，狭缝平面位置的修正量为 42.5 mm，MCU-15 型测微目镜分划板平面的修正量为 27.0 mm），否则将引进较大系统误差。

3. 测量 d_1 和 d_2 时，由于透镜像差的影响，实像 S'_1 和 S'_2 的位置确定不准，将给 d_1 和 d_2 的测量引入较大误差，可在透镜 L' 上加一直径约 1 厘米的圆孔光阑（用黑纸），增加 d_1 和 d_2 测量的精确度（可对比一下加或不加光阑的测量结果）。

【思考题】

1. 双棱镜是怎样实现双光束干涉的？干涉条纹是怎样分布的？干涉条纹的宽度、数目由哪些因素决定？

2. 试证明公式 $d' = \sqrt{d_1 d_2}$。

实验十九　演示实验与仿真实验

一、辉光球、辉光盘

【演示目的】

了解低气压气体在高频强电场中产生辉光的放电现象。

【演示原理】

玻璃球内充有某种气体，通常情况下由于多种因素影响，气体中总会存在一些离子和电子。球内电极接高频高压电源时，在电场作用下，离子运动加速，碰撞空气分子产生新电离，同时出现正负离子复合而发辉光。玻璃球内所充的气体不同，球内压强不同（即不同的真空度），所产生辉光的颜色也不同。当用手触摸玻璃球表面时，手的感应就使球内电场改变，辉光形式也随之改变。

【演示步骤】

实验者可用手触摸玻璃表面，观察辉光的变化。

二、陀螺仪

【演示目的】

演示定向陀螺、刚体进动、单轨车行进等多种物理现象。它不仅能验证角动量守恒定律，而且还富有启发性、科学性和趣味。

【演示原理】

当物体所受到的合外力矩等于零时，物体的角动量保持不变，这一结论叫做角动量（动量矩）守恒定律。物体的角动量等于物体的转动惯量和角速度的乘积。所以角动量保持不变有两种可能，一种是转动惯量和角速度均保持不变。另一种是转动惯量发生改变，角速度也同时改变。

演示转动物体在不受外力矩作用时将保持其角动量不变，转轴方向不变的这一重要特性的仪器其结构如图 2-19-1 所示：转子 E 被启动电动机起动后高速旋转。其外分别有四个圆环，由外到内依次为 A、B、C、D。外环 A 可用手持，任意改变方向，也可将其插入固定底座中使其不动。B 环能绕由光滑点 AA′所确定的轴自由转动。C 环能绕与 B 环相接的光滑支点 BB′所确定的轴自由转动。D 环能绕与 C 环相连的光滑支点 CC′所确定的轴自由转动。

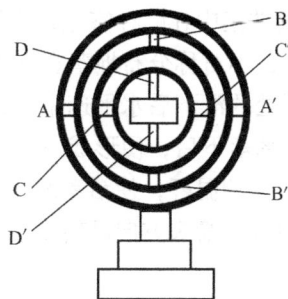

图　2-19-1

回转仪 E 是一个能高速旋转的厚重、对称的转子。其轴 DD′装在内环（即 D 环）上。AA′、BB′、CC′、DD′三轴互相垂直。这就使陀螺的转轴 DD′可取空间任意方向，我们可以看到，当转子高速旋转后，对它不再施加外力矩，由于角动量守恒，其转轴方向将保持恒定不变。即使把外环 A 作任意转动，也不会影响转子转轴的方向。陀螺的这一转轴方向不变的特性通常用作定向装置，作为舰船、飞机、导弹的方向标准，在现代技术中应用很广。

【演示步骤】

1. 将电动机的电源线接入 220V 的电源，脚踩脚踏开关，起动电动机。

2. 将陀螺仪四个外环调整到同一平面内，将陀螺仪的转子放在电动机的旋转轮上，待转子高速旋转起来后，放开脚踏开关，可以演示回转现象。这时任意改变外环的方向，转子的方向始终保持不变。

3. 将转盘插入底座上待用，将回转陀螺有横杆的一端放在转盘上，看到回转陀螺高速旋转的同时，转盘也转动起来；回转陀螺明显减速后，应迅速将其取下，以免陀螺倒下，滚动伤人。

4. 将高速旋转的陀螺放在插座上，用来演示回转和进动现象。

5. 将高速旋转的陀螺放在轨道上，演示陀螺的下滑及陀螺的进动。

三、速率分布

【演示目的】

该仪器采用翻转式速率分布演示板来模拟演示热学中气体分子的速率分布，即麦克斯韦速率分布。它可形象地演示出速率分布与温度的关系，并说明概率分布的概率归一化。

【演示原理】

一定温度下的某种气体，分子的平均运动速率是与温度有关的量。气体分子的速率相对于实验室参照系有一个与速率大小有关的分布。例如，速率为零的分子个数较少，速率极大的分子个数也较少，在某一速率附近的气体分子个数相对是最多的，此速率称为最概然速率。本装置是演示小球沿 x 方向速率的分布，以此建立起速率分布规律的概念。

【演示步骤】

1. 将仪器竖直放置在桌面或地面上，推动调温杆使活动漏斗的漏口对正温度 T_1 的位置。

2. 仪器底座不动，按转向箭头的方向转动整个边框一周，当听到"喀"的一声时恰好为竖直位置。

3. 钢珠集中在贮存室里，由下方小口漏下，经缓流板慢慢地流到活动漏斗中，再由漏斗口漏下，不对称分布地落在下滑曲面上，从喷口水平喷出，位于高处的钢珠滑下后水平速率大，低处的滑下后水平速率小，而速率大的落在远处的隔槽，速率小的落在近处的隔槽，当钢珠全部落下后，便形成对应 T_1 温度的速率分布曲线，即 $f(v) - v$ 曲线。

4. 拉动调温杆，使活动漏斗的漏口对正 T_2（高温）位置。

5. 再次按箭头方向翻转演示板 360°，钢珠重新落下，当全部落完时，形成对应 T_2 的分布。

6. 将两次分布曲线在仪器上绘出标记，比较 T_1 和 T_2 的分布，可以看到温度高时曲线平坦，最概然速率变大。

7. 利用 T_1 和 T_2 两条分布曲线所围面积相等可以说明速率分布概率的归一化。

四、脚踏发电

【演示目的】

让学生了解能量转换原理和发电原理。

【演示原理】

踏车者消耗的体能转换为机械能，机械能再转换为电能（点亮电灯）。使参与者体会到体能转换成机械能，再转化成电能的过程。

【演示步骤】

学生可以像骑自行车一样将电发出来，速度越快，发出的电能越多。

五、液压传动

【演示目的】

使学生熟识十几种常用液压元件的结构、性能及用途。掌握十几种基本回路的工作过程及原理，提高学生排除故障及解决问题的能力，在实验演示中得到启发，引起兴趣。利用这一演示可以对所介绍的各种元件容限内的其他线路进行实验。

【演示原理及步骤】

基本回路是用液压元件组成并能完成特定功能的典型回路，对于任何一种液压系统，不论其复杂程序如何，实际上都是由一些液压基本回路组成的。熟悉这些基本回路，对于了解整个液压系统会有较大的帮助。常用的基本回路按其功能可分为：方向控制回路、压力控制回路、速度控制回路和顺序动作回路等四大类。每一个基本回路具备一种特定的功能。

【注意事项】

1. 起动油泵电动机时，应先将电动机调速器旋钮时针旋到底，按起动按钮，再将调速器按钮顺时针转到所需的油路或工作压力。

2. 操作按钮，即可进行演示，在此过程中，请注意观察各种现象。为了减少磨损，增长使用寿命，建议运动时间不要过长。

3. 实验完毕，应先拆除位置较高的元件，以便液油流回油箱，并应倒出元件内的液油，塞上橡皮塞，清洁外表油渍后放回原处。

六、分光计演示

【演示目的】

在利用光的反射、折射、衍射、干涉和偏振原理的各项实验中作角度测量时，通过监视器屏幕直观演示目镜分划板上的实验现象。让学生观察光的色散，及线状原子光谱。初步了解光谱分析仪的工作原理。

【演示原理及步骤】

1. 固定座安装在分光计自准直望远镜上，紧靠望远镜后托架。使摄像机镜头中心对准分光计目镜中心。

2. 将摄像机连杆插入固定座，使摄像机镜头对准分光计目镜，确保水平方向对准。

3. 然后旋紧锁紧螺钉，视频信号通过视频线与图像生成器连接，图像生成器经图像处理，成带十字分划图像，从输出口（后面板上）通过视频线输入监视器。微调微动螺钉，确保垂直方向对准。

4. 将摄像机上的视频输出线与数字图像生成器的视频输入口（后面板上）连接。再将摄像机上的12V电源线与数字图像生成的12V电源线连接。接通图像生成器和监视器电源，观察监视器图像，调整分光计目镜视度，使分划板成像最清晰。旋转摄像机镜头，使分线板十字丝端正，水平线平行，垂直线竖直。

七、激光多普勒效应演示

【演示目的】

采用移动光栅的多普勒频移及光拍频检测方法来演示激光的多普勒效应。

【演示原理】

频率为 f_0 的光通过以速度 v 在 Y 方向移动的光栅，其衍射光的频率极高，多普勒频移量宜通过光"拍"法检出。形成光"拍"的途径有多种，归根结底是要使两束有频差的激光束平等叠加。在这里采用了双光栅法形成拍频。

八、激光综合光学演示

【演示目的】

通过演示让学生观察光的干涉、衍射和偏振现象，巩固所学的概念。

【演示原理】

激光通过扩束镜、透镜、双棱镜等器件而产生上述现象。

【注意事项】

1. 仪器在使用时，箱盖必须从箱体上取下，否则易使两者变形和损坏。

2. 固定激光管的螺钉不可任意旋动，否则激光管的输出功率将减小。

3. 表演前必须用擦镜纸或脱脂棉花将衍射片擦干净，否则衍射花样不清晰。其他光学元件也应保持清洁，擦拭各光学元件时应特别注意不能擦伤其表面。

4. 起偏器及检偏器放在箱盖内，要用手压弹簧方可取出，用后放入时，应使簧片上的定位凸缘对准偏振片的圆孔，才能将其固定好。

5. 两只旋光管内可分别注入蔗糖溶液及松节油，管内不应有气泡存在。松节油易挥发，装有松节油的旋光管不应再放入附件盒内。

6. 使用硅光电池时，先旋动硅光电池盒的盖板，直到从小孔中可看到硅光电池，再将光电池盒插入面板末端的插座上，并与电流表或万用表（用微安挡）相联接，实验完毕，仍须旋转光电池盒盖，将硅光电池盖住。

7. 应力架（附件 21）用后，应将螺钉旋松，避免有机玻璃长期受压变形。

8. 附件 7#，附件 10#需用擦镜纸包好，以免擦伤镜面。

9. 激光管的工作电流不要超过 5mA，否则不但会使输出的激光功率减小，还可能损坏电源。

10. 切勿使激光束直接射入眼中，以免损害眼睛。

九、高温超导实体的磁悬浮演示实验

【演示目的】

人类探索低温物性而发现超导电性已有近 90 年的历史了，这期间，人类经过了从 1911年到 1957 年对超导的基本探索和认识阶段；1958 年到 1965 年对超导技术应用的准备阶段。1986 年发现液氮温区氧化物超导体后，进入了超导技术的开发阶段。事实上，超导技术的发展波及甚广，在能源、电力、电子、交通、医疗等现代文明的一切技术领域都有可观的应用前景。而实用高温超导体技术在磁屏蔽、电流引线、永久磁体和输运系统上的应用可能首先实现。本"实用高温超导体磁悬浮演示装置"力图用形象的演示，揭示实用高温超导体的本质，同时，使人们对超导磁悬浮输运系统产生一种直观的感受。

【演示原理】

实用高温超导体在磁场中受到的磁悬浮力是电磁力的一种表现形式。超导体处在磁场中，磁通线在进入超导体的过程中，在超导体内感应出超导感应环流，该环流又与感应它的磁场相互作用，产生排斥力。超导体即以在磁场中悬浮的状态表现出来。当磁通由于实用高

温超导体的钉扎作用，被捕获于超导体内时，或是磁场减弱过程中在超导体内产生引力环流时，超导体即以在磁场中被吸引的状态表现出来。超导体在磁场中稳定的悬浮状态，就是悬浮力、吸引力、重力达到平衡的一种力学状态。

【实验装置】

高温超导磁悬浮演示装置是直观地了解超导体排斥磁通现象的一种教学仪器。它主要由高温超导样品、闭合的永磁体轨道组成。

【演示方法】

实验时，首先把定位板放在轨道上，小车放在定位板上（定位板起限高作用，使小车活动时平稳），将液氮倒入小车内浸泡超导体约 $3 \sim 5 \text{min}$ 后，沿轨道方向用手平推小车，给以初速度，小车即沿轨道运行，此时应把定位板拿走。小车可在轨道上运行几圈，待液氮挥发后，把轨道反转，小车仍沿轨道运行。看到这种现象后，即把轨道反转回来，以保护小车及车内超导样品；否则会掉到地上，造成小车损坏。

【注意事项】

1. 液氮的沸点为 77.34K，远低于人体体温，实验操作时应特别注意不要用手直接接触液氮，或让液氮溅洒到皮肤特别是眼睛上，以免造成损伤。

2. 超导样品在超导态时，对其经历的磁化过程有"记忆"功能，演示倒挂悬浮时，必须待样品失去超导性后再开始演示。

十、大学物理仿真实验

1. 计算机仿真实验的基本概念

计算机仿真实验是利用数学建模和 3D 图形设计虚拟仪器并建立虚拟实验环境，让学生在虚拟环境中操作仿真仪器来虚拟真实情景的实验过程。中国科学技术大学研制的"大学物理仿真实验"就是一个具有代表性、创新性的物理仿真实验的教学软件，作为一种崭新的实验教学模式已被引入我校。

2. 计算机仿真实验的应用。我们通过计算机仿真实验，可以预习实验，也可以复习实验，还能超越实验室现有的仪器设备，仿真更多的物理实验。

第三篇　综合性实验

实验二十　金属丝弹性模量的测定（拉伸法）

弹性模量是表征固体力学性质的重要物理量，是工程技术中机械构件选材时的重要参数。本实验介绍了如何测定此参数，并且使同学们通过实验领会仪器的配置原则，了解为什么对不同的长度量应选用不同的测量仪器。在实验方法上，通过本实验可以看到，以对称测量法消除系统误差的思路，在其他类似的测量中极具普遍意义。实验中的光杠杆放大法，具有性能稳定、精度高的优点，而且它是线性放大的，所以，在设计各类测试仪器中得到广泛的应用。

【实验目的】

1. 了解拉伸法测弹性模量的原理。
2. 掌握光杠杆测量微小长度及用对称测量消除系统误差的方法。
3. 练习用逐差法处理实验数据。

【实验仪器】

弹性模量测定仪、千分尺、游标尺、钢卷尺和米尺、尺读望远镜。

【实验原理】

当截面为 S，长度为 L_0 的棒状（或线状）材料，受拉力 F 拉伸时，伸长了 ΔL，其单位面积截面所受到的拉力 F/S 称为应力，而单位长度的伸长量 $\Delta L/L_0$ 称为应变。根据胡克定律，在弹性形变范围内，棒状（或线状）固体的应变与它所受的应力成正比

$$\frac{F}{S} = E \frac{\Delta L}{L_0} \tag{3-20-1}$$

式中，比例系数 E 取决于固体材料的性质，称为弹性模量，其值为

$$E = \frac{FL_0}{S\Delta L} \tag{3-20-2}$$

本实验是测定某一种型号钢丝的弹性模量，其中 F、S、L_0 都可用常规的测量方法测量，但 ΔL 却难以用常规方法精确测定，故采用放大法——"光杠杆"来测定这一微小的长度改变量 ΔL。

光杠杆镜如图 3-20-1 所示，图 3-20-2 是光杠杆测微小长度变化量的原理图。左侧曲尺状物为光杠杆镜，M 是反射镜，b 边即所谓光杠杆的短臂的杆长，O 端为 b 边的固定端，b 边的另一端则随被测钢丝的伸长、缩短而下降、上升，从而改

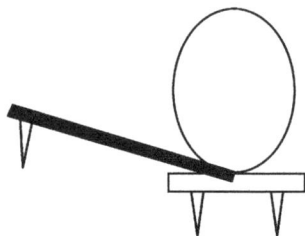

图　3-20-1

变了 M 镜法线的方向，使得钢丝原长为 L_0 时，位于图右侧的望远镜从 M 镜中看到的读数为 n_1；而钢丝受力伸长后光杠杆镜的位置变为虚线所示，此时望远镜上的读数则为 n_2。这样，

钢丝的微小伸长量 ΔL，对应于光杠杆镜的角度变化量 θ，而对应的读数变化则为 $\delta n = n_1 - n_2$。从图 3-20-2 中可见

$$\theta \approx \frac{\Delta L}{b} \tag{3-20-3}$$

$$2\theta \approx \frac{|n_2 - n_1|}{D} = \frac{\delta n}{D} \tag{3-20-4}$$

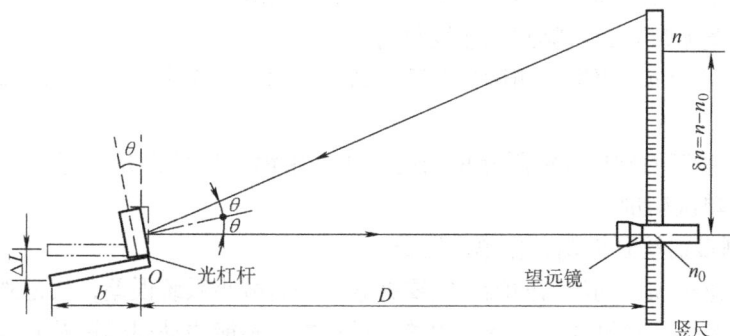

图　3-20-2

将式（3-20-3）和式（3-20-2）联立后得

$$\Delta L = \frac{b}{2D}\delta n \tag{3-20-5}$$

式中，$\delta n = |n_2 - n_1|$，相当于光杠杆的长臂端 D 的位移。由于 $D \gg b$，所以 $\delta n \gg \Delta L$，从而获得对微小量的线性放大，提高了 ΔL 的测量精度，这种方法就被称为放大法。

鉴于金属受外力时存在着弹性滞后效应，即钢丝受到拉伸力作用时，并不能立即伸长到应有的长度 L_i（$L_i = L_0 + \Delta L_i$），而只能伸长到 $L_i - \delta L_i$。同样，当钢丝受到的拉伸力一旦减小时，也不能马上缩短到应有的长度 L_i，仅缩短到 $L_i + \delta L_i$。因此，为了消除弹性滞后效应引起的系统误差，测量中应包括增加拉伸力以及对应地减少拉伸力这一对称测量过程。因为只要将相应的增、减测量值取平均，就可以消除滞后量 δL_i 的影响：

$$\overline{L}_i = \frac{1}{2}\left[L_{增} + L_{减}\right] = \frac{1}{2}\left[(L_0 + \Delta L_i - \delta L_i) + (L_0 + \Delta L_i + \delta L_i)\right] = L_0 + \Delta L_i \tag{3-20-6}$$

【实验内容】

1. 调节弹性模量仪底脚螺钉，同时观察放在平台上的水准仪，直至中间平台处于水平状态。

2. 调节光杠杆位置。将光杆杆镜放在平台上，两前脚放在平台横槽内，后脚放在固定钢丝下端圆柱形套管上，并使光杠杆镜镜面基本垂直或稍有俯角。

3. 望远镜调节。将望远镜置于距光杠杆镜 2m 左右处，并与镜面基本等高。从望远镜筒上方沿镜筒轴线瞄准光杠杆镜面，移动望远镜位置，至从镜中能看到标尺。然后再从目镜观察，先调节目镜，使十字叉丝清晰，最后缓缓旋转调焦手轮，使物镜在镜筒内伸缩，直至看到清晰的标尺刻度为止。

4. 观测伸长变化。用 2kg 砝码挂在钢丝下端使钢丝位置拉直，并以此时的读数作为开

始拉伸的基数 n_0，然后每加上 1 个砝码，读取一次数据，得 n_0，n_1，n_2，n_3，n_4，n_5，n_6，n_7，这是增加拉力的过程。紧接着，再每次撤掉 1kg 砝码，读取一次数据，得 n_7'，n_6'，n_5'，n_4'，n_3'，n_2'，n_1'，n_0'，这是减小拉力的过程。

注意：加减砝码时，应轻放轻拿避免钢丝较大幅度的振动。加（或减）砝码后，钢丝会有一个伸缩的微振动，要等钢丝渐趋平稳后再读。

5. 测量光杠杆镜前后脚距离 b。把光杠杆镜的三只脚在白纸上压出凹痕，用尺画出两前脚的连线，再用毫米尺量出后脚到该连线距离。

6. 测量钢丝直径 d。用螺旋测微计在钢丝的不同部位测 5 次，取其平均值。数据记入表 3-20-1。

7. 测光杠杆镜镜面到望远镜附标尺的距离 D。用钢卷尺量出光杠杆镜镜面到望远镜附标尺的距离，作单次测量。

8. 用米尺测量钢丝原长 L_0，作单次测量。

实验中的注意事项：钢丝的两端一定要夹紧，一是减小系统误差，二是避免砝码加重后拉脱而砸坏实验装置。在测读伸长变化的整个过程中，不能碰动望远镜及其安放的桌子，否则重新开始测读。被测钢丝一定要保持平直，以免将钢丝拉直的过程误测为伸长量，导致测量结果错误。

【数据与结果】

1. 金属丝原长 $L_0 =$

2. 直尺到镜面距离 $D =$

3. 光杠杆长度 $b =$

4. 金属丝直径 d 的测量，数据记录于表 3-20-1

表 3-20-1　测金属丝直径数据表　　螺旋测微计初读数：_____ mm，$\Delta_仪 = 0.004$ mm

测量次数 i	1	2	3	4	5	平均值
d_i						
δd_i						

$$S_{\bar{d}} = \sqrt{\frac{\sum \delta d_i^2}{n(n-1)}} \xrightarrow{\text{代入数据}} \underline{\qquad} \text{ mm}　,$$

$$\Delta_d = \sqrt{S_{\bar{d}}^2 + \Delta_仪^2} \xrightarrow{\text{代入数据}} \underline{\qquad} \text{ mm}$$

$$d = \bar{d} \pm \Delta_d \xrightarrow{\text{代入数据}} \underline{\qquad} \text{ mm}$$

5. 本实验采用逐差法处理数据。数据记录于表 3-20-2。

测量值平均值　　　　　　　　　　$$\bar{Y} = \frac{FL_0}{S\Delta L}$$

其中　　　　　　　　　　$$\Delta L = \frac{b}{2D}\Delta \bar{n}; \quad \bar{S} = \frac{1}{4}\pi \bar{d}^2$$

故　　　　　　　　　　$$\bar{Y} = \frac{8FL_0 D}{\pi \bar{d}^2 b \Delta \bar{n}} \xrightarrow{\text{代入数据}} \underline{\qquad} \text{ N/m}^2$$

表 3-20-2　加减砝码数据表　　砝码质量　$m =$ _____ g

砝码质量 /g	标尺读数/cm			$\delta n = \dfrac{n_m - n_n}{m - n}$/cm
	增重时	减重时	平均值 $\bar{n} = \dfrac{n_i + n_i'}{2}$	
n_0	n_0'		$\bar{n}_0$	$\dfrac{\bar{n}_4 - \bar{n}_0}{4}$
n_1	n_1'		$\bar{n}_1$	$\dfrac{\bar{n}_5 - \bar{n}_1}{4}$
n_2	n_2'		$\bar{n}_2$	$\dfrac{\bar{n}_6 - \bar{n}_2}{4}$
n_3	n_3'		$\bar{n}_3$	$\dfrac{\bar{n}_7 - \bar{n}_3}{4}$
n_4	n_4'		$\bar{n}_4$	
n_5	n_5'		$\bar{n}_5$	平均值
n_6	n_6'		$\bar{n}_6$	
n_7	n_7'		$\bar{n}_7$	

测量的相对不确定度

$$E_r = \frac{\Delta_Y}{\bar{Y}} = \sqrt{\left(\frac{\Delta_F}{F}\right)^2 + \left(\frac{\Delta_{L_0}}{L_0}\right)^2 + \left(\frac{\Delta_D}{D}\right)^2 + \left(\frac{2\Delta_d}{d}\right)^2 + \left(\frac{\Delta_b}{b}\right)^2 + \left(\frac{\Delta_{\delta n}}{\delta n}\right)^2}$$

式中，Δ_F 取 0.05N，Δ_{L_0}、Δ_D、Δ_b、$\Delta_{\delta n}$ 因系单次测量，仅需考虑其 B 类不确定度，即按所用仪器的误差限估算。

　　测量的合成不确定度：$\Delta_Y = E_r \cdot \bar{Y}$ 　<u>代入数据</u>　_____ N/m²

　　实验测量结果记为：$Y = \bar{Y} \pm \Delta_Y$ 　<u>代入数据</u>　_____ N/m²

　　注：根据本实验所用仪器及测量条件，各物理量的绝对误差可取为上述计算值。

【思考题】

1. 在本实验中，应如何采用作图法来求得实验结果 Y 的值？
2. 怎样提高光杠杆测量微小长度变化的灵敏度？
3. 本实验使用了哪些长度测量仪器？选择的依据是什么？它们的仪器误差各为多少？

实验二十一　用霍尔位置传感器测定
金属的弹性模量

　　固体材料弹性模量的测量是综合大学和工科院校物理实验中必做的实验之一。通过该实验可以学习和掌握基本长度和微小位移量测量的方法和手段，提高学生的实验技能。随着科学技术的发展，微小位移量的测量技术越来越先进，本实验是在弯曲法测量固体材料弹性模量的基础上，加装霍尔位置传感器，通过霍尔位置传感器的输出电压与位移量成线性关系的原理，进行定标并测量微小位移量。

【实验目的】

1. 熟悉霍尔位置传感器的特性及使用方法。

2. 了解并掌握弯曲法测量金属弹性模量的原理与方法。

3. 掌握用读数显微镜测量黄铜样品的弹性模量，并对霍尔位置传感器进行定标。

4. 用霍尔位置传感器测量冷轧钢板样品的弹性模量。

【实验仪器】

FB769 型霍尔位置传感器弹性模量测定仪（见附录一）。

【实验原理】

1. 弹性模量

固体、液体及气体在受外力作用时，形状与体积会发生或大或小的改变，这统称为形变。当外力不太大，且引起的形变也不太大时，撤掉外力，形变就会消失，这种形变称为弹性形变。弹性形变分为长变、切变和体变三种。一段固体棒，在其两端沿轴方向施加大小相等、方向相反的外力 F，其长度 L 发生改变 ΔL，以 S 表示横截面面积，称 F/S 为应力，相对长变 $\Delta L/L$ 为应变。在弹性限度内，根据胡克定律有

$$E = \frac{F/S}{\Delta L/L}$$

E 称为弹性模量，其数值与材料性质有关。

2. 用弯曲法测量金属的弹性模量的公式推导

在横梁受力发生微小弯曲时，梁中存在一个中性面，面以上部分发生压缩，面以下部分发生拉伸，所以整体说来，可以理解横梁发生长变，即可以用弹性模量来描写材料的性质。如图 3-21-1 所示，虚线表示弯曲梁的中性面，这部分既不拉伸也不压缩，我们取弯曲梁长为 $\mathrm{d}x$ 的一小段：设其曲率半径为 $R(x)$，所对应的张角为 $\mathrm{d}\theta$，再取中性面上部距为 y 厚为 $\mathrm{d}y$ 的一层面为研究对象，那么，梁弯曲后其长变为 $(R(x) - y)\mathrm{d}\theta$，所以，变化量为

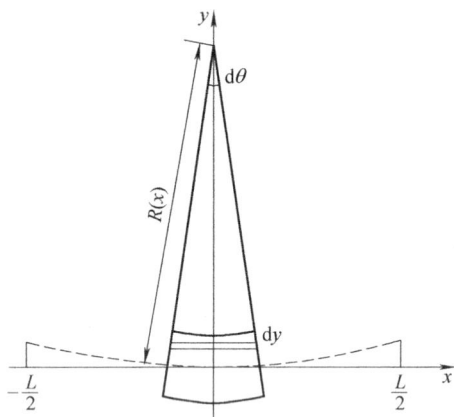

图 3-21-1　金属横梁协强与协变的
关系推导示意图

$$(R(x) - y)\mathrm{d}\theta - \mathrm{d}x$$

又

$$\mathrm{d}\theta = \mathrm{d}x/R(x)$$

所以

$$(R(x) - y)\mathrm{d}\theta - \mathrm{d}x = (R(x) - y)\frac{\mathrm{d}x}{R(x)} - \mathrm{d}x = -\frac{y}{R(x)}\mathrm{d}x$$

故应变为

$$\varepsilon = -\frac{y}{R(x)}$$

根据胡克定律有

$$\frac{\mathrm{d}F}{\mathrm{d}S} = -E\frac{y}{R(x)}$$

又

$$\mathrm{d}S = W\mathrm{d}y$$

所以
$$dF(x) = -\frac{EWy}{R(x)}dy$$

对中性面的转矩为
$$d\mu(x) = |dF| y = \frac{EW}{R(x)} y^2 dy$$

积分得

$$\mu(x) = \int_{-d/2}^{d/2} \frac{EW}{R(x)} \cdot y^2 dy = \frac{EWd^3}{12R(x)} \tag{3-21-1}$$

对梁上各点，有
$$\frac{1}{R(x)} = \frac{y''(x)}{[1 + y'(x)^2]^{\frac{3}{2}}}$$

因梁的弯曲微小
$$y'(x) = 0$$

所以有

$$R(x) = \frac{1}{y''(x)} \tag{3-21-2}$$

梁平衡时，梁在 x 处的转矩应与梁右端支撑力 $Mg/2$ 对 x 处的力矩平衡，所以有

$$\mu(x) = \frac{Mg}{2}\left(\frac{L}{2} - x\right) \tag{3-21-3}$$

根据式（3-21-1）、式（3-21-2）和式（3-21-3）可以得到

$$y''(x) = \frac{6Mg}{EWd^3}\left(\frac{L}{2} - x\right)$$

据所讨论问题的性质有边界条件

$$y(0) = 0, \quad y'(0) = 0$$

解上面的微分方程得到

$$y(x) = \frac{3Mg}{EWd^3}\left(\frac{L}{2}x^2 - \frac{1}{3}x^3\right)$$

将 $x = L/2$ 代入上式，得右端点的 y 值

$$y = \frac{MgL^3}{4EWd^3}$$

又
$$y = \Delta Z$$

所以，弹性模量为

$$E = \frac{L^3 Mg}{4d^3 W \Delta Z} \tag{3-21-4}$$

式中，L 为两刀口之间的距离；M 为所加砝码的质量；d 为梁的厚度；W 为梁的宽度；Δz 为梁中心由于外力作用而下降的距离；g 为重力加速度。

3. 霍尔位置传感器

如图 3-21-2 所示，霍尔元件置于磁感应强度为 B 的磁场中，在垂直于磁场方向通以电流 I，则与这二者相垂直的方向上将产生霍尔电势差 U_H：

$$U_H = KIB \tag{3-21-5}$$

式中，K 为元件的霍尔灵敏度。如果保持霍尔元件的电流 I 不变，而使其在一个均匀梯度的磁场中移动时，则输出的霍尔电势差变化量为

$$\Delta U_{\mathrm{H}} = KI\frac{\mathrm{d}B}{\mathrm{d}Z}\Delta z \tag{3-21-6}$$

式中，Δz 为位移量。式（3-21-6）说明若 $\mathrm{d}B/\mathrm{d}z$ 为常数时，ΔU_{H} 与 Δz 成正比。

为获得均匀梯度分布的磁场，如图 3-21-2 所示，将两块完全相同的磁铁（磁铁截面积及表面磁感应强度相同）平行相对放置，即 N 极与 N 极相对，两磁铁之间留一等间距间隙，霍尔元件平行于磁铁放在该间隙的中轴上。间隙大小要根据测量范围和测量灵敏度要求而定，间隙越小，磁场梯度就越大，灵敏度就越高。磁铁截面要远大于霍尔元件，这样可以尽可能的减小边缘效应对实验的影响，提高测量精确度。

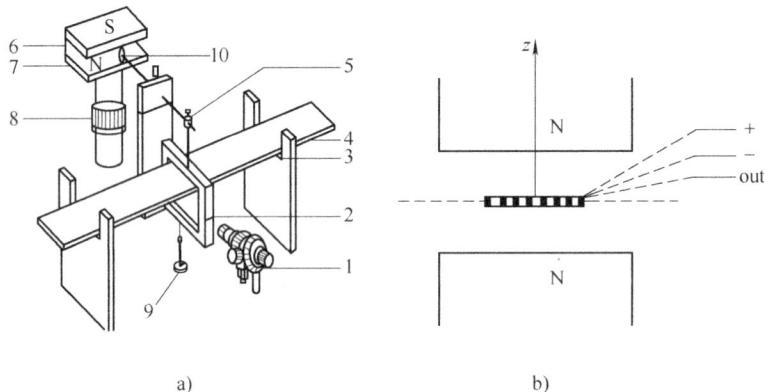

图 3-21-2 实验装置

a）实验仪结构示意图 b）霍尔传感器在磁场中产生霍尔电势

1—读数显微镜 2—铜刀口上的读数基线 3—刀口 4—测试件 5—测试铜制杠杆组件
6—磁铁盒 7—永久磁铁 8—磁铁高度调节支架 9—砝码盒 10—霍尔传感器

若磁铁间隙内中心截面处的磁感应强度为零，霍尔元件处于该处时，输出的霍尔电势差应该为零。当霍尔元件偏离中心沿垂直方向（z 轴）发生位移时，因为磁感应强度不再为零，霍尔元件也就产生相应的电势差输出，其大小直接用数字电压表测量。由此可以将霍尔电势差为零时元件所处的位置作为位移参考零点。

【实验内容】

1. 实验仪器的安装准备工作

（1）把 FB769 型霍尔位置传感器弹性模量测定仪安装在桌面上，观察仪器面板上的水准器，把实验装置调节到水平状态；将横梁穿在砝码铜刀口内，安放在两立柱刀口的正中央位置。接着装上铜杠杆，将有传感器一端插入两立柱刀口中间，该杠杆中间的铜刀口放在刀座上。圆柱体尖端应在砝码刀口的小圆洞内，传感器若不在磁铁中间，可以调节架上的套筒螺母旋动使磁铁上下微动，再固定之。注意杠杆上霍尔传感器的水平位置（圆柱体有固定螺钉）。将铜杠杆上的三眼插座插在立柱的三眼插针上，用仪器电缆一端连接测量仪器，另一端插在立柱另外三眼插针上；接通电源，调节磁铁或仪器上调零电位器使在初始负载的条件下仪器指示处于零值。大约预热十分钟左右，指示值即可稳定。

（2）调节读数显微镜目镜，直到眼睛观察镜内的十字线和数字清晰，然后移动读数显微镜使通过其能够清楚看到铜刀口上的基线，再转动读数旋钮使刀口点的基线与读数显微镜内十字刻线吻合。

（3）把样品铜板穿过砝码铜刀口安放在横梁平台刀口上。把钩码挂在砝码铜刀口下方的挂件上。预先挂20g砝码，保证砝码铜刀口能垂直地竖立在横梁中心处。

（4）接好传感器插座引线，接通数字电压表工作电压；调节磁铁的上下位置，使霍尔传感器的输出电压为零，即到达霍尔位置传感器的基准点。此时把数字电压表显示值清零。

2. 用读数显微镜测量黄铜的弹性模量，同时对霍尔位置传感器进行定标

（1）分别用米尺、游标卡尺和千分尺测定横梁长度、横梁宽度和横梁厚度，记录到表3-21-1中。

（2）在上述已做好测量准备工作的基础上，调节读数显微镜的鼓轮，使镜筒内的两根平行线夹在基准线的像的上下边，读取读数显微镜和数字电压表的初读数，记录到表3-21-1中。

（3）在砝码盘上加20g砝码，调节读数显微镜的鼓轮，使镜筒内的两根平行线再次夹在基准线像的上下边，读取读数显微镜和数字电压表的初读数，记录到表3-21-1中。

（4）每增加20g砝码，重复步骤（2），把测量数据逐一记录到表3-21-1中。

3. 用已定标的霍尔位置传感器测量冷轧钢板的弹性模量

测量步骤同实验内容2，把黄铜板卸下，换上冷轧钢板，不再使用读数显微镜测量，只需将每次改变砝码质量后的数字电压表的数据逐一记录到表3-21-2中。

【数据记录及处理】

表3-21-1　黄铜板弹性模量测定及霍尔位置传感器灵敏测量数据记录

砝码质量 M_{Cu}/g	0.00	20.00	40.00	60.00	80.00	100.00
显微镜读数 Z/mm						
电压表读数 U/mV						
铜板有效长度 L/cm						
铜板宽度 W/cm						
铜板厚度 d/mm						

注：1. 逐差法处理数据，计算黄铜板材的弹性模量。

　　2. 对霍尔位置传感器进行定标，计算其灵敏度 K 值。

　　3. 将测量结果与公认值进行比较，计算相对误差。

表3-21-2　用霍尔位置传感器测定冷轧钢板板弹性模量数据记录

砝码质量 M_{Fe}/g	0.00	20.00	40.00	60.00	80.00	100.00
电压表读数 U/mV						
按 K 值转换为 Z/mm						
钢板有效长度 L/cm						
钢板宽度 W/cm						
钢板厚度 d/mm						

注：1. 逐差法处理数据，计算冷轧钢样品的弹性模量。

　　2. 将测量结果与公认值进行比较，计算相对误差。

　　附公认值：黄铜样品：$E_0 \approx 1.2 \times 10^{11} \ N/m^2$

　　　　　　　冷轧钢样品：$E_{0Fe} \approx 2.45 \times 10^{11} \ N/m^2$

【注意事项】

1. 梁的厚度必须测准确。在用千分尺测量黄铜板厚度 d 时，必须注意使用保护螺栓。

2. 读数显微镜的双刻线要对准铜挂件的标志刻度线。注意不要误对黄铜梁的边沿。

3. 霍尔位置传感器定标前，应先将霍尔传感器调整到零输出位置。

4. 加砝码时，应该轻拿轻放，尽量减小砝码架的晃动，以便电压值较快达到稳定值。

【附录一】

FB769 型霍尔位置传感器法弹性模量测定仪

FB769 型霍尔位置传感器如图 3-21-3 所示。

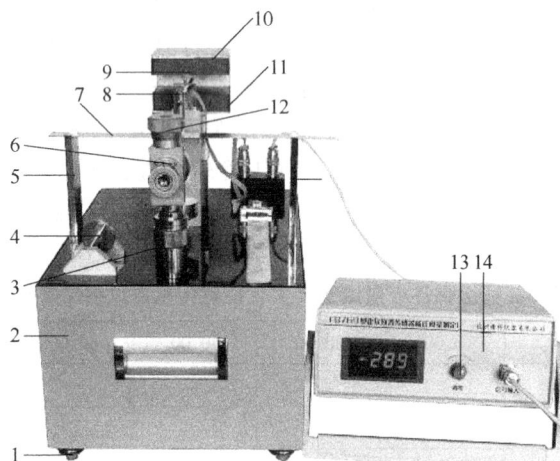

图 3-21-3　FB769 型霍尔位置传感器弹性模量测定仪实物照片

1—水平调节螺钉（机脚）　2—机箱　3—读数显微镜调节底座　4—砝码及砝码座　5—横梁支架（带刀口）　6—读数显微镜　7—测试样品　8—杠杆装置　9—霍尔传感器　10—上磁铁（N 极向下）　11—下磁铁（N 极向上）　12—显微镜调节读数鼓轮　13—数字电压表调零旋钮　14—数字电压表

一、概述

固体材料弹性模量的测量是大学物理实验中必做的实验之一。通过该实验可以学习和掌握基本长度和微小位移量测量的方法和手段，提高学生的实验技能。随着科学技术的发展，微小位移量的测量技术越来越先进，为了推动教学仪器和教学内容的现代化，该仪器是在弯曲法测量固体材料弹性模量的基础上，加装霍尔位置传感器而成的。通过霍尔位置传感器的输出电压与位移量线性关系的定标和微小位移量的测量，有利于联系科研和生产实际，使学生了解和掌握微小位移的非电量电测新方法。本实验仪具有许多优点。例如待测金属薄板只需受较小的力 F，便可产生较大的形变 Δz，而且仪器体积较小、重量轻、测量结果准确度高。

二、仪器组成

1. 霍尔位置传感器测弹性模量装置一台（底座固定箱、读数显微镜、95 型集成霍尔位置传感器、磁铁两块等）。

2. 霍尔位置传感器输出信号测量仪一台（包括直流数字电压表）。

三、技术指标

1. 读数显微镜 JC – 10

放大倍数 20

分度值 0.01 mm

测量范围 0 ~ 8 mm

2. 砝码 10.0 g×8，20.0 g×2

3. 三位半数字毫伏表 0 ~ 1999 mV，分辨率 1 mV

4. 测量仪放大倍数 3 ~ 5 倍

5. 弹性模量实际测量误差 ≤5%

6. 黄铜样品：$E_0 \approx 1.2 \times 10^{11}$ N/m^2，冷轧钢样品：$E_{0Fe} \approx 2.45 \times 10^{11}$ N/m^2

四、调试方法与步骤

1. 取下包装箱，旋开固定在底座箱上的 5mm 螺栓，向上移去露出主体部件。取出磁铁、读数显微镜，然后固定在各自的调节架上，样品（黄铜板和冷轧钢板）安放在台面板上。其余部件装在软装袋内，包括：10.0g 砝码 8 块、20.0g 砝码 2 块、铜杠杆一套（包括集成霍尔传感器、铜刀口支点、圆柱体支点、三芯插座及引线）、砝码铜刀口一件（有基线）、砝码座一只、底座箱水平调节螺丝三个。

2. 将有调节水平的螺丝旋在底座箱上，然后将实验装置放在底座箱上，并且旋紧固定螺钉四只，以免台面板变形。

3. 将横梁穿在砝码铜刀口内，安放在两立柱刀口的正中央位置。接着装上铜杠杆，将有传感器一端插入两立柱刀口中间，该杠杆中间的铜刀口放在刀座上。圆柱形拖尖应在砝码刀口的小圆洞内，传感器若不在磁铁中间，可以松弛固定螺钉使磁铁上下移动，或者用调节架上的套筒螺母旋动使磁铁上下微动，再固定之。注意杠杆上霍尔传感器的水平位置（圆柱体有固定螺钉）。

4. 将铜杠杆上的三眼插座插在立柱的三眼插针上，用仪器电缆一端连接测量仪器，另一端插在立柱另外三眼插针上；接通电源，调节磁铁或仪器上调零电位器使在初始负载的条件下仪器指示处于零值。大约预热十分钟左右，指示值即可稳定。

5. 调节读数显微镜目镜，直到眼睛观察镜内的十字线和数字清晰，然后移动读数显微镜使通过目镜能够清楚看到铜刀口上的基线，再转动读数旋钮使刀口点的基线与读数显微镜内可垂直移动的双刻线重合。

6. 测量距离小时，一般只需用读数鼓论读数即可。

五、注意事项

1. 梁的厚度必须测准确。在用千分尺测量黄铜板厚度 d 时，必须注意使用保护螺栓。

2. 读数显微镜的双刻线要对准铜挂件的标志刻度线。注意不要误对黄铜梁的边沿。

3. 霍尔位置传感器定标前，应先将霍尔传感器调整到零输出位置。

4. 加砝码时，应该轻拿轻放，尽量减小砝码架的晃动，以便电压能较快地达到稳定值。

实验二十二　声速的测定

　　声波是在弹性介质中传播的纵波。声波特性的测量是声学技术中的重要内容，特别是声速的测量，在定位、探伤、测距等应用中都具有重要的意义。本实验是利用压电陶瓷换能器技术，来测量声波在空气或液体中的速度。

【实验目的】

1. 了解换能器的原理及工作方式。
2. 测量声波在空气或液体中的传播速度。
3. 加深对波的相位和波的干涉及振动合成的理解。

【实验仪器】

超声声速测定仪、信号源、双踪示波器。

超声声速测定装置如图 3-22-1 所示。

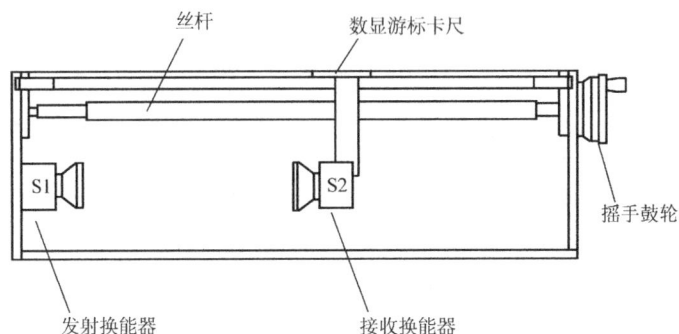

图　3-22-1

　　该装置由换能器和读数标尺及支架构成。发射换能器的发射面与接收换能器的接收面要保持互相平行。

　　换能器由压电陶瓷片和轻、重两种金属组成，压电陶瓷片（如钛酸钡）是由具有多晶结构的压电材料做成的，在一定的温度下经极化处理后，就具有了压电效应。在一般情况下，当压电材料受到与极化方向一致的应力时，就在极化方向上产生一定的电场强度，它与所受的应力成线性关系；反之，当与极化方向一致的外加电压加在压电材料上时，材料的伸缩形变与外加电压也存在着线性关系。这样，我们就可以将正弦交流电信号转变成压电材料纵向长度的伸缩，成为声波的波源；同样，我们也可以将声压变化转变为电压的变化，用来接收声信号。换能器示意图如图 3-22-2 所示。在压电陶瓷片的前后两端胶粘两块金属，组成夹心型板子。头部用轻金属做成喇叭形，尾部用重金属做成锥形或柱形，中部为压电陶瓷圆环，紧固螺钉穿过

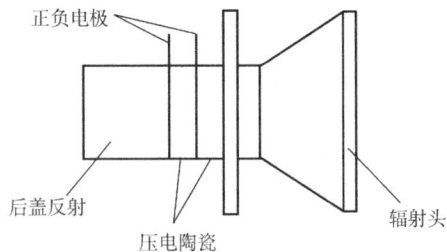

图　3-22-2

环中心。这种结构增大了辐射面积，增强了振子与介质的耦合作用，振子以纵向长度的伸缩直接影响前部轻金属做同样的纵向长度伸缩（对尾部重金属作用小），所发射的声波的方向性强、平面性好。

换能器有一谐振频率 f_0，当外加声波信号的频率等于此频率时，陶瓷片将发生机械谐振，得到最强的电压信号，此时换能器具有最高的灵敏度；反之，当输入的电压使换能器产生机械谐振时，作为波源的换能器，将具有最强的发射功率。

【实验原理】

在波动过程中，波速 v、波长 λ 和频率 f 之间存在下列关系：

$$v = f\lambda \tag{3-22-1}$$

通过实验，测出波长 λ 和频率 f，就可求出声速 v。谐振时，声波频率就是信号发生器输出频率。因此，声速测量的直接测量量就是声波的波长。常用的测量方法有驻波法和相位比较法两种。

1. 驻波法测声速

实验装置如图 3-22-3 所示。图中两个超声换能器间的距离为 L，其中左边一个作为超声源（发射头 S1），信号源输出的正弦电压信号接到 S1 上，使 S1 发出超声波；右边的作为超声的接收头 S2，把接收到的声压转变成电信号后输入示波器观察。S2 在接收超声波的同时，还向 S1 反射一部分超声波，当 S1 和 S2 表面互相平行时，S1 发出的超声波和由 S2 反射的超声波在 S1 和 S2 之间的区域干涉而形成驻波共振现象。

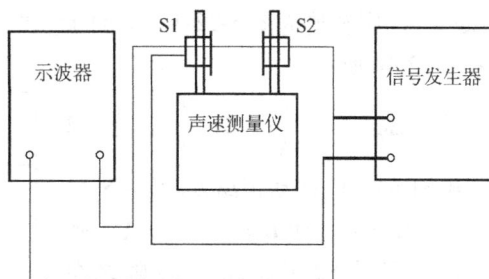

图　3-22-3

沿 x 方向入射波的方程为

$$y_1 = A\cos 2\pi(ft - x/\lambda) \tag{3-22-2}$$

沿负 x 方向反射波的方程为

$$y_2 = A\cos 2\pi(ft + x/\lambda) \tag{3-22-3}$$

两波相遇干涉时，在空间某点的合振动方程则为

$$y = y_1 + y_2 = A\cos 2\pi(ft - x/\lambda) + A\cos 2\pi(ft + x/\lambda)$$

$$= \left(2A\cos\frac{2\pi x}{\lambda}\right)\cos 2\pi ft \tag{3-22-4}$$

上式为驻波方程。

当 $x = n\lambda/2$（$n = 1, 2, \cdots$）时，声振动振幅最大，为 $2A$，称为波腹。当 $x = (2n-1)\lambda/4$（$n = 1, 2, \cdots$）时，声振动振幅为零，这些点称为波节。其余各点的振幅在零和最大值之间。两相邻波腹（或波节）间的距离为 $\lambda/2$，即半波长。

一个振动系统，当激励频率接近系统的固有频率时，系统的振幅达到最大，称为共振。当信号发生器的激励频率等于驻波系统的固有频率时，发生驻波共振，声波波腹处的振幅达到相对最大值，此时便于测出波长 λ，再由 $v = f\lambda$，可求出声速。

2. 相位比较法

声源 S1，接收器 S2，在发射波和接收波之间产生相位差

$$\Delta\varphi = \varphi_2 - \varphi_1 = 2\pi fx/v \qquad (3\text{-}22\text{-}5)$$

据此，可以通过测量 $\Delta\varphi$ 来求声速。

$\Delta\varphi$ 的测定，可以用示波器观察相互垂直振动合成的李萨如图形的方法进行。

输入示波器 x 轴的入射波的振动方程为

$$x = A_1 \cos(\omega t + \varphi_1) \qquad (3\text{-}22\text{-}6)$$

输入示波器 y 轴并由 S2 接收到的振动方程为

$$y = A_2 \cos(\omega t + \varphi_2) \qquad (3\text{-}22\text{-}7)$$

则得到合振动方程

$$\frac{x^2}{A_1^2} + \frac{y^2}{A_2^2} - \frac{2xy}{A_1 A_2}\cos(\varphi_2 - \varphi_1) = \sin^2(\varphi_2 - \varphi_1) \qquad (3\text{-}22\text{-}8)$$

此方程轨迹为椭圆，椭圆的长短轴和方位由相位差 $\Delta\varphi = \varphi_2 - \varphi_1$ 决定。若 $\Delta\varphi = 0$，则轨迹为图 3-22-4a 所示的直线；若 $\Delta\varphi = \pi/2$，是以坐标轴为主轴的椭圆，如图 3-22-4b 所示；若 $\Delta\varphi = \pi$，则轨迹为图 3-22-4c 所示的直线，$\Delta\varphi$ 为 $3\pi/2$ 和 2π 时的轨迹图，依次如图 3-22-4d 和 3-22-4e 所示。

因为 $\Delta\varphi = 2\pi\dfrac{L}{\lambda} = 2\pi\dfrac{L}{v}f$，若 S2 向离开 S1 的方向移动距离 $L = S_2 - S_1 = \lambda/2$，则 $\Delta\varphi = \pi$；而 $L = S_2 - S_1 = \lambda$，则 $\Delta\varphi = 2\pi$。随着 S2 的移动，$\Delta\varphi$ 随之在 $0 \sim \pi \sim 2\pi$ 内变化，李萨如图形也随之发生如图 3-22-4 所示的变化，$\Delta\varphi$ 每变化 π，就会出现图 3-22-4a 和 3-22-4c 的

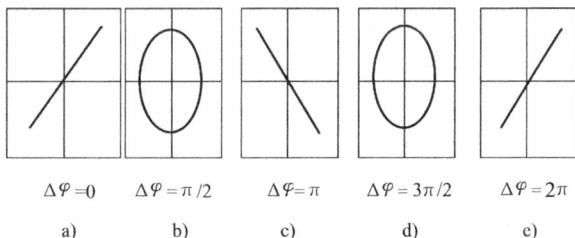

| $\Delta\varphi=0$ | $\Delta\varphi=\pi/2$ | $\Delta\varphi=\pi$ | $\Delta\varphi=3\pi/2$ | $\Delta\varphi=2\pi$ |
| a) | b) | c) | d) | e) |

图 3-22-4　相互垂直的同频率的两个谐振动的合成

重复图形，所以由图形的变化可测出 $\Delta\varphi$。与这种图形重复变化相应的 S2 移动的距离为 $\lambda/2$。L 的长度可由仪器上的标尺测量。

3. 理想气体中的声速值

声波在理想气体中的传播可认为是绝热过程，由热力学理论可以导出其速度为

$$v = \sqrt{\frac{\gamma R T_K}{\mu}} \qquad (3\text{-}22\text{-}9)$$

式中，R 为摩尔气体常数；μ 为相对分子质量；γ 为比热容比；T_K 为气体的热力学温度。

考虑到热力学温度与摄氏温度的换算关系 $T_K = T_0 + t$，有

$$v = \sqrt{\frac{\gamma R(T_0 + t)}{\mu}} = \sqrt{\frac{\gamma R T_0}{\mu}\left(1 + \frac{t}{T_0}\right)} = v_0\sqrt{1 + \frac{t}{T_0}} \qquad (3\text{-}22\text{-}10)$$

在标准大气压下，$t = 0\ ℃$ 时，$v_0 = 331.45\ \text{m/s}$，因此

$$v = 331.45\sqrt{1 + \frac{t}{T_0}} \qquad (3\text{-}22\text{-}11)$$

式中，$T_0 = 273.15\ \text{K}$。

【实验内容】

1. 熟悉仪器

请参照有关内容，熟悉信号源及示波器面板上各按钮和旋钮的作用以及它们的操作方法，特别应注意相关的注意事项。

2. 驻波法

（1）按图 3-22-3 所示接好线路，将两换能器间的距离调到 5 cm 左右。打开信号源电源，输出波形选正弦波。仔细调节示波器，使屏幕上出现稳定的正弦波波形。此时示波器接收到的信号强度可能较弱，因此，在调节时需适当放大信号。

（2）寻找换能器的谐振频率 f_0。调节信号源的输出频率微调旋钮，将输出频率从30 kHz 起逐步增大，同时仔细观察示波器屏幕上信号振幅的变化，当振幅变化到最大时，信号源的输出频率就是换能器的谐振频率。

（3）测量。逐步增加两换能器之间的距离，记录下每次信号振幅变化到最大时接收换能器的位置 l_i，连续测 10 点，将数据填入表 3-22-1 中，用逐差法处理数据。

3. 相位比较法

（1）准备。按图 3-22-3 所示接好线路，将两换能器间的距离调到 5 cm 左右。调节示波器，使屏幕上出现稳定的、大小适中的李萨如图形。

（2）测量。逐步增加两块换能器间的距离，屏幕上的李萨如图形会做周期性的改变。选直线做初始状态，以后每当出现与初始直线斜率相同的斜线时记录下接收器的位置 l_i，连续测 10 个点，将数据记录到表 3-22-2 中，用逐差法处理数据。

【数据处理与结果】

1. 驻波法测声速

表 3-22-1　驻波法数据记录表

$t = $ ____℃, $f_0 = $ ____ kHz, $n = 5$

接收面位置	l_i/mm	接收面位置	l_{i+5}/mm	$\Delta l = l_{i+5} - l_i$/mm	$\lambda_i = 2 \times \dfrac{1}{5}\Delta l$/mm
1		6			
2		7			
3		8			
4		9			
5		10			
平均值					$\overline{\lambda} = $　　mm

数据处理：$S_{\overline{\lambda}} = \sqrt{\dfrac{\sum (\lambda_i - \overline{\lambda})^2}{n(n-1)}} = $ _____ mm　　　　$\Delta_{仪} = 0.01\,\mathrm{mm}$

$$\Delta_\lambda = \sqrt{S_{\overline{\lambda}}^2 + \Delta_{仪}^2} = \text{_____} \ \mathrm{mm}$$

$$\lambda = \overline{\lambda} \pm \Delta_\lambda = \text{_____} \ \mathrm{mm}$$

$$\overline{v} = f_0 \overline{\lambda} = \text{_____} \ \mathrm{m/s}$$

$$\Delta_v = f_0 \Delta_\lambda = \text{_____} \ \mathrm{m/s}$$

$$v = \overline{v} \pm \Delta_v = \text{_____} \ \mathrm{m/s}$$

2. 相位法测声速

表 3-22-2　相位比较法数据记录表

$t = $ _____ ℃ , $f_0 = $ _____ kHz, $n = 5$

接收面位置	l_i/mm	接收面位置	l_{i+5}/mm	$\Delta l = l_{i+5} - l_i$/mm	$\lambda_i = \dfrac{1}{5}\Delta l$/mm
1		6			
2		7			
3		8			
4		9			
5		10			
平均值					$\overline{\lambda} = $　　 mm

数据处理: $S_{\overline{\lambda}} = \sqrt{\dfrac{\sum (\lambda_i - \overline{\lambda})^2}{n(n-1)}} = $ _____ mm　　　　$\Delta_{仪} = 0.01$ mm

$$\Delta_\lambda = \sqrt{S_{\overline{\lambda}}^2 + \Delta_{仪}^2} = \underline{\hspace{2cm}} \text{ mm}$$

$$\lambda = \overline{\lambda} \pm \Delta\lambda = \underline{\hspace{2cm}} \text{ mm}$$

$$\overline{v} = f_0 \overline{\lambda} = \underline{\hspace{2cm}} \text{ m/s}$$

$$\Delta_v = f_0 \Delta_\lambda = \underline{\hspace{2cm}} \text{ m/s}$$

$$v = \overline{v} \pm \Delta_v = \underline{\hspace{2cm}} \text{ m/s}$$

3. 计算声速的理论值

测量出室内温度 t，按式（3-22-11）计算出理论值。计算测量值与理论值的相对误差

$$v_{理} = 331.45 \sqrt{1 + \frac{t}{T_0}} = \underline{\hspace{2cm}} \text{ m/s}$$

$$E_{驻} = \frac{v_{驻} - v_{理}}{v_{理}} \times 100\% = \underline{\hspace{2cm}}$$

$$E_{相} = \frac{v_{相} - v_{理}}{v_{理}} \times 100\% = \underline{\hspace{2cm}}$$

【实验指导】

1. 如果信号源的输出频率与换能器的谐振频率相差太大，示波器上显示出的波形振幅就会很小甚至就是一条水平线，根本无法进行测量，为了能进行实验并且使测量误差最小，要求信号源的输出频率必须是换能器的谐振频率。

2. 实验中使用的示波器是双踪示波器，两种方法的接线一次性接好了，在实验前请仔细观察其接线情况。

【思考题】

1. 测量声速时，为什么要调整信号源的输出频率，使发射换能器处于谐振状态?

2. 讨论本实验误差产生的原因。

实验二十三 弦振动研究

驻波通常由前进波和反射波叠加得到，在一根拉紧的弦线上，可以直观而清楚地了解弦振动时驻波形成的过程，用它可以研究振动的基频与张力、弦长的关系，从而测量在弦线上横波的传播速度。驻波在声学、无线电电子学和光学中都很重要，驻波可用于测定波长，也可用于测定振动系统所能激发的振动频率。本实验研究波在弦上的传播，驻波形成的条件，以及改变弦长、张力、线密度、驱动信号频率等因素对波形的影响，并可观察共振波形、进行波速的测量。

【实验目的】

1. 了解波在弦上的传播及驻波形成的条件。
2. 测量不同弦长和不同张力情况下的共振频率。
3. 测量弦线的线密度。
4. 测量弦振动时波的传播速度。

【实验仪器】

弦振动研究实验仪及弦振动实验信号源各一台、双踪示波器一台。

实验仪器结构描述见图 3-23-1。

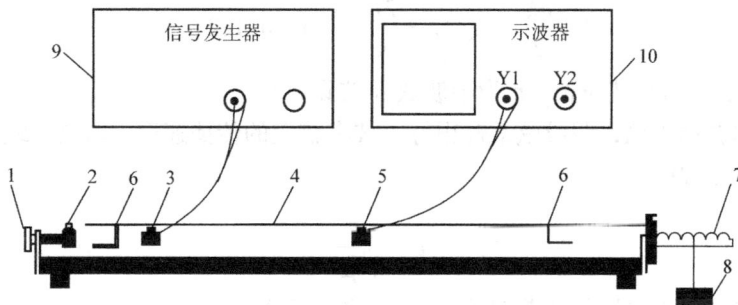

图 3-23-1

1—调节螺杆 2—圆柱螺母 3—驱动传感器 4—钢丝弦线 5—接收传感器
6—支撑板 7—拉力杆 8—悬挂砝码 9—信号源 10—示波器

【实验原理】

驻波是由振幅、频率和传播速度都相同的两列相干波，在同一直线上沿相反方向传播时叠加而成的特殊干涉现象。

当入射波沿着拉紧的弦传播，波动方程为

$$y = A\cos 2\pi(ft - x/\lambda) \tag{3-23-1}$$

当波到达端点时会反射回来，波动方程为

$$y = A\cos 2\pi(ft + x/\lambda) \tag{3-23-2}$$

式中，A 为波的振幅；f 为频率；λ 为波长；x 为弦线上质点的坐标位置，两波叠加后的波方程为

$$y = y_1 + y_2 = 2A\cos 2\pi \frac{x}{\lambda}\cos 2\pi ft \tag{3-23-3}$$

这就是驻波的波函数，称之为驻波方程。式中，$2A\cos 2\pi \dfrac{x}{\lambda}$ 是各点的振幅，它只与 x 有关，即各点的振幅随着其与原点的距离 x 的不同而异。式（3-23-3）表明，当形成驻波时，弦线上的各点作振幅为 $\left|2A\cos 2\pi \dfrac{x}{\lambda}\right|$、频率皆为 f 的简谐振动。

由式（3-23-3）可知，令 $\left|2A\cos 2\pi \dfrac{x}{\lambda}\right| = 0$，可得波节的位置坐标为

$$x = \pm(2k+1)\frac{\lambda}{4} \qquad k = 0,1,2,\cdots \tag{3-23-4}$$

令 $\left|2A\cos 2\pi \dfrac{x}{\lambda}\right| = 1$，可得波腹的位置坐标为

$$x = \pm k\frac{\lambda}{2} \qquad k = 0,1,2,\cdots \tag{3-23-5}$$

由式（3-23-4）、式（3-23-5）可得相邻两波腹（波节）的距离为半个波长，由此可见，只要从实验中测得波节或波腹间的距离，就可以确定波长。

在本实验中，由于弦的两端是固定的，故两端点为波节，所以，只有当均匀弦线的两个固定端之间的距离（弦长）L 等于半波长的整数倍时，才能形成驻波。即有

$$L = \frac{n\lambda}{2} \quad 或 \quad \lambda = \frac{2L}{n} \qquad n = 0,1,2,\cdots \tag{3-23-6}$$

式中，L 为弦长；λ 为驻波波长；n 为半波数（波腹数）。

另外，根据波动理论，假设弦柔性很好，波在弦上的传播速度 v 取决于线密度 μ 和弦的张力 F_T，其关系式为

$$v = \sqrt{\frac{F_T}{\mu}} \tag{3-23-7}$$

又根据波速、频率与波长的普遍关系式 $v = f\lambda$，可得

$$v = f\lambda = \sqrt{\frac{F_T}{\mu}} \tag{3-23-8}$$

由式（3-23-6）、式（3-23-8）可得横波传播速度

$$v = f\frac{2L}{n} \tag{3-23-9}$$

如果已知张力和频率，由式（3-23-6）、式（3-23-8）可得线密度

$$\mu = F_T\left(\frac{n}{2Lf}\right)^2 \tag{3-23-10}$$

如果已知线密度和频率，则由式（3-23-10）可得张力

$$F_T = \mu\left(\frac{2Lf}{n}\right)^2 \tag{3-23-11}$$

如果已知线密度和张力，由式（3-23-11）可得频率

$$f = \frac{n}{2L}\sqrt{\frac{F_T}{\mu}} \tag{3-23-12}$$

【实验内容】

一、实验前准备

1. 选择一条弦，将弦的带有铜圆柱的一端固定在张力杆的 U 形槽中，把带孔的一端套到调整螺杆上圆柱螺母上。

2. 把两块劈尖（支撑板）放在弦下相距为 L 的两点上（它们决定弦的长度），注意窄的一端朝标尺，弯脚朝外；放置好驱动线圈和接收线圈，接好导线。

3. 在张力杆上挂上砝码（质量可选），然后旋动调节螺杆，使张力杆水平（这样才能从挂的物块质量精确地确定弦的张力）。因为杠杆的原理，通过在不同位置悬挂质量已知的物块，从而获得成比例的、已知的张力，该比例是由杠杆的尺寸决定的。如图 3-23-2 所示。

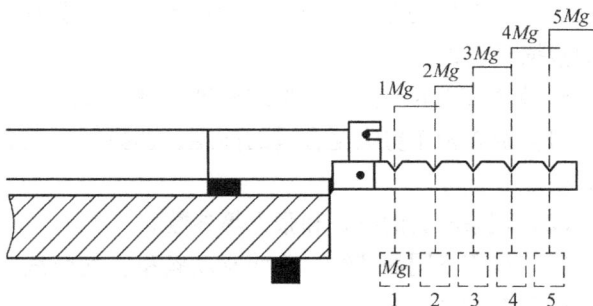

图　3-23-2

> 注意：由于张力不同，弦线的伸长也不同，当砝码质量变化时，需重新调节螺母使张力杆保持水平。

二、实验内容

1. 张力、线密度一定时，测不同弦长时的共振频率，并观察驻波现象和驻波波形。

（1）放置两个劈尖至合适的间距并记录距离，在张力杠杆上挂上一定质量的砝码记录质量及放置位置（注意，总质量还应加上挂钩的质量）。旋动调节螺杆，使张力杠杆处于水平状态，把驱动线圈放在离劈尖大约 5～10 cm 处，把接收线圈放在弦的中心位置。提示：为了避免接收传感器和驱动传感器之间的电磁干扰，在实验过程中应保证两者之间的距离至少有 10 cm。

（2）将驱动信号的频率调至最小，以便于调节信号幅度。

（3）慢慢升高驱动信号的频率，观察示波器接收到的波形的改变。注意：频率调节过程不能太快，因为弦线形成驻波需要一定的能量积累时间，太快则来不及形成驻波。如果不能观察到波形，则调大信号源的输出幅度；如果弦线的振幅太大，造成弦线敲击传感器，则应减小信号源输出幅度；适当调节示波器的通道增益，以观察到合适的波形大小为准。一般一个波腹时，信号源输出为 2～3 V（峰-峰值），即可观察到明显的驻波波形，同时观察弦线，应当有明显的振幅。当弦的振动幅度最大时，示波器接收到的波形振幅最大，这时的频率就是共振频率，记录这一频率。

（4）再增加输出频率，可以连续找出几个共振频率。注意：接收线圈如果位于波节处，则示波器上无法测量到波形，所以驱动线圈和接收线圈此时应适当移动位置，以观察到最大的波形幅度。当驻波的频率较高，弦线上形成几个波腹、波节时，弦线的振幅会较小，眼睛不易观察到。这时把接收线圈移向右边劈尖，再逐步向左移动，同时观察示波器（注意波形是如何变化的），找出并记下波腹和波节的个数。

（5）改变弦长重复步骤（3）、（4）；记录相关数据于表3-23-1。

2. 在弦长和线密度一定时，测量不同张力的共振频率。

（1）选择一根弦线和合适的砝码质量，放置两个劈尖至一定的间距，例如60 cm，调节驱动频率，使弦线产生稳定的驻波。

（2）记录相关的线密度、弦长、张力、波腹数等参数。

（3）改变砝码的质量和挂钩的位置，调节驱动频率，使弦线产生稳定的驻波。记录相关的数据于表3-23-2。

3. 张力和弦长一定，改变线密度，测量共振频率和弦线的线密度。

（1）放置两个劈尖至合适的间距，选择一定的张力，调节驱动频率，使弦线产生稳定的驻波。

（2）记录相关的弦长和张力等参数。

（3）换用不同的弦线，改变驱动频率，使弦线产生同样波腹数的稳定驻波。记录相关的数据于表3-23-3。

【数据与结果】

表3-23-1   张力一定时不同弦长的共振频率

张力/N	弦长/cm	波腹数 n	波长/cm	共振频率/Hz	传播速度/$m \cdot s^{-1}$

弦的线密度 $\mu_0 =$

作波长与共振频率的关系图。

表3-23-2   弦长一定时不同张力的共振频率

弦长/cm	张力/N	共振基频/Hz	传播速度/$m \cdot s^{-1}$	弦线线密度/$g \cdot m^{-1}$

作张力与共振频率的关系图，作张力与波速的关系图。

注：这里的共振频率应为基频，如果误记为倍频的数值，则将得出错误的结论。

表 3-23-3　张力和弦长一定时不同弦线的共振频率

弦长_____ cm，张力_____ N

弦线	波腹数 n	波长/cm	共振基频/Hz	计算线密度/g·m^{-1}
弦线 1（0.562g/m）				
弦线 2（1.030g/m）				
弦线 3（1.515g/m）				

比较测量所得线密度和静态线密度有无差别，试说明原因。

【实验指导】

1. 如果驱动与接收传感器靠得太近，将会产生干扰，通过观察示波器中的接收波形可以检验干扰的存在。当它们靠得太近时，波形会改变。为了得到较好的测量结果，两传感器的距离至少应大于 10 cm。

2. 悬挂和更换砝码时动作应轻巧，以免使弦线崩断，造成砝码坠落而发生事故。

【思考题】

1. 通过实验，说明弦线的共振频率和波速与哪些条件和因素有关？

2. 试将按公式求得 μ 值与静态线密度 μ_0 值比较，分析其差异及形成原因。

3. 如果弦线有弯曲或者粗细不均匀，对共振频率和驻波的形成有何影响？

实验二十四　液体黏滞系数的测定（落球法）

液体的黏滞系数又称内摩擦系数或黏度。在科研和生产中测定液体的黏滞系数具有实际意义。在轻工业生产中，如饮料、纸浆等可塑性包装的应用；在机械工业中，各种润滑油的选择，还有在水力、化学等工业方面的应用也较普遍。测定液体黏滞系数的常用方法有许多种，在纺织、轻工、医药和化工等部门的工厂中常采用旋转式黏度计；在实验室中，对于黏度较小的液体，如水、乙醇等，常用毛细管法测定，而对于黏度较大的液体，如蓖麻油、变压器油、甘油等，常用落球法测定。落球法操作简单，使用方便。特别是在野外没有携带专业测试工具的情况下，只需使用诸如钢卷尺、量杯、秒表、弹簧秤等简单的常用工具，即可快速、便捷地测出液体的大致黏滞系数。

【实验目的】

1. 观察液体的内摩擦现象，学会用落球法测量液体的黏滞系数。

2. 掌握基本测量仪器的使用，正确合理地分析误差。

【实验仪器】

落球法黏滞系数测定仪、小钢球、激光光电计时仪、甲基硅油（500CS）、千分尺、米尺、游标卡尺、温度计。

【实验原理】

在稳定流动的液体中，由于各层液体的流速不同，互相接触的两层液体之间有力的作用。流速较慢与流速较快的两相邻液层间的作用力，既使流速较快的液层减速，又使流速较慢的液层加速。两相邻层间的这一作用力称为内摩擦力或黏滞力，液体的这一性质称为黏滞性。

实验表明：黏滞力 f 正比于两层间接触面积 S 及该处的速度梯度 $\mathrm{d}v/\mathrm{d}x$，即

$$f = \eta S \mathrm{d}v/\mathrm{d}x$$

这就是牛顿黏滞定律。式中，$\mathrm{d}v/\mathrm{d}x$ 是垂直于流速方向各流层间的速度梯度；S 是两个液层间的接触面积；η 为黏滞系数，它只取决于液体本身的性质和温度。对于液体来说，黏滞性随温度升高而降低；气体的情况则相反。

根据斯托克斯公式，小球在液体中运动时受到的黏滞力为

$$f = 6\pi\eta r v \tag{3-24-1}$$

式中，η 为黏滞系数；v 为小球的运动速度；r 为小球的半径。需要指出的是：f 并非小球和液体之间的阻力，而是球面上附着的一层液体与不随小球运动的液体间的黏滞力。上式是在小球半径很小，运动速度很小，而液体各方向都是无限广阔和不产生旋涡条件下推导出来的。

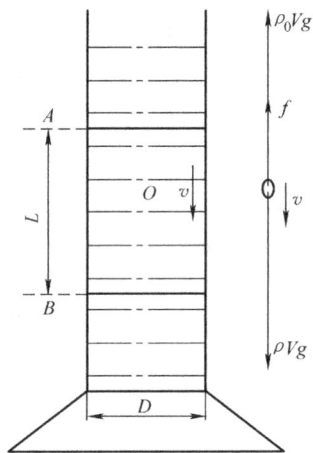

图 3-24-1

如图 3-24-1 所示，在装有待测液体的圆形玻璃筒中，让小球自由下落。小球落入液体后，受到三种力的作用：重力 $\rho V g$、浮力 $\rho_0 V g$ 和黏滞力 f，其中 V 是小球的体积；ρ 和 ρ_0 分别是小球和液体的密度。在小球刚落入液体时，竖直向下的重力大于竖直向上的浮力和黏滞力之和，于是小球作加速运动。随小球运动速度的增加，黏滞力也增加，当小球速度达到某一值 v_0（v_0 又称收尾速度）时，这三个力的合力等于零，则小球作匀速运动。由式（3-24-1）可得

$$\frac{4}{3}\pi r^3(\rho - \rho_0)g = 6\pi\eta r v_0 \tag{3-24-2}$$

即

$$\eta = \frac{2}{9}\frac{(\rho - \rho_0)g r^2}{v_0} \tag{3-24-3}$$

令小球直径为 d，$v_0 = \dfrac{L}{t}$，$r = \dfrac{d}{2}$ 代入上式得

$$\eta = \frac{(\rho - \rho_0)g d^2 t}{18L} \tag{3-24-4}$$

式中，L 为小球匀速下落的距离 AB；t 为小球下落 L 距离所用的时间。

实验时，圆筒的深度和直径均为有限，故不能满足无限深广的条件，实验证明，若小球沿圆筒中轴线下落，则式（3-24-4）需作如下修正，方能符合实际：

$$\eta = \frac{(\rho - \rho_0)g d^2 t}{18\left(1 + 2.4\dfrac{d}{D}\right)\left(1 + 1.6\dfrac{d}{H}\right)L} \tag{3-24-5}$$

式中，D 为圆筒的直径；H 为液柱高度；$\left(1+2.4\dfrac{d}{D}\right)$ 为圆筒内径对速度的修正；$\left(1+1.6\dfrac{d}{H}\right)$ 为液体深度对速度的修正。在小球密度 ρ、液体密度 ρ_0 和重力加速度 g 已知的条件下，只要测出小球直径 d、圆筒内经 D 和小球速度 v_0 就可算出液体黏滞系数 η 值。式中各量的单位：g 用 m/s^2，L、D、H、d 用 m，ρ、ρ_0 用 kg/m^3，t 用 s，则 η 的单位为 Pa·s。

实验时小球下落速度若较大，例如气温及油温较高，钢珠从油中下落时，可能出现湍流的情况，使式（3-24-1）不再成立。此时式（3-24-1）需作另一修正（详见本实验附录 A）。

【实验内容】

1. 调整黏滞系数测定仪及实验准备

（1）调整底盘水平，在仪器横梁中间部位放重锤部件，调节底盘旋钮，使重锤对准底盘的中心圆点。

（2）将实验架上的上、下两个激光器接通电源，可看见其发出红色激光束。调节上、下两个激光器，使其红色激光束平行地对准铅垂线。

（3）收回重锤部件，将盛有被测液体的量筒放置到实验架底盘中央，在实验中保持位置不变。

（4）在实验架上放上钢球导管。小球用乙醚、酒精混合液清洗干净，并用滤纸吸干残液备用。

（5）将小球放入铜质球导管，看其下落过程中能否阻挡光线，若不能，则适当调整激光器位置。

2. 选用合适的小球并用千分尺测小球的直径 d，测量 5 至 10 次，取其平均值，取 5 至 10 个同类小球备用。

3. 测量小球匀速下落的速度（收尾速度）（注意：激光束必须通过玻璃圆筒中心轴）

（1）寻找匀速段 L。在玻璃筒外液面下 5~7 cm 处开始，取两段相同的长度。测量小球经过两段距离时，所用的时间分别为 t_1 和 t_2，逐渐调节，最后使 t_1 和 t_2 在误差范围内相等，此时两段的总长就是小球的匀速段。将激光束分别固定在匀速段标记 A 处和 B 处。

（2）从圆筒刻度尺上读取上、下两个激光束的位置，计算它们之间的距离 L。

（3）用激光光电计时仪测量时间，将小球放入导管，当小球落下，阻挡上面的红色激光束时，光线受阻，此时计时仪器开始计时，到小球下落到阻挡下面的红色激光束时，计时停止，读出下落时间，重复测量 6 次以上。

4. 用游标卡尺测量圆筒内径 D，在不同的位置共测 3~5 次，取其平均值。用毫米尺量出液层高度 H，测量 3~5 次，取其平均值。

5. 小球密度 ρ 由实验室给出，被测油的密度 ρ_0 可用比重计或由实验室给出，并记下油的温度。

6. 根据所得的数据，代入式（3-24-5），计算黏滞系数 η 值。

【实验数据记录及处理】

样品：甲基硅油 $\rho_0 =$ 　　　　 kg/m^3；油温（室温）：$T =$ 　　　　 K；

小球：钢珠 $\rho =$ 　　　　 kg/m^3；本地的重力加速度 $g = 9.8\,m/s^2$；

表 3-24-1

次数	1	2	3	4	5	平均值
H/cm						
D/cm						
L/cm						

表 3-24-2

测定小球直径 d/mm				t/s	$\bar{t}$/s	$\bar{\eta}$/Pa·s
零点读数 A_0	测量读数 A_1	$d_i = \left| A_1 - A_0 \right|$	$\bar{d}$			

$$\bar{\eta} = \frac{(\rho - \rho_0) g d^2 t}{18\left(1 + 2.4\dfrac{d}{D}\right)\left(1 + 1.6\dfrac{d}{H}\right)L} = $$

误差运算:

$$s(\bar{d}) = \sqrt{\frac{\sum (d_i - \bar{d})^2}{n(n-1)}} = \qquad , \quad \Delta_{仪} = 0.004 \text{ mm}$$

$$\Delta_d = \sqrt{s(\bar{d})^2 + (\Delta_{仪})^2} = \qquad , \quad d = \bar{d} \pm \Delta_d = \qquad \text{mm}$$

$$s(\bar{t}) = \sqrt{\frac{\sum (t_i - \bar{t})^2}{n(n-1)}} = \qquad , \quad \Delta_B = $$

$$\Delta_t = \sqrt{s(\bar{t})^2 + (\Delta_B)^2} = \qquad , \quad t = \bar{t} \pm \Delta_t = \qquad \text{s}$$

$$s(\bar{L}) = \sqrt{\frac{\sum (L_i - \bar{L})^2}{n(n-1)}} = \qquad , \quad \Delta_{仪} = 0.5 \text{ mm}$$

$$\Delta_L = \sqrt{s(\bar{L})^2 + (\Delta_{仪})^2} = \qquad , \quad L = \bar{L} \pm \Delta_L = \qquad \text{mm}$$

误差计算补充说明:根据式(3-24-5)推导误差传递公式,将 ρ、ρ_0 和 g 看做常数,修正项引起的误差忽略不计(误差很小),故误差公式可表示为

$$\frac{\Delta_\eta}{\eta} = \sqrt{\left(\frac{2\Delta_d}{d}\right)^2 + \left(\frac{\Delta_t}{t}\right)^2 + \left(\frac{\Delta_L}{L}\right)^2}。$$

$$\Delta_\eta =$$

$$\eta = \overline{\eta} \pm \Delta_\eta =$$

【思考题】

1. 如果钢珠从靠近筒壁处下落，是否可以？请解释理由。

2. 在同种待测液体中，当小球半径减半时，它下降的收尾速度是否变化？

3. 用落球法测黏滞系数，影响结果的主要因素是什么？应采取什么措施以保证良好的测量结果？

4. 如何选取匀速运动段？怎样判断小球在作匀速运动？

【注意事项】

1. 玻璃筒应放置平稳、铅直，油必须静止，油中无气泡，小球要圆，表面清洁。

2. 选定标线 A、B 时，保证小球在通过 A 之前已达到收尾速度。

3. 注意温度变化，不要手捧圆筒。

【附录 A】

为了判断是否出现湍流，可利用流体力学中一重要参数雷诺数 $Re = \dfrac{\rho_0 dv}{\eta}$ 判断。现在我们来考察一下式（3-24-1）（即斯托克斯公式）的条件。斯托克斯公式是由黏滞液体的普遍运动方程导出的，要求小球的速度很小，球也很小，归结为雷诺数 Re 很小。Re 很小时可在解方程时略去了一些有 Re 因子的非线性项。当 Re 不很小时，需考虑含 Re 的项，则方程的解为

$$f = 6\pi\eta r v\left(1 + \frac{3}{16}Re - \frac{19}{1080}Re^2 + \cdots\right) \tag{3-24-6}$$

上式称为奥西恩-果尔斯公式。但在实际应用落球法时，小球的运动不会处于高雷诺数状态，一般 Re 值小于 10，故式（3-24-5）可近似用下式表示：

$$f = 6\pi\eta r v\left(1 + \frac{3}{16}Re - \frac{19}{1080}Re^2\right) \tag{3-24-7}$$

式中，η 表示考虑到此种修正后的黏滞系数。因此，在各力平衡时，并考虑待测液体边界的影响，可得

$$\eta = \frac{(\rho - \rho_0)g d^2}{18\left(1 + 2.4\dfrac{d}{D}\right)\left(1 + 1.6\dfrac{d}{H}\right)v_0} \cdot \frac{1}{\left(1 + \dfrac{3}{16}Re - \dfrac{19}{1080}Re^2\right)}$$

$$= \eta_0\left(1 + \frac{3}{16}Re - \frac{19}{1080}Re^2\right)^{-1} \tag{3-24-8}$$

式中，η_0 即为由式（3-24-5）求得的值。上式又可表示为

$$\eta = \eta_0\left[1 + \frac{B}{\eta} - \frac{1}{2}\left(\frac{B}{\eta}\right)^2\right]^{-1} \tag{3-24-9}$$

式中，$B = \dfrac{3}{16}\rho_0 dv$。

具体数据修正方法如下：先计算 B 和 η_0，然后根据 B/η_0 的大小分析。如 B/η_0 在 0.5% 以下（即 Re 很小），就不再修正；如 B/η_0 在 0.5% 到 10% 之间，只作一级修正，即不考虑

$\dfrac{1}{2}\left(\dfrac{B}{\eta}\right)^2$ 项，故 $\eta_1 = \eta_0 - B$（其中 η_1 为黏滞系数一级修正后的结果）；而 B/η_0 在 10% 以上，则应完整地计算式（3-24-9），故

$$\eta_2 = \frac{1}{2}\eta_1\left(1 + \sqrt{1 + 2\left(\frac{B}{\eta_1}\right)^2}\right) \tag{3-24-10}$$

式中，η_2 为黏滞系数二级修正后的结果。

【附录 B】

几种液体在不同温度下的 η（黏滞系数）：

表 3-24-3 （单位：$\times 10^{-3}\,\mathrm{Pa \cdot s}$）

温度/℃	甘油	酒精	蓖麻油	水
0	12100	1.773	5300	1.787
10	3950	1.466	2420	1.307
20	1490	1.200	986	1.002
30	629	1.003	451	0.7975
40		0.834	231	0.6529
50		0.702		0.5468

【附录 C】

1. Re（雷诺数）：它是用于比较流体流动状态的一个量纲为一数。1883 年英国人雷诺提出：当黏性流体相对于几何形状相像的物体流动时，只要 $Re = \rho_0 dv/\eta$ 相同，流体的流动状态就相似。v 表示流体的流速；d 表示物体的线度（如小球的直径）；ρ_0 表示流体的密度；η 表示流体的黏度。雷诺数的大小是表示流体流动状态的一个依据。它一般可分为层流、中间流、湍流。层流又称滞流。

2. 黏度是动力黏度、运动黏度和相对黏度的通称。我们常把动力黏度称为黏度。定义为 $\eta = \tau/D$，其中 τ 为切应力，可表示为 f/S；D 为垂直于流层方向上的速度梯度，可表示为 dv/dx。所以黏度即流体流动的切应力除以流层方向的速度梯度，其 SI 单位为 $\mathrm{Pa \cdot s}$，化工技术中常用 $\mathrm{mPa \cdot s}$。过去用的厘米克秒制单位为 P、cP。运动黏度定义为 $\gamma = \eta/\rho$，（其中 η 为动力黏度，ρ 为密度）即动力黏度除以流体的密度。运动黏度 γ 的 SI 单位为 $\mathrm{m^2/s}$，化工单位常用 $\mathrm{mm^2/s}$。如 500CS 表示液体在 25 ℃时的运动黏度 $\gamma = 500\ \mathrm{mm^2/s}$。相对黏度的定义是：流体的动力黏度与同温度下的水的动力黏度之比，为量纲为一量。有时它也指高分子溶液的动力黏度与同温度下的纯溶剂的动力黏度之比。

$1\mathrm{Pa \cdot s}$（帕斯卡·秒）$= 10\mathrm{P}$（达因·秒/厘米^2 = 泊）$= 1000\mathrm{cP}$（厘泊）

【附录 D】

FB328A 落球法黏滞系数测定仪说明书
（用多功能激光光电传感器计时）

一、技术指标

1. 激光光电发射、接收器件在立柱上沿柱移动的距离（量程）：约 40 cm，刻度 1 mm。

2. 激光光电计时器量程可切换：99.999 s 分辨率 1 ms，9.9999 s 分辨率 0.1 ms。

3. 周期预置范围：1~99 个；二位数码管显示。

4. 盛待测液体容器规格：1000 mL，高度 40 cm。

5. 直径 2 mm 小钢珠在液体中下落测量速度的误差：小于 1%。

6. 液体黏滞系数测量误差：小于 3%。

7. 计时器工作电源：AC220±20V。

二、仪器装置

1. 仪器整机结构如图 3-24-2 所示。

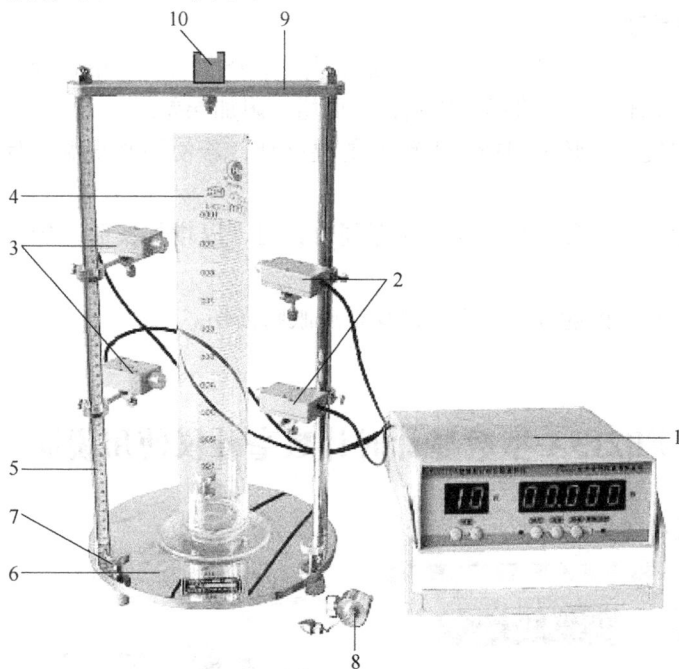

图 3-24-2　FB328A 型液体黏滞系数测定仪功能分布图

1—计时、计数毫秒仪　2—激光发射探头及固定装置　3—激光接收探头及固定装置
4—落球法测量圆筒　5—测量装置立杆（带刻度尺）　6—测量装置底座　7—测量
装置水平调节螺钉　8—铅垂线　9—测量装置横梁　10—小钢球导向器

2. 仪器优点

（1）抗干扰能力强。

（2）光源发射与接收可远距离测量。

（3）对半透明物质（透光性能较差的介质）也可以进行测量。

三、使用方法

1. 调整底盘水平、立柱铅直。在实验架的铝质横梁中心部位放置重锤部件，放线，使重锤尖端靠近底盘，并留一小间隙。调节底盘旋钮，使重锤对准底盘中心圆点。

2. 激光发射器 3.5 mm 双通道插头端连接线套有红色标记，注意不要接错。接通实验架上的两个激光发射器的电源，可看见它们发出红光，调节激光发射器的位置，使红色激光束平行地对准垂线。

3. 收回重锤部件，将盛有被测液体的量筒放置到实验架底盘中央，使量筒底部外围与底座面上环行刻线对准，并在实验中保持位置不变。

4. 调整激光接收器（光敏晶体管）接收孔的位置，使其对准激光束。

5. 用厚纸挡光，试验激光光电门挡光效果，观察是否能正常启动和结束计时。

6. 将小球放入横梁上的导向器中，松手后观测小球下落途中，能否能两次阻挡激光光线，（即控制计时器启、停）若不能，可适当调整激光器或接收器的位置。

7. 测量上、下两平行激光束的间距，可以从固定激光器的立柱标尺上读出。

8. FB213A 型数显计时计数仪的使用方法见附录 E。

四、使用注意事项

1. 小钢珠直径可用读数显微镜测量，也可以用千分尺测量。用千分尺测量时必须正确使用保护螺栓，防止压力太大将钢珠压扁，从而增大附加误差。

2. 测量液体温度时，必须用精确度较高的温度计，若使用水银温度计，则必须定时校准。

3. 实验时，也可采用秒表与激光计时器同时计时，以增加实验内容，加强动手能力及误差分析的训练。

4. 避免激光束直接照射人的眼睛，以免造成眼睛损伤。

【附录 E】

FB213A 型数显计时计数毫秒仪使用说明

仪器前后面板如图 3-24-3 所示。

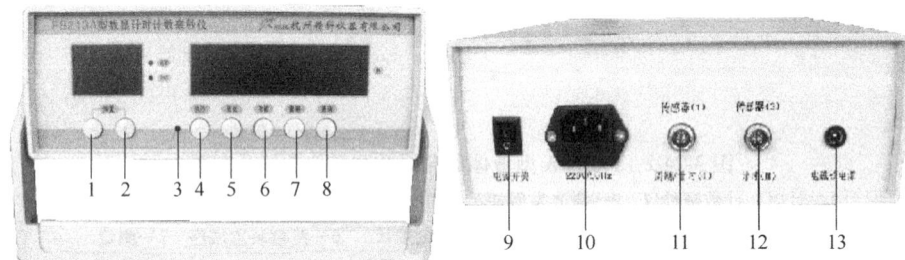

图 3-24-3　FB213A 型数显计时计数毫秒仪前后面板功能分布图

1—周期设置、显示"十位数"　　2—周期设置、显示"个位数"　　3—工作指示灯

4—"执行"按钮　5—"复位"按钮　6—"功能"转换按钮　7—"量程"转换按钮

8—"查询"按钮　9—电源开关　10—电源插座带熔丝管座　11—传感器（1）插座

12—传感器（2）插座　13—电磁铁电源插座

1. FB213A 计时仪内设单片机芯片，经适当编程，具有计时、计数、存储和查询功能。可用于单摆、气垫导轨、电动机转速测量、生产线产品计数、产品厚度测量、车辆运动速度测量及体育比赛计时等诸多与计时相关的实验。

2. 该仪器通用性强，可以与多种传感器连接，用不同的传感器控制毫秒仪的启动和停止，从而适应不同实验条件下计时的需要。

3. 仪器有三种工作方式：周期 1 方式、周期 2 方式和计数方式。在三种方式下均有存储和查询功能。在周期1和周期2方式下，按"执行"键，"执行"工作指示灯亮，当测量启动时灯光闪烁，表示毫秒仪在工作。在每个周期结束时，显示并存储该周期对应的时间值，在预设周期数执行完后，显示并存储总时间值，然后退出执行状态。

4. 毫秒仪在计时状态下的量程可根据实验需要进行切换：99.999 s 分辨率 1 ms，9.9999 s 分辨率 0.1 ms，由仪器面板"量程"按钮进行转换。"计时"指示灯亮，左窗口数码管熄灭，仪器进入"计时"功能状态；

5. 周期1、周期2与计数功能由面板"功能"按钮转换，周期1测量的是摆动周期，周期2测量的是旋转周期，工作时周期指示灯亮，仪器面板左窗口二位数码管同时点亮，仪器进入"周期1"计时功能：在此功能下，可预置测量周期个数：根据实验需要周期设置范围为 1~99 个，周期数由左窗口显示。周期显示数随计数进程逐次递减，当显示数到达 1 以后接着就返回到设置数值，此时计数停止。

6. 在周期2工作状态时，周期指示灯和计时指示灯都熄灭，测量方式同"周期1"。

7. 在周期1或周期2方式下完成实验后，逐次按"查询"键，则依次显示出各周期对应的时间值，在最后周期显示出总时间值，在预设周期完后，则停止查询。在计时方式下，逐次按"查询"键，则依次显示出各周期对应的时间值，一共可存 20 次的值。

8. 周期1、周期2共用存储空间，即存储的数据为最近一次在周期1或周期2得到的数据。

9. 在周期1或周期2方式下查询时，按"量程"键显示各周期计时的平均值。

10. 按"复位"键，除了预设周期值恢复原设置，时间显示清零之外，还有退出查询的功能。记住查询完后一定要按"复位"键退出查询。

11. 周期方式或计数方式在执行中，均可按"复位"键退出执行。

12. 断电后保留已执行的预设周期数，各周期对应的时间值以及总时间值以及最后一次完成的工作状态（周期1或周期2或计时三种方式之一）。开机后自动恢复预设周期数及上次关机时的工作状态。

13. 计数方式时，光电门1和光电门2均可控制启动与停止，由先后顺序决定。

14. 同时按"复位"和"功能"键5秒钟以上，则存储的周期值与计时值全部清零，但仍然保留。

实验二十五　用力敏传感器测液体表面张力系数

液体表层厚度约 10^{-10} m 内的分子所处的条件与液体内部的条件不同。在液体内部，每一分子被其周围的其他分子所包围，分子所受的作用力的合力为零。由于液体表面上方接触的是气体分子，其密度远小于液体分子密度，因此液面每一分子受到向外的引力比向内的引力要小得多，也就是说液面分子所受的合力不为零，该合力的方向是垂直于液面并指向液体内部，该力使液体表面收缩，直至达到动态平衡。因此，在宏观上，液体具有尽量缩小其表面积的趋势，液体表面好像一张拉紧了的橡皮膜。这种沿着液体表面的、尽量收缩表面的力称为表面张力。表面张力能说明液体的许多现象，例如，润湿现象、毛细管现象及泡沫的形成等。在工业生产和科学研究中常常要涉及到液体特有的性质和现象。比如，化工生产中液体的传输过程、药物制备过程及生物工程研究领域中关于动物、植物体内液体的运动与平衡等问题。因此，了解液体表面性质和现象，掌握测定液体表面张力系数的方法，就具有重要的实际意义。测定液体表面张力系数的方法通常有：拉脱法、毛细管升高法和液滴测重法等。本实验用拉脱法。拉脱法的特点是，用秤量仪器直接测量液体的表面张力。

【实验目的】

1. 掌握用标准砝码对测量仪进行定标的方法，计算该力敏传感器的转换系数。
2. 观察拉脱法测液体表面张力的物理过程和物理现象。
3. 学会用拉脱法测定水的表面张力系数及用逐差法处理数据。

【实验仪器】

FB326 型液体的表面张力系数测定仪（见图3-25-1）、附件盒（包含标准砝码、砝码盘、圆筒形吊环等）、游标卡尺、烧杯。

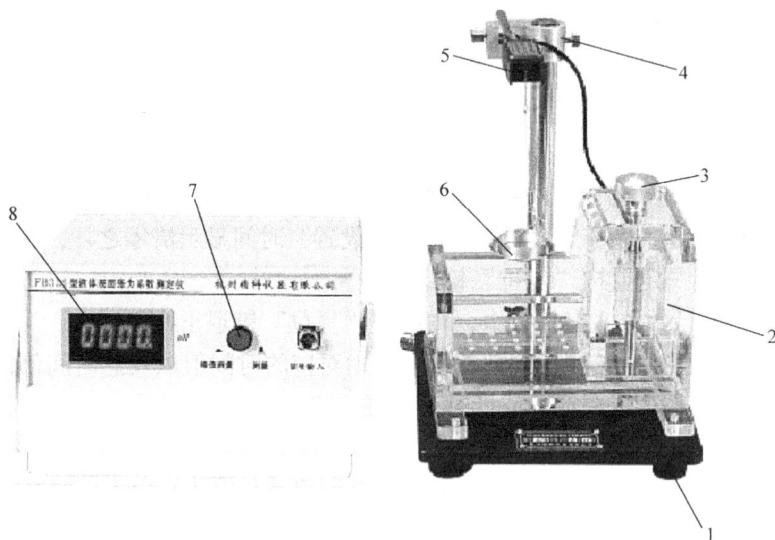

图　3-25-1

1—底座　2—有机玻璃器皿（连通器）　3—活塞调节旋钮　4—立柱及横梁　5—压阻力
敏传感器　6—圆筒形吊环　7—峰值测量按钮开关　8—数字式毫伏表

【实验原理】

表面张力是液体表面的重要特性，这种力存在于极薄的液体表层内，是液体表层内分子力作用的结果。

硅压阻式力敏传感器由弹性梁和贴在梁上的传感器芯片组成，其中芯片由四个硅扩散电阻集成一个非平衡电桥。当外界压力作用于金属横梁时，在压力作用下，电桥失去平衡，此时将有电压信号输出，输出电压大小与所加外力成正比，即

$$V = BF = F/K \tag{3-25-1}$$

式中，F 为外力的大小；B 为硅压阻式力敏传感器的灵敏度；V 为传感器输出电压值；K 为力敏传感器的转换系数，单位为 N/mV。

如果将一洁净的圆筒形吊环浸入液体中，然后缓慢地提起吊环，圆筒形吊环将带起一层液膜。使液面收缩的表面张力 f_1 和 f_2 沿液面的切线方向，角 θ_1 和 θ_2 称为湿润角（或接触角），如图 3-25-2 所示。当继续提起圆筒形吊环时，角 θ_1 和 θ_2 逐渐变小而接近为零，这时所拉出的液膜的里、外两个表面的张力 f_1 和 f_2 方向近似竖直向下，设拉起液膜破裂前瞬间的拉力为 F_1，则有

$$F_1 = mg + f_1 + f_2 \qquad (3\text{-}25\text{-}2)$$

式中，m 为吊环质量。由式（3-25-1）可得

$$F_1 = KV_1 \qquad (3\text{-}25\text{-}3)$$

同理，圆筒形吊环在液膜拉破后瞬间有

$$F_2 = mg = KV_2 \qquad (3\text{-}25\text{-}4)$$

因表面张力的大小与接触面的周长成正比，则有

$$f = f_1 + f_2 = \alpha\pi(D_外 + D_内) \qquad (3\text{-}25\text{-}5)$$

式中，$D_外$、$D_内$ 分别为吊环的外径和内径；α 称为液体的表面张力系数，单位是 N/m。α 在数值上等于作用于液面单位长度上的表面张力。

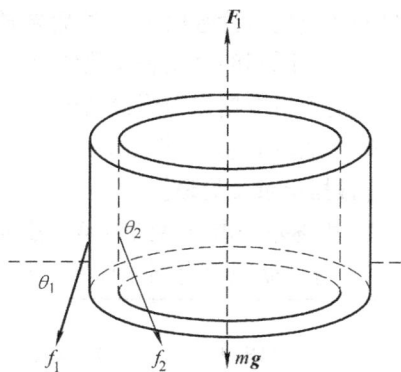

图　3-25-2

圆筒形吊环在液膜拉破前后受力的变化值可表示为

$$K(V_1 - V_2) = F_1 - F_2 = f_1 + f_2 = \alpha\pi(D_外 + D_内)$$

即

$$\alpha = \frac{(V_1 - V_2)K}{\pi(D_内 + D_外)} = \frac{\Delta V \cdot K}{\pi(D_内 + D_外)} \qquad (3\text{-}25\text{-}6)$$

式中，V_1 为吊环液膜即将被拉断前一瞬间数字电压表读数值；V_2 为液膜拉断后一瞬间电压表读数值。

表面张力系数 α 与液体的种类、纯度、温度和它上方的气体成分有关，单位为 N/m。实验表明，液体的表面张力系数有如下性质：①液体不同表面张力系数不同。密度小的、容易蒸发的液体表面张力系数小，而各种金属熔液的表面张力系数则很大。②表面张力系数随温度的升高而减小，近似为线性关系。③表面张力系数与液体的纯度有关，加入杂质可以使液体的表面张力系数增大或减小。一般来说，无机酸、碱、盐的加入，可使液体表面张力系数增大；醇、醛、酮、有机酸、酯等有机物质的加入，可使液体的表面张力系数减小。在一定条件下，α 值是一个常数。

【实验内容】

1. 开机预热 15 min，将砝码盘挂在力敏传感器下的钩上。保证测力方向和传感器与弹簧片的平面垂直。

2. 预热完成后，对力敏传感器定标。首先等质量（500 mg）地加砝码，然后再等质量（500 mg）地减砝码，依次从电压表读出相应的电压输出值。用逐差法，求出传感器的转换系数 K。

3. 用游标卡尺测量圆筒形吊环的内外直径 $D_内$ 和 $D_外$，重复测量 5 次并记录数据。

4. 清洗有机玻璃器皿和吊环，在有机玻璃器皿内放入被测液体。

5. 取下砝码盘，将洗净的圆筒形吊环挂在小钩上，仔细调节吊环的悬挂线，保持吊环

水平。逆时针转动活塞调节旋钮，使液面上升，直到吊环下沿有一小半侵入液体为止；接着按下毫伏表面板上的峰值按钮开关，然后缓慢地顺时针转动活塞，调节旋钮，使液面逐渐下降。这时，金属吊环和液面间形成一环行液膜，继续下降液面，测出吊环液膜即将被拉断前一瞬间的电压表读数值 V_1，然后释放面板上的按钮开关，电表恢复随机测量功能，记录液膜拉断后一瞬间的电压表读数值 V_2。重复测量并计下读数 V_1 和 V_2，分析 $V_1 - V_2$ 的离散性，取相近的 5 组数据作为测量结果。

6. 把测量的数据代入式（3-25-6），计算液体的表面张力系数 α 及其相对不确定度。

【数据记录及处理】

1. 用逐差法求仪器的转换系数 K

（该标准砝码符合国家标准，相对误差为 0.005%）

i	砝码质量 /10^{-6}kg	增重读数 V_i'/mV	减重读数 V_i''/mV	$V_i = \dfrac{V_i' + V_i''}{2}$ /mV	等间距逐差： $\delta V_i = V_{i+4} - V_i$ /mV
0	0.00				
1	500.00				$\delta V_1 = V_4 - V_0$
2	1000.00				
3	1500.00				$\delta V_2 = V_5 - V_1$
4	2000.00				
5	2500.00				$\delta V_3 = V_6 - V_2$
6	3000.00				
7	3500.00				$\delta V_4 = V_7 - V_3$

$$\overline{\delta V} = \frac{1}{16}(\delta V_1 + \delta V_2 + \delta V_3 + \delta V_4) =$$

$\overline{\delta V}$ 为每 500.00 mg 对应的电子秤的 mV 读数，g 取当地的重力加速度值，如本地 $g = 9.7937 \text{m/s}^2$，则

$$K = \frac{gm}{\overline{\delta V}} = \frac{9.7937 \times 500.00 \times 10^{-6}}{\overline{\delta V}} = \underline{\hspace{3cm}} \text{N/mV}$$

2. 吊环的内、外直径

（单位：mm）

测量次数	1	2	3	4	5	平均值
内径 $D_内$						
外径 $D_外$						

3. 用拉脱法求拉力对应的电子秤读数

水温（室温）＿＿＿＿＿＿℃

测量次数	拉脱时最大读数 V_1/mV	吊环读数 V_2/mV	表面张力对应读数 $\Delta V = (V_1 - V_2)/\text{mV}$
1			
2			
3			
4			
5			
平　均　值			

4. 计算 α

$$\alpha = \frac{(V_1 - V_2)K}{\pi(D_内 + D_外)} = \frac{\Delta V \cdot K}{\pi(D_内 + D_外)} =$$

5. 从资料中查出在本室温时水的表面张力系数 α 的理论值，把实验结果与此值比较，求相对误差

$$E = \frac{|\alpha - \alpha_0|}{\alpha_0} \times 100\%$$

【思考题】

1. 液体表面张力系数的大小与哪些因素有关？

2. 测量时为何要把液膜拉到最大？过早拉脱对测量结果会有什么影响？如何避免？

3. 实验中要求金属吊环保持水平，若不水平会给实验结果带来什么影响？

【注意事项】

1. 吊环必须严格处理干净。可用酒精和 NaOH 溶液洗净油污或杂质后，用清洁水冲洗干净，并用热吹风烘干。

2. 吊环水平须调节好，注意偏差 1°，测量结果引入误差为 0.5%；偏差 2°，则误差 1.6%。

3. 仪器开机需预热 15 min。

4. 在调节液面升降活塞时，速度要缓慢，尽量减小液体的波动。

5. 工作环境应避免风吹，以免吊环摆动致使零点波动，造成所测系数不准确。

6. 若液体为纯净水。在使用过程中防止灰尘和油污及其他杂质污染。应特别注意手指不要接触被测液体。

7. 力敏传感器使用时用力不宜大于 0.098 N。过大的拉力容易使传感器损坏。

8. 实验结束须将吊环用清洁纸擦干，用清洁纸包好，放入干燥缸内。

附录

水与空气为界的表面张力系数与温度的关系

水的温度 $t/℃$	10	15	20	25	30
$\alpha/(\times 10^{-2}\text{N/m})$	7.422	7.349	7.275	7.197	7.118

实验二十六　导热系数的测量

导热系数是反映物质热传导性能的一个物理量。导热系数不仅是评价材料热学性能的依据，而且是材料在应用时的一个设计依据，在加热器、散热器、传热管道设计、电冰箱及锅炉等工程技术中都要涉及这个参数。如航天器内外温度差达到一两千度，就需要非常好的不良导体作为隔热材料。

导热系数的大小不仅与物质本身的性质有关，而且还取决于物质所处的状态，如温度、湿度、压力和密度等。材料的制造工艺、结构的变化与所含杂质等因素都会对导热系数产生明显的影响，因此，材料的导热系数常常需要通过实验来具体测定。在常温范围内，材料的导热系数可看作一个定值。

从微观上来说，导热过程是以自由电子或晶格振动波作为载体进行热量交换的过程；从宏观上说，它是由于物体内部存在温度梯度，而发生从高温部分向低温部分传递热量的过程。

根据导热系数的大小，可以将材料分为热的良导体和不良导体。一般说来，金属的导热系数比非金属的要大，固体的导热系数比液体的要大，气体的导热系数最小。纯金属的导热性能较好，合金的导热系数比纯金属小。温度升高时，会造成导热系数的下降。各种金属的导热系数一般在 $2.2 \sim 420$ W/(m·K) 范围内。一般非金属属于不良导体。不良导体的导热系数一般在 $0.025 \sim 3.0$ W/(m·K) 范围内。液体的导热系数在 $0.15 \sim 0.6$ W/(m·K) 范围内。导热系数在 $0.025 \sim 0.2$ W/(m·K) 范围内的材料，常被用作隔热保温材料，如硅藻土保温砖、石棉和泡沫塑料等。但是金刚石的导热性能好，其导热系数比黄铜还要大。

测量导热系数的方法比较多，但可以归并为两类基本方法：一类是稳态法，另一类为动态法。用稳态法时，先用热源对测试样品进行加热，并在样品内部形成稳定的温度分布，然后进行测量。而在动态法中，待测样品中的温度分布是随时间变化的，例如按周期性变化等。本实验采用稳态法进行测量。

【实验目的】

1. 学习用稳态法测固体的导热系数，了解其测量条件。

2. 学习实验中如何将传热速率的测量转化为散热速率的测量方法。

3. 了解用铂电阻温度传感器测量温度。

【实验仪器】

导热系数测定仪、铂电阻温度传感器、游标卡尺、台秤（公用）、待测样品（橡胶盘、铝芯和软木等）。

【实验原理】

根据傅里叶导热方程式，在物体内部，取两个垂直于热传导方向、彼此间相距为 h、温度分别为 T_1、T_2 的平行平面（设 $T_1 > T_2$），若平面面积均为 S，在 Δt 时间内通过面积 S 的热量 ΔQ 满足下述表达式：

$$\frac{\Delta Q}{\Delta t} = \lambda S \frac{(T_1 - T_2)}{h} \tag{3-26-1}$$

式中，$\dfrac{\Delta Q}{\Delta t}$为热流量；$\lambda$ 即为该物质的导热系数（又称作热导率），λ 在数值上等于相距单位长度的两平面的温度相差 1 个单位时，单位时间内通过单位面积的热量，其单位是 W/(m·K)。

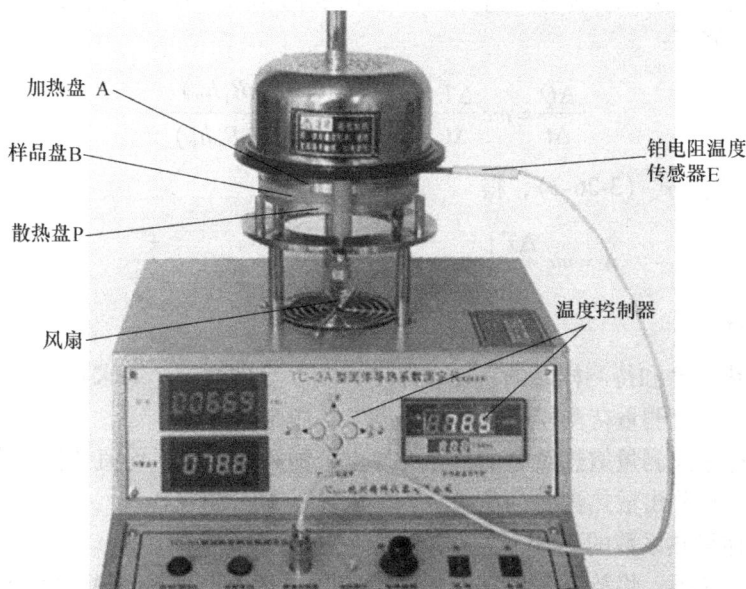

图　3-26-1

　　在支架上先放上圆铜盘 P，在 P 的上面放上待测样品 B（圆盘形的不良导体），再把带发热器的圆铜盘 A 放在 B 上，发热器通电后，热量从 A 盘传到 B 盘，再传到 P 盘，由于 A、P 盘都是良导体，其温度即可以代表 B 盘上、下表面的温度 T_1、T_2，T_1、T_2 分别由插入 A、P 盘边缘小孔的铂电阻温度传感器 E 来测量。A 盘的测温传感器出厂时已安装在盘中，其读数即代表 A 盘温度。如果想再测量一下进行温度比对，可以把 P 盘用的温度传感器换插到 A 盘边缘的小孔中进行测量。由式（3-26-1）可以知道，单位时间内通过待测样品 B 任一圆截面的热流量为

$$\frac{\Delta Q}{\Delta t} = \lambda \frac{(T_1 - T_2)}{h_B} \pi R_B^2 \tag{3-26-2}$$

式中，R_B 为样品的半径；h_B 为样品的厚度。当热传导达到稳定状态时，T_1 和 T_2 的值不变，于是通过 B 盘上表面的热流量与由铜盘 P 向周围环境散热的速率相等，因此，可通过铜盘 P 在稳定温度 T_2 时的散热速率来求出热流量 $\dfrac{\Delta Q}{\Delta t}$。实验中，在读得稳定时的 T_1 和 T_2 后，即可将 B 盘移去，而使盘 A 的底面与铜盘 P 直接接触。当盘 P 的温度上升到高于稳定时的 T_2 值若干摄氏度后，再将圆盘 A 移开，让铜盘 P 自然冷却。观察其温度 T 随时间 t 变化情况，然后由此求出铜盘在 T_2 的冷却速率 $\dfrac{\Delta T}{\Delta t}\Big|_{T=T_2}$，而 $mc\dfrac{\Delta T}{\Delta t}\Big|_{T=T_2}$（$m$ 为铜盘 P 的质量，c 为铜材的比热容），就是铜盘 P 在温度为 T_2 时的散热速率。但要注意，这样求出的 $\dfrac{\Delta T}{\Delta t}\Big|_{T=T_2}$ 是铜盘的

全部表面暴露于空气中的冷却速率，其散热表面积为 $2\pi R_{\mathrm{P}}^2 + 2\pi R_{\mathrm{P}} h_{\mathrm{P}}$（其中 R_{P} 与 h_{P} 分别为铜盘的半径与厚度）。然而，在观察测试样品的稳态传热时，P 盘的上表面（面积为 πR_{P}^2）是被样品覆盖着的，并未向外界散热，所以当样品盘 B 达到稳定导热状态时，散热面积仅为 $\pi R_{\mathrm{P}}^2 + 2\pi R_{\mathrm{P}} h_{\mathrm{P}}$。考虑到物体的冷却速率与它的表面积成正比，则稳态时铜盘散热速率的表达式应作如下修正：

$$\frac{\Delta Q}{\Delta t} = mc \frac{\Delta T}{\Delta t}\bigg|_{T=T_2} \frac{(\pi R_{\mathrm{P}}^2 + 2\pi R_{\mathrm{P}} h_{\mathrm{P}})}{(2\pi R_{\mathrm{P}}^2 + 2\pi R_{\mathrm{P}} h_{\mathrm{P}})} \tag{3-26-3}$$

将式（3-26-3）代入式（3-26-2），得

$$\lambda = mc \frac{\Delta T}{\Delta t}\bigg|_{T=T_2} \frac{(R_{\mathrm{P}} + 2h_{\mathrm{P}}) h_{\mathrm{B}}}{(2R_{\mathrm{P}} + 2h_{\mathrm{P}})(T_1 - T_2)} \frac{1}{\pi R_{\mathrm{B}}^2} \tag{3-26-4}$$

【实验内容】

1. 测量散热盘 P 和待测样品的直径、厚度，测 P 盘的质量。要求：

（1）用游标卡尺测量待测样品直径和厚度，各测 5 次。

（2）用游标卡尺测量散热盘 P 的直径和厚度，测 5 次，按平均值计算 P 盘的质量。

（3）用电子秤称出散热盘 P 的质量。

2. 不良导体导热系数的测量

（1）安装好仪器。将待测样品（例如硅橡胶圆片）放在加热盘 A 和散热盘 P 之间，且加热盘 A、散热盘 P 与待测样品应相互同轴并紧密贴合（安装时注意将加热盘 A 和散热盘 P 侧面的温度传感器插孔调整到便于测量的位置），并用固定螺钉固定在机架上。若有明显间隙，可微调底部三颗水平调节螺旋头予以消除。

（2）连接好线路。将测温铂电阻温度传感器插入散热盘 P 侧面的小孔中，并将铂电阻温度传感器接线连接到仪器上面板的传感器上。用专用大二芯导线将仪器机箱后部插座与加热组件圆铝板上的插座加以连接。

（3）接通电源，打开风扇，在"温度控制"仪表上设置加温的上限温度。建议温度设定到 $70 \sim 100$℃。在 PLD "温度控制"仪表上设置温度的具体操作见【附录 A】。为了缩短到达稳定导热状态的时间，将加热选择开关由"断"打向"Ⅱ"挡（"Ⅱ"挡加热功率最大），此时指示灯亮，当传感器的温度到达设定值（如 80℃）时，可根据实验情况适当降低加热功率，使温升更稳定。

（4）当加热盘温度到达设定值后，每隔 3min 左右记录 T_1 和 T_2 值。若在连续 15min 内样品上下表面温度不再上升（保持在 ±0.5℃ 范围内变化）时，说明系统传热到达稳态，此时测量 T_1 和 T_2 各 5 组数据，计算出它们的平均值作为稳态时样品上下表面的温度。

（5）测量散热盘在稳态时 T_2 附近的冷却速率 $\dfrac{\Delta T}{\Delta t}\bigg|_{T=T_2}$。取出样品 B，使加热盘 A 与散热盘 P 直接接触，再加热，当散热盘 P 的温度比稳态时的 T_2 值高出 12℃ 左右时，关闭加热电源，并立即移开加热盘 A（移到另外一侧），让散热盘 P 在空气中自然冷却，每隔 30s（或自定）记录散热盘 P 的温度值 T，直到温度小于散热盘稳态的温度 T_2 值约 8℃ 后停止测量。用逐差法或作图法计算出散热盘的冷却速率 $\dfrac{\Delta T}{\Delta t}\bigg|_{T=T_2}$。在稳态 T_2 附近测值要特别小心，选

取邻近 T_2 前后各 5 组数值为有效测量值。

3. 金属导热系数的测量（选做）

（1）将圆柱体金属铝棒（厂家提供）置于加热盘 A 和散热盘 P 之间，多余部分用绝热片遮挡，并调节好它们之间的同轴和紧密接触状态。

（2）当加热盘 A 和散热盘 P 达到稳态后，T_1、T_2 值为金属样品上下两个面的温度，此时散热盘 P 的温度为 T_3 值。因此测量 P 盘的冷却速率为

$$\frac{\Delta Q}{\Delta t}\bigg|_{T=T_3} \tag{3-26-5}$$

由此得到导热系数为

$$\lambda = mc\frac{\Delta T}{\Delta t}\bigg|_{T=T_3}\frac{(R_P + 2h_P)}{(2R_P + 2h_P)}\frac{h_B}{(T_1 - T_2)}\frac{1}{\pi R_B^2} \tag{3-26-6}$$

测 T_3 值时可在 T_1、T_2 达到稳定时，将插在金属圆柱体上的下方小孔中的铂电阻传感器取出，插到散热盘 P 中的小孔进行测量。

4. 空气的导热系数的测量（选做）

测量空气的导热系数时，通过调节三个水平螺旋头，使加热盘 A 和散热盘 P 平行，它们之间的距离为 h，并用塞尺进行测量（塞尺的厚度，一般为几个毫米），此距离即为待测空气层的厚度(注意：由于存在空气对流，所以此距离不宜过大)。

【数据记录及处理】

1. 铜的比热 $c = 385\ \mathrm{J/(kg \cdot ℃)}$　　　散热盘 P 的质量 $m =$ ＿＿＿＿＿ g

稳态时 T_1、T_2 值测量数据表

	1	2	3	4	5	平均值
$T_1/℃$						
$T_2/℃$						

散热盘 P 冷却速率测量数据表

时间/s	0	30	60	90	120	150	180	210	240	…
$T/℃$										

重点强调：在稳态温度 T_2 附近测值要特别注意，选取邻近 T_2 前后各 5 组数值为有效测量值，根据逐差法求出冷却速率 $\dfrac{\Delta T}{\Delta t}\bigg|_{T=T_2}$（$\Delta t$ 不要取错）。

待测样品 B 和散热盘 P 尺寸测量数据表

	1	2	3	4	5	平均值
D_B/cm						
h_B/cm						
D_P/cm						
h_P/cm						

$$\overline{R}_B = \frac{1}{2}\overline{D}_B = \underline{\hspace{3cm}}\ \mathrm{cm}$$

2. 根据所得数据代入式（3-26-4）求出固体的导热系数，并求出相对误差。

【注意事项】

1. 若铂电阻温度传感器接触不良，则可在铂电阻头部涂上导热硅脂，以免造成温度测量不准。

2. 测量冷却速率前抽出被测样品时或者移开加热盘 A 前，先关闭加热电源，再旋松底面上的三颗水平螺旋头，拧下机架侧面的固定螺钉。移动加热盘 A 时，应保持水平状态，注意防止高温烫伤。

3. T_1 和 T_2 值一定要在系统到达稳定导热状态，当温度在6min内无明显变化或者仅有小幅度波动（在 ±0.5℃ 范围内变化）时进行测量。

4. 加热盘 A 移开后必须用固定螺母将它固定在机架上，防止实验过程中下滑造成事故。

【分析与思考】

1. 什么是稳定导热状态？如何在实验中判断系统是否达到稳态？

2. 本实验的系统误差是什么？它将使测量结果偏大还是偏小？

3. 待测样品是厚一点好，还是薄一点好？为什么？

4. 测量冷却速率时，为何要在稳态温度 T_2 附近选值？

【附录】

PID 智能温度控制器使用说明

1. 该控制器是一种高性能、可靠性好的智能型调节仪表，广泛使用于机械化工、陶瓷、轻工、冶金、热处理等行业的温度、流量、压力、液位自动控制系统。控制器面板布置如图3-26-2 所示。

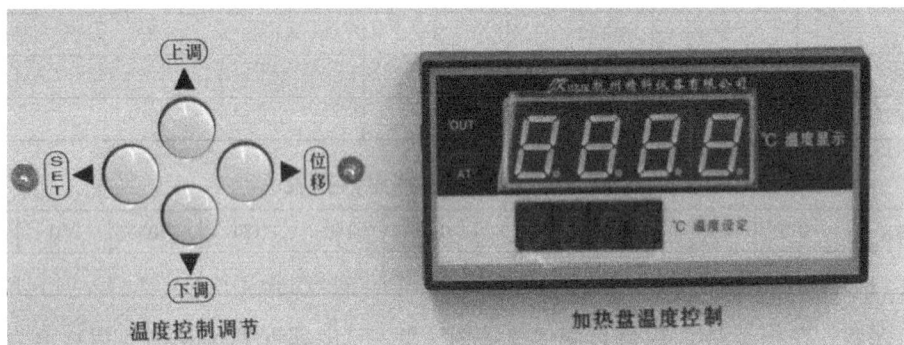

图　3-26-2

2. 具体的温度设置步骤如下（如出厂设置温度为80℃，可改设定温度为40℃）：

（1）先按一下"设定键 SET（◄）"约 0.5s。

（2）按"位移键（►）"，选择需要调整的"位数"，数字闪烁的位数即是当前可以进行调整操作的"位数"。

（3）按"上调（▲）"或"下调（▼）"确定当前"位数值"，接着按此办法调整，直到各位数值都满足温度设定要求。

（4）再按一次"设定键 SET"，退出设定工作程序。当实验中需改变温度设定时，重复以上步骤即可。操作过程可按图 3-26-3 进行。

1. 仪器出厂时设置并显示实测温度

3. 按调整位选择键(▶)和上调(▲)、下调(▼)键设置加热温度40℃

2. 按 SET(◀)0.5s 进入温度设置

4. 按 SET(◀)0.5s 退出设置进入温控

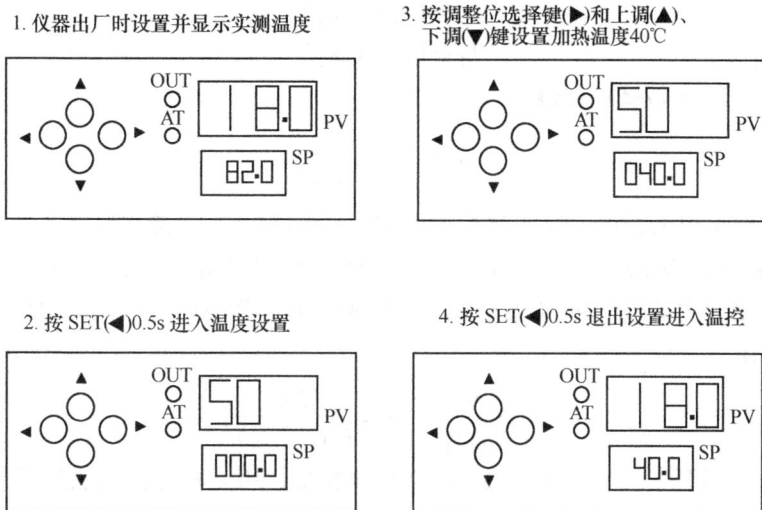

图 3-26-3　温控器从正常温控状态设置温度控制值流程图

（5）　注意：如果学生在操作时按 SET 键时间长达 5s，那么将进入温控器单片机第二设定区，这时，不要胡乱调节，以免造成温控器不能正常工作，只要停止操作，静等 30 ~ 40s，或者再按住 SET 键 5s，单片机程序会自动恢复到正常温控状态。

实验二十七　固体线胀系数的测定

【实验目的】

1. 掌握金属在某一温度区域内的平均线胀系数的测定方法。

2. 进一步掌握用光杠杆测定微小伸长的基本原理和调节方法。

【实验仪器】

（电热法）数显式固体线胀系数测定仪、尺读望远镜、光杠杆、钢卷尺、毫米尺。

【实验原理】

当固体温度升高时，则固体内分子间的距离增大，发生了固体的热膨胀现象。由热膨胀而产生的长度的增加，叫做固体的线膨胀。由实验得出固体线膨胀随温度变化的关系为

$$L_t = L_0(1 + \alpha t) \tag{3-27-1}$$

式中，L_0 是物体在 0 ℃ 的长度；L_t 是物体在 t ℃ 时的长度；α 即为固体的线膨胀系数，它表示温度升高 1 ℃ 时固体的相对伸长。α 的大小与固体的组成物质和温度有关，其 SI 单位：$℃^{-1}$。精密的测量结果表明，线膨胀系数 α 随温度稍有变化，即随温度的升高而变大。有如下关系式：

$$\alpha = a + bt + ct^2 + \cdots \tag{3-27-2}$$

不过，对大多数固体而言，在温度变化范围不太大的情况下，α 可近似看做常数。

设固体在温度 t_1 和 t_2 时的长度分别为 L_1 和 L_2，由式（3-27-1）可得

$$L_1 = L_0(1 + \alpha t_1) \tag{3-27-3}$$

$$L_2 = L_0(1 + \alpha t_2) \tag{3-27-4}$$

式（3-27-4）减式（3-27-3）可得

$$\alpha = \frac{L_2 - L_1}{L_0(t_2 - t_1)} \tag{3-27-5}$$

因 L_0 是物体在 0 ℃时的长度，要测量 L_0 需将物体冷却到 0 ℃，这很麻烦。由于固体线胀系数 α 很小，其数量级在 $10^{-6} \sim 10^{-5}$ ℃$^{-1}$，则物体从 0 ℃到 t_1 时的绝对伸长量 $L_0\alpha t_1$ 很小，同时 L_0 是一个比较大的量，可以认为 $L_0\alpha t_1$ 在测量误差范围内，可用 L_1 代替 L_0，因此式（3-27-5）可写作

$$\alpha = \frac{L_2 - L_1}{L_1(t_2 - t_1)} = \frac{\Delta L}{L_1(t_2 - t_1)} \tag{3-27-6}$$

L_1 已知，$(t_1 - t_2)$ 可测得，$L_2 - L_2 = \Delta L$ 是微小伸长量，用光杠杆镜尺法进行放大测量。如图 3-27-1 所示（请复习弹性模量测定实验）。

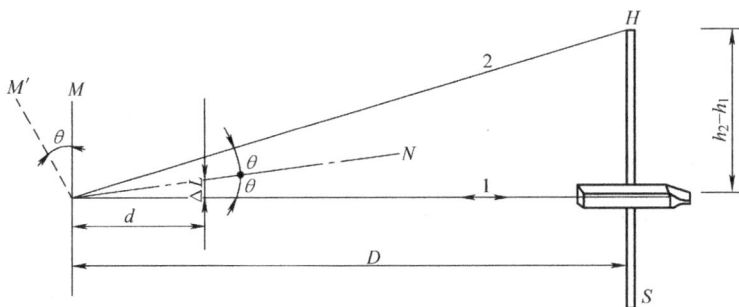

图　3-27-1

由几何关系有

$$2\frac{\Delta L}{d} = \frac{h_2 - h_1}{D}$$

即

$$\Delta L = \frac{(h_2 - h_1)d}{2D} \tag{3-27-7}$$

把式（3-27-7）代入式（3-27-6）有

$$\alpha = \frac{(h_2 - h_1)d}{2L_1(t_2 - t_1)D} \tag{3-27-8}$$

【实验步骤】

1. 实验前把被测纯铜管取出，用米尺测量其长度 L_1，测 5 ~ 10 次，取平均值。然后，把被测管慢慢放入孔中，直到被测管的末端接触底面。

2. 将光杠杆放在线胀系数测定仪上，两前脚放在沟槽内，后脚放在被测纯铜管上，使镜面大致铅直。调节望远镜及光杠杆相对位置，使其处于同一高度；将望远镜对准光杠杆镜面中的标尺像，进行调焦，看清标尺读数，记下望远镜水平叉丝对准的标尺读数 h_1（注：从此时起到读出 h_2 的过程中，不能再动调标尺及望远镜。望远镜放在光杠杆镜前约 2 m 左右处）。

3. 接通电源，打开电源开关，先按下调节开关，记录温度 t_1。然后按下预置开关，进入预置状态，轻触调节开关，调节预置温度。调节完毕，按预置开关，退出预置状态，进入工作状态。当纯铜管温度达到预置温度，稳定几分钟以后，记下温度 t_2，同时从望远镜中读出 h_2。

4. 预置温度过高时，显示温度超过 110 ℃时，数显表头会出现溢出，无法显示正常温度，此时不能测量。系统断电后，再次测量前须重新预置。

5. 切断电源，用钢卷尺量出小镜 M 到直尺 S 间的距离 D，把光杠杆取下，在白纸上轻压一下，得到三个支点的位置，用削尖的铅笔联 OO' 直线，并自 K 点作 OO' 直线的垂线，用钢板尺量该垂线的长度 d。

6. 将有关数据代入式（3-27-8），计算 α 值。

【数据记录及处理】

表　3-27-1

次数	1	2	3	4	5	6	平均值
L_1/cm							

表　3-27-2

名称	h_1	L_1	t_1	t_2	h_2	d	D	$\alpha=\dfrac{(h_2-h_1)d}{2L_1(t_1-t_2)D}$
单位	cm	cm	℃	℃	cm	cm	cm	℃$^{-1}$

【注意事项】

1. 从调好仪器记下 t_1、h_1 后，到测量结束前，实验系统不得有任何移动，否则要重调重做。

2. 读数前检查玻璃圆顶是否顶住试杆下端。光杠杆镜的一只脚是否放在试杆上端面上。

3. 在安装仪器过程中，一定要小心爱护光杠杆，轻拿轻放，切勿碰撞，以防损坏。不允许用手触碰光杠杆的镜面，如镜面不洁，只能用专用擦镜纸轻擦。

【思考题】

1. 光杠杆镜尺法利用了什么原理，有何优点？

2. 根据误差知识，分析实验中哪些量的测量误差对结果影响较大，为什么？

实验二十八　金属线膨胀系数的测量

绝大多数物质都具有"热胀冷缩"的特性，这是由于物体内部分子热运动加剧或减弱造成的。这个性质在工程结构的设计中，在机械和仪器的制造中，在材料的加工（如焊接）中，都应考虑到。否则，将影响结构的稳定性和仪表的精度。考虑失当，甚至会造成工程的损毁，仪器的失灵以及加工焊接中的缺陷和失败等。

【实验目的】

1. 学习并掌握测量金属线膨胀系数的一种方法。
2. 学会用千分表测量长度的微小增量。

【实验仪器】

FB712 型金属线膨胀系数测量仪（由实验仪及测试架两部分组成，如图 3-28-1 所示）、钢卷尺、千分表。

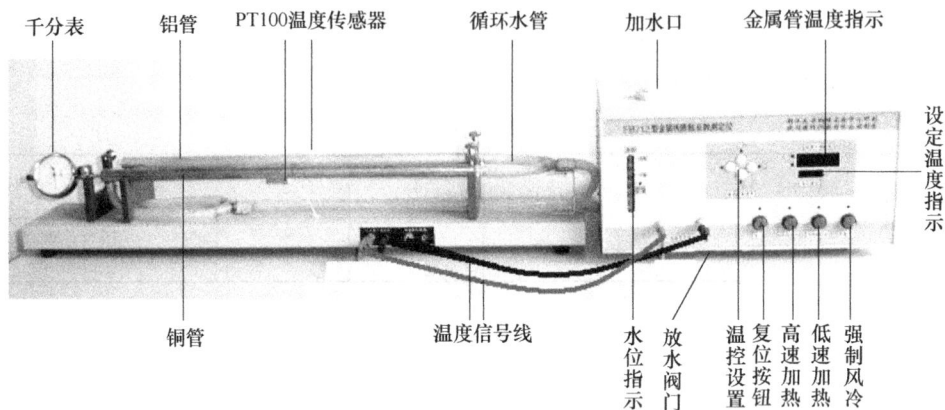

图 3-28-1　FB712 型金属线膨胀系数测定仪实物照片

【实验原理】

材料的线膨胀是材料受热膨胀时，在一维方向的伸长。线膨胀系数是选用材料的一项重要指标。特别是研制新材料，少不了要对材料线膨胀系数做测定。

固体受热后其长度的增加称为线膨胀。经验表明，在一定的温度范围内，原长为 L 的物体，受热后其伸长量 ΔL 与其温度的增加量 Δt 近似成正比，与原长 L 亦成正比，即

$$\Delta L = \alpha L \Delta t \tag{3-28-1}$$

式中，比例系数 α 称为固体的线膨胀系数（简称线胀系数）。大量实验表明，不同材料的线胀系数不同，塑料的线胀系数最大，金属次之，殷钢、熔融石英的线胀系数很小。殷钢和石英的这一特性在精密测量仪器中有较多的应用。

表 3-28-1　几种材料的线胀系数　　　　　　　　　　（单位：℃$^{-1}$）

材料	铜、铁、铝	普通玻璃、陶瓷	殷钢	熔凝石英
数量级	10^{-5}	10^{-6}	小于 2×10^{-6}	10^{-7}

实验还发现，同一材料在不同温度区域，其线胀系数不一定相同。某些合金，在金相组织发生变化的温度附近，同时会出现线胀量的突变。另外，还发现线胀系数与材料纯度有关，某些材料掺杂后，线胀系数变化很大。因此，测定线胀系数也是了解材料特性的一种手段。但是，在温度变化不大的范围内，线胀系数仍可认为是一常量。

为测量线胀系数，我们将材料做成条状或杆状。由式（3-28-1）可知，测量出时杆长 L、受热后温度 t_1 升高到 t_2 时的伸长量 ΔL 和受热前后的温度升高量 $\Delta t = t_2 - t_1$ 在（Δt 度区域的线胀系数为

$$\alpha = \frac{\Delta L}{(L\Delta t)} \tag{3-28-2}$$

其物理意义是固体材料在（t_1，t_2）温度区域内，温度每升高一度时材料的相对伸长量，其单位为℃$^{-1}$。

测量线胀系数的主要问题是如何测伸长量 ΔL。我们先粗估算一下 ΔL 的大小，若 $L = 250$ mm，温度变化 $t_2 - t_1 \approx 100$ ℃，金属的 α 数量级为 10^{-5} ℃$^{-1}$，估算 $\Delta L = \alpha L \Delta t \approx 0.25$ mm。对于这么微小的伸长量，用普通量具如钢尺或游标卡尺是测不准的。可采用千分表（分度值为 0.001 mm）、读数显微镜、光杠杆放大法、光学干涉法等方法。本实验就用千分表分度值为 0.001 mm 千分表测微小的线胀量。

【实验内容和步骤】

1. 测量样品空心铜棒、空心铝棒的有效长度。在室温下用米尺重复测量金属杆的有效长度 2~3 次，记录到数据记录表 1 中，求出 L 有效长度的平均值。有效长度等于总长度减去固定螺钉外的一小段（约 5 mm）。

2. 参照图 3-28-1 安装好实验装置，连接好加热皮管，打开电源开关，以便从仪器面板水位显示器上观察水位情况。水箱容积大约为 750 ml。为了保护加热器不损坏，仪器设计了自动保护装置，只有水位正常状态才能启动加热或强制冷却装置，系统水位过低、缺水将自动停机。在虚假水位显示已满的情况下，可采用反复启动强制冷却按钮，利用循环水泵的间断工作把管路中的空气排除，即启动强制冷却按钮→自动停机→再加水的反复过程，直到最终系统的水位计稳定显示，水位计只剩上方一个红灯未转变为绿灯，此时必须停止加水，以防水从系统溢出，流淌到实验桌上。接下来即可进行正常实验，实验过程中发现水位下降，应该适时补充。

3. 将铜管（或铝管）对应的测温传感器信号输出插座与测试仪的介质温度传感器插座相连接。将千分表装在被测介质铜管（或铝管）的自由伸缩端固定位置上，使千分表测试端与被测介质接触，为了保证接触良好，一般可使千分表初读数为 0.2 mm 左右，只要把该数值作为初读数对待，不必调零。（如认为有必要，可以通过转动表面，把千分表主指针读数基本调零，而副指针无调零装置。）

4. 设置温度控制器的加热温度，温控器设置操作方法请参看【附录 A】。正常测量时，按下加热按钮（先高速后低速，但低速挡由于功率小，一般最多只能加热到 50 ℃左右），观察被测金属管温度的变化，直至金属管温度等于所需温度值（例如 35 ℃）。若温度超过所需温度值，可按下强制冷却按钮冷却。通过交替调节加热和冷却按钮，使金属管温度稳定在所需温度值。

5. 测量并记录数据：当被测介质温度为 25 ℃时，读出千分表数值 L_{25}，记入数据记录

表2中。接着在温度为30 ℃，35 ℃，40 ℃，45 ℃，50 ℃，55 ℃，60 ℃时，记录对应的千分表读数 L_{30}，L_{35}，L_{40}，L_{45}，L_{50}，L_{55}，L_{60}。

6. 用逐差法求出温度每升高5 ℃金属棒的平均伸长量，由式（3-28-2）即可求出金属棒在 [35 ℃，70 ℃] 温度区间的线胀系数。

【数据记录及处理】

数据记录表1：注意：有效长度应等于总长度减去固定螺钉外的一小段（约5 mm左右）。

测量次数	1	2	3	平均值
铜棒有效长度/mm				
（选做）铝棒有效长度/mm				

数据记录表2：

样品温度/℃	25	30	35	40	45	50	55	60
测铜棒千分表读数 $L_i/10^{-6}$ m								
（选做）测铝棒千分表读数 $L_i/10^{-6}$ m								

用逐差法处理数据（也可以用最小二乘法处理）并计算 α

$$\Delta L = \frac{(L_{45} - L_{25}) + (L_{50} - L_{30}) + (L_{55} - L_{35}) + (L_{60} - L_{40})}{16}$$

$$\alpha = \frac{\Delta L}{L\Delta t} = \qquad\qquad，其中 \Delta t = 5 ℃$$

附几种纯金属材料的线胀系数：

物质名称	温度范围/℃	线胀系数/(10^{-6}℃$^{-1}$)
纯铝	0~100	23.8
纯铜	0~100	17.1

注：由于材料提炼和加工的难度，例如纯铝几乎无法进行机械加工，所以一般使用的材料多非纯金属，所以以上参数并非标准数据。而实际使用的金属材料的线胀系数比纯金属要小10%~15%，铜合金约为 1.4×10^{-5} ℃$^{-1}$，铝合金约为 2.0×10^{-5} ℃$^{-1}$，供参考。

【思考题】

1. 该实验的误差来源主要有哪些？

2. 如何利用逐差法来处理数据？

3. 利用千分表读数时应注意哪些问题，如何消除误差？

【注意事项】

该实验仪专用加热部件的加热电压低速挡为：AC110V，高速挡为：AC140V。水位由7只双色发光管指示，无水时，所有发光管发红光，随着水位逐步升高，对应的发光管由红色转变为绿色。为了避免在系统缺水的情况下加热器"干烧"，仪器设置了完善的缺水报警和保护系统，循环水一旦缺少，系统报警灯点亮且自动停机。只有水量足够时才能恢复正常。"加热"按钮按下时，强制冷却被锁住，只有按下"复位"按钮，先停止加热，强制风冷降温才能起动。在加热或降温工作状态，热水泵总是处于工作状态。只有按"复位"按钮热水泵才停止工作。（注意：长期不用，应从主机底部放水阀门把水放掉。）

【附录A】

PID 智能温度控制器使用说明

1. 该控制器是一种高性能、可靠性好的智能型调节仪表，广泛使用于机械化工、陶瓷、轻工、冶金及热处理等行业的温度、流量、压力及液位自动控制系统。图 3-28-2 为控制器面板布置图。

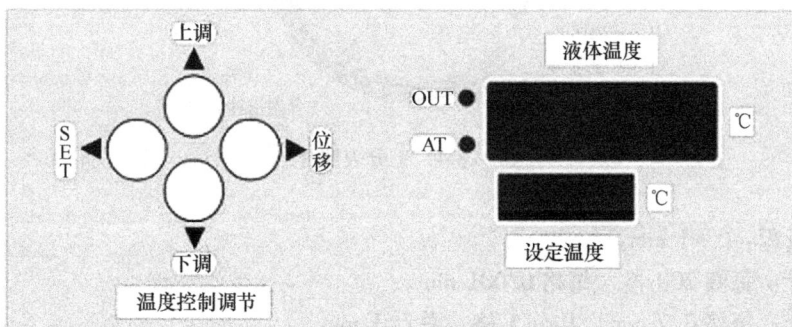

图 3-28-2　PID 温控器面板布置

2. 具体的温度设置步骤如下（如出厂设置温度为 80 ℃，可改设定温度为 40 ℃）：

（1）先按一下"设定"键 SET（◀）约 0.5 m。

（2）按"位移"键（▶），选择需要调整的"位数"，数字闪烁的位数即是当前可以进行调整操作的"位数"。

（3）按"上调"键（▲）或"下调"键（▼）确定当前"位数值"，接着按此办法调整，直到各位数值都满足温度设定要求。

（4）再按一次"设定键"SET，退出设定工作程序。当实验中需改变温度设定，重复以上步骤即可。操作过程可按图 3-28-3 进行。

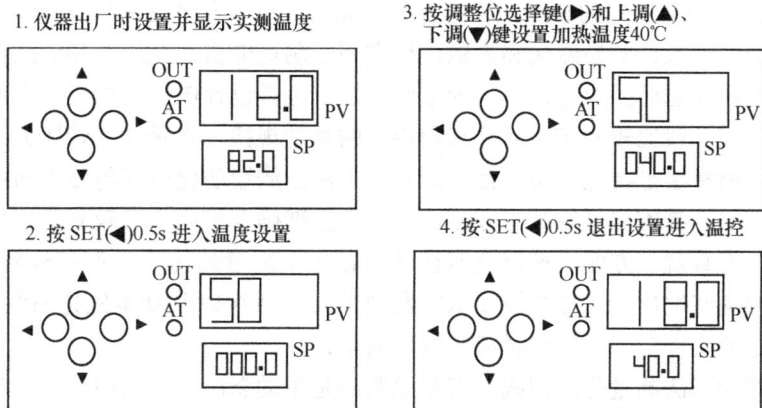

图 3-28-3　PID 温控器从正常温控状态设置温度控制值流程图

（5）注意：如果学生在操作时按 SET 键时间长达 5 s，那么将进入温控器单片机第二设定区，这时，不要随意调节，造成温控器不能正常工作，只要停止操作，静等 30~40 s，或者再按住 SET 键 5 s，单片机程序会自动恢复到正常温控状态。

【附录 B】　千分表（图 3-28-4）**的参数**

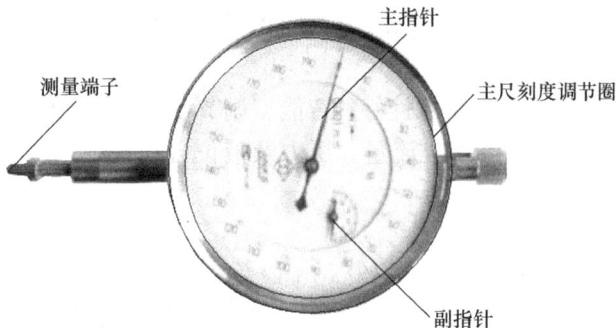

图 3-28-4　千分表照片

1. 有效量程：0~1 mm。
2. 主指针：每圈 200 格，每格 0.001 mm。
3. 副指针：每格 0.2 mm，共分 5 格，总计 1 mm。
4. 主尺刻度调节圈用于主尺调零。
5. 极限量程可达 0~1.4 mm。

实验二十九　铁磁材料磁化曲线和磁滞回线的研究

一、磁化曲线与磁滞回线的研究

铁磁材料分为硬磁和软磁两类。硬磁材料（如铸钢）的磁滞回线宽，剩磁和矫顽磁力较大（100~20000 A/m，甚至更高），因而磁化后，它的磁感应强度能保持，适宜制作永久磁铁。软磁材料（如硅片）的磁滞回线窄，矫顽磁力小（一般小于 120 A/m），但它的磁导率和饱和磁感应强度大，容易磁化和去磁，故常用于制造电机、变压器和电磁铁。可见，铁磁材料的磁化曲线与磁滞回线是该材料的重要特性，也是设计电磁机构或仪表的依据之一。

磁学量的测量一般比较困难，通常利用相应的物理规律，将磁学量转换为易于测量的电学量。这种转换测量法是物理实验中常用的基本方法。测绘磁化曲线与磁滞回线常用冲击电流计法和示波器法，是磁测量的基本方法。前者方法准确度较高，但较复杂，后者方法虽然准确度较低但具有直观、方便迅速以及能在脉冲磁化下测量的优点。本实验采用示波器法，通过实验，研究这些性质不仅能掌握用示波器观察磁滞回线以及基本磁化曲线的测绘方法，而且还能从理论和实际应用上加深材料磁特性的认识。

本实验采用动态法测量磁滞回线。需要说明的是用动态法测量的磁滞回线与静态磁滞回线是不同的，动态测量时除了磁滞损耗还有涡流损耗，因此动态磁滞回线的面积要比静态磁滞回线的面积要大一些。另外，涡流损耗还与交变磁场的频率有关，所以测量的电源频率不同，得到的 *B-H* 曲线是不同的，这可以在实验中清楚地从示波器上观察到。

【实验目的】

1. 掌握磁滞、磁滞回线和磁化曲线的概念，加深对铁磁材料的主要物理量：矫顽力、剩磁和磁导率的理解。

2. 学会用示波器法测绘基本磁化曲线和磁滞回线。

3. 根据磁滞回线确定磁性材料的饱和磁感应强度 B_S、剩磁 B_r 和矫顽力 H_c 的数值。

4. 研究不同频率下动态磁滞回线的区别，并确定某一频率下的饱和磁感应强度 B_S、剩磁 B_r 和矫顽力 H_c 数值。

5. 改变不同的磁性材料，比较磁滞回线形状的变化。

【实验仪器】

双踪示波器、FB310B 型智能磁滞回线实验仪。

【实验原理】

1. 起始磁化曲线、基本磁化曲线和磁滞回线

铁磁材料（如铁、镍、钴和其他铁磁合金）具有独特的磁化性质。研究铁磁材料的磁化规律，一般是通过测量磁化场的磁场强度 *H* 与磁感应强度 *B* 之间的关系来进行的。铁磁材料的磁化过程非常复杂，*B* 与 *H* 之间的关系如图 3-29-1 所示。当铁磁材料从未磁化状态（*H* = 0 且 *B* = 0）开始磁化时，*B* 随着 *H* 的增加而非线性增加。当 *H* 增大到一定值 H_m 后，B_m 增加十分缓慢或基本不再增加，这时磁化达到饱和状态，称为磁饱和。达到磁饱和时的 H_m 和 B_m 分别称为饱和磁场强度和饱和磁感应强度（对应图中的 *a* 点）。图 3-29-1 中，*B-H* 曲线的 *Oa* 段称为起始磁化曲线。当使 *H* 从 *a* 点减小时，*B* 也随之减小，但不沿原曲线返回，而是沿另一曲线 *ab* 下降。当 *H* 逐步较小至 0 时，*B* 不为 0，而是 B_r，说明铁磁材料中仍保留有一定的磁性，这种现象称为磁滞效应；B_r 称为剩余磁感应强度，简称剩磁。要消除剩磁，使 *B* 降为 0，必须加一反向的磁场，直到反向磁场强度 *H* =

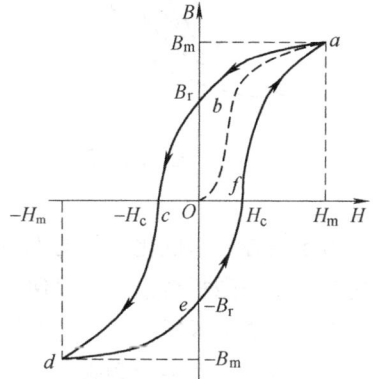

图　3-29-1

$-H_c$，*B* 才恢复为 0，H_c 称为矫顽力。继续反向增加 *H*，曲线达到反向饱和（*d* 点），对应的饱和磁场强度为 $-H_m$，饱和磁感应强度为 $-B_m$。再正向增加 *H*，曲线回到起点 *a*。从铁磁材料磁化过程可知，当 *H* 按 $O \rightarrow H_m \rightarrow O \rightarrow -H_c \rightarrow -H_m \rightarrow O \rightarrow H_c \rightarrow H_m$ 的顺序变化时，*B* 相应沿 $O \rightarrow B_m \rightarrow B_r \rightarrow O \rightarrow -B_m \rightarrow -B_r \rightarrow O \rightarrow B_m$ 的顺序变化。将上述变化过程的各点连接起来，就得到一条封闭 *B-H* 曲线 *abcdefa*，这条闭合曲线称为磁滞回线。采用直流励磁电流产生磁化场对材料样品反复磁化测出的磁滞回线称为静态（直流）磁滞回线，采用交变流励磁电流产生磁化场对材料样品反复磁化测出的磁滞回线称为动态（交流）磁滞回线。

从图 3-29-1 中还可知：

1）*B* 的变化始终落后于 *H* 的变化，这种现象称为磁滞现象。

2）图中的 *bc* 曲线段，称为退磁曲线。

3）*H* 上升到某一值和下降到同一数值时，铁磁材料内的 *B* 值不相同，即磁化过程与铁磁材料过去的磁化经历有关。

对于同一铁磁材料，若开始时不带磁性，依次选取磁化电流为 I_1、I_2、…、I_m（$I_1 < I_2 < \cdots < I_m$），则相应的磁场强度为 H_1、H_2、…、H_m。在每一个选定的磁场值下，使其方向发生二次变化（即 $H_1 \to -H_1 \to H_1$；…；$H_m \to -H_m \to H_m$ 等），则可以得到面积由小到大向外扩张的一簇逐渐增大的磁滞回线，如图 3-29-2 所示。把原点 O 和各个磁滞回线的顶点 a_1、a_2、…、a_m 所连成的曲线，称为铁磁材料的基本磁化曲线。

据基本磁化曲线可以近似确定铁磁材料的磁导率 μ。从基本磁化曲线上一点到原点 O 连线的斜率定义为该磁化状态下的磁导率 $\mu = B/H$。可以看出，铁磁材料的磁导率不是常数，而是随 H 变化而变化的物理量，即 $\mu = f(H)$，为非线性函数。当 H 由 0 增加时，μ 也逐步增加，然后达到一最大值。当 H 再增加时，由于磁感应强度达到饱和，μ 开始急剧减小。μ 随 H 变化曲线如图 3-29-3 所示。磁导率 μ 非常高是铁磁材料的主要特性，也是铁磁材料用途广泛的主要原因之一。

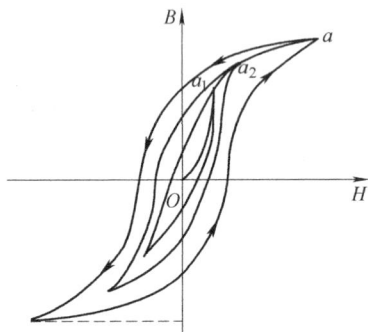

图　3-29-2

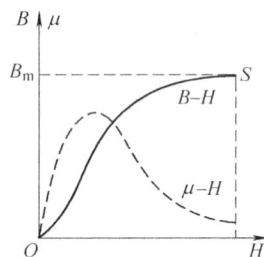

图　3-29-3

由于铁磁材料磁化过程的不可逆性及具有剩磁的特点，在测定磁化曲线和磁滞回线时，首先必须将铁磁材料退磁，以保证外加磁场 $H = 0$ 时，$B = 0$；其次，磁化电流在实验过程中只允许单调增加或减少，不可时增时减。

在理论上，要消除剩磁 B_r，只需通一反方向磁化电流，使外加磁场正好等于铁磁材料的矫顽磁力就行。实际上，矫顽磁力的大小通常并不知道，因此无法确定退磁电流的大小。我们从磁滞回线得到启示：如果使铁磁材料磁化达到饱和，然后不断改变磁化电流的方向，与此同时逐渐减小磁化电流，以至于零，那么该材料磁化过程就是一连串逐渐缩小最终趋于原点的环状曲线。当 H 减小到零时，B 也降为零，达到完全退磁。

实验表明，经过多次反复磁化后，B-H 的量值关系形成一个稳定的、闭合的"磁滞回线"。通常以这条曲线来表示该材料的磁化性质。这种反复磁化的过程称为"磁锻炼"。本实验使用交变电流，所以每个状态都是经过充分的"磁锻炼"，随时可以获得磁滞回线。

在测量基本磁化曲线时，每个磁化状态都要经过充分的"磁锻炼"。否则，得到的 B-H 曲线即为起始磁化曲线，两者不可混淆。

2. 磁滞损耗

当铁磁材料沿着磁滞回线经历磁化→去磁→反向磁化→反向磁化的循环过程中，由于磁滞效应，要消耗额外的能量，并且以热量的形式消耗掉。这部分因磁滞效应而消耗的能量，叫磁滞损耗（B_H）。一个循环过程中单位体积磁性材料的磁滞损耗正比于磁滞回线所围的面积。在交流电路中，磁滞损耗是十分有害的，必须尽量减小。要减小磁滞损耗，就应选择磁滞回线狭长、包围面积小的铁磁材料。如图 3-29-4 所示，工程上把磁滞回线细而窄、矫顽力很小 $[H_c \approx 1\ \text{A/m}\ (1.26 \times 10^{-2}\ \text{Oe})]$ 的铁磁材料称为软磁材料；把磁滞回线宽、矫顽力大 $[H_c \approx 10^4 \sim 10^6\ \text{A/m}\ (1.26 \times 10^2 \sim 10^4\ \text{Oe})]$ 的铁磁材料称为硬磁材料。软磁材料适合做继电器、变压器、镇流器、电动机和发电机的铁心。硬磁材料则适合于制造许多电器设备（如电表、电话机、扬声器、录音机）的永久磁体。

3. 示波器显示 B-H 曲线的原理线路

示波器测量 B-H 曲线的实验线路如图 3-29-5 所示。

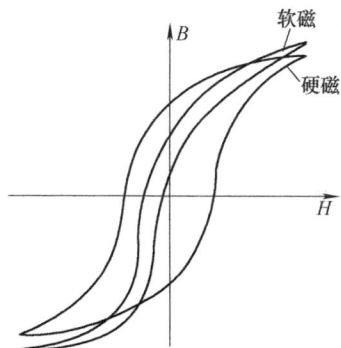

图　3-29-4

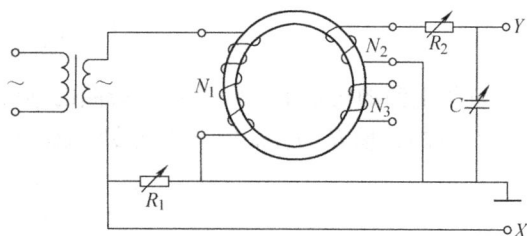

图　3-29-5

本实验研究的铁磁物质是环形铁心（铁氧体）试样（图 3-29-6）和 EI 型矽钢片铁心试样（图 3-29-7）。两种试样均为软磁，图中的虚线表示该试样的平均磁路长度。在试样上绕有励磁线圈 N_1、测量线圈 N_2 和直流励磁线圈 N_3（供加入直流电流用）。

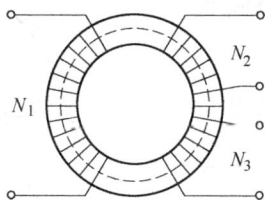

图　3-29-6

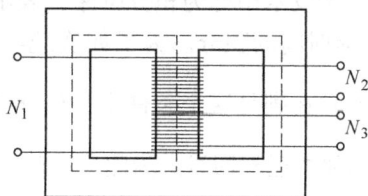

图　3-29-7

若在线圈 N_1 中通过磁化电流 I_1 时，此电流在试样内产生磁场，根据安培环路定律 $HL = N_1 I_1$，磁场强度的大小为

$$H = \frac{N_1 I_1}{L} \tag{3-29-1}$$

式中，L 为环形铁心试样的平均磁路长度。

设环形铁心内周长为 L_1，外周长为 L_2，则

$$L = \frac{(L_1 + L_2)}{2}$$

由图 3-29-5 可知示波器 CH1（X）轴偏转板输入电压为

$$U_X = I_1 R_1 \tag{3-29-2}$$

由式（3-29-1）和式（3-29-2）得

$$U_X = \frac{LR_2}{N_1}H \tag{3-29-3}$$

式（3-29-3）表明，在交变磁场下，任一时刻电子束在 X 轴的偏转正比于磁场强度 H。

为了测量磁感应强度 B，在次级线圈 N_2 上串联一个电阻 R_2 与电容 C 构成一个回路，同时 R_2 与 C 又构成一个积分电路。取电容 C 两端电压 U_C 至示波器 CH2（Y）轴输入，若适当选择 R_2 和 C 使 $R_2 \gg \dfrac{1}{\omega C}$，则

$$I_2 = \frac{E_2}{\left[R_2^2 + \left(\dfrac{1}{\omega C} \right)^2 \right]^{\frac{1}{2}}} \approx \frac{E_2}{R_2}$$

式中，ω 为电源的角频率；E_2 为次级线圈的感应电动势。

因交变的磁场 H 的样品中产生交变的磁感应强度 B，则

$$E_2 = N_2 \frac{\mathrm{d}\varphi}{\mathrm{d}t} = N_2 S \frac{\mathrm{d}B}{\mathrm{d}t}$$

式中，$S = \dfrac{(D_2 - D_1)}{2}h$，为环形试样的截面积。

设磁环厚度为 h 则

$$U_Y = U_C = \frac{Q}{C} = \frac{1}{C}\int I_2 \mathrm{d}t = \frac{1}{R_2 C}\int E_2 \mathrm{d}t = \frac{N_2 S}{R_2 C}\int \mathrm{d}B = \frac{N_2 S}{R_2 C}B \tag{3-29-4}$$

式（3-29-4）表明接在示波器 Y 轴输入的 U_Y 正比于 B。$R_2 C$ 电路在电子技术中称为积分电路，表示输出的电压 U_C 是感应电动势 E_2 对时间的积分。为了如实地绘出磁滞回线，要求 $R_2 \gg \dfrac{1}{2\pi f C}$。并且在满足这个条件下，$U_C$ 振幅很小，不能直接绘出大小适合需要的磁滞回线。为此，需将 U_C 经过示波器 Y 轴放大器增幅后输至 Y 轴偏转板上。这就要求在实验磁场的频率范围内，放大器的放大系数必须稳定，不会带来较大的相位畸变。事实上示波器难以完全达到这个要求，因此在实验时经常会出现如图 3-29-8 所示的畸变。观测时将 X 轴输入选择"AC"，Y 轴输入选择"DC"挡，并选择合适的 R_1 和 R_2 的阻值可得到最佳磁滞回线图形，避免出现这种畸变。

图 3-29-8　磁滞回线图形的畸变

这样，在磁化电流变化的一个周期内，电子束的径迹描出一条完整的磁滞回线。适当调节示波器 X 和 Y 轴增益，再由小到大调节信号发生器的输出电压，即能在屏上观察到由小到大扩展的磁滞回线图形。逐次记录其正顶点的坐标，并在坐标纸上把它联成光滑的曲线，就得到样品的基本磁化曲线。

4. 示波器的定标

从前面说明中可知，从示波器上可以显示出待测材料的动态磁滞回线，但为了定量研究磁化曲线和磁滞回线，必须对示波器进行定标。即还需确定示波器的 X 轴的每格代表多少 H

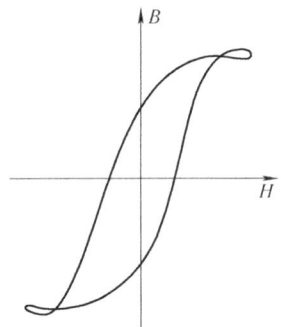

值(A/m)，Y轴每格实际代表多少B(T)。

一般示波器都有已知的X轴和Y轴的灵敏度，可根据示波器的使用方法，结合实验使用的仪器就可以对X轴和Y轴分别进行定标，从而测量出H值和B值的大小。

设X轴灵敏度为S_X（V/格），Y轴的灵敏度为S_Y（V/格）（上述S_X和S_Y均可从示波器的面板上直接读出），则

$$U_X = S_X X, \quad U_Y = S_Y Y$$

式中，X、Y分别为测量时记录的坐标值（单位：格，即刻度尺上的一大格）。

由于本实验使用的R_1，R_2和C都是阻抗值已知的标准元件，误差很小，其中的R_1，R_2为无感交流电阻，C的介质损耗非常小。所以综合上述分析，本实验定量计算公式为

$$H = \frac{N_1 S_X}{L R_1} X \tag{3-29-5}$$

$$B = \frac{R_2 C S_Y}{N_2 S} Y \tag{3-29-6}$$

式中各量的单位：R_1，R_2的单位是Ω；L的单位是m；S的单位是m^2；C的单位是F；S_X，S_Y的单位是V/格；X，Y的单位是格；H的单位是A/m；B的单位是T。

【实验内容】

注意：实验前先熟悉实验的原理和仪器的构成。使用仪器前先将信号源输出幅度调节旋钮（多圈电位器）逆时针到底，使输出信号为最小。然后调节频率调节旋钮，因为频率较低时，负载阻抗较小，在信号源输出相同电压下负载电流较大，会引起采样电阻发热。

本实验用示波器和FB310B型智能磁滞回线实验仪测定两种样品磁滞特性。

1. 按图3-29-5所示线路接线。

2. 样品退磁

1）单调增加磁化电流，顺时针缓慢调节信号幅度旋钮，使示波器显示的磁滞回线上B值增加变得缓慢，达到饱和。改变示波器上X、Y输入增益和R_1，R_2的值，示波器显示典型美观的磁滞回线图形。磁化电流在水平方向上的读数为（−5.00，+5.00）格，此后，保持示波器上X、Y输入增益波段开关和R_1，R_2值固定不变并锁定增益电位器（一般为顺时针到底），以便进行H、B的标定。

2）单调减小磁化电流，即缓慢逆时针调节幅度调节旋钮，直到示波器最后显示为一点，位于显示屏的中心，即X和Y轴线的交点，如不在中间，可调节示波器的X和Y位移旋钮。实验中可用示波器X、Y输入的接地开关检查示波器的中心是否对准屏幕X、Y坐标的交点。

3. 按图中所标注的元件参数设置元件的参数值：

取样电阻：$R_1 = 2.5\ \Omega$，积分电阻：$R_2 = 10\ k\Omega$，积分电容：$C = 3\ \mu F$。

4. 接通示波器和磁滞回线实验仪的工作电源；在无信号输入的情况下，把示波器的光点调节到坐标网格中心。

5. 调节磁滞回线实验仪信号输出旋钮，并分别调节示波器X和Y轴的灵敏度，使显示屏上出现图形大小合适的磁滞回线。（若图形顶部出现编织状的小环，如图3-29-8所示，这时可降低励磁电压U予以消除）。记录曲线上各点对应的X、Y坐标数值（电压值）。

6. 观察基本磁化曲线：从 $U=0$ 开始，逐渐提高励磁电压，可以在示波器显示屏上观察到面积由小到大一个套一个的一簇磁滞回线。这些磁滞回线顶点的连线就是样品的基本磁化曲线（如果用长余辉示波器，便可观察到这些曲线的轨迹），记录各顶点的位置坐标值和示波器 X 和 Y 轴的灵敏度数值。

7. 根据选择的示波器的灵敏度和显示格数，可以计算 U_1、U_2 的数值，再根据已知的元件参数即可以计算励磁电流和磁感应强度的数值。注意：示波器显示的电压值是峰峰值，而公式中用的电压值是有效值，它们的关系是：$U=U_{P\text{-}P}/2\sqrt{2}$。

8. 观察、比较样品 1 和样品 2 的磁化性能。

令 $U=3.0\ \mathrm{V}$，$R_1=3.0\ \Omega$ 测定样品 1 的 B_m，$B_\mathrm{r}H_\mathrm{c}$ 和 $|BH|$ 等参数。

9. 取步骤 7 中的 H 和其相应的 B 值，用坐标纸绘制 $B\text{-}H$ 曲线（自行考虑如何取数，取多少组数据。），并估算曲线所围面积。

10. 注意事项：积分电阻不宜小于 $10\ \mathrm{k}\Omega$，积分电容不宜小于 $3\ \mathrm{\mu F}$，否则可能使磁滞回线图形发生崎变，如图 3-29-8 所示。

【实验数据与数据处理】

表 3-29-1　基本磁化曲线与 $\mu\text{-}H$ 曲线数据记录

U/V	$H/$（A/m）	B/mT	$\mu=B/H/$（H/m）
0.5			
1.0			
1.2			
1.5			
1.8			
2.0			
2.2			
2.5			
2.8			
3.0			

表 3-29-2　$B\text{-}H$ 关系曲线实验数据记录

$H_\mathrm{c}=$ ＿＿＿＿＿，$B_\mathrm{r}=$ ＿＿＿＿＿，$B_\mathrm{m}=$ ＿＿＿＿＿，$[BH]=$ ＿＿＿＿＿。

No	$H/$（A/m）	B/mT	No	$H/$（A/m）	B/mT

二、磁性材料在交直流叠加磁化场时磁性能研究

软磁铁氧体材料作为电感器或变压器磁心的应用十分广泛。在电子电路中，往往要通过磁心绕组的偏流给固体电子器件建立一个适宜的工作点，以使其处于某一要求的工作状态。这种电路中提供一个直流偏压是常用的手段，在磁心绕组中则产生一个直流偏磁场，简称DC-BIAS。这就是为什么要分析交直流叠加磁滞回线的原因。

1. 不对称局部磁滞回线的产生

在正弦交流和直流同时励磁时产生的磁滞回线称为有直流偏磁的磁滞回线。在一个周期中，由于一段时间内磁心受到交、直流方向相同的正向励磁；另一段时间内因为交、直流方向相反受到反向励磁，因此出现的磁滞回线是局部不对称。如图 3-29-9 所示，虚线表示仅在交流励磁时的磁滞回线，阴影部分是交、直流同时作用的结果，产生不对称局部磁滞回线。理论与实验均可以发现，所加的直流分量越大，局部回线越小，不对称越发明显。

2. 控制磁化曲线

当无直流磁场只有交变磁场作用时，$B\text{-}t$ 曲线是对称的，这时 $\Delta B = 2B_m$（B_m 为 B 的峰值），即 $B_m = \Delta B/2$。但在交直流叠加时 $B\text{-}t$ 曲线的正负峰值不等，$B_m = \Delta B/2$ 的含义就不确切。为了使交直流叠加的磁化曲线与通常的无直流时的动态磁化曲线 $B_m - H_m$ 容易比较，一般都把前者的纵坐标轴用 $\Delta B/2$ 标定，写为 $\overline{B}_m$，但要注意，在这里它代表的并非是正的峰值或负的峰值，而是正峰值到负峰值的一半，如图 3-29-10 所示。

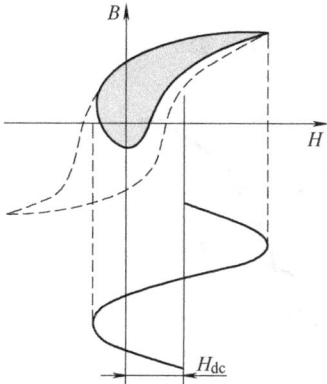

图　3-29-9

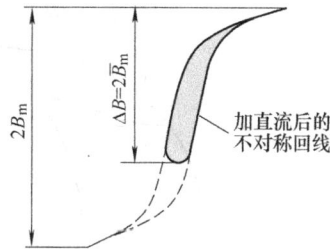

图　3-29-10

实验发现，在此条件下动态回线的形状与偏置直流磁场强度的大小、交流磁场强度的幅值和频率均有关系，一般情况下来谈磁化强度是没有什么意义的，因此我们所谈的磁化控制都是在确定交流偏磁的强度 H 稳定的基础上来分析直流偏磁的大小对磁感应强度 ΔB 的变化。

按其工作方式，控制磁化曲线可分为外反馈式（饱和电抗器式）和内反馈式（自饱和式）两大类。本实验采用外反馈式。在铁心上同时加有交流和直流的磁化场（图 3-29-13）。仿照铁心的实际使用状态，交流磁化强度 H_m 相对保持固定不变，测量磁感应强度变化量 $\Delta B = B_1 - B_2$ 与偏置磁场强度 H_b 之间的关系曲线，就是外反馈式控制磁化曲线。图 3-29-11a 是外反馈式控制磁化曲线，形式上来说，外反馈式磁放大器不过是一种具有特殊组合方式的饱和电抗器，要测量的 $\Delta B\text{-}H_b$ 曲线也不过是交直流叠加磁化曲线的另一种表示形式。当 H_m

变化时，可有一簇 ΔB-H_b 曲线，如图 3-29-11b 所示。当 H_m 逐渐降低时，ΔB 逐渐减少，在 H_m 低于某数值是，会成为曲线 1 所示的形状。由曲线 2，可求得软磁材料。在此磁场强度下，材料磁化已接近饱和，不会出现如曲线 1 所示的饱和不足，因而使铁心磁状态不稳定。也不会出现如曲线 3 中所示的过饱和，使消耗的功率过多。

3. 增量磁导率

直流偏磁场的出现使磁心被磁化了，当交变磁场与直流磁场同时作用于磁心，则磁心处于交直流叠加结果。较低的交变场，由于场强振幅远低于矫顽力，所以产生的磁滞回线呈椭圆形。较高的交变场，随着场强幅度的高低，所产生的磁滞回线也随着工作点的变化而呈现不同倾斜状态，如图 3-29-12 所示。

图　3-29-11

这些小磁滞回线的倾斜度可用它的平均斜率来计量，称作叠加磁导率，即增量磁导率 μ_Δ，从图 3-29-12 中可看出

$$\mu_\Delta = \frac{1}{\mu_0} \frac{\Delta B}{\Delta H}$$

式中，μ_0 是真空磁导率。

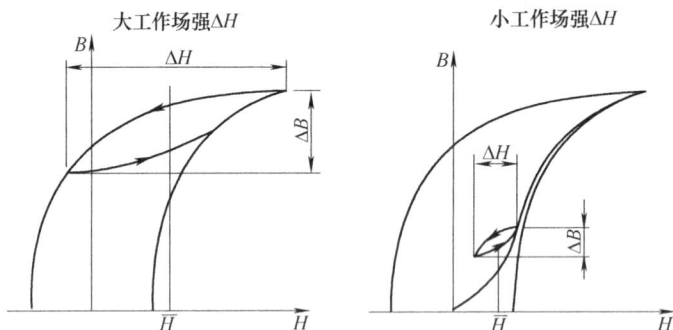

图 3-29-12　直流磁场 H 叠加一个幅度为 $\Delta H/2$ 的交流磁场后的磁滞回线

4. 实验内容

磁性材料在交直流叠加状态下，进行动态磁滞回线实验

（1）不对称磁滞回线的观察步骤

1）在完成常规的磁滞回线实验后，按图 3-29-13 所示接线，在 N_3 加上直流励磁电源。

2）选择电键 K 方向，逐渐加大电流，观察不对称磁滞回线的产生，并在电流加大的情况下，变形的程度越发严重（图 3-29-14）。

3）改变电键 K 的方向，观察反向的不对称磁滞回线。

（2）测量控制磁化曲线步骤

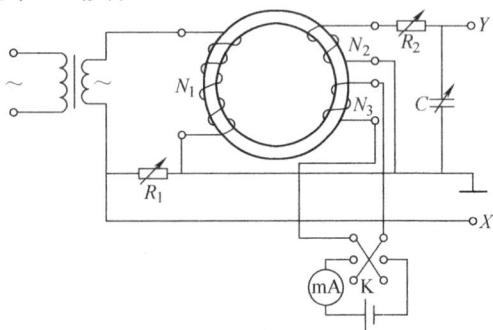

图　3-29-13

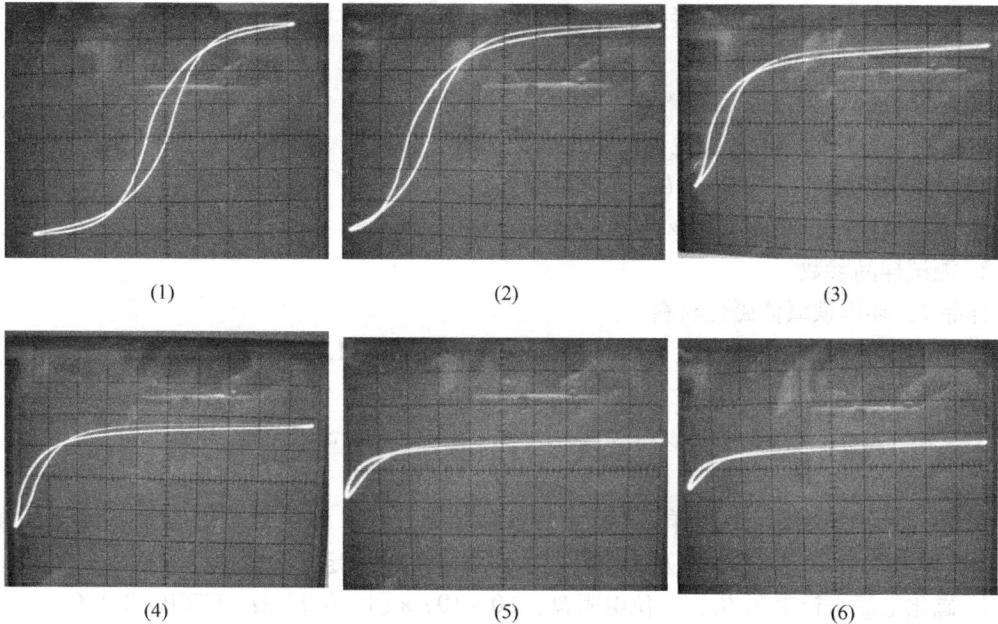

图 3-29-14　不同直流偏置下的退化磁滞回线

1）调节磁滞回线实验仪信号输出旋钮，并保持相对稳定，再分别调节示波器 X 和 Y 轴的灵敏度，使显示屏上出现图形大小合适的磁滞回线。要求与前相同。

2）按步率 $\Delta 50$ mA 调节调节直流电源，用 $H_b = NI/L$ 的公式，算出每步的励磁 H_{b1}，H_{b2}，…，测量出每步的 ΔB（$2\overline{B}_m$）。计算式（3-29-5），式（3-29-6）的值。

3）用坐标纸绘制 ΔB-H_b 曲线。（ * ΔB 的测量是正峰值到负峰值的数值差）

$H_m = $ ＿＿＿＿＿＿　　　$N_3 = $ ＿＿＿＿＿＿　　　$L = $ ＿＿＿＿＿＿

$H_b = \dfrac{N_3 I}{L}$	B_1	B_2	$\overline{B}_m = \dfrac{\Delta B}{2}$

（3）不同励磁下的增量磁导率 μ_Δ 的测量（选做）

【附录】

FB310B 型智能磁滞回线实验仪使用说明

一、实验仪主要功能

磁滞回线实验仪，配合示波器可观察铁磁性材料的基本磁化曲线和磁滞回线。仪器由励磁电源、试样、面板以及实验接线图等部分组成。

二、结构和主要技术参数

1. 励磁电源

由仪器本身的低频信号发生器产生正弦波信号：

（1）输出电压：AC　0～8 U_{P-P} 连续可调；

（2）信号频率：25～200 Hz 连续可调。

2. 测试样品参数

样品1：环形铁氧体磁性材料

$N_1 = 100$ T，$N_2 = 100$ T，$N_3 = 150$ T，$L = 0.130$ m，$S = 1.24 \times 10^{-4}$ m²

样品2：EI 型铁心

$N_1 = 100$ T，$N_2 = 100$ T，$N_3 = 150$ T，$L = 6.0 \times 10^{-2}$ m，$S = 8.0 \times 10^{-5}$ m²

3. 仪器面板

面板上装有待测样品1和样品2、励磁电源"U选择"和测量励磁电流（即磁场强度 H）的取样电阻"R_1选择"、以及为测量磁感应强度 B 所设定的积分电路元件 R_2，C_2 等。

4. 磁化电流采样电阻 R_1：二位电阻盘：$(0～10) \times (1 + 0.1)$ Ω　STEP　0.1 Ω；

5. 积分电阻 R_2：二位电阻盘：$(0～10) \times (10 + 1)$ kΩ　STEP　1 kΩ；

6. 积分电容 C：二位电容盘：$(0～10) \times (1 + 0.1)$ μF　STEP　0.1 μF

7. 工作电源：交流市电 220 V ±10%

8. 外形尺寸：330×230×120 mm

9. 重量：≤8 kg。

三、其他说明

1. 以上各元器件（除电源开关）均已通过面板与其对应的插孔连接，只需采用专用导线，便可实现电路连接。

2. 此外，设有电压 U_B（正比于磁感应强度 B 的信号电压）和 U_H（正比于磁场强度 H 的信号电压）的输出插孔，用以连接示波器，观察磁滞回线波形。

3. 连线时注意 GND 线要连通。

4. 为了保证示波器的量程是准确的，必须使量程微调旋钮处于校正位置。只有这样，才能根据示波器显示的格数、选择的灵敏度（量程），代入公式计算 H 和 B 值。

实验三十　用霍尔效应法测量螺线管线圈磁场

1879 年美国霍普金斯大学研究生霍尔在研究载流导体在磁场中受力性质时发现了一种电磁现象，此现象称为霍尔效应，半个多世纪以后，人们发现半导体也有霍尔效应，而且半导体霍尔效应比金属强得多。近 30 多年来，由高电子迁移率的半导体材料制成的霍尔传感器已广泛用于磁场测量和半导体材料的研究。用于制作霍尔传感器的材料有许多种：单晶半导体材料有锗、硅；化合物半导体有锑化铟、砷化铟和砷化镓等。在科学技术发展中，磁的应用越来越被人们重视。目前霍尔传感器典型的应用有：磁感应强度测量仪（又称特斯拉计）、霍尔位置检测器、无触点开关、霍尔转速测定仪、100～2000 A 大电流测量仪和电功率测量仪等。在电流体中的霍尔效应也是目前在研究中的"磁流体发电"的理论基础。近年来，霍尔效应实验不断有新发现。1980 年德国冯·克利青教授在低温和强磁场下发现了量子霍尔效应，这是近年来凝聚态物理领域最重要的发现之一。目前对量子霍尔效应正在进行更深入研究，并得到了重要应用。例如用于确定电阻的自然基准，可以极为精确地测定光谱精细结构参数等。

通过本实验学会消除霍尔元件副效应的实验测量方法，用霍尔传感器测量螺线管线圈励磁电流与输出霍尔电压之间关系，证明霍尔电势与螺线管内磁感应强度成正比；了解和熟悉霍尔效应重要物理规律，证明霍尔电势差与霍尔工作电流成正比；通过实验测定霍尔传感器的灵敏度，熟悉霍尔传感器的特性和应用；用该霍尔传感器测量螺线管线圈中心轴线上磁感应强度与位置刻度之间的关系，作磁感应强度与位置刻线的关系图，学会用霍尔元件测量磁感应强度的方法。

【实验目的】

1. 掌握用霍尔效应法测量磁场的原理，测量螺线管线圈中心轴线的磁感应强度分布。
2. 学会螺线管磁场测定仪的使用方法。
3. 验证霍尔电势差与励磁电流（磁感应强度）及霍尔元件的工作电流成正比的关系式。

【实验原理】

1. 霍尔效应

霍尔元件的作用如图 3-30-1、图 3-30-2 所示。若电流 I 流过厚度为 d 的半导体薄片，且磁场 B 垂直作用于该半导体，则电子流方向由于洛伦兹力作用而发生改变，该现象称为霍尔效应，在薄片两个横向面 a、b 之间产生的与电流 I、磁场 B 垂直方向产生的电势差称为霍尔电势差。

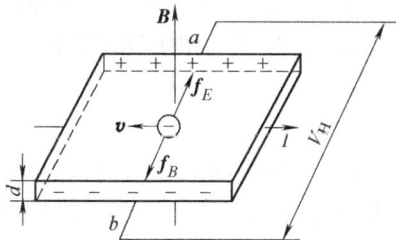

图 3-30-1　N 型霍尔元件　　　　　　　图 3-30-2　P 型霍尔元件

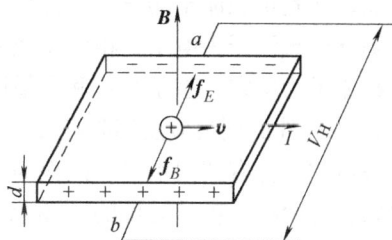

霍尔电势差是这样产生的：当电流 I_H 通过霍尔元件（假设为 P 型）时，空穴有一定的漂移速度 v，垂直磁场对运动电荷产生一个洛伦兹力

$$f_B = q(v \times B) \tag{3-30-1}$$

式中，q 为电子电荷量。

洛伦兹力使电荷产生横向的偏转，由于样品有边界，所以偏转的载流子将在边界积累起来，产生一个横向电场 E，直到电场对载流子的作用力 $f_E = qE$ 与磁场作用的洛伦兹力相抵消为止，即

$$q(v \times B) = qE \tag{3-30-2}$$

这时电荷在样品中流动时不再偏转，霍尔电势差就是由这个电场建立起来的。

如果是 N 型样品，则横向电场与前者相反，所以 N 型样品和 P 型样品的霍尔电势差有不同的符号，据此可以判断霍尔元件的导电类型。

设 P 型样品的载流子浓度为 p，宽度为 w，厚度为 d，通过样品电流 $I_S = pqvwd$，则空穴的速度 $v = I_S/PqWd$ 代入式（3-30-2）有

$$I_S = pqvwd \tag{3-30-3}$$

上式两边各乘以 w，便得到

$$V_H = Ew = \frac{I_S B}{pqd} = R_H \frac{I_S B}{d} \tag{3-30-4}$$

式中，$R_H = \dfrac{1}{pq}$ 称为霍尔系数，在应用中一般写成

$$V_H = K_H I_S B \tag{3-30-5}$$

$K_H = R_H/d = 1/(pqd)$ 称为霍尔元件的灵敏度，单位为 mV/mAT。

于是磁感应强度

$$B = \frac{V_H}{K_H I_S} \tag{3-30-6}$$

一般要求 K_H 越大越好。K_H 与载流子浓度 p 成反比，半导体内载流子浓度远比金属载流子浓度小，所以都用半导体材料作为霍尔元件，K_H 与材料片厚 d 成反比，因此霍尔元件都做得很薄，一般只有 0.2 mm 厚（甚至只有十几微米厚）。

由式（3-30-5）可以看出，知道了霍尔片的灵敏度 K_H，只要分别测出霍尔电流 I_S 及霍尔电势差 V_H 就可以算出磁场 B 的大小，这就是霍尔效应测量磁场的原理。

因此，根据霍尔电流 I_S 和磁场 B 的方向，实验测出霍尔电压的正负，由此确定霍尔系数的正负，即判定载流子的正负，是研究半导体材料的重要方法。对于 N 型半导体的霍尔元件，则导电载流子为电子，霍尔系数和灵敏度为负；反之，对于 P 型半导体的霍尔元件，则导电载流子为空穴，霍尔系数和灵敏度为正。

2. 霍尔元件的副效应及消除副效应的方法

一般霍尔元件有四根引线，两根为输入霍尔元件电流的"电流输入端"，接在可调的电源回路内；另两根为霍尔元件的"霍尔电压输出端"，接到数字电压表上。虽然从理论上霍尔元件在无磁场作用时（$B=0$ 时），$V_H=0$，但是实际情况用数字电压表测并不为零，该电势差称为剩余电压。

这是半导体材料电极不对称、结晶不均匀及热磁效应等多种因素引起的电势差。具体如下：

（1）不等势电压降 V_0

霍尔元件在不加磁场的情况下通以电流，理论上霍尔片的两电压引线间应不存在电势差。实际上由于霍尔片本身不均匀，性能上稍有差异，加上霍尔片两电压引线不在同一等位面上，因此即使不加磁场，只要霍尔片上通以电流，则两电压引线间就有一个电势差 V_0。V_0 的方向与电流的方向有关，与磁场的方向无关。V_0 的大小和霍尔电势 V_H 同数量级或更大。在所有附加电势中居首位。

（2）埃廷斯豪森效应（Ettingshausen Ueffect）

当放在磁场 B 中的霍尔片通以电流 I 以后，由于载流子迁移速度的不同，载流子所受到

的洛伦兹力也不相等。因此，作圆周运动的轨道半径也不相等。速率较大的将沿半径较大的圆轨道运动，而速率小的载流子将沿半径较小的轨道运动。从而导致霍尔片一面出现快载流子多，温度高；另一面慢载流子多，温度低。两端面之间由于温度差，于是出现温差电势 V_E。V_E 的大小与 IB 乘积成正比，方向随 I、B 换向而改变。

（3）能斯特效应（Nernst Ueffect）

由于霍尔元件的电流引出线焊点的接触电阻不同，通以电流 I 以后，因帕尔贴效应，一端吸热，温度升高；另一端放热，温度降低。于是出现温度差，样品周围温度不均匀也会引起温差，从而引起热扩散电流。当加入磁场后会出现电势梯度，从而引起附加电势 V_N，V_N 的方向与磁场的方向有关，与电流的方向无关。

（4）里吉-勒迪克效应（Righi-Leduc Ueffect）

上述热扩散电流的载流子迁移速率不尽相同，在霍尔元件放入磁场后，电压引线间同样会出现温度梯度，从而引起附加电势 V_{RL}。V_{RL} 的方向与磁场的方向有关，与电流方向无关。

在霍尔元件实际应用中，一般用零磁场时采用电压补偿法消除霍尔元件的剩余电压，如图 3-30-2 所示。

在实验测量时，为了消除副效应的影响，分别改变 I_S 的方向和 B 的方向，记下四组电势差数据（K_1 励磁电流换向开关向下为正向，K_3 霍尔工作电流转换按钮不按下为正向）

当 I_M 正向、I_S 正向时：$V_1 = V_H + V_0 + V_E + V_N + V_{RL}$

当 I_M 正向、I_S 负向时：$V_2 = -V_H - V_0 - V_E + V_N + V_{RL}$

当 I_M 负向、I_S 负向时：$V_3 = V_H - V_0 + V_E - V_N - V_{RL}$

当 I_M 负向、I_S 正向时：$V_4 = -V_H + V_0 - V_E - V_N - V_{RL}$

作运算 $V_1 - V_2 + V_3 - V_4$，并取平均值，得

$$\frac{1}{4}(V_1 - V_2 + V_3 - V_4) = V_H + V_E$$

由于 V_E 和 V_H 始终方向相同，所以换向法不能消除它，但 $V_E \ll V_H$，故可以忽略不计，于是

$$V_H = \frac{1}{4}(V_1 - V_2 + V_3 - V_4) \tag{3-30-7}$$

温度差的建立需要较长时间，因此，如果采用交流电使它来不及建立就可以减小测量误差。

3. 长直通电螺线管中心点磁感应强度理论值

根据电磁学毕奥-萨伐尔定律（Biot-Savart Ulaw），长直通电螺线管轴线上中心点的磁感应强度为

$$B_{中心} = \frac{\mu N I_M}{\sqrt{L^2 + D^2}} \tag{3-30-8}$$

螺线管轴线上两端面上的磁感应强度为

$$B_{端} = \frac{1}{2}B_{中心} = \frac{1}{2}\frac{\mu N I_M}{\sqrt{L^2 + D^2}} \tag{3-30-9}$$

式中，μ 为磁介质的磁导率，真空中 $\mu_0 = 4\pi \times 10^{-7}$（Tm/A）；$N$ 为螺线管的总匝数；I_M 为螺线管的励磁电流；L 为螺线管的长度；D 为螺线管的平均直径。

【实验仪器】

1. FB400 型螺线管磁场测定仪。

2. 螺线管实验装置。

【实验内容】

如图 3-30-3 所示，用专用连接线把 FB400 型螺线管磁场测定仪和螺线管实验装置接好，接通交流市电。

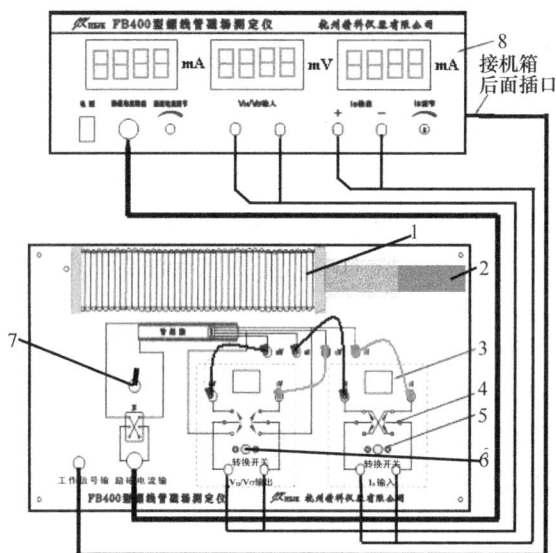

图 3-30-3　FB400 型螺线管磁场测试仪线路连接图
1—螺线管线圈　2—霍尔传感器水平调节　3—信号转换继电器　4—信号
转换指示灯　5—霍尔电流转换按钮 K_3　6—V_H 与 V_σ 测量转换按钮 K_2
7—励磁电流换向开关 K_1　8—FB400 型螺线管磁场测试仪

1. 把测量探头置于螺线管轴线中心，即 16.0 cm 刻度处，调节恒流源 2，$I_S = 4.00$ mA，不要按下 K_2 按钮（即测 V_H），依次调节励磁电流为 $I_M = 0 \sim 1000$ mA 每次改变 100 mA，测量霍尔电压，并证明霍尔电势差与螺线管内磁感应强度成正比。

2. 放置测量探头于螺线管轴线中心，即 16.0 cm 刻度处，固定励磁电流 500 mA，调节霍尔工作电流为：$I_S = 4.00$ mA 每次改变 0.50 mA，测量对应的霍尔电压，证明霍尔电势差与霍尔电流成正比。

3. 调节励磁电流为 500 mA，调节霍尔电流为 4.00 mA，测量螺线管轴线上刻度为 $X = 0.0 \sim 20.0$ cm，且移动步长为：在 0.0 ~ 10.0 cm 处，每次为 0.5 cm；在 10.0 ~ 20.0 cm 处，每次为 1.0 cm。测出各位置对应的霍尔电势差，用算出的霍尔灵敏度求出磁场 B，作磁场分布 B-X 图，并指明 $B/2$ 处的位置。

4. 用螺线管中心点磁感应强度理论计算值，确定霍尔传感器的灵敏度。

【数据与结果】

1. 验证霍尔电势差与螺线管内磁感应强度成正比：霍尔工作电流为 $I_S = 4.00$ mA，霍尔传感器位于螺线管轴线中心；即 16 cm 处。

表　3-30-1

I_M/mA	V_1/mV $+I_M$, $+I_S$	V_2/mV $+I_M$, $-I_S$	V_3/mV $-I_M$, $-I_S$	V_4/mV $-I_M$, $+I_S$	$\overline{V}_H/mV$
0					
100					
200					
…					
600					
1000					

记录数据于表 3-30-1 中，按实验数据作 V_H-I_M 关系曲线。求出线性关系方程式，并求出相关系数。注：表格中 $\overline{V}_H = \left| \dfrac{1}{4}(V_1 - V_2 + V_3 - V_4) \right|$。

2. 测量霍尔电势差与霍尔工作电流的关系

螺线管励磁电流 $I_M = 500$ mA，霍尔传感器位于螺线管轴线中心，即刻度线为 16.0 cm 处。

表　3-30-2

I_S/mA	V_1/mV $+I_M$, $+I_S$	V_2/mV $+I_M$, $-I_S$	V_3/mV $-I_M$, $-I_S$	V_4/mV $-I_M$, $+I_S$	$\overline{V}_H/mV$
0.00					
0.50					
1.00					
1.50					
2.00					
2.50					
3.00					
3.50					
4.00					

记录数据于表 3-30-2 中，按实验数据作 V_H-I_S 关系曲线。求出线性关系方程式，并求出相关系数。注：表格中 $\overline{V}_H = \left| \dfrac{1}{4}(V_1 - V_2 + V_3 - V_4) \right|$。

3. 通电螺线管轴向磁场分布测量

$$I_S = 4.00 \text{ mA}, \quad I_M = 500 \text{ mA}$$

表 3-30-3

X/cm	V_1/mV $+I_M$, $+I_S$	V_2/mV $+I_M$, $-I_S$	V_3/mV $-I_M$, $-I_S$	V_4/mV $-I_M$, $+I_S$	$\overline{V}_H$/mV	B/mT
0.0						
0.5						
1.0						
1.5						
2.0						
...						
9.5						
10.0						
11.0						
12.0						
13.0						
...						
19.0						
20.0						

记录数据于表 3-30-3 中，按实验数据作 V_H-X 关系曲线。注：表格中 $\overline{V}_H = \left| \frac{1}{4} (V_1 - V_2 + V_3 - V_4) \right|$。

【注意事项】

1. 注意实验中霍尔元件不等位效应的观测，设法消除其对测量结果的影响。

2. 励磁线圈不宜长时间通电，否则线圈发热，会影响测量结果。

3. 霍尔元件有一定的温度系数，为了减少其自身发热对测量影响，实验时工作电流不允许超过其额定值 5 mA，所以，为保证使用安全，一般取 4 mA 作为上限。

【思考题】

1. 用简略图形表示霍尔效应法判断霍尔片是属于 N 型还是 P 型的半导体材料。

2. 用霍尔效应测量磁场过程中，为什么要保持 I_H 的大小不变？

3. 若螺线管在绕制时，单位长度的匝数不相同或绕制不均匀，在实验时会出现什么情况？绘制 B-X 分布图时，电磁学上的端面位置是否与螺线管几何端面重合？

4. 霍尔效应在科研中有何应用，试举几个实际例子说明。

【附录】

FB400 型螺线管磁场测定仪使用说明书

一、概述

霍尔效应是研究半导体材料性能、测定磁感应强度重要的基本方法之一，随着人们深入研究霍尔效应和半导体技术的迅速发展，新一代半导体霍尔元件性能得到进一步提高。FB400 型螺线管磁场测定仪就是采用新型塑封砷化镓（GaAs）霍尔元件作为实验测量探头，该传感器具有灵敏度高、线性好、工作电流小、温度系数好、封装坚固以及使用方便等诸多优点，因此，该传感器也常用于压力、位移、转速测定等非电量测量，在工业控制、汽车、航天航空和磁计量等领域都得到广泛应用。本实验仪器经过定标后可以用于应用性测量，测量磁性材料和电磁铁的磁感应强度等。本仪器直观性强、操作方便，设计合理，装置牢固耐用，使用配套实验装置和电源，实验中不会因接线错误造成实验仪器损坏，因此特别适合学生实验的频繁操作。

二、用途

主要用于高校物理实验，可做实验内容有：

1. 验证霍尔电势差与磁感应强度的线性关系（霍尔工作电流保持不变）。

2. 验证霍尔电势差与霍尔工作电流的线性关系（磁感应强度保持不变）。

3. 根据长直螺线管轴线中心点磁感应强度理论值校准霍尔传感器的灵敏度。

4. 测量长直螺线管中心轴线内磁感应强度与位置刻度之间的关系。

三、仪器外形和连接线图（见图 3-30-3）

四、技术指标

1. 实验探头——砷化镓（GaAs）霍尔传感器，N 型半导体材料。

（1）额定工作电流：5 mA（最大值）

（2）输入电阻：700 Ω 左右

（3）输出电阻：1000 Ω 左右

（4）磁场测量范围：0 ~ 100 mT

（5）线性误差：< ±0.5%

（6）温度误差，零点漂移：< ±0.06%/℃

2. 螺线管参数

（1）螺线管长度：$L = 260$ mm，螺线管内径 $D_内 = 25$ mm，外径 $D_外 = 45$ mm。

（2）螺线管层数 10 层，螺线管总匝数：$N = 2550 \pm 10$ 匝。

（3）螺线管轴线中心最大均匀磁场：> 12 mT

3. FB400 型螺线管磁场测定仪

（1）数字直流恒流源 1：输出电流 0 ~ 1000 mA 连续可调，三位半数字显示，最小分辨率为 1 mA。

（2）数字直流恒流源 2：输出电流 0 ~ 5.0 mA 连续可调，三位半数字显示，最小分辨率为 0.01 mA。

（3）数字电压表量程：测量 V_σ 时 0 ~ 1999 mV，测量 V_H 时 0 ~ 19.99 mV。三位半数字显示。（功能转换时自动切换）

五、使用说明

FB400 型螺线管磁场测定仪供电电压单相 AC 220，50 Hz。电源插座和信号控制插座装在机箱背面。电源插座内装有 1 A 熔丝管两只（一只备用）。

测定仪面板从左到右分为三个部分，左面为数字直流恒流源Ⅰ，由精密多圈电位器调节输出电流，调节精度 1 mA，电流由三位半数字表显示，最大输出电流为 1000 mA。中间为三位半电压表，量程分别为：0 ~ 1999 mV 和 0 ~ 19.99 mV。右面是数字直流恒流源Ⅱ，同样由精密多圈电位器调节输出电流，调节精度 0.01 mA，电流由三位半数字表显示，最大输出电流为 5.0 mA。

继电器的电原理如图 3-30-4 所示。当继电器线包不加控制电压时，动触点与常闭端相连接；当继电器线包加上控制电压继电器吸合，动触点与常开端相连接。

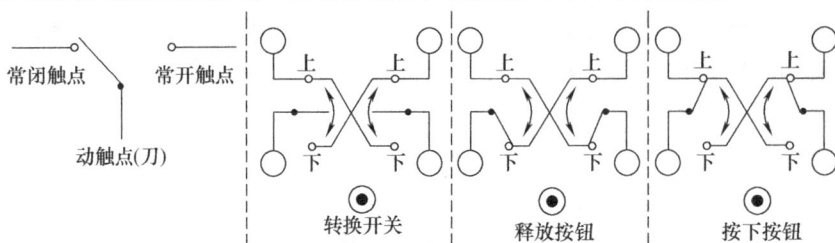

图 3-30-4　继电器工作状态示意图

螺线管实验装置中，使用了三个双刀双向继电器组成三个换向开关，换向由按钮控制。当未按下转换开关时，继电器线包不加电，常闭触点连接；按下按钮时，继电器吸合，常开触点相连接，实现连接线的转换。由此，通过按下、释放转换开关，实现与继电器相连的电路的换向功能。

六、注意事项

1. 实验测量时，应仔细检查，不要长时间使线路处于接错状态。
2. 实验结束时应先关闭电源，再拆除接线。
3. 为保证实验质量，仪器应预热 10 min 稳定后开始测量数据。

实验三十一　用电位差计测量电动势

电位差计是一种精密测量电位差（电压）的仪器，它的原理是使被测电压和一已知电压相互补偿（即达到平衡），其准确度可高达 0.00001%。它的应用十分广泛，可以用来测量电动势、电压、电流和电阻等电学量。在科学研究和工程技术中对非电量（如温度、压力、位移和速度等）测量方面也得到广泛应用。该仪器中所采用的补偿法原理还常于非电量的测量仪器及自动测量和自动控制系统中。

【实验目的】

1. 了解电位差计的工作原理、结构和特点。
2. 掌握补偿法测电动势的原理，学会用电位差计测电源的电动势和内阻的方法。
3. 培养看图接线的能力。

【实验仪器】

UJ25 型直流电位差计、饱和式标准电池、标准电动势、待测电池。

【实验原理】

1. 电位补偿原理

电压表不能准确地测量电源的电动势，因为电压表并联在电源的两端时，根据闭合回路的欧姆定律 $U = E_x - Ir$ 可知，电压表指示的是此时电源的端电压，而不是它的电动势。图 3-31-1 所示为补偿法测电源电动势的原理。将被测电动势的电源 E_x 与一已知电动势的电源

E_S 并联，在电路中串接检流计 G，若两电动势不相等，即 $E_x \neq E_S$，回路中有电流，检流计指针偏转，如果 E_S 是可调并已知，那么改变 E_S 的大小，使电路满足 $E_x = E_S$，则回路中没有电流，检流计指示为零，这时待测电动势 E_x 得到已知电动势 E_S 的补偿，可以根据已知电动势 E_S 值定出 E_x，这种方法称补偿法。如果要测任意电路中两点之间的电压，只需将待测电压两端接入上述补偿回路代替 E_x，根据补偿原理就可以测出它的大小。用补偿法测电压时，补偿电路中没有电流，所以不影响被测电路的状态。这是补偿法测量的最大优点。

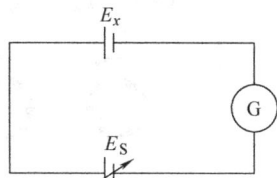

图　3-31-1

　　由电压补偿原理构成的测量电动势的仪器称为电位差计。采用补偿法测量电动势对 E_S 应有两点要求：①可调，能使 E_S 和 E_x 补偿；②精确，能方便而准确地读出其电动势大小，且数值稳定。图 3-31-2 所示为电位差计的原理图。采用精密电阻 R_{ab} 组成分压器，再用电压稳定的电源 E 和限流电阻 R 串联供电。调节 R 使回路 ERacdb 的工作电流等于设计时规定的标准值 I_0，移动 cd 位置使分压值 I_0R_{cd} 改变，只要 R_{cd} 和 I_0 数值精确，则图 3-31-2 中点画线框内 cd 之间的电压即为精确可调补偿电压 E_S。E_x 与 E_S 组成的回路称为补偿回路。

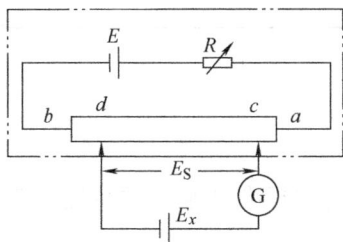

图　3-31-2

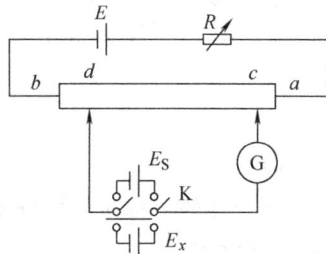

图　3-31-3

2. UJ25 型直流电位差计

（1）UJ25 型（市电型）直流电位差计的原理线路如图 3-31-4 所示。

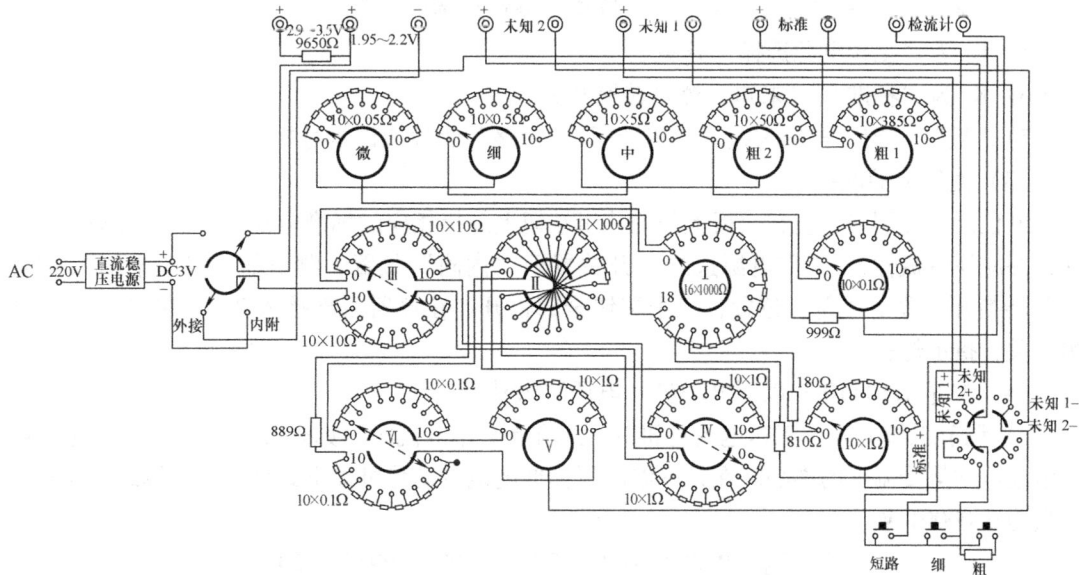

图　3-31-4

（2）仪器的面板布置如图 3-31-5 所示。

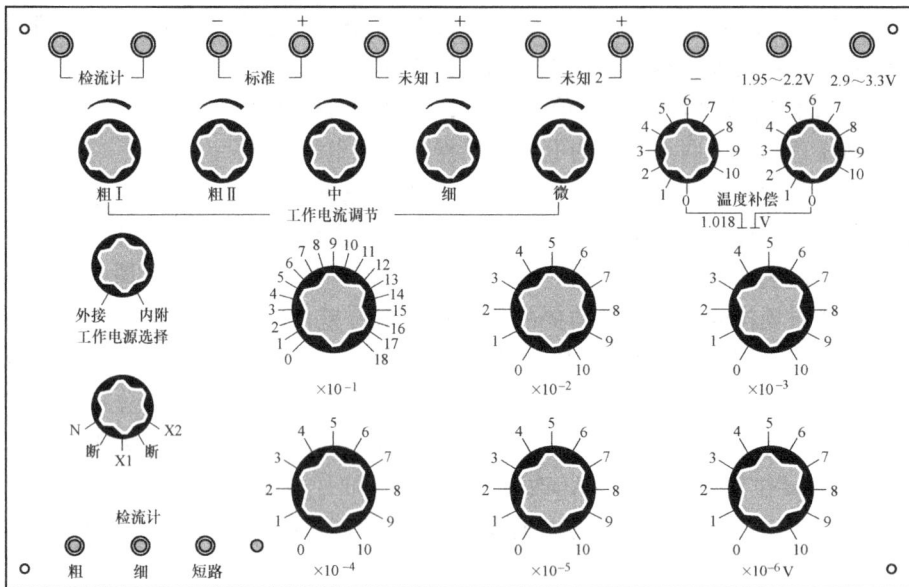

图　3-31-5

图 3-31-5 中：

1）面板最上端的一排接线柱分别供外接"检流计"、"标准电池"、"待测电势"、"工作电源"及屏蔽之用。

2）"粗₁ ~ 微"为调节工作电流的五个旋钮。

3）"温度补偿"有两个调节旋钮，为电位差计在不同环境温度之下需调节的补偿电势之用。

4）" $\times 10^{-1}$ " ~ " $\times 10^{-6}$ V"为电位差计测量盘调节旋钮。

5）K_1 为"工作电源选择"开关。

6）K_2 为"标准"、"未知"测量转换开关。

7）"粗"、"细"按钮为接通检流计用，"短路"为检流计本身短路用。

（3）使用前的准备

电位差计使用前，应在面板上部的几组端钮上外接相应的标准电池、待测电动势和检流计，并应注意极性，"工作电源选择"开关置于"内附"位置，测量前，将"未知"、"标准"转换开关置于"断"位置，三个按钮全部松开。在仪器后部接入 220 V 市电，闭合电源开关，指示灯亮。

（4）测量 1.91110 V 以下电动势（电压）方法

1）调节工作电流（工作电流标准化）：调节工作电流时，如外接标准电池，应考虑标准电池电动势受温度的影响。在某一温度下标准电池电动势可按下式计算，计算结果化整的位数为 0.00001 V。

$$E_t = E_{20} - 0.0000406(t - 20) - 0.00000095(t - 20)^2$$

式中，E_t 为 t℃时标准电池的电动势；E_{20} 为 +20℃时标准电池的电动势；t 为测量时室内环境温度。

根据计算后数值，在温度补偿盘上调整好相对应的数值。例：计算 t 温度时标准电池的电动势为 1.01878 V，应在 UJ25 电位差计的左边温度补偿盘上置于"7"示值，右边温度补偿盘上置于示值"8"。

将"标准"、"未知"、转换开关置于"N"位置，按下"粗"按钮，调节工作电流调节盘"粗~细"，使检流计指零，再按下"细"按钮，再次调节工作电流调节盘"细~微"，使检流计指零，即可认为工作电流调节已完成，其工作电流为 0.1 mA，然后松开按钮。

2）测量未知电动势（电压）：如未知电动势接在"未知1"端钮，转换开关应置于"X1"位置，按下"粗"按钮，调节测量盘使检流计指零，然后按下"细"按钮，再调节测量盘使检流计指零，此时，六个测量盘所指示示值之和为被测电动势值。

在测量过程中须经常校对工作电流（工作电流标准化），以保证测量的准确性。

在测量时，若检流计出现人为的冲击，应迅速按下短路按钮，待查明原因开始测量，也应先按"粗"按钮，观察检流计无大的偏转，再按"细"按钮。

（5）测量高于 1.91110 V 的电压

当被测电动势（电压）高于电位差计的测量上限时，可配用分压箱来进行测量以提高测量范围。测量时可将被测电动势（电压）接在分压箱的输入两端钮上，电位差计"未知"端接于分压箱的根据被测电压的大小选择"×500"、"×200"、"×100"和"×10"其中之一的输出端钮上，电位差计测量盘的读数乘以分压箱的端钮所示倍数，即可得出被测电压值。分压箱的线路图见图 3-31-6。

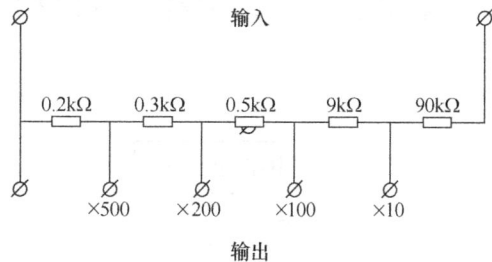

图　3-31-6

（6）测量电流方法

测量电流时，应在被测电流回路中，接入标准电阻。标准电阻的两个电位端接在电位差计的"未知"端，这样电位差计所测量的就是被测电流在标准电阻上的电压降。可用下式计算：

$$I_x = \frac{U}{R_N}$$

式中，I_x 为被测的电流（A）；U 为电位差计的示值（V）；R_N 为标准电阻的阻值（Ω）。

标准电阻值应根据被测电流大小来选择，并按下列规则来选用：

1）电阻的压降应低于 1.91110 V，但尽可能接近 1.9 V。

2）电阻的负荷不应超过该电阻的额定功率。

（7）测量电阻方法

测量电阻时可采用图 3-31-7 所示的接线方法。

1）选用的标准电阻 R_N，应尽可能接近被测电阻 R_x 的值。

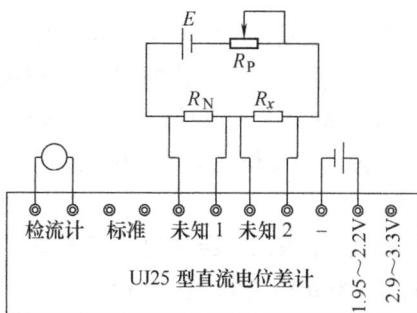

图　3-31-7

2）利用变阻器 R_P 调节被测电路中的电流，使其小于电阻的额定功率。

3）利用电位差计转换 K 的变换，分别测得 R_N 和 R_x 的电压降 U_x，可按下式计算：

$$R_x = \frac{U_x}{U_N} R_N \quad (\Omega) \tag{3-31-1}$$

4）由于电阻测量是利用两个电压降比较，因此只要在电位差计工作电流不变的情况下，可以不用标准电池来校正电位差计的工作电流。测量时转换开关 K 从"X1"转换到"X2"时，"粗"、"细"按钮都必须升起，以免检流计受冲击。

（8）电位差计测量高压时，采用的漏电屏蔽方法

1）由于绝缘材料不可能是绝对绝缘，因此不可避免存在漏电电流，使电流经过检流计，则使检流计偏转而使测量结果歪曲，因此必须采用屏蔽方法使漏电电流不能漏入电位差计工作回路及检流计，其方法如下：

所有连接导线采用金属屏蔽线，标准电阻，电源，检流计及分压箱均按图 3-31-8 安放。

2）将各金属箔、金属屏蔽线与 UJ25 电位差计的"屏蔽"端钮连接，然后接到电位差计的"未知"、"－"端，接线方法按图 3-31-9 所示。

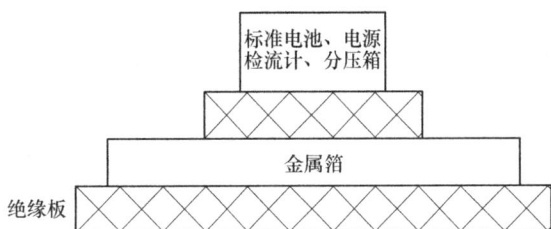

图　3-31-8

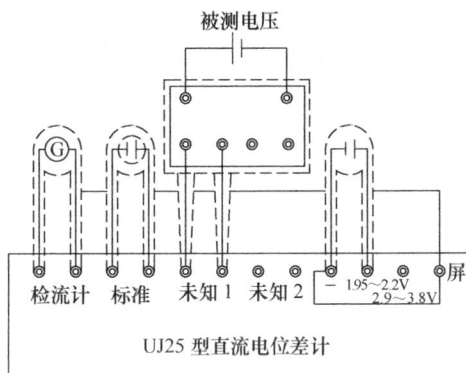

图　3-31-9

（9）电位差计使用完毕后，应关闭电源。

（10）UJ25 型直流电位差计配用 AC15A 型检流计使用说明：

1）UJ25 型电位差计在使用时，如由于静电干扰而发生检流计指针漂移现象，可将电位差计的接地端（外壳）与检流计的屏蔽端用导线可靠地连接。

2）电位差计工作电流标准化时（即对标准），建议 AC15A 检流计转换开关置于"100 μA"挡，按下电位差计的"粗"按钮，调节电位差计的工作电流调节旋钮，使检流计指零，再将 AC15A 检流计转换开关置于"30 μA"挡，按下电位差计的"细"按钮，再次调节电位差计的工作电流调节旋钮，使检流计指零。这样，电位差计的标准已对好。可进入测量程序。

3）测量被测电压（电动势）时，AC15A 型检流计宜打在"30 μA"挡，灵敏度够时，可打"100 μA"挡，但不宜打"10 μA"或"3 μA"挡，（因检流计灵敏度过高，要导致指针漂移）。

【实验内容】

1. 测量电池的电动势

按照前面所讲的测量电动势的方法测量给定的未知电动势 E_x。

2. 测量电池的内阻

在 E_x 两端并联一个一定阻值的标准电阻 R_N，测出此时 R_N 两端的电压 E'。则

$$E' = E_x - Ir = IR_N$$

式中，r 为待测电池的内阻，所以

$$r = \frac{E_x - E'}{I} = \frac{E_x}{E'}R_N - R_N \tag{3-31-2}$$

式中，R_N 已知，只要测出 E_x、E'，就可计算出电池的内阻 r。

【数据处理】

1. 计算电池电动势 E_x 的算术平均值和标准偏差 σ_{E_x}，并用标准偏差表示测量结果。

2. 计算电池的内阻。

【思考题】

1. 工作电源的电动势 E 能否小于 E_s 或 E_x，为什么？

2. 可不可以用电流表串联在辅助回路中来校准工作电流？

3. 如果在实验中，发现检流计指针总是朝一个方向偏转而无法调过来，这可能是什么原因？

4. 试设计一个简单的电路，用电位差计来测量未知电阻的阻值或校准电流表。

【附录】

标准电池是一种汞镉电池，常用的有 H 形封闭玻璃管式和单管式两种，前者只允许直立放置，切忌翻荡，其内部结构如图 3-31-10 所示。电池用纯汞做正极，镉汞（Cd12.5%，Hg87.5%）做负极，用铂丝与两电极接触做引出线。汞上放有硫酸亚汞（Hg_2SO_4）的糊状物做去极化剂，电池的电解液为硫酸镉溶液。按电解液的浓度分为饱和式和不饱和式两种，饱和式的电动势最稳定，但随温度的变化较显著，其温度修正公式为

$$E_t = E_{20} - 4 \times 10^{-5}(t - 20) - 10^{-6}(t - 20)(V)$$

式中，E_{20} 是温度在 20 ℃时的电动势值，不同型号标准电池的 E_{20} 略有不同，对于 BC_3 型饱和式标准电池有

$$E_{20} = 1.01864 \text{ V}$$

不饱和式标准电池不作温度修正。

使用时应注意：

1）标准电池输出或输入的最大瞬时电流不宜超过 5 ~10 μA，因此不能短路，不能做"电源"使用，不能用电压表来测量端电压。

2）使用环境温度为 0 ~40 ℃，必要时根据使用温度修正它的值。

3）挪动时应轻挪轻放，不允许倾倒。

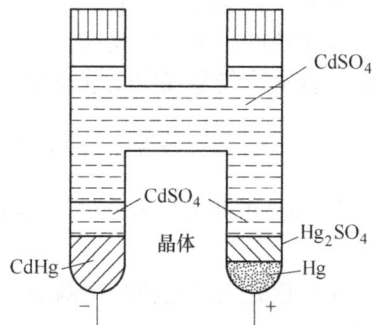

图 3-31-10　饱和式标准电池

实验三十二　　交流电桥实验

交流电桥是一种比较式仪器，在电测量技术中占有重要地位。它主要用于测量交流等效电阻及其时间常数；电容及其介质损耗；自感及其线圈品质因数和互感等电参数的精密测量，也可用于非电量变换为相应电量参数的精密测量。

常用的交流电桥分为阻抗比电桥和变压器电桥两大类。一般习惯上称阻抗比电桥为交流电桥。本实验中交流电桥指的是阻抗比电桥。交流电桥的线路虽然和直流单电桥线路具有同样的结构形式，但因为它的四个臂是阻抗，所以它的平衡条件、线路的组成以及实现平衡的调整过程，都比直流电桥复杂。

【实验目的】

1. 掌握交流电桥的平衡条件和测量原理。

2. 设计各种实际测量用的交流电桥。

3. 验证交流电桥的平衡条件。

【实验仪器】

FB306 型综合交流电路实验仪、双踪示波器、待测电容和电感等。

【交流电桥的工作原理】

图 3-32-1 是交流电桥的原理线路。它与直流单电桥原理相似。在交流电桥中，四个桥臂一般是由交流电路元件（如电阻、电感、电容）组成；电桥的电源通常是正弦交流电源；交流平衡指示仪的种类很多，适用于不同频率范围。频率为 200 Hz 以下时，可采用谐振式检流计；在音频范围内，可采用耳机作为平衡指示器；音频或更高频率时，也可采用电子指零仪器；也有用电子示波器或交流毫伏表作为平衡指示器的。本实验采用高灵敏度的电子放大式指零仪，有足够的灵敏度。指示器指零时，电桥达到平衡。

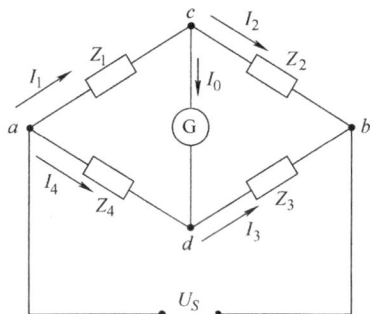

图 3-32-1　交流电桥原理

1. 交流电桥的平衡条件

在正弦稳态的条件下讨论交流电桥的基本原理。在交流电桥中，四个桥臂由阻抗元件组成，在电桥的一个对角线 cd 上接入交流指零仪，另一对角线 ab 上接入交流电源。调节电桥参数，使交流指零仪中无电流通过时（即 $I_0 = 0$），cd 两点的电位相等，电桥达到平衡，这时有 $U_{ac} = U_{ad}$，$U_{cb} = U_{db}$，即 $I_1 Z_1 = I_4 Z_4$，$I_2 Z_2 = I_3 Z_3$，两式相除有 $\dfrac{I_1 Z_1}{I_2 Z_2} = \dfrac{I_4 Z_4}{I_3 Z_3}$，当电桥平衡时，$I_0 = 0$，由此可得 $I_1 = I_2$，$I_3 = I_4$，所以

$$Z_1 Z_3 = Z_2 Z_4 \tag{3-32-1}$$

上式就是交流电桥的平衡条件，它说明：当交流电桥达到平衡时，相对桥臂的阻抗的乘积相等。

由图 3-32-1 可知，若第一桥臂由被测阻抗 Z_x 构成，则

$$Z_x = \frac{Z_2}{Z_3} Z_4 \qquad (3\text{-}32\text{-}2)$$

当其他桥臂的参数已知时，就可决定被测阻抗 Z_x 的值。

2. 交流电桥平衡的分析

在正弦交流情况下，桥臂阻抗可以写成复数的形式 $Z = R + jX = Z e^{j\varphi}$，若将电桥的平衡条件用复数的指数形式表示，则可得 $Z_1 e^{j\varphi_1} \cdot Z_3 e^{j\varphi_3} = Z_2 e^{j\varphi_2} \cdot Z_4 e^{j\varphi_4}$，即

$$Z_1 \cdot Z_3 e^{j(\varphi_1 + \varphi_3)} = Z_2 \cdot Z_4 e^{j(\varphi_2 + \varphi_4)}$$

根据复数相等的条件，等式两端的幅模和幅角必须分别相等，故有

$$\begin{cases} Z_1 Z_3 = Z_2 Z_4 \\ \varphi_1 + \varphi_3 = \varphi_2 + \varphi_4 \end{cases} \qquad (3\text{-}32\text{-}3)$$

上面就是平衡条件的另一种表现形式，可见交流电桥的平衡必须满足两个条件：一是相对桥臂上阻抗幅模的乘积相等；二是相对桥臂上阻抗幅角之和相等。

由式（3-32-3）可以得出如下两点重要结论。

（1）交流电桥必须按照一定的方式配置桥臂阻抗

如果用任意不同性质的四个阻抗组成一个电桥，不一定能够调节到平衡，因此必须把电桥各元件的性质按电桥的两个平衡条件作适当配合。在很多交流电桥中，为了使电桥结构简单和调节方便，通常将交流电桥中的两个桥臂设计为纯电阻。

（2）交流电桥平衡必须反复调节两个桥臂的参数

在交流电桥中，为了满足上述两个条件，必须调节两个桥臂的参数，才能使电桥完全达到平衡，而且往往需要对这两个参数进行反复地调节，所以交流电桥的平衡调节要比直流电桥的调节困难一些。

3. 交流电桥的设计

本实验采用独立的测量元件，既可设计一个理论上能平衡的桥路类型，又可设计一个理论上不能平衡的桥路类型，以验证交流电桥的工作原理。设计一个好的实用的交流电桥应注意以下几个方面：

（1）桥臂尽量不采用标准电感。由于制造工艺上的原因，标准电容的准确度要高于标准电感，并且标准电容不易受外磁场的影响。所以常用的交流电桥，不论是测电感或测电容，除了被测臂之外，其他三个臂都采用电容和电阻。

（2）尽量使平衡条件与电源频率无关，这样才能发挥电桥的优点，使被测量只决定于桥臂参数，而不受电源的电压或频率的影响。有些形式的桥路的平衡条件与频率有关，这样，电源的频率不同将直接影响测量的准确性。

（3）电桥在平衡中需要反复调节，才能使幅角关系和幅模关系同时得到满足。通常将电桥趋于平衡的快慢程度称为交流电桥的收敛性。收敛性越好，电桥趋向平衡越快；收敛性差，则电桥不易平衡或者说平衡过程时间要很长，需要测量的时间也较长。电桥的收敛性取决于桥臂阻抗的性质以及调节参数的选择。所以收敛性差的电桥，由于平衡比较困难也不常用。

当然，出于对理论验证的需要，我们也可以组建自己需要的各种形式的交流电桥。

4. 几种常用的交流电桥

（1）电容电桥

　　电容电桥主要用来测量电容器的电容量及损耗角，为了弄清电容电桥的工作情况，首先对被测电容的等效电路进行分析，然后介绍电容电桥的典型线路。

　　1）被测电容的等效电路

　　实际电容器并非理想元件，它存在着介质损耗，所以通过电容器 C 的电流和它两端的电压的相位差并不是 90°，而且比 90°要小一个 δ，就称为介质损耗角。具有损耗的电容可以用两种形式的等效电路表示，一种是理想电容和一个电阻相串联的等效电路，如图 3-32-2a 所示；一种是理想电容与一个电阻相并联的等效电路，如图 3-32-3a 所示。在等效电路中，理想电容表示实际电容器的等效电容，而串联（或并联）等效电阻则表示实际电容器的发热损耗。

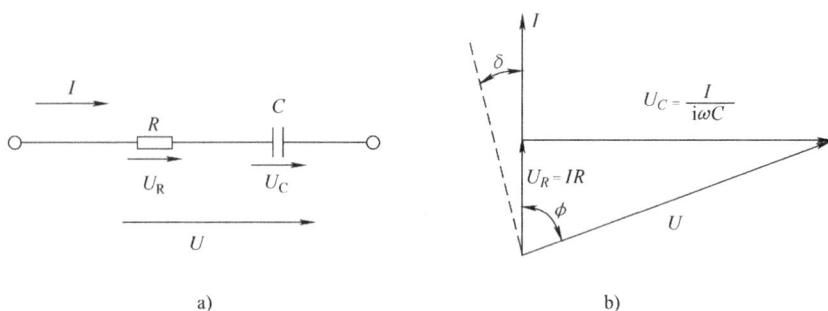

图　3-32-2

a）有损耗电容器的串联等效电路图　b）矢量图

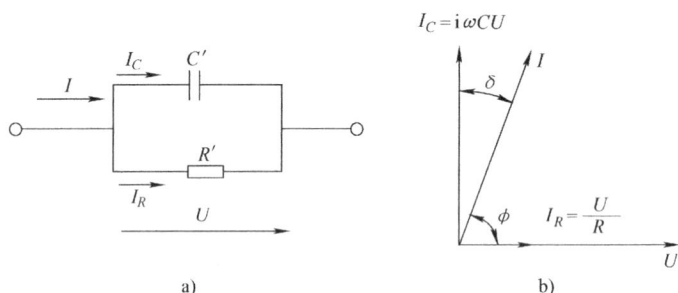

图　3-32-3

a）有损耗电容器的并联等效电路　b）矢量图

　　图 3-32-2b 及图 3-32-3b 分别画出了相应电压、电流的矢量图。必须注意，等效串联电路中的 C 和 R 与等效并联电路中的 C'、R' 是不相等的。在一般情况下，当电容器介质损耗不大时，应当有 $C \approx C'$，$R \ll R'$。所以，如果用 R 或 R' 来表示实际电容器的损耗时，还必须说明它对于哪一种等效电路而言。因此为了表示方便起见，通常用电容器的损耗角 δ 的正切 $\tan\delta$ 来表示它的介质损耗特性，并用符号 D 表示，通常称它为损耗因数，在等效串联电路中

$$D = \tan\delta = \frac{U_R}{U_C} = \frac{IR}{I/\omega C} = \omega CR \tag{3-32-4}$$

在等效的并联电路中

$$D = \tan\delta = \frac{I_R}{I_C} = \frac{U/R'}{\omega C'U} = \frac{1}{\omega C'R'} \qquad (3\text{-}32\text{-}5)$$

应当指出，在图 3-32-2b 和图 3-32-3b 中，$\delta = 90° - \phi$ 对两种等效电路都是适合的，所以不管用哪种等效电路，求出的损耗因数是一致的。

2）测量损耗小的电容电桥（串联电阻式）

图 3-32-4 所示为适合用来测量损耗小的被测电容的电容电桥，被测电容 C_x 接到电桥的第一臂，等效为电容 C_x' 和串联电阻 R_x'，其中 R_x' 表示它的损耗；与被测电容相比较的标准电容 C_n 接入相邻的第四臂，同时与 C_n 串联一个可变电阻 R_n，桥的另外两臂为纯电阻 R_b 及 R_a，当电桥调到平衡时，有

图 3-32-4　串联电阻式电容电桥

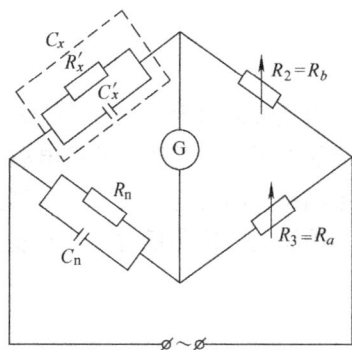

$$\left(R_x + \frac{1}{j\omega C_x}\right)R_a = \left(R_n + \frac{1}{j\omega C_n}\right)R_b \qquad (3\text{-}32\text{-}6)$$

令上式实数部分和虚数部分分别相等

$$R_x R_a = R_n R_b \qquad (3\text{-}32\text{-}7)$$

$$\frac{R_a}{C_x} = \frac{R_b}{C_n} \qquad (3\text{-}32\text{-}8)$$

最后得到

$$R_x = \frac{R_b}{R_a}R_n \qquad (3\text{-}32\text{-}9)$$

$$C_x = \frac{R_a}{R_b}C_n \qquad (3\text{-}32\text{-}10)$$

由此可知，要使电桥达到平衡，必须同时满足上面两个条件，因此至少调节两个参数。如果改变 R_n 和 C_n，便可以单独调节互不影响地使电容电桥达到平衡。通常标准电容都是做成固定的，因此 C_n 不能连接可变，这时我们可以调节 R_a/R_b 比值使式（3-32-10）得到满足，但调节 R_a/R_b 的比值时又影响到式（3-32-9）的平衡。因此要使电桥同时满足两个平衡条件，必须对 R_n 和 R_a/R_b 等参数反复调节才能实现，因此使用交流电桥时，必须通过实际操作取得经验，才能迅速获得电桥的平衡。电桥达到平衡后，C_x 和 R_x 值可以分别按式（3-32-9）和式（3-32-10）计算，其被测电容的损耗因数 D 为

$$D = \tan\delta = \omega C_x R_x = \omega C_n R_n \qquad (3\text{-}32\text{-}11)$$

3）测量损耗大的电容电桥（并联电阻式）

假如被测电容的损耗大，则用上述电桥测量时，与标准电容相串联的电阻 R_n 必须很大，这将会降低电桥的灵敏度。因此当被测电容的损耗大时，宜采用图 3-32-5 所示的另一种电容电桥的线路来进行测量，它的特点是标准电容 C_n 与电阻 R_x 是彼此并联的，则根据电桥的平衡条件可以写成

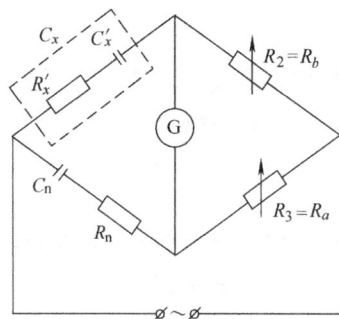

图 3-32-5　并联电阻式电容电桥

$$R_b\left(\cfrac{1}{\cfrac{1}{R_n}+j\omega C_n}\right)=R_a\left(\cfrac{1}{\cfrac{1}{R_x}+j\omega C_x}\right) \tag{3-32-12}$$

整理后可得式（3-32-9）、式（3-32-10）。

而损耗因数为

$$D=\tan\delta=\frac{1}{\omega C_x R_x}=\frac{1}{\omega C_n R_n} \tag{3-32-13}$$

根据需要用交流电桥测量电容还有一些其他形式，可参见有关书籍进行设计。

（2）电感电桥

电感电桥是用来测量电感的，电感电桥有多种线路，通常采用标准电容作为与被测电感相比较的标准元件，从前面的分析可知，这时标准电容一定要安置在与被测电感相对的桥臂中。根据实际的需要，也可采用标准电感作为标准元件，这时，标准电感一定要安置在与被测电感相邻的桥臂中，这里不再作为重点介绍。

一般实际的电感线圈都不是纯电感，除了电抗 $X_L=\omega L$ 外，还有有效电阻 R，两者之比称为电感线圈的品质因数 Q，即

$$Q=\frac{\omega L}{R} \tag{3-32-14}$$

下面的两种电感电桥电路，分别适宜于测量高 Q 值和低 Q 值的电感元件。

1）测量高 Q 值电感的电感电桥

测量高 Q 值的电感电桥的原理线路如图 3-32-6 所示，该电桥线路又称为海氏电桥。电桥平衡时，根据平衡条件可得

$$(R_x+j\omega L_x)\left(R_n+\frac{1}{j\omega C_n}\right)=R_aR_b \tag{3-32-15}$$

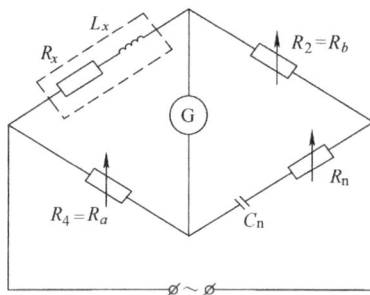

图 3-32-6　测量高 Q 值电感的电桥原理

简化和整理后可得

$$L_x=\frac{R_bR_aC_n}{1+(\omega C_n R_n)^2} \tag{3-32-16}$$

$$R_x=\frac{R_bR_aR_n(\omega C_n)^2}{1+(\omega C_n R_n)^2} \tag{3-32-17}$$

由式（3-32-16）、式（3-32-17）可知，海氏电桥的平衡条件与频率有关。因此，在使用成品电桥时，若改用外接电源供电，必须注意使电源的频率与该电桥说明书上规定的电源频率相符，而且电源波形必须是正弦波，否则，谐波频率就会影响测量的精度。

用海氏电桥测量时，其 Q 值为

$$Q=\frac{\omega L}{R_x}=\frac{1}{\omega C_n R_n} \tag{3-32-18}$$

由式（3-32-18）可知，被测电感 Q 值越小，则要求标准电容 C_n 的值越大，但一般标准电容的容量都不能做得太大；此外，若被测电感的 Q 值过小，则海氏电桥的标准电容的桥臂中

所串的 R_n 也必须很大，但当电桥中某个桥臂阻抗数值过大时，将会影响电桥的灵敏度，可见海氏电桥线路是宜于测 Q 值较大的电感参数的，而在测量 $Q<10$ 的电感元件的参数时则需用另一种电桥线路，下面介绍这种适用于测量低 Q 值电感的电桥线路。

2）测量低 Q 值电感的电感电桥

测量低 Q 值电感的电桥原理线路如图 3-32-7 所示。该电桥线路又称为麦克斯韦电桥。这种电桥与上面介绍的测量高 Q 值电感的电桥线路所不同的是：标准电容的桥臂中的 C_n 和可变电阻 R_n 是并联的。

在电桥平衡时，有式（3-32-15），相应的测量结果为

$$L_x = R_a R_b C_n \qquad (3\text{-}32\text{-}19)$$

$$R_x = R_a \frac{R_b}{R_n} \qquad (3\text{-}32\text{-}20)$$

图 3-32-7 测量低 Q 值电感的电桥原理

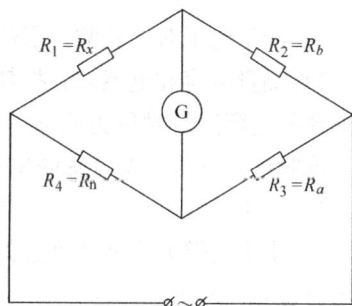

被测对象的品质因数 Q 为

$$Q = \frac{\omega L_x}{R_x} = \omega R_n C_n \qquad (3\text{-}32\text{-}21)$$

麦克斯韦电桥的平衡条件式（3-32-19）、式（3-32-20）表明，它的平衡是与频率无关的，即在电源为任何频率或非正弦的情况下，电桥都能平衡，且其实际可测量的 Q 值范围也较大，所以该电桥的应用范围较广。但是实际上，由于电桥内各元件间的相互影响，所以交流电桥的测量频率对测量精度仍有一定的影响。

（3）电阻电桥

测量电阻时采用惠斯顿电桥（见图 3-32-8）。可见其桥路形式与直流单臂电桥相同，只是这里用交流电源和交流指零仪作为测量信号。

当检流计 G 平衡时，G 无电流流过，cd 两点为等电位，则：$I_1 = I_2$，$I_3 = I_4$，下式成立：

$$I_1 R_1 = I_4 R_4 \qquad (3\text{-}32\text{-}22)$$

$$I_2 R_2 = I_3 R_3 \qquad (3\text{-}32\text{-}23)$$

于是有

图 3-32-8 交流电桥测量电阻

$$\frac{R_1}{R_2} = \frac{R_4}{R_3} \qquad (3\text{-}32\text{-}24)$$

所以 $R_x = \dfrac{R_4}{R_3} R_2$，即 $R_x = \dfrac{R_n}{R_a} R_b$。

由于采用交流电源和交流电阻作为桥臂，所以测量一些残余电抗较大的电阻时不易平衡，这时可改用直流电桥进行测量。

【实验内容】

实验前应充分掌握实验原理，设计好相应的电桥回路，错误的桥路可能会有较大的测量误差，甚至无法测量。

由于采用模块化的设计，所以实验的连线较多。注意接线的正确性，这样可以缩短实验

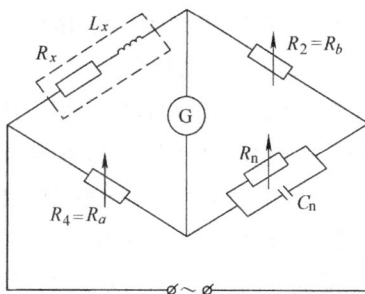

时间；文明使用仪器，正确使用专用连接线，不要拽拉引线部位，不能平衡时不要猛打各个元件，而应查找原因。这样可以提高仪器的使用寿命。

交流电桥采用的是交流指零仪，所以电桥平衡时指针位于左侧零位。

实验时，指零仪的灵敏度应先调到适当位置，以指针位置处于满刻度的30% ~ 80%为宜，待基本平衡时再调高灵敏度，重新调节桥路，直至最终平衡。

1. 交流电桥测量电容

根据前面实验设计的介绍，用串联电阻式电容电桥测量两个损耗不同的 C_x 电容；用并联电阻式电容电桥测量两个损耗不同的 C_x 电容。试用交流电桥的测量原理对测量结果进行分析，计算电容值及其损耗电阻和损耗。

2. 交流电桥测量电感

根据前面实验设计的介绍，用串联电阻式电感电桥测量两个 Q 值不同的 L_x 电感；用并联电阻式电感电桥测量两个 Q 值不同 L_x 电感。试用交流电桥的测量原理对测量结果进行分析，计算电感值及其损耗电阻、Q 值。

3. 交流电桥测量电阻

用交流电桥测量不同阻值的电阻，并与其他直流电桥的测量结果相比较。

4. 其他桥路的设计

根据交流电桥的原理，自行设计其他形式的测量桥路，分析其能否平衡，并导出相应得测量公式，再进行实验。验证交流电桥的平衡条件。

说明：在电桥的平衡过程中，有时的指针不能完全回到零位，这对于交流电桥是完全可能的，一般来说有以下原因：

1）测量电阻时，被测电阻的分布电容或电感太大。

2）测量电容和电感时，损耗平衡（R_n）的调节细度受到限制，尤其是低 Q 值的电感或高损耗的电容测量时更为明显。另外，电感线圈极易感应外界的干扰，也会影响电桥的平衡，这时可以试着变换电感的位置来减小这种影响。

3）用不合适的桥路形式测量，也可能使指针不能完全回到零位。

4）由于桥臂元件并非理想的电抗元件，也存在损耗，如果被测元件的损耗很小，其至小于桥臂元件的损耗，也会造成电桥难以完全平衡。

5）选择的测量量程不当，以及被测元件的电抗值太小或太大，也会造成电桥难以平衡。

6）在保证精度的情况下，灵敏度不要调的太高，灵敏度太高也会引入一定的干扰，形成一定的指针偏转。

【思考题】

1. 交流电桥的桥臂是否可以任意选择不同性质的阻抗元件来组成？应如何选择？

2. 为什么在交流电桥中至少需要选择两个可调参数？怎样调节才能使电桥趋于平衡？

3. 交流电桥对使用的电源有何要求？交流电源对测量结果有无影响？

【实验数据举例】

1. 串联电阻式测量电容

按图 3-32-4 连线，选择 $C_x = 0.01\ \mu F$ 进行实验。

根据公式
$$\begin{cases} R_x = \dfrac{R_b}{R_a} R_n \\[3mm] C_x = \dfrac{R_a}{R_b} C_n \end{cases}$$

选择 R_a 为 1 kΩ，选 C_n 为 0.01 μF，调节 R_b 和 R_n 使检流计指示最小，可见这时 R_b 也该在 1 kΩ 左右。注意：应先将灵敏度调小使指针在表头的刻度的 60% 范围内，再调节 R_b 和 R_n 使检流计指示最小，直至灵敏度最高，而指针指示最小，这时电桥已平衡。

根据公式计算出 C_x、R_x、D。也可根据公式选择其他挡的 C_n、R_a 测量，但是，$C_n R_n$ 的选择必须满足：$D = \tan\delta = \omega C_n R_n$ 的条件（因为 C_n 最大只有 0.1 μF，R_n 最大只有 21 kΩ）。

2. 并联电阻式测量电容

按图 3-32-5 连线，选择 $C_X = 0.1$ μF 进行实验。

根据公式
$$\begin{cases} R_x = R_n \dfrac{R_b}{R_a} \\[3mm] C_x = C_n \dfrac{R_a}{R_b} \end{cases}$$

选择 R_a 为 1 kΩ，选 C_n 为 0.1 μF，调节 R_b 和 R_n 使检流计指示最小，可见这时 R_b 值也该在 1 kΩ 左右。调节平衡的过程与串联电阻式测量电容时相同。

再根据公式计算出 C_x、R_x、D，也可根据公式选择其他挡的 C_n、R_a 测量，但是，$C_n R_n$ 的选择必须满足 $D = \tan\delta = \dfrac{1}{\omega C_n R_n}$。

3. 串联电阻式测量高 Q 电感

按图 3-32-6 连线，选择 $L_x = 10$mH 进行实验。

根据公式
$$\begin{cases} L_x = \dfrac{R_b R_a C_n}{1 + (\omega C_n R_n)^2} \\[3mm] R_x = \dfrac{R_b R_a R_n (\omega C_n)^2}{1 + (\omega C_n R_n)^2} \end{cases}$$

选择 R_a 为 100 Ω，选 C_n 为 0.1 μF，调节 R_b 和 R_n 使检流计指示最小，可见这时 R_b 值也该在 1 kΩ 左右。调节平衡的过程与串联电阻式测量电容时相同。

再根据公式计算出 L_x、R_x、Q。

也可根据公式选择其他挡的 C_n、R_a 测量，但是，$C_n R_n$ 的选择必须满足 $Q = \dfrac{\omega L}{R_x} = \dfrac{1}{\omega C_n R_n}$。

4. 并联电阻式测量低 Q 电感

按图 3-32-7 连线，选择 L_X 为 1 mH 进行实验。

根据公式
$$\begin{cases} L_x = R_a R_b C_n \\[3mm] R_x = R_a \dfrac{R_b}{R_n} \end{cases}$$

选择 R_a 为 100 Ω，选 C_n 为 0.01 μF，调节 R_b 和 R_n 使检流计指示最小，可见这时 R_b 值也该在 1 kΩ 左右。调节平衡的过程与串联电阻式测量电容时相同。

再根据公式计算出 L_x、R_x、Q，也可根据公式选择其他挡的 C_n、R_a 测量，但是，C_nR_n 的选择必须满足 $Q = \dfrac{\omega L_x}{R_x} = \omega R_n C_n$。

【附录】

FB306 型综合交流电路实验仪的使用说明

一、概述

FB306 型综合交流电路实验仪是一种开放式综合交流电路实验仪，它不仅密切结合教学内容，而且还具有接线简单，操作简便等优点。图 3-32-9 是它的面板实物照片。

FB306 型综合交流电路实验仪中包含了综合交流电路实验所需的所有部件，它们包括：三个独立的电阻箱（R_b 电阻箱、R_n 电阻箱、R_a 电阻箱）、标准电容 C_n、标准电感 L_n、被测电容 C_x、被测电感 L_x 及信号源和交流指零仪。仪器的正中是双重叠套的菱形接线区：黑色的菱形外圈是臂比电桥的接线区，红色菱形是臂乘电桥的接线区，图形清晰简捷，学生均可以方便地完成所需电路的接线，一般情况下不会发生接线交错的情况，对学生检查线路的连接十分方便，只有在做"臂乘"电桥时，引入 R_b 与 R_n 的一次交叉。交流指零仪有足够大的放大倍数，因此具有很高的灵敏度。将这些开放式模块化的元部件，配以高质量的专用接插线，就可以自己动手组成不同类型的交流电路，理解积分电路、微分电路的工作原理，完成 RC、RL、RLC 电路的稳态和暂态特性的研究，从而掌握一阶电路、二阶电路的正弦波和阶跃波的响应过程，同时可以组建成各种不同类型的交流电桥，非常适合于教学实验。

二、仪器构成

如图 3-32-9 所示，仪器由功率信号发生器、频率计、电阻箱、电感箱、电容箱和交流指零仪各种电路元器件、专用连接导线等组成。

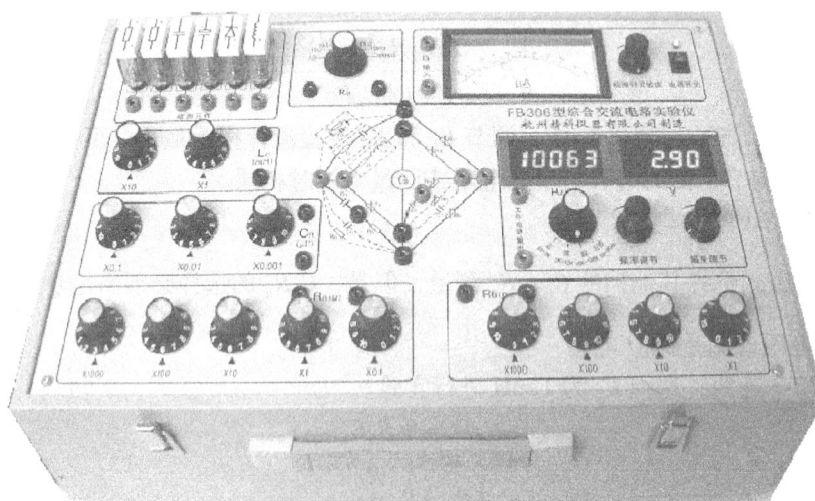

图 3-32-9　FB306 型综合交流电路实验仪

三、主要技术性能

1. 环境适应性：

工作温度：10℃～35℃；相对湿度：25%～85%。

2. 抗电强度：仪器能耐受50Hz正弦波500V电压1min的耐压实验。

3. 内置功率信号源部分：

（1）正弦波输出：（50～1k）Hz、（1～10）kHz、（10～100）kHz三挡连续可调。失真度小于1%。（说明：本仪器自带的数字式电压表仅适用于中、低频信号电压的测量，对于高频信号电压读数将失准）。

（2）方波输出：（50～1k）Hz连续可调；输出电压幅度：（0～6）V_{P-P}。

4. 内置交流指零仪：灵敏度2×10^{-9}A/div，带过量程保护。

5. 内置交流电阻箱：

（1）R_a：由1Ω、10Ω、100Ω、1kΩ、10kΩ、100kΩ六个电阻组成，精度0.2%。

（2）R_b：由$10 \times (1000 + 100 + 10 + 1)$Ω四位电阻箱组成，精度0.2%。

（3）R_n：由$10 \times (1000 + 100 + 10 + 1 + 0.1)$Ω五位电阻箱组成，精度0.2%。

6. 内置标准电容C_n、标准电感L_n，精度1%。

（1）标准电容：$10 \times (0.1 + 0.01 + 0.001)$μF三挡十进制电容箱组成。

（2）标准电感：$10 \times (10 + 1)$mH二挡十进制电感箱组成。

7. 插件式待测元件：（各有两个不同参数的元件供学生测量用）

（1）待测电阻R_x（约1kΩ，10kΩ）。

（2）待测电容C_x（约1μF，10μF）。

（3）被测电感L_x（约5mH，10mH）。

8. 插件式晶体二极管$D_1 \sim D_4$，共四只。

9. 供电电源：220±10%，功耗：50VA。

实验三十三　*RLC* 电路特性的研究

电容、电感元件在交流电路中的阻抗是随着电源频率的改变而变化的。将正弦交流电压加到由电阻、电容和电感组成的电路中时，各元件上的电压及相位会随着变化，这称作电路的稳态特性；将一个阶跃电压加到*RLC*元件组成的电路中时，电路的状态会由一个平衡态转变到另一个平衡态，各元件上的电压会出现有规律的变化，这称为电路的暂态特性。

【实验目的】

1. 观测*RC*和*RL*串联电路的幅频特性和相频特性。

2. 观察*RC*和*RL*电路的暂态过程，理解时间常数τ的意义。

3. 理解*RLC*串联、并联电路的相频特性和幅频特性。

4. 观察和研究*RLC*电路的串联谐振和并联谐振现象。

5. 观察*RLC*串联电路的暂态过程及其阻尼振荡规律。

【实验仪器】

综合交流电路实验仪、双踪示波器、交流毫伏表。

【实验原理】

1. RC 串联电路的频率特性。

（1）RC 串联电路的频率特性。

在图 3-33-1 所示电路中，电阻 R、电容 C 的电压有以下关系式：

$$I = \frac{U}{\sqrt{R^2 + \left(\frac{1}{\omega C}\right)^2}} \tag{3-33-1}$$

$$U_R = IR \tag{3-33-2}$$

$$U_C = \frac{1}{\omega C} \tag{3-33-3}$$

$$\varphi = \arctan \frac{1}{\omega CR} \tag{3-33-4}$$

式中，ω 为交流电源的角频率；U 为交流电源的电压有效值；φ 为电流和电源电压的相位差，它与角频率 ω 的关系见图 3-33-2。当 ω 增加时，I 和 U_R 增加，而 U_C 减小。当 ω 很小时，$\varphi \to -\pi/2$；ω 很大时，$\varphi \to 0$。

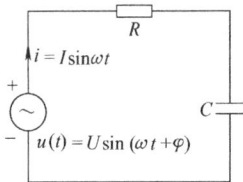

图 3-33-1　RC 串联电路

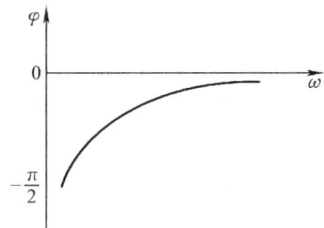

图 3-33-2　RC 串联电路的相频特性

（2）RC 低通滤波电路如图 3-33-3 所示，其中 u_i 为输入电压，u_o 为输出电压，则有

$$\frac{\dot{U}_o}{\dot{U}_i} = \frac{1}{1 + j\omega RC} \tag{3-33-5}$$

它是一个复数，其模为

$$\left| \frac{\dot{U}_o}{\dot{U}_i} \right| = \frac{1}{\sqrt{1 + \omega^2 R^2 C^2}}$$

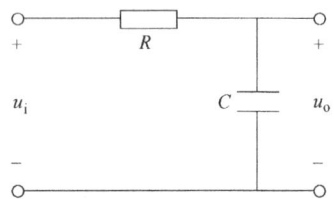

图 3-33-3　RC 低通滤波器

设 $\omega_0 = \frac{1}{RC}$，则由上式可知：$\omega = 0$ 时，$\left| \frac{\dot{U}_o}{\dot{U}_i} \right| = 1$；$\omega = \omega_0$ 时，$\left| \frac{\dot{U}_o}{\dot{U}_i} \right| = \frac{1}{\sqrt{2}} = 0.707$；$\omega \to \infty$ 时，$\left| \frac{\dot{U}_o}{\dot{U}_i} \right| = 0$。

可见 $\left| \frac{\dot{U}_o}{\dot{U}_i} \right|$ 随 ω 的变化而变化，并且当 $\omega < \omega_0$ 时，$\left| \frac{\dot{U}_o}{\dot{U}_i} \right|$ 变化较小，$\omega > \omega_0$ 时，$\left| \frac{\dot{U}_o}{\dot{U}_i} \right|$ 明显下降。这就是低通滤波器的工作原理，它使较低频率的信号容易通过，而阻止较高频率的信号通过。

（3）RC 高通滤波电路。

RC 高通滤波电路的原理图如图 3-33-4 所示。

根据图 3-33-4 分析可知

$$\left| \frac{\dot{U}_o}{\dot{U}_i} \right| = \frac{1}{\sqrt{1 + \left(\frac{1}{\omega RC} \right)^2}} \tag{3-33-6}$$

同样设 $\omega_0 = \frac{1}{RC}$，则：$\omega = 0$ 时，$\left| \dfrac{\dot{U}_o}{\dot{U}_i} \right| = 0$；$\omega = \omega_0$ 时，$\left| \dfrac{\dot{U}_o}{\dot{U}_i} \right| = \dfrac{1}{\sqrt{2}} = 0.707$；$\omega \to \infty$ 时，$\left| \dfrac{\dot{U}_o}{\dot{U}_i} \right| = 1$。

可见该电路的特性与低通滤波电路相反，它对低频信号的衰减较大，而高频信号容易通过，衰减很小，通常称作高通滤波电路。

2. *RL* 串联电路的稳态特性。

RL 串联电路如图 3-33-5 所示。

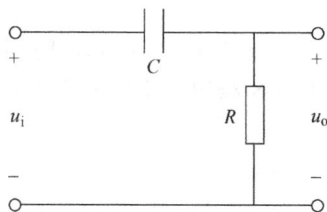

图 3-33-4　*RC* 高通滤波器　　　　图 3-33-5　*RL* 串联电路

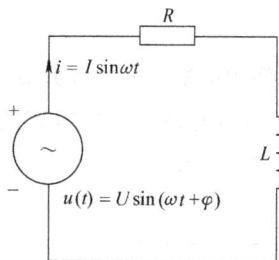

可见电路中 I、U 、U_R、U_L 有以下关系：

$$I = \frac{U}{\sqrt{R^2 + (\omega L)^2}} \tag{3-33-7}$$

$$U_R = IR, \quad U_L = I\omega L \tag{3-33-8}$$

$$\varphi = \arctan \frac{\omega L}{R} \tag{3-33-9}$$

可见 *RL* 电路的幅频特性与 *RC* 电路相反，ω 增加时，I、U_R 减小 U_L 则增大。它的相频特性如图 3-33-6 所示。当 ω 很小时 $\varphi \to 0$，ω 很大时 $\varphi \to \pi/2$。

3. *RC* 串联电路的暂态特性。

电压值从一个值跳变到另一个值，称为阶跃电压。

在图 3-33-7 所示电路中当开关 K 合向 "1" 时，设 C 中初始电荷量为 0，则电源 E 通过电阻 R 对 C 充电，充电完成后，把 K 打向 "2"，电容通过放电，其充电方程为

$$\frac{\mathrm{d}u_C}{\mathrm{d}t} + \frac{1}{RC} u_C = \frac{E}{RC} \tag{3-33-10}$$

放电方程为

$$\frac{\mathrm{d}u_C}{\mathrm{d}t} + \frac{1}{RC} u_C = 0 \tag{3-33-11}$$

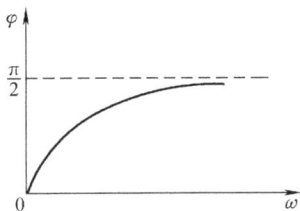

图 3-33-6   *RL* 串联电路的相频特性

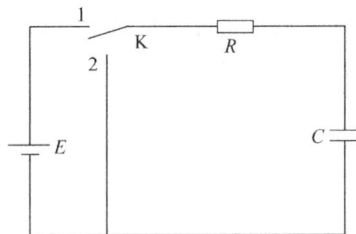

图 3-33-7   *RC* 串联电路的暂态电路

可求得充电过程时电容和电阻电压为

$$u_C = E\left(1 - \mathrm{e}^{-\frac{t}{RC}}\right)$$

$$u_R = E\mathrm{e}^{-\frac{t}{RC}} \tag{3-33-12}$$

放电过程时电容和电阻电压为

$$u_C = E\mathrm{e}^{-\frac{t}{RC}}$$

$$u_R = -E\mathrm{e}^{-\frac{t}{RC}} \tag{3-33-13}$$

由上述公式可知、u_R 和 i 均按指数规律变化。令 $\tau = RC$，τ 称为 *RC* 电路的时间常数。τ 值越大，则 u_C 变化越慢，即电容的充电或放电越慢。图 3-33-8 给出了不同 τ 值的 u_C 变化情况，其中 $\tau_1 < \tau_2 < \tau_3$。

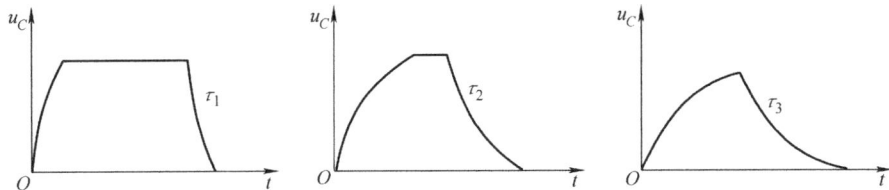

图 3-33-8   不同 τ 值的 u_C 变化示意图

4. *RL* 串联电路的暂态过程

在图 3-33-9 所示的 *RL* 串联电路中，当 K 打向"1"时，电感中的电流不能突变，L 打向"2"时，电流也不能突变为 0，这两个过程中的电流均有相应的变化过程。类似 *RC* 串联电路，电路的电流、电压方程如下：

电流增长过程

$$u_L = E\mathrm{e}^{-\frac{R}{L}t}$$

$$u_R = E\left(1 - \mathrm{e}^{-\frac{R}{L}t}\right) \tag{3-33-14}$$

电流消失过程

$$u_L = -E\mathrm{e}^{-\frac{R}{L}t}$$

$$u_R = E\mathrm{e}^{-\frac{R}{L}t} \tag{3-33-15}$$

其中电路的时间常数 $\tau = \dfrac{L}{R}$。

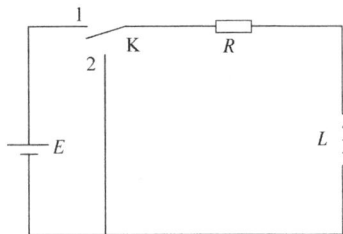

图 3-33-9   *RL* 串联电路的
暂态电路

5. *RLC* 串联电路的频率特性

在图 3-33-10 所示电路中，电路的总阻抗 $|Z|$，电压 U、U_R、和 i 之间有以下关系：

$$|Z| = \sqrt{R^2 + \left(\omega L - \frac{1}{\omega C}\right)^2}, \quad \varphi = \arctan \frac{\omega L - \frac{1}{\omega C}}{R},$$

$$I = \frac{U}{\sqrt{R^2 + \left(\omega L - \frac{1}{\omega C}\right)^2}} \qquad (3\text{-}33\text{-}16)$$

式中，ω 为角频率。可见以上参数均与 ω 有关，它们与频率的关系称为频响特性，如图 3-33-11 所示。

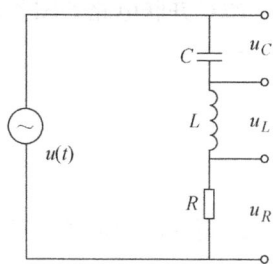

图 3-33-10 *RLC* 串联电路

由图 3-33-11 可知，在频率 f_0 处阻抗 Z 值最小，且整个电路呈纯电阻性，而电流 i 达到最大值，我们称 f_0 为 *RLC* 串联电路的谐振频率（ω_0 为谐振角频率）。从图 3-33-11 还可知，在 $f_1 \sim f_0 \sim f_2$ 的频率范围内 i 值较大，我们称为通频带。

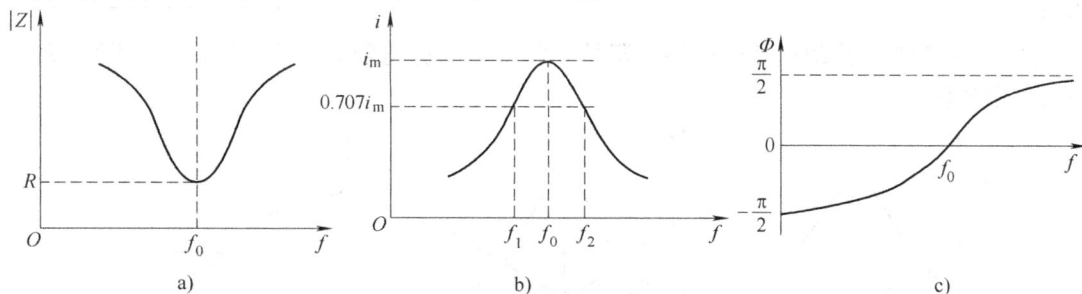

图 3-33-11

a）*RLC* 串联电路的阻抗特性　　b）*RLC* 串联电路的幅频特性　　c）*RLC* 串联电路的相频特性

下面我们推导出 $f_0(\omega_0)$ 和另一个重要的参数——品质因数 Q。

$$|Z| = R, \quad \varphi = 0, \quad I_m = \frac{U}{R}$$

当 $\omega L = \dfrac{1}{\omega C}$ 时，可知

$$\omega = \omega_0 = \frac{1}{\sqrt{LC}}$$

$$f = f_0 = \frac{1}{2\pi \sqrt{LC}} \qquad (3\text{-}33\text{-}17)$$

这时的电感上的电压为

$$U_L = I_m |Z_L| = \frac{\omega_0 L}{R} U \qquad (3\text{-}33\text{-}18)$$

电容上的电压为

$$U_C = I_m |Z_C| = \frac{1}{R\omega_0 C} U \qquad (3\text{-}33\text{-}19)$$

U_C 或 U_L 与 U 的比值称为品质因数 Q。可以证明

$$Q = \frac{U_L}{U} = \frac{U_C}{U} = \frac{\omega_0 L}{R} = \frac{1}{R\omega_0 C}, \quad \Delta f = \frac{f_0}{Q}, \quad Q = \frac{f_0}{\Delta f} \qquad (3\text{-}33\text{-}20)$$

6. RLC 并联电路的频率特性

RLC 并联电路如图 3-33-12 所示。

$$\left.\begin{array}{c} |Z| = \sqrt{\dfrac{R^2 + (\omega L)^2}{(1 - \omega^2 LC)^2 + (\omega CR)^2}} \\[4mm] \varphi = \arctan\left(\dfrac{\omega L - \omega C\ (R^2 + (\omega L)^2)}{R}\right) \end{array}\right\} \qquad (3\text{-}33\text{-}21)$$

可以求得并联谐振角频率

$$\omega_0 = 2\pi f_0 = \sqrt{\frac{1}{LC} - \left(\frac{R}{L}\right)^2} \qquad (3\text{-}33\text{-}22)$$

可见并联谐振频率与串联谐振频率不相等（当 Q 值很大时才近似相等）。

图 3-33-13 给出了 RLC 并联电路的阻抗、相位差和电压随频率的变化关系。

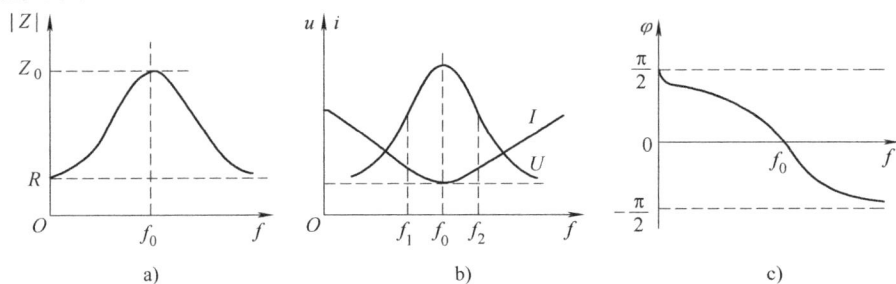
图 3-33-12 RLC 并联电路

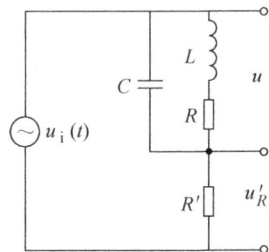

图 3-33-13 RLC 并联电路的阻抗特性、幅频特性、相频特性
a）阻抗特性   b）幅频特性   c）相频特性

与 RLC 串联电路类似，品质因数 $Q = \dfrac{\omega_0 L}{R} = \dfrac{1}{R\omega_0 C}$。

由以上分析可知 RLC 串联、并联电路对交流信号具有选频特性，在谐振频率点附近，有较大的信号输号，其他频率的信号被衰减。这在通信领域、高频电路中得到了非常广泛的应用。

7. RLC 串联电路的暂态过程

在图 3-33-14 所示的电路中，先将 K 打向 "1"，待稳定后再将 K 打向 "2"，这称为 RLC 串联电路的放电过程，这时的电路方程为

$$LC\frac{d^2 U_C}{dt^2} + RC\frac{dU_C}{dt} + U_C = 0 \qquad (3\text{-}33\text{-}23)$$

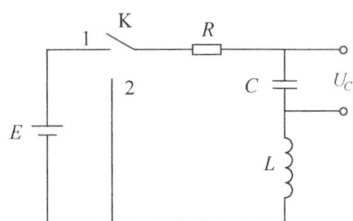
图 3-33-14 RLC 串联电路
的暂态特性

初始条件为 $t = 0$，$U_C = E$，$\dfrac{dU_C}{dt} = 0$。

方程的解一般按 R 值的大小可分为三种情况：

（1）$R < 2\sqrt{L/C}$时，为欠阻尼 $U_C = \dfrac{1}{\sqrt{1 - \dfrac{C}{4L}R^2}} E e^{-\frac{t}{\tau}}$

式中，$\tau = \dfrac{2L}{R}$，$\omega = \dfrac{1}{\sqrt{LC}}\sqrt{1 - \dfrac{C}{4L}R^2}$。

（2）$R > 2\sqrt{L/C}$时，过阻尼 $U_C = \dfrac{1}{\sqrt{\dfrac{C}{4L}R^2 - 1}} E e^{-\frac{t}{\tau}} \mathrm{sh}\,(\omega t + \varphi)$

式中，$\tau = \dfrac{2L}{R}$，$\omega = \dfrac{1}{\sqrt{LC}}\sqrt{\dfrac{C}{4L}R^2 - 1}$。

（3）$R = 2\sqrt{L/C}$时为临界阻尼，$U_C = \left(1 + \dfrac{t}{\tau}\right) E e^{-\frac{t}{\tau}}$。

图 3-33-15 为这三种情况下的 U_C 变化曲线，其中 1 为欠阻尼，2 为过阻尼，3 为临界阻尼。

如果当 $R \ll 2\sqrt{L/C}$时，则曲线 1 的振幅衰减很慢，能量的损耗较小。能够在 L 与 C 之间不断交换，可近似为 LC 电路的自由振荡，这时 $\omega \approx 1/\sqrt{LC} = \omega_0$，$\omega_0$ 为 $R = 0$ 时 LC 回路的固有频率。

对于充电过程，与放电过程相类似，只是初始条件和最后平衡的位置不同。图 3-33-16 给出了充电时不同阻尼的 U_C 变化曲线图。

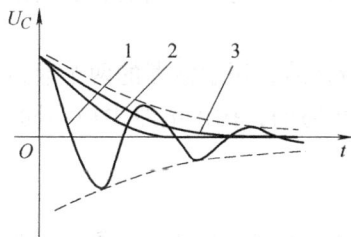

图 3-33-15　放电时的 U_C 曲线示意图

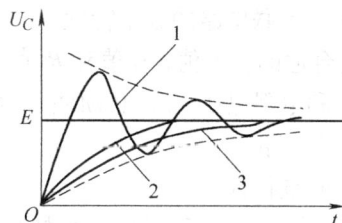

图 3-33-16　充电时的 U_C 曲线示意图

【实验内容】

对 RC、RL、RLC 电路的稳态特性的观测采用正弦波。对 RLC 电路的暂态特性观测可采用直流电源和方波信号，用方波作为测试信号可用普通示波器方便地进行观测；以直流信号作实验时，需要用数字存储式示波器才能得到较好的观测。

注意：仪器采用开放式设计，使用时要正确接线，不要短路功率信号源，以防损坏。

1. RC 串联电路的频率特性

（1）RC 串联电路的幅频特性

选择正弦波信号，保持其输出幅度不变，分别用示波器测量不同频率时的 U_R、U_C，可取 $C = 0.1\mu\mathrm{F}$，$R = 1\mathrm{k}\Omega$，也可根据实际情况自选 R、C 参数。

用双通道示波器观测时可用一个通道监测信号源电压，另一个通道分别测 U_R、U_C，但需注意两通道的接地点应位于线路的同一点，否则会引起部分电路短路。

（2）RC 串联电路的相频特性

将信号源电压 U 和 U_R 分别接至示波器的两个通道，可取 $C = 0.1\mu F$，$R = 1k\Omega$（也可自选）。从低到高调节信号源频率，观察示波器上两个波形的相位变化情况，并记录不同频率时的相位差。

2. RL 串联电路的频率特性

测量 RL 串联电路的幅频特性和相频特性与 RC 串连电路时方法类似，可选 $L = 10mH$，$R = 1k\Omega$，也可自行确定。

3. RC 串联电路的暂态特性

如果选择信号源为直流电压，观察单次充电过程要用存储式示波器。我们选择方波作为信号源进行实验，以便用普通示波器进行观测。由于采用了功率信号输出，故应防止短路。

（1）选择合适的 R 和 C 值，根据时间常数 τ，选择合适的方波频率，一般要求方波的周期 $T > 10\tau$，这样能较完整地反映暂态过程，并且选用合适的示波器扫描速度，以完整地显示暂态过程。

（2）改变 R 值或 C 值，观测 U_R 或 U_C 的变化规律，记录下不同 RC 值时的波形情况，并分别测量时间常数 τ。

（3）改变方波频率，观察波形的变化情况，分析相同的 τ 值在不同频率时的波形变化情况。

4. RL 电路的暂态过程

选取合适的 L 与 R 值，注意 R 的取值不能过小，因为 L 存在内阻。如果波形有失真、自激现象，则应重新调整 L 值与 R 值进行实验，方法与 RC 串联电路的暂态特性实验类似。

5. RLC 串联电路的频率特性

自选合适的值 L 值、C 值和 R 值，按图3-33-10进行连线，用示波器的两个通道测信号源电压 U 和电阻电压 U_R，必须注意两通道的公共线是相通的，接入电路中应在同一点上，否则会造成短路。

（1）幅频特性

保持信号源电压 U 不变（可取 $U_{PP} = 2 \sim 4V$），根据所选的 L、C 值，估算谐振频率，以选择合适的正弦波频率范围。从低到高调节频率，当 U_R 的电压为最大时的频率即为谐振频率，记录下不同频率时的 U_R 大小。

（2）相频特性

用示波器的双通道观测 U 的相位差，U_R 的相位与电路中电流的相位相同，观测在不同频率下的相位变化，记录下某一频率时对应的相位差数值。

6. RLC 并联电路的频率特性

按图3-33-12进行连线，注意此时 R 为电感的内阻，随不同的电感取值而不同，它的值可在相应的电感值下用直流电阻表测量，选取 $L = 10mH$、$C = 0.1\mu F$、$R' = 10k\Omega$。也可自行设计选定。注意 R' 的取值不能过小，否则会由于电路中的总电流变化大而影响 U'_R 的大小。

（1）RLC 并联电路的幅频特性

保持信号源的 U 值幅度不变（可取 $U_{PP} = 2 \sim 5 V$），测量 U 和 U'_R 的变化情况。注意示波器的公共端接线，不应造成电路短路。

（2）RLC 并联电路的相频特性

用示波器的两个通道，测 U 与 U_R' 的相位变化情况。自行确定电路参数。

7. RLC 串联电路的暂态特性

（1）先选择合适的 L、C 值，根据选定参数，调节 R 值大小。观察三种阻尼振荡的波形。如果欠阻尼时振荡的周期数较少，则应重新调整 L、C 值。

（2）用示波器测量欠阻尼时的振荡周期 T 和时间常数 τ。τ 值反映了振荡幅度的衰减速度，从最大幅度衰减到 0.368 倍的最大幅度处的时间即为 τ 值。

【数据处理】

1. 根据测量结果作 RC 串联电路的幅频特性和相频特性图。

2. 根据测量结果作 RL 串联电路的幅频特性和相频特性图。

3. 分析 RC 低通滤波电路和 RC 高通滤波电路的频率特性。

4. 根据测量结果作 RLC 串联电路、RLC 并联电路的幅频特性和相频特性图，并计算电路的 Q 值。

5. 根据不同的 R 值、C 值和 L 值，分别作出 RC 电路和 RL 电路的暂态响应曲线有何区别。

6. 根据不同的 R 值，作出 RLC 串联电路的暂态响应曲线，并分析 R 值对充放电的影响。

实验三十四　电子在电磁场中运动规律的研究

【实验目的】

1. 了解带电粒子在电磁场中的运动规律，电子束的电偏转、电聚焦、磁偏转和磁聚焦的原理。

2. 学习测量电子荷质比的一种方法。

【实验原理】

1. 示波管简介

示波管结构如图 3-34-1 所示，示波管包括有：

1）一个电子枪，它发射电子，把电子加速到一定速度，并聚焦成电子束。

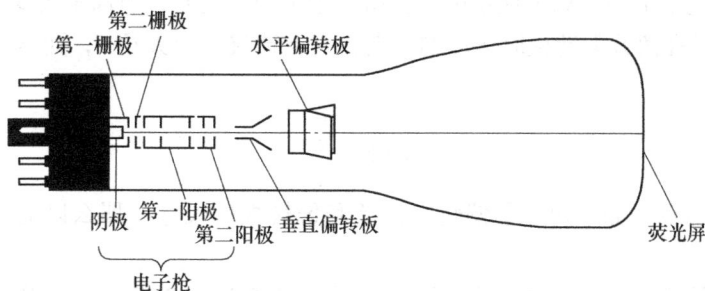

图　3-34-1

2）一个由两对金属板组成的偏转系统。

3）一个在管子末端的荧光屏，用来显示电子束的轰击点。

所有部件全都密封在一个抽成真空的玻璃外壳里，目的是为了避免电子与气体分子碰撞而引起电子束散射。接通电源后，灯丝发热，阴极发射电子。栅极加上相对于阴极的负电压，它有两个作用：1）一方面调节栅极电压的大小控制阴极发射电子的强度，所以栅极也叫控制极；2）另一方面栅极电压和第一阳极电压构成一定的空间电位分布，使得由阴极发射的电子束在栅极附近形成一个交叉点。第一阳极和第二阳极的作用一方面构成聚焦电场，使得经过第一交叉点后发散了的电子在聚焦场作用下又会聚起来；另一方面使电子加速。电子以高速打在荧光屏上，屏上的荧光物质在高速电子轰击下发出荧光，荧光屏上的发光亮度取决于到达荧光屏的电子数目和速度，改变栅压及加速电压的大小都可控制光点的亮度。水平偏转板和垂直偏转板是互相垂直的平行板，偏转板上加以不同的电压，用来控制荧光屏上亮点的位置。

2. 电子的加速和电偏转

为了描述电子的运动，选用直角坐标系，其 z 轴沿示波管管轴，x 轴是示波管正面所在平面上的水平线，y 轴是示波管正面所在平面上的竖直线。

从阴极发射出来通过电子枪各个小孔的一个电子，它从阳极 A_2 射出时在 z 方向上具有速度 v_z；v_z 的值取决于 K 和 A_2 之间的电位差 $V_2 = V_B + V_C$（图 3-34-2）。

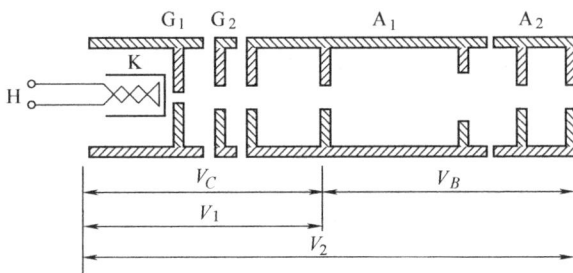

图　3-34-2

电子从 K 移动到 A_2，位能降低了 eV_2；因此，如果电子逸出阴极时的初始动能可以忽略不计，那么它从 A_2 射出时的动能 $\frac{1}{2}mv_z^2$ 就由下式确定：

$$\frac{1}{2}mv_z^2 = eV_2 \tag{3-34-1}$$

此后，电子再通过偏转板之间的空间。如果偏转板之间没有电位差，那么电子将笔直地通过。最后打在荧光屏的中心（假定电子枪瞄准了中心），形成一个小亮点。但是，如果两个垂直偏转板（水平放置的一对）之间加有电位差 V_d，使偏转板之间形成一个横向电场 E_V，那么作用在电子上的电场力便使电子获得一个横向速度 v_y，但却不改变它的轴向速度分量 v_z，这样，电子在离开偏转板时运动的方向将与 z 轴成一个夹角 θ，而这个 θ 角由下式决定：

$$\tan\theta = \frac{v_y}{v_z} \tag{3-34-2}$$

如图 3-34-3 所示。如果知道了偏转电位差和偏转板的尺寸，那么以上各个量都能计算出来。

设距离为 d 的两个偏转板之间的电位差 V_d 在其中产生一个横向电场 $E_V = V_d/d$，从而对电子作用一个大小为 $F_V = eE_V = eV_d/d$ 的横向力。在电子从偏转板之间通过的时间 Δt 内，这

个横向力使电子得到一个横向动量 mv_y，而它等于力的冲量，即

$$mv_y = F_y \Delta t = eV_d \tag{3-34-3}$$

于是

$$v_y = \frac{e}{m} \frac{V_d}{d} \Delta t \tag{3-34-4}$$

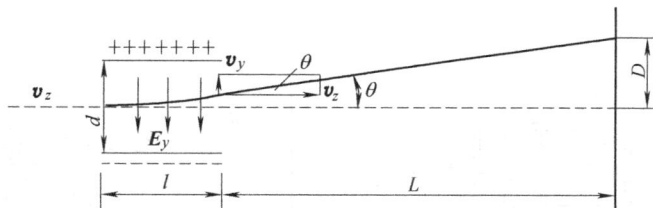

图 3-34-3 电子在电场中的运动

然而，这个时间间隔 Δt，也就是电子以轴向速度 v_z 通过距离 l（l 等于偏转板的长度）所需要的时间，因此 $l = v_z \Delta t$。由这个关系式解出 Δt，代入冲量-动量关系式，结果得

$$v_y = \frac{e}{m} \frac{V_d}{d} \frac{l}{v_z} \tag{3-34-5}$$

这样，偏转角 θ 就由下式给出：

$$\tan\theta = \frac{v_y}{v_z} = \frac{eV_d l}{dmv_z^2} \tag{3-34-6}$$

再把能量关系式（3-34-1）代入上式，最后得到

$$\tan\theta = \frac{V_d}{V_2} \frac{l}{2d} \tag{3-34-7}$$

式（3-34-7）表明，偏转角随偏转电位差 V_d 的增加而增大，而且，偏转角也随偏转板长度 l 的增大而增大，偏转角与 d 成反比，对于给定的总电位差来说，两偏转板之间距离越近，偏转电场就越强。最后，降低加速电位差 $V_2 = V_B + V_C$ 也能增大偏转，这是因为这样就减小了电子的轴向速度，延长了偏转电场对电子的作用时间。此外，对于相同的横向速度，轴向速度越小，得到的偏转角就越大。

电子束离开偏转区域以后便又沿一条直线行进，这条直线是电子离开偏转区域那一点的电子轨迹的切线。这样，荧光屏上的亮点会偏移一个垂直距离 D，而这个距离由关系式 $D = L\tan\theta$ 确定；其中 L 是偏转板到荧光屏的距离（忽略荧光屏的微小的曲率），如果更详细地分析电子在两个偏转板之间的运动，就会看到：这里的 L 应从偏转板的中心量到荧光屏。于是有

$$D = L \frac{V_d}{V_2} \frac{l}{2d} \tag{3-34-8}$$

3. 电聚焦原理

图 3-34-4 所示为电子枪各个电极的截面，加速场和聚焦场主要存在于各电极之间的区域。

图 3-34-5 是 A_1 和 A_2 这个区域放大了的截面图，其中画出了一些等位面截线和一些电力线。从 A_1 出来的横向速度分量为 v_r 的具有离轴倾向的电子，在进入 A_1 和 A_2 之间的区域

后，被电场的横向分量推向轴线。与此同时，电场 E 的轴向分量 E_z 使电子加速；当电子向 A_2 运动，进入接近 A_2 的区域时，那里的电场 E 的横向分量 E_r 有把电子推离轴线的倾向。但是由于电子在这个区域比前一个区域运动得更快，向外的冲量比前面的向内的冲量要小，所以总的效果仍然是使电子靠拢轴线。

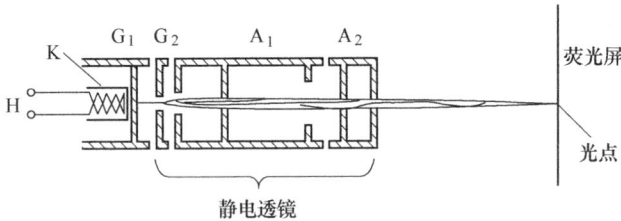

图 3-34-4　电子枪各电极剖面图

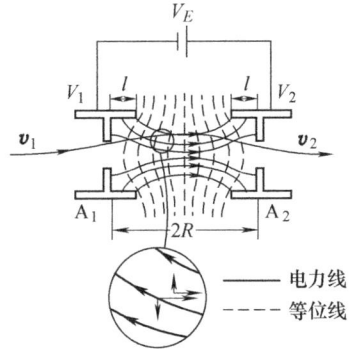

图 3-34-5　电子聚焦

4. 电子的磁偏转原理

在磁场中运动的一个电子会受到一个力加速，这个力的大小 F 与垂直于磁场方向的速度分量成正比，而方向总是既垂直于磁场 B 又垂直于瞬时速度 v。从 F 与 v 方向之间的这个关系可以直接导出一个重要的结果：由于粒子总是沿着与作用在它上面的力相垂直的方向运动，磁场力不对粒子做功，由于这个原因，在磁场中运动的粒子保持动能不变，因而速率也不变。当然，速度的方向可以改变。在本实验中，我们将观测到在垂直于电子束方向的磁场作用下电子束的偏转。

如图 3-34-6 所示，电子从电子枪发射出来时，其速度 v 由下面能量关系式决定：

$$\frac{1}{2}mv^2 = eV_2 = e(V_B + V_C) \qquad (3\text{-}34\text{-}9)$$

电子束进入长度为 l 的区域，这里有一个垂直于纸面向外的均匀磁场 B，由此引起的磁场力的大小为 $F = evB$，而且它始终垂直于速度，此外，由于这个力所产生的加速度在每一瞬间都垂直于 v，此力的作用只是改变 v 的方向而不改变它的大小，也就是说。粒子以恒定的速率运动。电

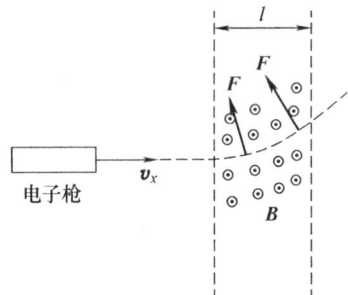

图 3-34-6　电子在磁场中的运动

子在磁场力的影响下作圆弧运动。因为圆周运动的向心加速度为 v^2/R，而产生这个加速度的力（有时称为向心力）必定为 mv^2/R，所以圆弧的半径很容易计算出来。向心力等于 $F = evB$，因而 $mv^2/R = evB$ 即 $R = mv/eB$。电子离开磁场区域之后，重新沿一条直线运动，最后，电子束打在荧光屏上某一点，这一点相对于没有偏转的电子束的位置移动了一段距离。

5. 磁聚焦和电子荷质比的测量原理

置于长直螺线管中的示波管，在不受任何偏转电压的情况下，示波管正常工作时，调节亮度和聚焦，可在荧光屏上得到一个小亮点。若第二加速阳极 A_2 的电压为 V_2，则电子的轴向运动速度用 v_z 表示，则有

$$v_z = \sqrt{\frac{2eV_2}{m}} \tag{3-34-10}$$

当给其中一对偏转板加上交变电压时，电子将获得垂直于轴向的分速度（用 v_r 表示），此时荧光屏上便出现一条直线，随后给长直螺线管通一直流电流 I，于是螺线管内便产生磁场，其磁场感应强度用 B 表示。众所周知，运动电子在磁场中要受到洛伦兹力 $F = ev_r B$ 的作用（v_z 方向受力为零），这个力使电子在垂直于磁场（也垂直于螺线管轴线）的平面内作圆周运动，设其圆周运动的半径为 R，则有

$$ev_r B = \frac{mv_r^2}{R} \text{即} R = \frac{mv_r}{eB} \tag{3-34-11}$$

圆周运动的周期为

$$T = \frac{2\pi R}{v_r} = \frac{2\pi m}{eB} \tag{3-34-12}$$

电子既在轴线方面作直线运动，又在垂直于轴线的平面内作圆周运动。它的轨道是一条螺旋线，其螺距用 h 表示，则有

$$h = v_z T = \frac{2\pi m}{eB} v_z \tag{3-34-13}$$

从式（3-34-11）、式（3-34-12）可以看出，电子运动的周期和螺距均与 v_r 无关。虽然各个点电子的径向速度不同，但由于轴向速度相同，由一点出发的电子束，经过一个周期以后，它们又会在距离出发点相距一个螺距的地方重新相遇，这就是磁聚焦的基本原理，由式（3-34-12）可得

$$e/m = 8\pi^2 V_2 / h^2 B^2 \tag{3-34-14}$$

长直螺线管的磁感应强度 B，可以由下式计算：

$$B = \frac{\mu_0 NI}{\sqrt{L^2 + D^2}} \tag{3-34-15}$$

将式（3-34-14）代入式（3-34-13），可得电子荷质比为

$$\frac{e}{m} = \frac{8\pi^2 V_2 (L^2 + D^2)}{\mu_0^2 N^2 h^2 I^2} \tag{3-34-16}$$

μ_0 为真空中的磁导率，$\mu_0 = 4\pi \times 10^{-7}$ H/m。

【实验仪器】

DZS-D 型电子束实验仪（仪器面板功能分布如图 3-34-7 所示）

DZS-D 型电子束实验仪主要参数如下：

螺线管的长度：$L = 0.234$ m

螺线管的线圈匝数：$N = 526$ T

螺线管的直径：$D = 0.090$ m

螺距：（Y 偏转板至荧光屏距离）$h = 0.145$ m，（X 偏转板至荧光屏距离）$h_X = 0.115$ m。

【实验内容及步骤】

1. 电聚焦实验

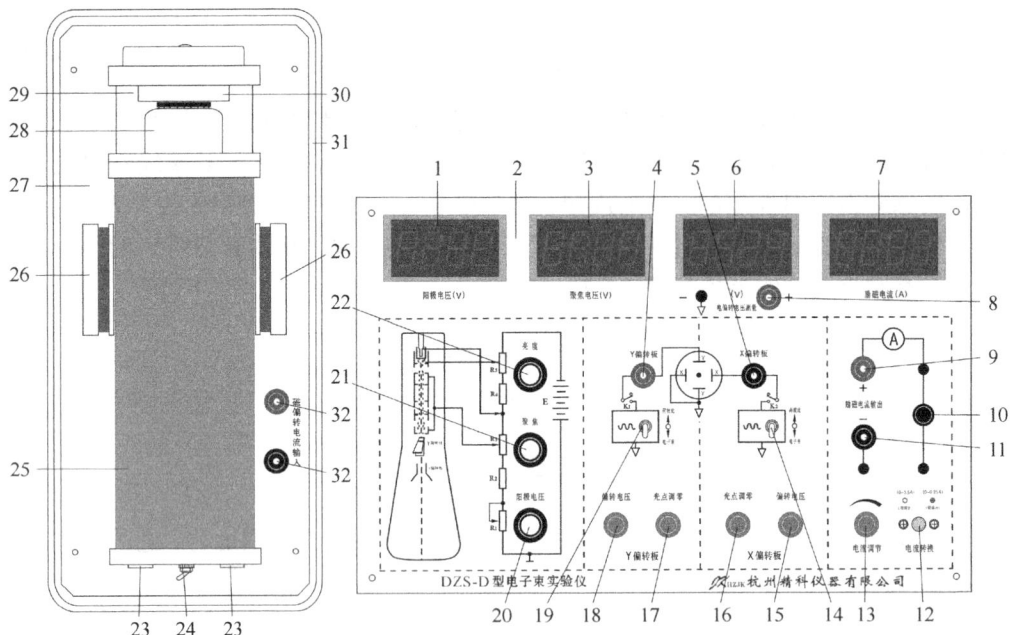

图 3-34-7　DZS-D 型电子束实验仪面板功能分布

1—阳极电压表　2—实验仪面板　3—聚焦电压表　4—Y 轴偏转极板插座　5—X 轴偏转极板插座

6—电偏转电压表　7—励磁电流表　8—电偏转电压输入插座　9、11—励磁电流输出插座

10—保险丝管座　12—磁偏转与磁聚焦电流量程转换按钮　13—磁偏转与磁聚焦电流调节旋钮

14—电子束与示波器功能转换开关（K₂）　15—电子束 X 偏转电压调节　16—电子束 X 轴光点调零

17—电子束 Y 偏转电压调节　18—电子束 Y 轴光点调零　19—电子束与示波器功能转换开关（K₁）

20—阳极高压调节　21—聚焦调节　22—示波管亮度调节　23—磁聚焦电流输入插座　24—磁聚焦

电流换向开关　25—磁聚焦螺线管　26—磁偏转线圈　27—线圈安装面板　28—示波管　29—有机

玻璃防护罩　30—示波管安装座　31—机箱　32—磁偏转电流输入插座

（1）在主机机箱后部接入 AC220 V 市电，主机与示波管之间用专用导线连接，其他不必连线，开启主机箱后面的电源开关，将"电子束—荷质比"选择开关 K₁ 向下拨到"电子束"位置，适当调节示波管辉度。调节聚焦，使示波管显示屏上光点聚焦成一细点。**注意：光点不要太亮，以免烧坏荧光屏，缩短示波管寿命。**

（2）光点调零，通过调节"X 偏转"和"Y 偏转"旋钮，使光点位于 X、Y 轴的中心。

（3）分别调节阳极电压 $V_2 = 600$ V，700 V，800 V，900 V，1000 V，调节聚焦电压旋钮（改变聚焦电压）使光点一次次达到最佳的聚焦效果，在此情况下，测量并记录各不同阳极电压时对应的电聚焦电压 V_1。

（4）求出 V_2/V_1 的比值。

2. 电偏转实验

（1）接线图如图 3-34-8 所示。

（2）开启电源开关，将"电子束—荷质比"功能选择开关 K₁ 及 K₂ 都打到"电子束"位置。适当调节亮度旋钮，使示波管辉度适中，调节聚焦，使示波管显示屏上光点聚成一细点。**注意：光点不能太亮，以免烧坏荧光屏。**

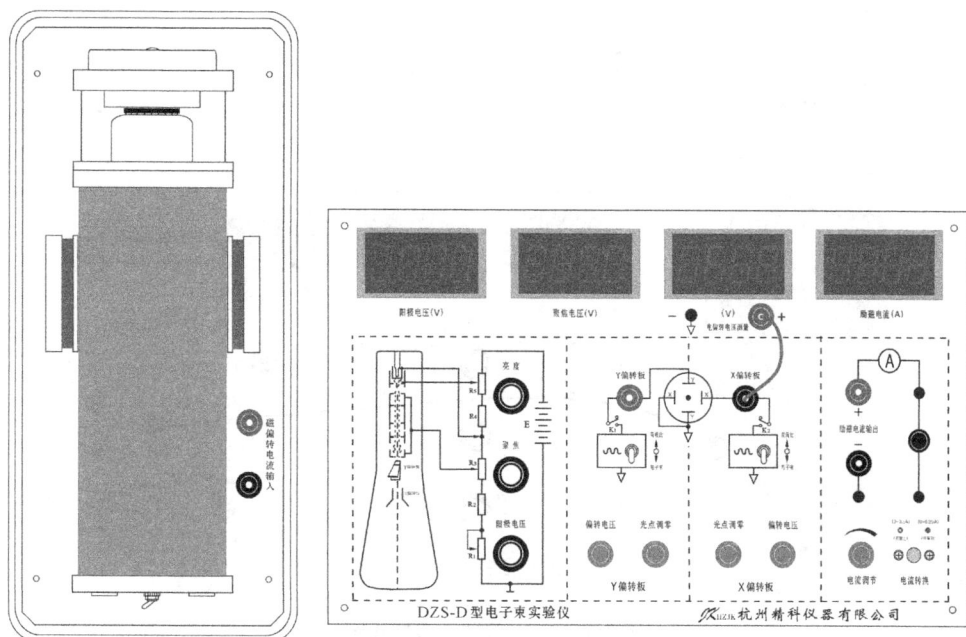

图 3-34-8　电偏转实验接线图（仅标出水平偏转接线）

（3）光点调零，如图 3-34-8 所示，用导线将 X 偏转板插座与电偏转电压表的输入插座相连接（电源负极内部已连接），调节"X 偏转板"的"偏转电压"旋钮，使电偏转电压表的指示为"零"，再调节"X 偏转板"的"光点调零"旋钮，把光点移动到示波管垂直中线上。

（4）测量光点移动距离 D 随偏转电压 V_d 大小的变化（X 轴）：调节阳极电压旋钮，使阳极电压固定在 $V_2 = 600$ V。改变并测量电偏转电压 V_d 值和对应的光点的位移量 D 值，每隔 3 V 测一组 V_d、D 值，把数据一一记录到表 3-33-1 中。然后调节到 $V_2 = 700$ V，重复以上实验步骤。

（5）把电偏转电压表改接到"Y 偏转板"，同"X 偏转板"一样的操作方法，即可测量 Y 轴方向光点的位移量与电偏转电压的关系即 $D\text{-}V_d$ 的变化规律。把数据一一记录到表 3-33-2 中。

3. 磁偏转实验

（1）开启电源开关，将"电子束—荷质比"选择开关 K_1 及 K_2 打向"电子束"位置，适当调节亮度旋钮，使示波管辉度适中，调节聚焦，使示波管显示屏上光点聚成一细点。

（2）光点调零，在磁偏转输出电流为零时，通过调节"X 偏转"和"Y 偏转"旋钮，使光点位于 Y 轴的中心原点。

（3）测量偏转量 D 随磁偏电流 I 的变化，给定 $V_2 = 600$ V，按图 3-34-9 所示接线，按下"电流转换"按钮，"0～0.25 A"挡指示灯亮，调节"电流调节"旋钮（改变磁偏电流的大小），每 10 mA 测量一组 D 值，改变 V_2（700 V），再测一组 $D\text{-}I$ 数据，分别记录于表 3-33-3 和表 3-33-4 中。

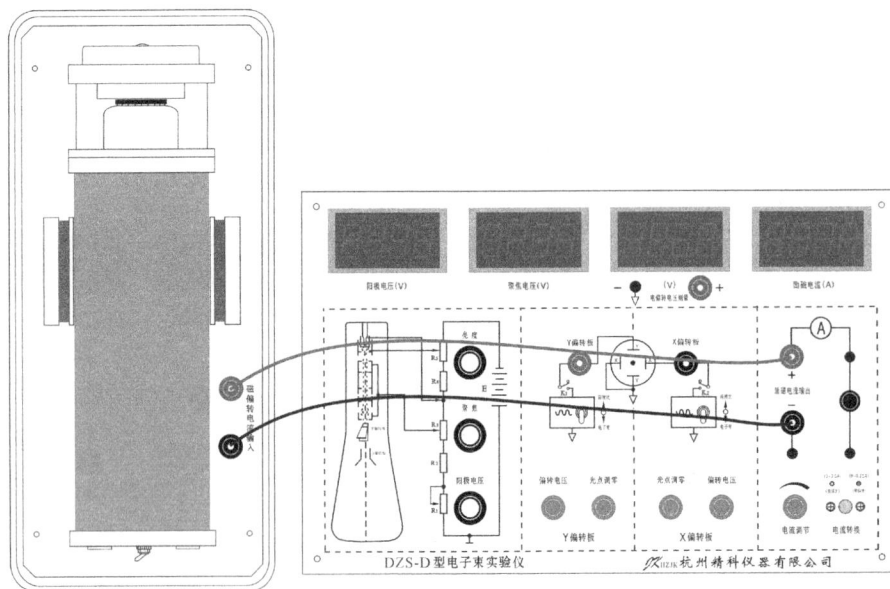

图 3-34-9　磁偏转实验接线图

4. 磁聚焦和电子荷质比的测量

（1）按图 3-34-10 所示接线。

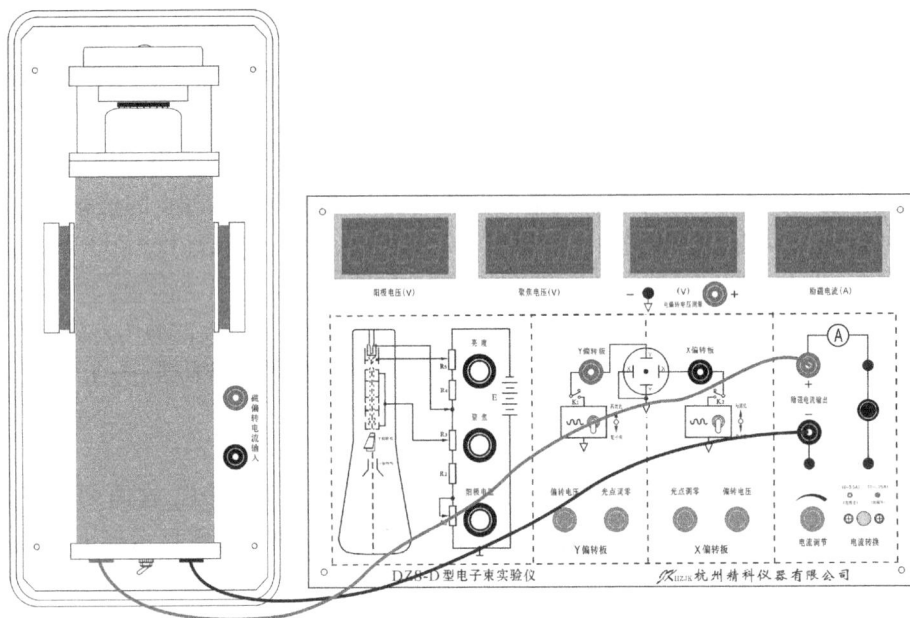

图 3-34-10　磁聚焦和电子荷质比的测量接线图

（2）把主机"励磁电流输出"两插座与螺线管前面板"励磁电流输入"的两插座用导线连接，把"电流调节"旋钮逆时针旋到底。

（3）开启电子束测试仪电源开关，"电子束—荷质比"转换开关 K_1 置于"荷质比"位置，K_2 置于"电子束"位置，此时荧光屏上出现一条直线，把阳极电压调到 700 V。

（4）"释放电流转换"按钮，"0～3.5 A"挡指示灯亮，顺时针转动"电流调节"旋钮，逐渐加大电流使荧光屏上的直线一边旋转一边缩短，直到变成一个小光点。读取电流值，然后将电流值调为零。再将螺线管前面板上的电流换向开关扳到另一方，再从零开始增加电流使屏上的直线反方向旋转并缩短，直到再一次得到一个小光点，读取电流值并记录到表 3-33-5 中。通过计算，求得电子荷质比 e/m。

（5）改变阳极电压为 800 V，重复步骤（4）。

（6）实验结束，请先把励磁电流调节旋钮逆时针旋到底。

【数据记录和处理】

1. 电聚焦

记录不同 V_2 下的 V_1 数值，求出 V_2/V_1。

2. 电偏转

（1）水平方向

1）阳极电压 $V_2 = 600$ V，$V_2 = 700$ V 时，X 轴 $D\text{-}V_d$ 数据记录至表 3-34-1 中。

表　3-34-1

V_d（600V）								
D/mm								
V_d（700V）								
D/mm								

2）作 $D\text{-}V_d$ 图，求出曲线斜率得电偏转灵敏度 S_X 值。

（2）电偏转（垂直方向）

1）阳极电压 $V_2 = 600$ V，$V_2 = 700$ V 时，Y 轴 $D\text{-}V_d$ 数据记录至表 3-34-2 中。

表　3-34-2

V_d（600V）								
D/mm								
V_d（700V）								
D/mm								

2）作 $D\text{-}V_d$ 图，求出曲线斜率得电偏转灵敏度 S_Y 值。

3. 磁偏转

（1）V_2 电压为 600V，$D\text{-}I$ 数据记录至表 3-34-3 中。

表　3-34-3

I/mA								
D/mm								

（2）作 $D\text{-}I$ 图，求曲线斜率得磁偏转灵敏度。

（3）V_2 电压为 700 V，$D\text{-}I$ 数据记录至表 3-34-4 中。

表 3-34-4

I/mA										
D/mm										

（4）作 D-I 图，求曲线斜率得磁偏转灵敏度。

4. 磁聚焦和电子荷质比的测量

表 3-34-5

电流　　　　　　　　　　　　　　电压	700（V）	800（V）
$I_{正向}$/A		
$I_{反向}$/A		
$I_{平均}$/A		
电子荷质比 e/m/（C/kg）		

实验三十五　　地磁场水平分量的测量

【实验目的】

1. 掌握弱磁场测量的基本原理。

2. 掌握大地磁场的一个基本测量方法。

【实验原理】

众所周知，地球被磁场包围，而地磁场也包括南、北两极，但磁南极和磁北极与地理意义上的南、北极并不一致。地磁场作为一种天然磁源，在军事、工业、医学和探矿等科研中有着重要用途。

从电磁学的右手定则可以知道当线圈中通过电流时，线圈的周围就会产生一定量的磁场，若右手握拳，四个手指所环绕的方向是电流的方向，那么大拇指所指的方向就是磁场的方向。

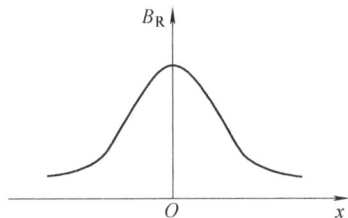

图 3-35-1　载流圆线圈轴线上的磁场分布

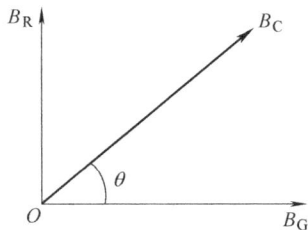

图 3-35-2　地磁场与线圈磁场的矢量合成

当大地磁场 B_G 与圆环线圈产生的磁场 B_R 正交时，两个矢量相加后产生的磁场矢量为 B_C。它们之间存在以下关系：

$$B_G = B_R \cot\theta \qquad (3-35-1)$$

根据毕奥-萨伐尔定律，载流线圈在轴线（通过圆心并与线圈平面垂直的直线）上某点

的磁感应强度为

$$B_R = \frac{\mu_0 R^2}{2\left(R^2 + x^2\right)^{3/2}} NI \tag{3-35-2}$$

式中，I 为通过线圈的电流；N 为线圈的匝数；R 为线圈的平均半径；x 为线圈圆心到该点的距离；μ_0 为真空磁导率。

因此，圆心处的磁感应强度 B_0 为

$$B_0 = \frac{\mu_0}{2R} NI \tag{3-35-3}$$

由于磁针长度为 5 cm 左右，其受线圈磁场作用的位置并不在线圈轴线上，按载流圆线圈磁场分布规律，偏离轴线处的磁感应强度应更强，但磁场分布计算公式非常复杂，这里不做说明。通过实验测试，得出磁针所在位置的磁感应强度约为中心值的 1.15 倍。所以在计算线圈磁感应强度时，需引入修正因子，从而式（3-35-3）变为

$$B_0' = 1.15 \times \frac{\mu_0}{2R} NI \tag{3-35-4}$$

由此可知，矢量合成的磁场 B_C 大小与圆环线圈产生的磁感应强度 B_R、大地磁感应强度 B_G 以及它们之间的夹角有关。载流圆线圈产生的磁场计算公式已经在上面给出。矢量合成后的磁场与载流圆线圈产生的磁场之间的夹角，可以通过罗盘上指南针偏转角度直接读出。这样就可以计算出地磁场的磁感应强度。

【实验仪器】

实验仪器由两部分组成，分别为 FB527 型地磁场水平分量测试仪和地磁场测试架，如图 3-35-3 所示。其中 FB527 型地磁场水平分量测试仪为一恒稳电流源，它可为励磁线圈提供一个十分稳定的励磁电流，电流调节范围在 0 ~ 200 mA 的电流，由粗调和细调电位器调节，保证有足够的电流调节细度。地磁场测试架上是一个具有多抽头的线圈，线圈总匝数为 100 匝，每 10 匝引出一个抽头。通电后产生磁场 B_R，在线圈中心设有一个罗盘，在线圈未通电的情况下，罗盘指向即为地磁场方向。

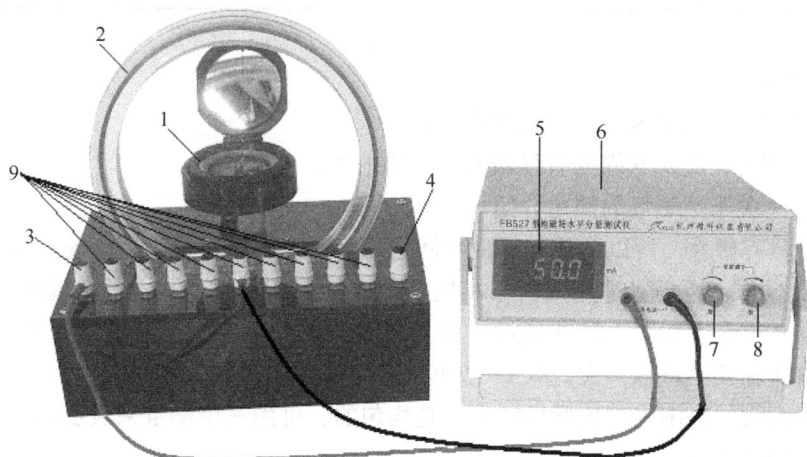

图 3-35-3　FB527 型地磁场水平分量测试仪实物图片及简要说明
1—地质罗盘　2—圆线圈　3—线圈端部（公共端）　4—线圈尾端　5—励磁电流指示电表
6—测试仪　7—励磁电流细调电位器　8—励磁电流粗调电位器　9—线圈中心抽头

【实验内容】

1. 了解、熟悉仪器结构及功能。

2. 调节实验架底座水平调节螺钉，观察罗盘上的水准器，使实验架（罗盘）处于水平状态。

3. 开机预热 10min，将电流源输出旋钮调到最小位置上。

4. 调整机架的放置角度，使罗盘指针和线圈轴线互相垂直，即使地磁场 B_G 和线圈磁场 B_R 垂直。

5. 将测试仪电流输出端子连接到线圈选定匝数接线柱上。

6. 固定励磁电流 $I = 50$ mA，依次测量在线圈匝数为 10～100 匝时地质罗盘对应地磁场的偏转角度 θ_i，将实验数据记入表 3-35-1 中。实验数据可利用计算机"电子表格"进行处理，又快又准确。也可通过"作图法"求解。

7. 励磁电流接到 50 匝接线柱上，调节电流大小，分别测量在 $I = 20$～200 mA step20 mA 时地质罗盘磁针对应地磁场的偏转角度 θ_i，将实验数据记入表 3-35-2 中。实验数据可自行用最小二乘法求解地磁场水平分量的磁感应强度数值。

表 3-35-1　　电流输出 $I = 50$ mA

线圈匝数/T	10	20	30	40	50	60	70	80	90	100
线圈磁感应强度 $B_R/\mu T$										
罗盘偏转角 $\theta_i/(°)$										
地磁水平分量 $B_G/\mu T$										

表 3-35-2　　线圈匝数 $N = 50$ T

励磁电流 I/mA	20	40	60	80	100	120	140	160	180	200
线圈磁感应强度 $B_R/\mu T$										
罗盘偏转角 $\theta_i/(°)$										
地磁水平分量 $B_G/\mu T$										

【注意事项】

1. 仪器使用时要避免振动，以免产生误差。

2. 仪器使用时，应避开周围有强烈磁场源的地方。

【附录一】　关于地磁场的简单介绍

地球本身具有磁性，所以地球和近地空间之间存在着磁场，称为地磁场。地磁场的强度和方向随地点不同（甚至随时间）而不相同。地磁场的北极、南极分别在地理南极、北极附近，彼此并不重合，如图 3-35-4 所示，而且两者间的偏差随时间不断地在缓慢变化。地磁轴与地球自转轴并不重合，大约有 11° 交角。

在一个不太大的范围内，地磁场基本上是均匀的，可用三个参量来表示地磁场的方向和大小，如图 3-35-5 所示。

（1）磁偏角 α，地球表面任一点的地磁场矢量所在垂直平面（图 3-35-5 中 $B_{//}$ 与 Oz 构成的平面，称地磁子午面），与地理子午面（图 3-35-5 中 Ox、Oz 构成的平面）之间的夹角。

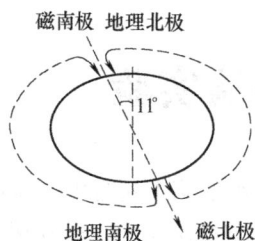

图 3-35-4

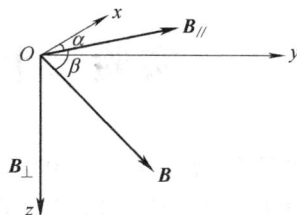

图 3-35-5

（2）磁倾角 β，磁场强度矢量 B 与水平面之间的夹角（即图 3-35-5 中矢量 B 与 Ox、Oy 构成的平面）的夹角。

（3）水平分量 $B_{//}$，地磁场矢量 B 在水平面上的投影。

测量地磁场的这三个参量，就可确定某一地点地磁场 B 矢量的方向和大小。当然这三个参量的数值随时间不断地在改变，但这一变化极其缓慢，极为微弱。

【附录二】 我国一些城市的地磁参量（地磁三要素）

地名	地理位置		磁偏角 α（偏西）	磁倾角 β	地磁场水平分量 $B_{//}$（μT）	测定年份
	北纬	东经				
齐齐哈尔	47°22′	123°59′	7°34′	64°27′	24.2	1916
长春	43°51′	126°36′	7°30′	60°20′	26.6	1916
沈阳	41°50′	123°28′	6°49′	58°43′	27.7	
北京	39°56′	116°20′	4°48′	57°23′	28.9	1936
天津	39°05′.9	117°11′	4°04′	56°21′	29.3	1916
太原	37°51′.9	112°33′	3°18′	55°11′	30.1	1932
济南	36°39′.5	117°01′	3°36′	53°06′	30.8	1915
兰州	36°03′.4	103°48′	1°15′	53°24′	31.2	
郑州	34°45′	113°43′	0°18′	50°43′	32.0	1932
西安	34°16′	108°57′	3°02′	50°29′	32.3	1932
南京	32°03′.8	118°48′	1°42′	46°43′	33.1	1922
上海	31°11′.5	121°26′	3°13′	45°25′	33.3	
成都	30°38′	104°03′	0°58′	45°06′	34.6	
武汉	30°37′	114°20′	2°23′	44°34′	34.3	
安庆	30°32′	117°02′		44°27′	34.1	1911
杭州	30°16′	120°08′	2°59′	44°05′	33.7	1917
南昌	28°42′.4	115°51′	1°51′	41°49′	34.9	1917
长沙	28°12′.8	112°53′	0°50′	41°11′	35.2	1907
福州	26°02′.2	119°11′	1°43′	27°28′	35.5	1917
桂林	25°17′.7	110°12′	0°05′	36°13′	36.6	1907
昆明	25°04′.2	102°42′	0°04′	35°19′	37.2	1911
广州	23°06′.1	113°28′	0°47′	31°41′	37.5	

实验三十六　密立根油滴实验

美国物理学家密立根，从 1909 到 1917 年所做的测量微小油滴上所带电荷量的工作，叫做密立根油滴实验。该实验非常有名，是实验物理的典范。通过该实验，密立根精确测定了电子的电荷量数值，直接验证了电荷的不连续性，此结论在物理学发展史上具有重要的意义。密立根油滴实验原理简单，设备和方法简便、直观、有效，结论具有说服力，是启发性实验的代表作，其设计思想至今仍值得我们学习借鉴。

【实验目的】

1. 掌握密立根油滴实验的原理与数据处理方法。

2. 使用 CCD 微机密立根油滴仪，测量得到电子电荷量。

3. 了解 CCD 图像传感器的原理与应用。

【实验仪器】

本实验采用南京浪博科教仪器研

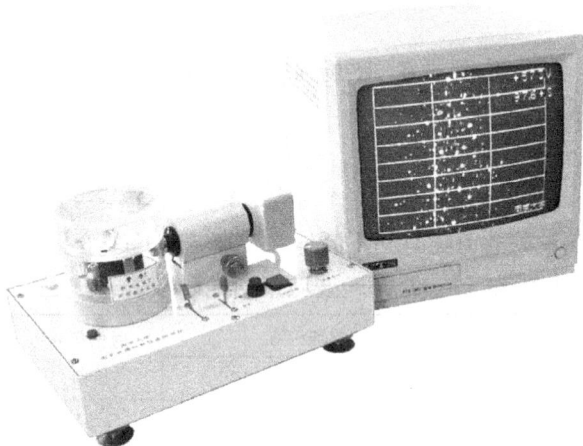

图 3-36-1　CCD 油滴仪

究所生产的 CCD 油滴仪（见图3-36-1）进行，它由油滴盒、CCD 电视显微镜、电路箱、监视器构成。

【实验原理】

假设有一个质量 m，带电荷量 q 的油滴处于两平行板之间（见图 3-36-2）。板间不存在电场时，油滴在重力作用下加速下降。考虑到空气阻力的影响，油滴在下降一定的距离后，开始匀速运动，速度为 v_g。如果不计空气对油滴的浮力，重力与阻力平衡，这里的阻力为粘滞阻力，服从斯托克斯定律，即

$$mg = 6\pi\alpha\eta v_g = f_r \tag{3-36-1}$$

式中，η 是空气粘滞系数；α 是油滴半径。

小油滴是带电体，会受到电场作用，如果在极板间加方向向下的电场，电场力与重力相反。假定电场力大于重力，那么在合力作用下油滴将向上加速运动，经过足够的时间，达到速度为 v_e 的匀速运动状态。仍然不考虑空气阻力的影响，那么这里的力平衡关系是

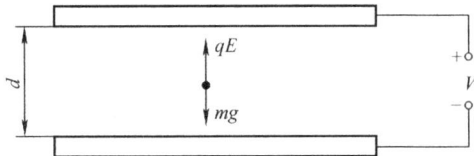

图　3-36-2

$$6\pi\alpha\eta v_e = qE - mg \tag{3-36-2}$$

使用板间匀强电场假定，则 $E = V/d$，上面各式联立，得到电子电荷

$$q = mg\frac{d}{V}\left(\frac{v_g + v_e}{v_g}\right) \tag{3-36-3}$$

从上式可知，为了得到电荷量，需要知道板间电压、板间距、上升速度和下降速度、油滴质量 m。对油滴作球形近似，油滴质量为

$$m = \frac{4}{3}\pi\alpha^3\rho \qquad (3\text{-}36\text{-}4)$$

根据式（3-36-1）、式（3-36-4），得油滴半径

$$\alpha = \left(\frac{9\eta v_g}{2\rho g}\right)^{\frac{1}{2}} \qquad (3\text{-}36\text{-}5)$$

实验中油滴的半径很小，所以其周围的空气介质不能看做是连续的，因此空气的粘滞系数必须进行必要的修正

$$\eta' = \frac{\eta}{1 + \dfrac{b}{p\alpha}} \qquad (3\text{-}36\text{-}6)$$

式中，b 是修正常数；p 是空气压强。

假定实验中观测油滴匀速上升和匀速下降的距离相等，都为 l，匀速上升、下降的时间分别是 t_e、t_g，满足

$$v_g = \frac{l}{t_g}, \quad v_e = \frac{l}{t_e} \qquad (3\text{-}36\text{-}7)$$

可以得到油滴电荷的另外一个表达式

$$q = \frac{18\pi}{\sqrt{2\rho g}}\left[\frac{\eta l}{1 + \dfrac{b}{p\alpha}}\right]^{\frac{3}{2}} \cdot \frac{d}{V}\left(\frac{1}{t_e} + \frac{1}{t_g}\right)\left(\frac{1}{t_g}\right)^{\frac{1}{2}} \qquad (3\text{-}36\text{-}8)$$

令常数 K 为

$$K = \frac{18\pi}{\sqrt{2\rho g}}\left[\frac{\eta l}{1 + \dfrac{b}{p\alpha}}\right]^{\frac{3}{2}} \cdot d \qquad (3\text{-}36\text{-}9)$$

则电荷量 q 为

$$q = K \cdot \frac{1}{V}\left(\frac{1}{t_e} + \frac{1}{t_g}\right)\left(\frac{1}{t_g}\right)^{\frac{1}{2}} \qquad (3\text{-}36\text{-}10)$$

这是动态（非平衡）法测量油滴电荷的公式。

油滴电荷还可以通过静态法测量。其相关公式推导如下：

调节板间电压，使得油滴保持不动，即 $v_e = 0$，$t_e \to \infty$，根据式（3-36-10）可得

$$q = K \cdot \frac{1}{V}\left(\frac{1}{t_g}\right)^{\frac{3}{2}} \qquad (3\text{-}36\text{-}11)$$

这就是静态法测油滴电荷的公式。

为了求出电子电荷 e，对实验测得的各个电荷 q_i 求出最大公约数，就是基本电荷 e 的值。也可以测量同一个液滴所带电荷数量的改变 Δq_i（通过紫外线或者放射源照射油滴，使得其电荷量改变）。此时的电荷改变量是某一个最小单位的整数倍，这个最小单位就是基本电荷 e。

【实验内容】

1. 测量油滴电荷量。

2. 计算基本电荷量。

【实验步骤】

1. 连接设备，保证连线稳固、可靠。

2. 调节仪器底座的三只调节手轮，确保设备水平。

3. 照明光路不需要调节，CCD 显微镜对焦也不需要调焦，只需将显微镜前端和底座前端对齐，然后喷油后前后稍稍调节即可。在使用中，前后调节范围不要过大，取前后调焦 1mm 内的油滴较好。

4. 打开监视器和油滴仪电源，在监视器上出现厂家标识，5s 后自动进入测量状态，显示出标准分划板及 V 值、S 值（如果开机后屏幕上的字很乱或者重叠，先关掉油滴仪电源，过几分钟再开机）。

5. 喷油时喷头不要深入喷油孔内，防止大颗粒油滴塞堵油孔。

6. 在实际测量前，先反复进行几次测量，熟悉油滴的运动与控制，通常选择平衡电压 200~300V，匀速下落 1.5mm 的时间在 8~20s 左右的油滴较适宜。喷油后，K_2 挡位到平衡，调节使得板极电压达到 200~300V，注意几个缓慢运动、较为清晰明亮的油滴。将 K_2 置 0，观察各颗粒下落的大致速度，从中选择一个作为测量对象。对于实验中使用的 9 英寸监视器，目视油滴直径在 0.5~1mm 左右较为适宜。过小的油滴观察困难，布朗运动的效应明显，会引入较大的测量误差。

观察油滴是否平衡，要有足够的耐心。用 K_2 将油滴移动到某条刻度线上，仔细调节平衡电压，这样反复操作几次，经过一段时间观察油滴确实不再移动，才可以认为是平衡了。

测准油滴上升或者下降某距离所需要的时间，一是要统一油滴到达刻度线的什么位置才认为油滴塌线，二是眼睛要平视刻度线，不要有夹角。反复练习几次，使得测出的各次时间的离散性较小。

【实验数据处理】

1. 计算电荷值 q

将表 3-36-1 的实验数据代入式（3-36-11）中，并算出 q 值。

表 **3-36-1** $p =$ _____ Pa, $t =$ _____ ℃

下降时间/s	油滴 1	油滴 2	油滴 3	油滴 4	油滴 5	油滴 6	油滴 7	油滴 8	油滴 9	油滴 10
t_1										
t_2										
t_3										
t_4										
t_5										
平均时间 t										
电压/V										
$q/ \times 10^{-19}$C										

由式（3-36-5）可得

$$\alpha = \sqrt{\frac{9\eta l}{2\rho g t_{\mathrm{g}}}} \qquad (3\text{-}36\text{-}12)$$

式（3-36-12）的参数为：

油密度：981 kg·m^{-3}（20 ℃）

重力加速度：9.79 m·s^{-2}

空气黏滞系数：1.83×10^{-5} kg·m^{-1}·s^{-1}

油滴匀速下降距离：$l = 1.5 \times 10^{-3}$ m

修正系数：$b = 6.17 \times 10^{-6}$ m·cm·Hg

大气压：$p = 76.0$ cm·Hg

板间距：$d = 5.00 \times 10^{-3}$ m

2. 分析各 q 值中所包含的基本电荷的数目 n

将表 3-36-1 中的 q 值进行分组，将数据相近（数值相差在 1×10^{-19} C 内）的电荷归并到一组（此步也可用作图法完成：以电量大小为坐标，作直线图后，比较分组）并求其平均值。

表 3-36-2

组数					
$\bar{q}/ \times 10^{-19}$ C					

找出表 3-36-2 中最小的 q 值和每相邻组间 q 的差值的最小值。

由于基本电荷值不能大于表 3-36-2 中的 q 的最小值，也不能大于相邻 q 值之差的最小值。找出几个相邻 q 值之差值，并以其最小值的平均值为基本电荷量的粗略估计值 e。

用粗略估计值 e 除表 3-36-1 中各 q 值，得出估算值 n_0，并进一步求得 n_0 的最近整数 n，此整数即是各 q 值中所包含的基本电荷的数目。

表 3-36-3

油滴顺序	1	2	3	4	5	6	7	8	9	10
$q/ \times 10^{-19}$ C										
n_0										
所带基本电荷数 n										

【思考题】

1. 对实验结果造成影响的主要因素有哪些？

2. 如何判断油滴盒内部平行板是否水平？水平度不好对实验结果有什么影响？

3. 用 CCD 成像系统观察油滴，比直接从显微镜中观察有什么优点？

4. 密里根油滴实验最大的特色是什么？

5. 是否可以用固体小尘埃来代替油滴进行上述实验？为什么？

附录：CCD 油滴仪主要结构说明

油滴盒是本设备的主体部件，其结构如图 3-36-3 所示。

电路箱内部有高压产生、测量显示等电路。底部装有 3 只水平调节手轮，面板结构如图 3-36-4 所示。由测量显示电路产生的电子分划刻度板与 CCD 摄像头的行扫描严格同步，相当于刻度线是处于 CCD 器件上的。

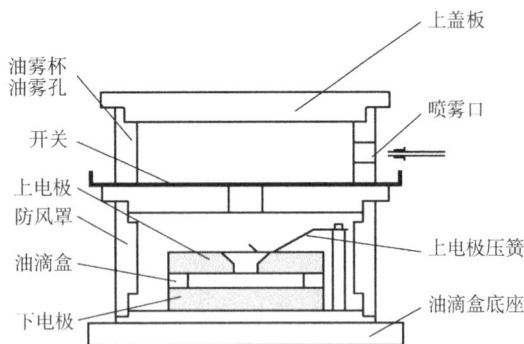

图 3-36-3　油滴盒结构示意图

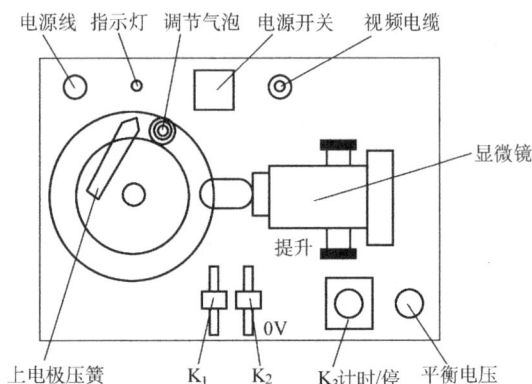

图 3-36-4　油滴仪控制面板图

通过按住计时/停按钮大于 5 s 的办法可以转化分划板。在面板上有两只控制平行板电压的三挡开关，K_1 控制上电极电压的极性，K_2 控制板极电压的大小。当 K_2 处于中间位置时，可用电位器调节平衡电压。打向提升挡位时，自动在平衡电压基础上增加 200～300 V 的提升电压，打向 0 V 挡位时，板极电压为 0 V。

实验三十七　用比较法测量直流电阻

【概述】

电阻是电磁学实验工作中的常用元件。在电磁学发展史上，电桥法测电阻曾起过重要作用。电桥所用的平衡比较法，是微差比较法的差值为零时的特例；微差法是比较法中的一种。在测量技术快速发展的今天，如何采用数字技术测量电阻是一个值得研究的课题。本实验借助数字电压表，采用了一种比一般电桥法更直观的比较测量方法（电压比等于电阻比），可以更简捷、更准确地测量电阻。

【实验目的】

1. 用直接比较法测量不同的未知电阻，计算不确定度。

2. 测量室温下金属丝的电阻率。

*3. 利用直流恒流源，替代非平衡电桥测量连续变化的非电量。

*4. 研究性实验，四位半数字电压表的误差和非线性残差的分布特征。

【实验仪器】

DH6108 赛电桥综合实验仪、四位半数字万用表、ZX21a 直流电阻箱、千分尺和游标卡尺（>200 mm）。

【实验原理】

一、比较法测量电阻

1. 比较法测量电阻的原理

随着现代数字技术的发展基础，可以采用更为简洁直观的直接（直读）比较测量方法，电路原理简图如图 3-37-1 所示。图中 E 是电动势为 E 的稳压电源，电源等效内阻为 r_E（r_E 中包括外电路的引线电阻）；被测对象为 R_x；比较测量用标准电阻为 R_N；等效内阻为 r_V 的数字电压表 V 通过开关可以分别测量 R_N 与 R_x 上的电压 V_N 和 V_x。$r_V \to \infty$ 时可得

$$R_x = \frac{V_x}{V_N} R_N \qquad (3\text{-}37\text{-}1)$$

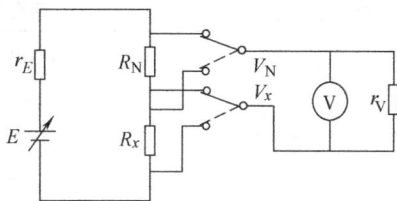

图　3-37-1

当电压表内阻较小时上式似乎不能成立，但实际上忽略 r_E 时上式是恒等式。有兴趣的同学可以预习时自行证明。

在忽略式（3-37-1）原理误差的前提下，可得 R_x 的相对不确定度为

$$\frac{U_{Rx}}{R_x} = \sqrt{\left(\frac{U_{RN}}{R_N}\right)^2 + \left(\frac{U_{Vx}}{V_x}\right)^2 + \left(\frac{U_{VN}}{V_N}\right)^2} \qquad (3\text{-}37\text{-}2)$$

式中，U_{RN} 是标准电阻 R_N 的不确定度。由于是短时间间隔内的比较测量，U_{VN} 和 U_{Vx} 不需按数字表直接测量时的不确定度计算，而可代之以非线性残差限 $U_{inl,min}$，或直接用 $U_{rel,inl}$ 当做式（3-37-2）中的相对不确定度值。这样做的优点是：数字表的非线性残差限明显小于不确定度（参见附录实验的结论）。当标准电阻的准确度较高即 U_{RN}/R_N 较小时，R_x 的测量结果的准确度也较高。

另外，这种测量方法即使电压单位被读错，仍不影响电压比；即使电压表的不确定度较大，只要非线性（相对）残差限较小，测量结果仍较准确。

2. 测量实现方式

本实验所采用的测量设备由以下各部分组成：

（1）1～19 V 超低准静态内阻的可调直流稳压电源，用两个多圈电位器作粗调、细调，输出电流大于 10 mA，可用作几十欧姆以上的电阻测量电源。

（2）0～1 V 电压源，最大电流 5 A，供测量几十欧姆以下的低值电阻时用。

（3）0～10 mA 输出的电流源，开路电压 19 V，可用于测量各类电阻响应式传感器，或者替代非平衡电桥进行相应的实验。

（4）比较测量电路，包括标准电阻 R_N 和转换开关。R_N 由 11 挡标称值为 10^k 的高准确度标准电阻组成。对于低值电阻、中值电阻和高值电阻三种不同的被测对象，标准电阻 R_N 采用不同的值，如表 3-37-1 所示。切换开关在测量低值电阻时严格运用四端接法，实验装置在面板上有电压端、电流端的不同端钮。

表　3-37-1

被测电阻的范围		低值电阻				中值电阻				高值电阻	
类似的电桥仪器		QJ44				QJ23				QJ36	
R_N/Ω		10^{-2}	10^{-1}	10^{0}	10^{1}	10^{2}	10^{3}	10^{4}	10^{5}	10^{6}	10^{7}
测量范围	方法 1	$0.199R_N \sim 1.99R_N$									
	方法 2	$0.316R_N \sim 3.16R_N$ （$\sqrt{10} \approx 3.16$）									

（续）

被测电阻的范围		低值电阻	中值电阻	高值电阻
电源选择		低电压, 0.02 ~ 1 V	1.0 ~ 19 V 连续可调	
		大电流, 0 ~ 5 A	不大于 30 mA	
电压表量程/V		0.19999	1.9999	
电压表的属性	量程/V	0.19999	1.9999（并联 r_{par} 再串联 r_{ser} 之后）	
	总等效内阻 r_v/kΩ	30	300	3000

（5）多量程数字电压表。由数字电压表、并联防漂电阻 r_{par}、串联定值电阻 r_{ser} 等构成。共有 4 个量程：0.2 V（> 10 MΩ）、0.2 V（30 kΩ）、2 V（300 kΩ）和 2 V（3 MΩ），可用于测量电压，又可研究内阻对测量的影响。

（6）被测低值电阻，由一根均匀金属丝和接线端钮组成。均匀金属丝的电阻 R_x 与直径为 d、长度为 l、电阻率为 ρ 的关系为

$$R_x = \frac{\rho l}{\pi (d/2)^2} \tag{3-37-3}$$

实验中要测不锈钢丝的电导率是温度的函数，室温下在 10^x Ω·m 量级，因而不锈钢丝的电阻 R_x 很小。测低值电阻时要用较大的电流，要设法减小引线（连接导线）电阻和接触点电阻对测量的影响，因为引线电阻、接触电阻的大小和被测低值电阻相比往往不可忽略。不锈钢丝的直径可用千分尺测量五次以上，取平均值；用游标卡尺测量有效长度。

3. 电阻的具体测量方式

可以根据需要采用以下两种形式：

（1）调电压使 V_N 为额定值的"直读"式测量

"直读"式测量时，被测量等于读数值乘以 10^K。方法如下：

1）调电源电压，使 V_N 为 0.10000 V、1.0000 V 等额定值，

2）V_x 直接读出后，根据式（3-37-1）可知，$R_x = V_x \times 10^K$，这里指数 K 为与量程有关的整数。

（2）用 $R_x = R_N V_x / V_N$ 计算的"满量程"式测量

为减小 R_x 的不确定度 U_{RX}，在知道 R_x 的约值后，根据 $0.316 R_N \leqslant R_x \leqslant 3.16 R_N$ 来选取测量范围。方法如下：

1）调节电源电压，使 R_x 和 R_N 中阻值大的一个电阻上的电压接近满量程。

2）再测量另一较小电阻上的电压，最后可得 $R_x = R_N V_x / V_N$。

这样的操作步骤测量结果要靠计算求出，不如前述的方法方便，但是由于 V_x 和 V_N 都比较大，可使式（3-37-2）的根式中的分母增大而使不确定度有所减小。

*二、利用直流恒流源，替代非平衡电桥测量连续变化的电阻量

非平衡电桥的原理是：利用电桥不平衡时输出的电压与被测电阻的函数关系，通过测量桥路输出电压来测量连续变化的被测电阻量（可以参见有关文献）。

用非平衡电桥测量连续变化的电阻量比较复杂，且输入与输出存在非线性。用比较法的

思路，能够将非平衡电桥测量连续变化的电阻量这种比较复杂的方法，回归到简单测量的方法上来，并且输入量与输出量成线性关系。

只要将电压源改成恒流源，被测电阻接到 R_x 端，选择合适的标准电阻和恒流源的电流大小，获得合适的 V_N、V_x 值，测量 V_x 即可实时测量得到 R_x，从而进一步求得被测物理量。

【实验内容】

一、分别用电压比较法测量数十欧姆、一千多欧姆、数百千欧姆电阻和金属丝低电阻

1. 调电压使 V_N 为额定值的"直读"式测量

具体步骤为：

1）预备：通过面板开关和旋钮选择合适的测量挡，根据测量范围（$0.199R_N \sim 1.99R_N$）选定标准电阻 R_N，可参见表 3-37-1。再按面板的图示，将电源、表头、标准电阻和被测电阻接好。

2）调整："测量选择"开关打向 V_N，表头的选择可参见表 3-37-1。测量 V_N，分别仔细调节电压粗调和细调的电位器旋钮，使电压读数值 V_N 与表 3-37-2 所示的"调整时 V_N 的额定值"相差不超过 1LSB（1 个字）。

3）测量："测量选择"开关打向 V_x，读取 V_x。如果这时数字表超过量程，说明 R_x 过大，应该换大 R_N 值；如果读数小于 2000 个字，则应换小 R_N 值。

注意：测高值电阻时，由于标准电阻不确定度加大及绝缘电阻等的影响，加上被测对象本身的稳定性也往往较差，读数会出现跳字，这时要读取显示值的平均值。

4）计算：绝大多数情况下，V_x 直接读出后，$R_x = V_x \times 10^K$，这里指数 K 为与量程有关的整数，只有在电阻值的最低挡（$R_N = 1.0000\,\mathrm{E} - 2\ \Omega$），由于最大电流为 5 A，所以 $R_x = 5V_x$。

2. 用 $R_x = R_N V_x / V_N$ 计算的"满量程"式测量

为减小 R_x 的不确定度 U_{Rx}，在知道 R_x 的约值后，根据 $0.316R_N \leqslant R_x \leqslant 3.16R_N$ 来选取测量范围。R_N 的选择、测量范围及不确定度范围等见表 2-37-1，表头的选择可参见表 3-37-1。方法如下：

1）调节电源电压，使 R_x 和 R_N 中阻值大的一个电阻上的电压接近满量程。

2）再测量另一较小电阻上的电压，最后可得 $R_x = R_N V_x / V_N$。

这样的操作步骤测量结果要靠计算求出，不如前述的方法方便，但是由于 V_x 和 V_N 都比较大，可使式（3-37-2）的根式中的分母增大，而使不确定度有所减小。

*二、设计性实验

用 Pt100 铂电阻设计一个数字温度计。

用前述比较法测量电阻的理论及计算公式，将恒流源接入标准电阻和被测电阻串联组成的回路中，代替非平衡电桥测量变化的温度。

选择合适的标准电阻和恒定电流的大小，获得与温度 t 有关的 V_x 值，并进行处理即可实时测量温度。过程如下：

一般来说，金属的电阻随温度的变化，可用下式描述：

$$R_x = R_{x0}(1 + \alpha t + \beta t^2) \tag{3-37-4}$$

在测量准确度要求不高或温度范围不大的情况下，如果忽略温度二次项 βt^2，可将铂电

阻的阻值随温度变化视为线性变化，即

$$R_x = R_{x0}(1 + \alpha t) \tag{3-37-5}$$

这时 PT100 铂电阻的 R_{x0} 约为 100 Ω，α 约为 $3.85 \times 10^{-3} \text{℃}^{-1}$，所以

$$R_{x0} = 100 + 3.85 \times 10^{-3} \times 100t \tag{3-37-6}$$

结合公式 $R_x = R_N V_x / V_N$，可知

$$V_x = \frac{V_N}{R_N} R_x = \frac{V_N}{R_N}(100 + 3.85 \times 10^{-3} \times 100t) \tag{3-37-7}$$

如果选择 $R_N = 100$ Ω，有

$$V_x = V_N + 3.85 \times 10^{-3} t \tag{3-37-8}$$

可见，这时 V_x 与 t 成正比，t 为摄氏温度。

将 V_x 和 V_N 求差（可用减法器实现），并作一定系数 k 的变换可得到

$$V_x' = k(V_x - V_N) = 3.85 \times 10^{-3} kt = 10^n t \tag{3-37-9}$$

式中，k 为放大系数；n 为与数字表量程相关的系数。

将 V_x' 用数字电压表显示出来，就是温度值了。具体的电路由实验者自行设计搭建，注意，对 V_x 和 V_N 求差时要进行高阻抗放大，以免引入误差。

由于以上方法忽略了 Pt100 的二次项 βt^2，所以必然会引入一定的误差。实际应用中可以引入校准电路，对所测得温度范围内进行线形校准，提高测量的准确度。

【附录一】

四位半数字电压表的误差和非线性残差的分布特征研究实验

1. 反映测量准确度的示值误差限或测量不确定度

量程固定的四位半数字面板表和多量程直流电压表（如数字万用表的直流电压档），不确定度的典型值分别为

四位半面板表　　　　$U_{V_x}/V_x = 0.02\% + 0.01\% V_m/V_x \tag{3-37-10}$

多量程表的基本量程　　$U_{V_x}/V_x = 0.05\% + 0.015\% V_m/V_x \tag{3-37-11}$

式中，V_m 为量程。图 3-37-2 中，虚线所表示的就是数字表的不确定度。

2. 示值误差

如果用高准确度的 UT805 型五位半数字表测量一系列被测量 V_{xi} 的准确值 V_{ti}，同时读取四位半表的显示值 V_{di}。这样，V_{ti} 可看做约定真值，就可以算出对应这一系列被测量 V_{xi} 的误差 e_i

$$e_i = V_{di} - V_{ti} = V_{di} - V_{xi} \tag{3-37-12}$$

图 3-37-2 中带"×"号标记点表示 e_i 的值及分布。V_{ti} 比 V_{di} 多一位有效数字。测出一定个数的误差 e_i，可以画出近似地表示 e_i-V_{xi} 关系的误差分布趋势曲线。这里所说的误差，不是参考文献 [2] 的 P16～P17 所定义的"对同一量的多次测量"中的误差，而是反映不同被测量的误差。它包含随机误差、系统误差两类分量。如果对每一个不同的 V_{xi} 都分别作多次测量可以发现：同一被测量 V_{xi} 的误差的平均值比较稳定，对确定的 V_{xi} 来说，误差的平均值可看做系差分量；但是这样的误差平均值随着 V_{xi} 的不同而不同，实际仪表一般不可能给

出详细的误差特性，因此这种对确定的 V_{xi} 来说属于系差的分量，对不同的 V_{xi} 来说具有随机性。

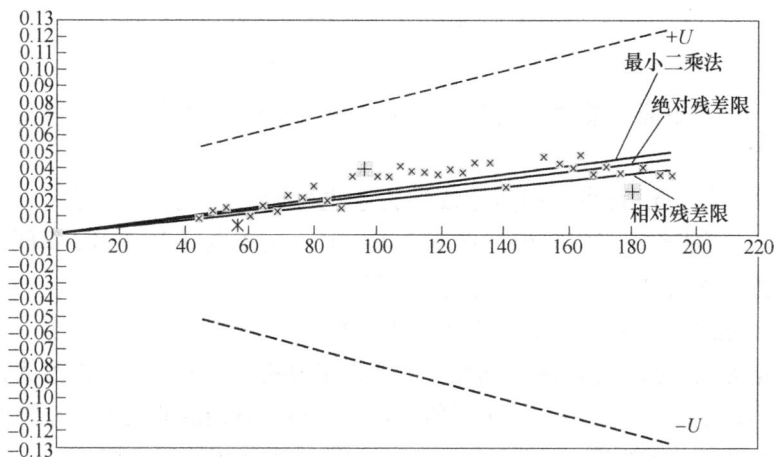

图 3-37-2 数字表的示值误差、不确定度及非线性残差限

3. 非线性残差限 U_{inl} 与非线性相对残差限 $U_{rel,inl}$

以 V_{xi} 为自变量、V_{di} 为因变量作过原点的直线拟合，可得方程

$$\hat{V}_{di} = bV_{xi} \tag{3-37-13}$$

斜率的理想值为整数 1。非线性残差为 $v_{inli} \equiv V_{di} - bV_{xi}$，定义非线性残差限 U_{inl} 为

$$U_{inl} \approx |v_{inli}|_{max} = |V_{di} - bV_{xi}|_{max} \tag{3-37-14}$$

误差是测量值与（约定）真值之差，残差是测量值与最佳估值之差（参考文献 [2] 的 P17）。求上式斜率可以用对应不同判据的不同的拟合方法，包括最小二乘法和参考文献 [2] 的 P85 ~ P86 所述的各种方法，因而就有相对应的不同的非线性残差限。

1）最小二乘法（计算公式或 Excel 函数见有关文献）

由多组数据 V_{di} 和 V_{ti} 可先用最小二乘法求斜率 b_{LSM}，再算出非线性残差限 $U_{inl,LSM}$ 来。图 3-37-2 中，最上面一条过零点射线表示了用最小二乘法作出的拟合直线。

2）最大残差（绝对值）极小法（见有关文献）

由 b_{LSM} 求出的残差分布区间一般正负不对称，只是使残差平方和极小。可用数值方法找出 b_{LSM} 附近的"最佳"斜率 b'，使残差分布正负基本对称，从而使非线性残差限 $U_{inl,min}$ 极小：

$$U_{inl,min} = (V_{di} - b'V_{xi})_{max} \approx |(V_{di} - b'V_{xi})_{min}| \tag{3-37-15}$$

图 3-37-2 中，靠中间一条过零点射线表示了用最大残差（绝对值）极小法作出的拟合直线。

3）残差限为对称射线（相对残差限最小）法（见有关文献）

测电压比 (V_x/V_N) 时相对不确定度为

$$U_{(V_x/V_N)} / (V_x/V_N) \approx \sqrt{(U_{V_x}/V_x)^2 + (U_{V_N}/V_N)^2} \tag{3-37-16}$$

它与斜率 b 的取值无关。一般测量时 $V_{xi} \geq 0.1V_m$，在 b_{LSM} 附近用数值方法可找到另一"最佳"斜率 b''，使残差限为关于"最佳"直线对称的两条射线，也就是使相对残差的分布区间正负对称。定义该区间的半宽度为非线性相对残差限 $U_{rel,inl}$，用百分比表示，当 $V_{xi} \geqslant 0.1V_m$ 时

$$U_{rel,inl} = \left(\frac{V_{di} - b''V_{xi}}{V_{xi}}\right)_{max} \approx \left|\left(\frac{V_{di} - b''V_{xi}}{V_{xi}}\right)_{min}\right| \qquad (3\text{-}37\text{-}17)$$

图 3-37-2 中，最下面一条过零点射线表示了用残差限为对称射线（相对残差限最小）法做出的拟合直线。

因实测数据有限、仪表使用期间非线性关系也可能有变化，所以由一定数据（如40组）定出的 $U_{rel,inl}$ 可能略小于实际值。在测电压比时，由于电压 V_x 和 V_N 不同，用 $U_{inl,min}$ 和 $U_{rel,inl}$ 所得电压比不确定度也不同，两者用一种即可。

4. 非线性（相对）残差限显著小于相应的（相对）不确定度

用上述测量方法，我们以两块不同型号的四位半万用表的 $V_m = 2$ V 挡为例，测量了并计算出了它们的不确定度、最大的误差绝对值、最小二乘法直线的非线性残差限 $U_{inl,LSM}$、最大残差极小化的非线性残差限 $U_{inl,min}$、$V_{xi} \geqslant 0.1V_m$ 时的非线性相对残差限 $U_{rel,inl}$，详见表 3-37-2。

表 3-37-2　典型数字电压表的参量比较（LSBs 表示末位一个字）

	某 UT58E 型表	某 VC9806 型表	VC9806 测 0.6 V 时
不确定度 U_{V_x}	$0.10\%V_x + 3\text{LSBs}$	$0.05\%V_x + 3\text{LSBs}$	6LSBs 或 0.10%
最大的误差绝对值 $|V_{di} - V_{xi}|_{max}$	5.7LSBs	2.5LSBs	2.5LSBs 或 0.042%
A. 非线性残差限，最小二乘法（LSM）	$U_{inl,LSM} = 2.4\text{LSBs}$	$U_{inl,LSM} = 1.5\text{LSBs}$	1.5LSBs 或 0.025%
B. 最大残差（绝对值）极小法	$U_{inl,min} = 1.7\text{LSBs}$	$U'_{inl} = 1.2\text{LSBs}$	1.2LSBs 或 0.020%
C. 残差限为对称射线法（$V \geqslant 0.2$ V）	$U_{rel,inl} = 0.027\%$	$U_{r,inl} = 0.014\%$	0.014%

由附图 3-37-2 和表 3-37-2 可见：非线性（相对）残差限显著小于相应的（相对）不确定度，这是对其他类型数字电压表也成立的普遍事实。这一事实一定程度上反映了一般测量误差中系统性误差分量影响为主、倍率误差分量是重要误差分量的规律。表中数据还说明：不确定度明显大于实测的误差限值，这是因为不确定度中必然包含"老化裕量"等分量，以保证电表在相邻两次检定（校准）期间的示值误差都不超过不确定度。

有五位半以上的数字万用表（电压表）的学校可以自己进行上述内容的测量和研究，数据的处理和直线的拟合可参见有关文献。这个实验可以加深学生对不确定度的理解及提高各种数据处理的能力，是非常有实用价值的。

实验三十八　迈克耳孙干涉仪的调节和使用

迈克耳孙干涉仪是美国物理学家迈克耳孙与莫雷合作，于 1883 年设计制造出的一种精密光学仪器。他们曾用此做了非常著名的迈克耳孙-莫雷实验，该实验是狭义相对论的实验基础，为物理学的发展作出了重要贡献。该仪器可以精密地测量微小长度，利用它的科学原理还可以制造出其他用途的干涉仪器已被广泛应用于各种生产和科研领域。

【实验目的】

1. 了解迈克耳孙干涉仪的工作原理，掌握其调节和使用的方法。

2. 应用迈克耳孙干涉仪，测量 He-Ne 激光的波长。

【实验仪器】

迈克耳孙干涉仪、He-Ne 激光器、扩束镜。

【实验原理】

干涉仪是凭借光的干涉原理来测量长度或长度变化的精密仪器。实验室中最常用的迈克耳孙干涉仪，其原理图和实物图如图 3-38-1 所示。

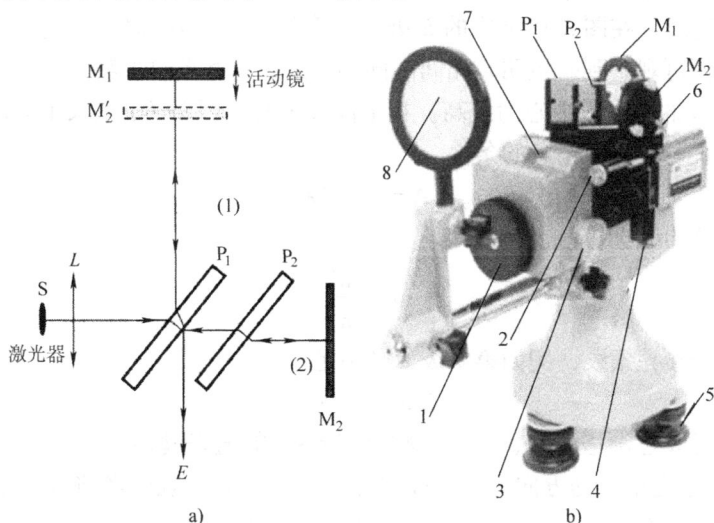

图 3-38-1　迈克耳孙干涉仪原理图和实物图

a）迈克耳孙干涉仪原理图　b）迈克耳孙干涉仪实物图

1—粗动手轮　2—水平拉簧螺钉　3—微调手轮　4—垂直拉簧螺钉　5—脚底螺钉

6—调节螺钉　7—读数窗口　8—毛玻璃屏　P_1—分光板　P_2—补偿板

M_1—可移动反射镜　M_2—固定反射镜

M_1 和 M_2 是在相互垂直的两臂上放置的两个平面反射镜，其背面各有三个调节螺钉，用来调节镜面的方位；M_2 是固定的；M_1 由精密丝杆控制可沿臂轴前后移动，移动的距离由转盘读出。确定 M_1 的位置有三个读数装置：①主尺：在导轨侧面，最小刻度为毫米；②读数窗：可读到 0.01 mm；③带刻度盘的微调手轮：可读 0.0001 mm，估读到 10^{-5} mm。在两臂轴相交处有一与两臂轴各成 45°的平行平面玻璃板 P_1，且在 P_1 的第二平面上镀以半透（半反射）膜以便使入射光分成振幅近乎相等的反射光（1）和透射光（2），故 P_1 板又称为分光板。P_2 也是一平行平面玻璃板，与 P_1 平行放置，其厚度和折射率均相同，用来补偿（1）和（2）之间附加的光程差，故称为补偿板。

从扩展光源 S 射来的光，到达分光板 P_1 后被分成两部分。反射光（1）在 P_1 处反射后向着 M_1 前进；透射光（2）透过 P_2 后向着 M_2 前进。这两列光波分别在 M_1、M_2 上反射后逆着各自的入射方向返回，最后都到达 E 处。由于两列波来自同一光源上同一点，故是相干光，在 E 处可观察到干涉图样。

由于光在分光板 P_1 的第二面上反射，使 M_2 在 M_1 附近形成一平行于 M_1 的虚像 M_2'，因而自 M_2 和 M_1 的反射，相当于自 M_1 和 M_2' 的反射。由此可见，在迈克耳孙干涉仪中所产生的干涉与厚度为 d 的空气膜所产生的干涉等效。

一、扩展光源照明产生的干涉图

1. 当 M_1 和 M_2' 严格平行时，所得的干涉为等倾干涉。所有倾角为 i 的入射光束，由 M_1 和 M_2' 反射光线的光程差 Δ 均为

$$\Delta = 2d\cos i \tag{3-38-1}$$

式中，i 为光线在 M_1 镜面的入射角；d 为空气薄膜的厚度；它们将处于同一级干涉条纹，并定位于无限远。这时，在图 3-38-1 中的 E 处放一会聚透镜，在其焦平面上（或用眼在 E 处正对 P_1 观察），便可观察到一组明暗相间的同心圆纹，这些条纹的特点是：

（1）干涉条纹的级次以中心为最高。在干涉纹中心，因 $i=0$，如果不计反射光线之间的相位突变，由圆纹中心出现亮点的条件

$$\Delta = 2d = k\lambda \tag{3-38-2}$$

得圆心处干涉条纹的级次

$$k = \frac{2d}{\lambda} \tag{3-38-3}$$

对于任一级干涉亮条纹，例如第 k 级，必满足

$$2d\cos i_k = k\lambda \tag{3-38-4}$$

当 M_1 和 M_2' 的间距 d 逐渐增大时，必定以减小其 $\cos i_k$ 的值来满足 $2d\cos i_k = k\lambda$，故该干涉条纹向 i_k 变大（$\cos i_k$ 变小）的方向移动，即向外扩展。这时，观察者将看到条纹好像从中心向外"涌出"；且每当间距 d 增加 $\lambda/2$ 时，就有一个条纹涌出。反之，当间距由大逐渐变小时，最靠近中心的条纹将一个一个地"陷入"中心，且每陷入一个条纹，间距的改变也为 $\lambda/2$。

因此，只要数出涌出或陷入的条纹数，即可得到平面镜 M_1 以波长 λ 为单位而移动的距离。显然，若有 N 个条纹从中心涌出时，则表明 M_1 相对于 M_2' 移远了

$$\Delta d = N\frac{\lambda}{2} \tag{3-38-5}$$

反之，若有 N 个条纹陷入时，则表明 M_1 向 M_2' 移近了同样的距离。根据式（3-38-5），如果已知光波的波长 λ，便可由条纹变动的数目，计算 M_1 移动的距离，这就是长度的干涉计量原理；反之，已知 M_1 移动的距离和干涉条纹变动的数目，便可确定光波的波长。

（2）干涉条纹的分布是中心宽、边缘窄。对于相邻的 k 级和 $k-1$ 级干涉纹，有

$$2d\cos i_k = k\lambda$$
$$2d\cos i_{k-1} = (k-1)\lambda$$

两式相减，当 i 较小时，利用 $\cos i = 1 - \dfrac{i^2}{2}$，可得相邻条纹的角距离 Δi_k 为

$$\Delta i_k = i_k - i_{k-1} \approx -\lambda/2di_k \tag{3-38-6}$$

式（3-38-6）表明：

1）d 一定时，视场里干涉条纹的分布是中心较宽（i_k 小，Δi_k 大），边缘较窄（i_k 大，Δi_k 小）。

2）i_k 一定时，d 越小，Δi_k 越大，即条纹随着薄膜厚度 d 的减小而变宽。所以在调节和测量时，应选择 d 为较小值，即调节 M_1 和 M_2 到分光板 P_1 上镀膜面的距离大致相同。

2. 当 M_1 和 M_2' 有一很小的夹角 α，且当入射角也较小时，一般为等厚干涉条纹，定位于空气薄膜表面附近，此时，由 M_1 和 M_2' 反射光线的光程差仍近似为

$$\Delta = 2d\cos i = 2d\left(1 - \frac{i^2}{2}\right) \tag{3-38-7}$$

在两镜面的交线附近处，因厚度 d 较小，$d \cdot i^2$ 的影响可略去；相干的光程差主要由膜厚 d 决定，因而在空气膜厚度相同的地方光程差均相同，即干涉条纹是一组平行于 M_1 和 M_2' 交线的等间隔的直线条纹。

在离 M_1 和 M_2' 的交线较远处，因 d 较大，干涉条纹变成弧形，且条纹弯曲的方向是背向两镜面的交线。这是由于式（3-38-7）中 $d \cdot i^2$ 的作用不容忽略。由于同一 k 级干涉纹乃是等光程差点的轨迹。为满足 $2d\left(1 - \frac{i^2}{2}\right) = k\lambda$，因此用扩展光源照明时，当 i 逐渐增大，必须相应增大 d 值，以补偿由 i 增大时引起光程差的减小，所以干涉条纹在 i 增大的地方要向 d 增加的方向移动，使条纹成为弧形，随着 d 的增大，条纹愈加弯曲。

3. 白光照射下看到彩色干涉条纹的条件

对于等倾干涉，在 d 接近零时，可以看到。

对于等厚干涉，在 M_1、M_2' 的交线附近可以看到。因为在 $d = 0$ 时，所有波长的干涉情况相同，不显彩色；当 d 较大时，因不同波长干涉条纹互相重叠，使照明均匀，彩色消失。只有当 d 接近零时，才可看到数目不多的彩色干涉条纹。

二、点光源照明产生的非定域干涉图样

对于图 3-38-2 所示的装置，点光源 S 经 M_1 和 M_2 反射所产生的干涉，等效于沿轴分布的两个虚点光源 S_1 和 S_2 所产生的干涉。因从 S_1 和 S_2 发出的球面波在相遇的空间处处相干，故为非定域干涉。如图 3-38-2 所示，激光束经短焦距扩束透镜后，形成高亮度的亮光源 S，照明干涉仪。若将观察屏放在不同位置上，则可看到不同形状的干涉条纹。当观察屏 E 垂直于轴时，屏上呈现出圆形的干涉条纹（见图 3-38-3）。从图 3-38-4 中可以看出，由 S_1、S_2 到屏 E 上任一点 A 的两光线的光程差为 $\Delta = \overline{S_2A} - \overline{S_1A}$。考虑到 $d \ll z$，且 i 很小，故 $\Delta = 2d\cos i$，同等倾条纹相似，在圆环中心 B 处，光程差最大，$\Delta = 2d$，级次最高；当移动 M_1 使 d 增加时，圆环一个个地从中心"涌出"，当 d 减小时，圆环一个个地从中心"陷入"，每变动一个条纹，M_1 移

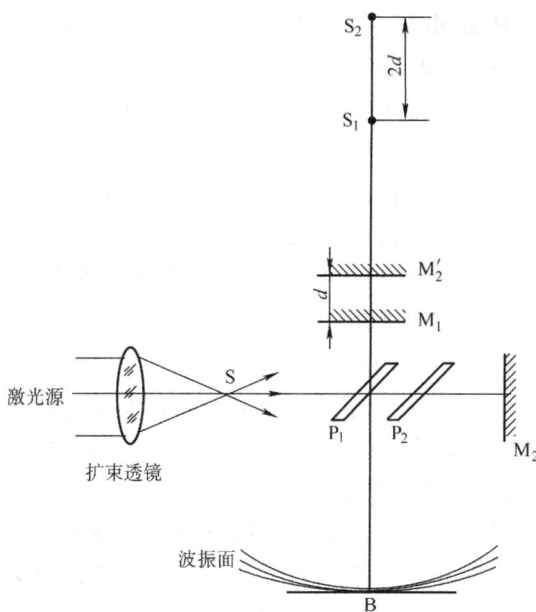

图 3-38-2　点光源照明产生的非定域干涉

动的距离亦为 $\lambda/2$。因此也可用以计量长度或测定波长。

图 3-38-3　圆形干涉条纹

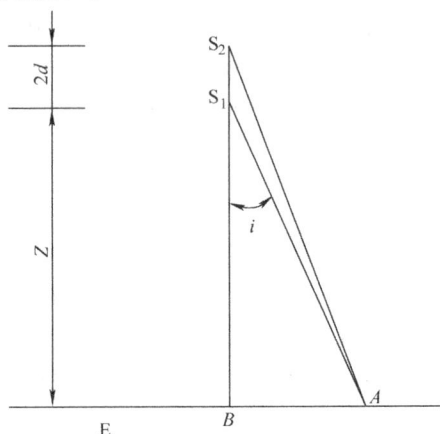

图 3-38-4　非定域干涉原理图

【实验内容】

1. 非定域干涉条纹的调节

用氦氖激光器做光源，调节迈克耳孙干涉仪的方法如下：

（1）如图 3-38-1 所示，调节拉簧螺钉及 M_1、M_2 背后三个调节螺钉，使其全部处于中间状态。

（2）调节 He-Ne 激光器和迈克耳孙干涉仪的相对位置（即它们高低、左右、俯仰），使 M_1、M_2 反射的两排反光点回到激光器出光孔的附近，并让光束入射于分光板 P_1 的中部。

（3）激光束经 P_1 反射后，入射于 M_1 镜上，调节 M_1 镜后面的三个调节螺钉，直到 M_1 镜反射的最亮点与激光器出光孔重合，这时 M_1 镜垂直于入射的激光束。用同样方法调节 M_2，使由 M_2 镜反射的最亮光点也与激光器出光孔重合，这时 M_2 镜也垂直于入射的激光束。这样 M_1 和 M_2 就基本上相互垂直，即 M_1 和 M_2' 互相平行了。

（4）在光路中放入一扩束镜（短焦距的透镜），调节扩束镜的相对位置，让激光束经过扩束镜，并将扩束后的激光照在分光板 P_1 的中部，这时在屏上就可以看到干涉条纹了。再仔细调节 M_2 的两个拉簧螺钉，使 M_1 和 M_2' 严格平行，则在屏上就可看到非定域的圆条纹。

（5）前后移动观察的毛玻璃屏，观察干涉条纹的变化规律，适当改变毛玻璃屏相对于 M_1 镜法线的倾角，可观察到椭圆形干涉条纹。

（6）转动手轮使 M_1 在导轨上移动，观察干涉条纹的大小、疏密等变化情况。

（7）实验中应注意：

1）迈克耳孙干涉仪的 M_1 和 M_2 及 P_1 和 P_2 均为精密光学元件，调节过程中，严禁触碰所有光学表面。同时，M_1 和 M_2 两反射镜不能受力过大。

2）细调手轮可随时带动粗调手轮转动，但是粗调手轮不能带动细调手轮。因此，在所有测量之前，应使粗、细调手轮的零点调好，否则会出现粗、细调手轮读数不配套的问题，引起读数出错。调零的方法：先将细调手轮沿某一方向调至 0，然后再将粗调手轮沿同一方向转至任一刻度线对齐，调节细调手轮沿刚才同一方向移动 M_1 镜，使细调手轮带动粗调手轮一起旋转。

3）使用 HNL-55700 多束光纤激光器作为光源时，从光纤出射的激光已经扩束，故不需加扩束镜。调节时，先使光纤出射的激光斑照射在分光板上，光轴基本与固定镜垂直，取下毛玻璃屏，可看到由 M_1 和 M_2 各自反射的两排光点像，仔细调节 M_1 和 M_2 镜后面的调节螺钉，使两排光点像严格重合。这样，M_1 和 M_2 就基本上相互垂直，即 M_1 和 M_2' 互相平行了。此时装上毛玻璃屏，即可在屏上观察到非定域干涉条纹了。其余调节步骤与上面方法类似。

2. 测量 He-Ne 激光的波长

利用非定域的干涉条纹测定波长。单方向移动 M_1 镜，根据 M_1 镜前后位置读数以及在 M_1 镜移动过程中干涉条纹涌出（或陷入）的数目 N，即可由式（3-38-5）求得波长

$$\lambda = \frac{2\Delta d}{N}$$

N 一般取值要大些，如 200 或更多些，以减小测量误差。在本实验中，可取 $N = 250$，且每数 50 环记一次 M_1 镜的位置，连续取 10 个数据，应用逐差法加以处理。

【实验数据和结果】

$$N = 250 \qquad \lambda_{公认} = 632.8 \text{ nm} \qquad \Delta_仪 = \frac{0.0001}{2} = 5 \times 10^{-5} \text{ mm} \qquad \lambda = \frac{2\Delta d}{N}$$

次数	0	1	2	3	4	5	6	7	8	9
环数	0	50	100	150	200	250	300	350	400	450
读数 d_i/mm										
$\Delta d = \lvert d_{i+5} - d_i \rvert$ /mm	/	/	/	/	/					
λ/nm	/	/	/	/	/					

$$\Delta \overline{d} =$$

$$S_{\overline{\Delta d}} = \sqrt{\frac{\sum_i \left(\Delta d_i - \overline{\Delta d} \right)^2}{n(n-1)}} =$$

$$\Delta_{\Delta d} = \sqrt{S_{\overline{\Delta d}}^2 + \Delta_仪^2} =$$

$$\overline{\lambda} =$$

$$\Delta_\lambda = \frac{2}{N} \Delta_{\Delta d} =$$

最后将实验测得的波长表为

$$\lambda = \overline{\lambda} \pm \Delta_\lambda =$$

并与公认值比较，计算其相对误差

$$E = \frac{\lvert \overline{\lambda} - \lambda_{公认} \rvert}{\lambda_{公认}} \times 100\% =$$

【问题与讨论】

1. 对迈克耳孙干涉仪，在用激光做光源时的调整过程中，为什么看到的是两排光点，而不是两个？

2. 对非定域干涉和定域干涉的观察方法有何不同？

【注意事项】

1. 迈克耳孙干涉仪的 M_1 和 M_2 及 P_1 和 P_2 均为精密光学元件，调节过程中，严禁触碰

所有光学表面。同时，M_1 和 M_2 两反射镜不能受力过大。

2. 细调手轮可随时带动粗调手轮转动，但是粗调手轮不能带动细调手轮。因此，在所有测量之前，应使粗、细调手轮的零点调好，否则会出现粗、细调手轮读数不配套的问题，引起读数出错。调零的方法：先将细调手轮沿某一方向调至 0，然后再将粗调手轮沿同一方向转至任一刻度线对齐，调节细调手轮沿刚才同一方向移动 M_1 镜，使细调手轮带动粗调手轮一起旋转。

3. 在调节和测量过程中，一定要非常细心和耐心，转盘转动要缓慢、均匀。为了防止引进螺距差，每次测量必须沿同一方向旋转转盘，不得中途倒退。

4. 实验前和实验结束后，所有调节螺钉均应处于放松状态，调节时应先使之处于中间状态，以便有双向调节的余地，调节动作要均匀缓慢。

5. 激光束很强，不要直接用眼睛接收激光。

实验三十九　光栅特性研究并用光栅测定光波波长

【实验目的】

1. 进一步了解分光计的构造，学会调节和使用分光计。

2. 加深对光栅分光原理的理解，并学会用透射光栅测定光栅常量和光波波长。

【实验仪器】

分光计及附件（光学平行平板、变压器等）、平面透射光栅、低压汞灯。

（其中分光计的构造及调节见实验十六"分光计的调节及棱镜玻璃折射率的测定"中对应部分内容。）

【实验原理】

光栅是一个等宽等距而又相互平行的多缝光学器件，有应用透射光工作的透射光栅和应用反射光工作的反射光栅两种。本实验用的是平面透射光栅。

如图 3-39-1 所示，设 S 位于透镜 L_1 物方焦平面上的细长狭缝光源，G 为光栅，它的缝宽为 a，相邻狭缝间不透明部分的宽度为 b，相邻狭缝的间距为 d。自 L_1 射出的平行光垂直地照射在光栅 G 上，透镜 L_2 将与光栅法线成 θ 角的衍射光

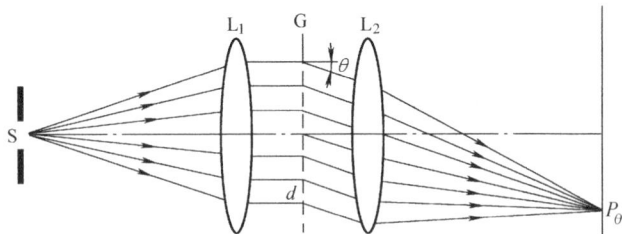

图 3-39-1　光栅衍射原理图

会聚于其像方焦平面上的 P_θ 点，则产生衍射亮条纹的条件为

$$d\sin\theta = K\lambda \tag{3-39-1}$$

式中，θ 为衍射角；λ 为光波波长；K 是光谱级（$K = 0$，± 1，± 2，$\cdots$）；d 为光栅常量。

式（3-39-1）称为光栅方程。衍射亮条纹实际上是光源狭缝的衍射像，是一条锐细的亮线。当 $K = 0$，任何波长的光均满足式（3-39-1），亦即在 $\theta = 0$ 的方向上，各种波长的亮线重叠在一起，形成明亮的零级光谱。对于 K 的其他数值，不同波长的光谱线出现在不同的方

向上（θ 值不同）形成光谱。而与 K 的正、负两组值相对应的两组光谱，则对称地分布在零级光谱的两侧。因此，若波长 λ 已知，在实验中测定了某谱线的衍射角 θ 和对应的光谱级 K，则可由式（3-39-1）求出光栅常量 d；反之，如果光栅常量 d 为已知，则可求出该谱线的波长 λ。

【实验内容】

1. 分光计的调节：将自准直望远镜调焦到无穷远，并使其光轴垂直于仪器主轴；将平行光管调节到能产生平行光，并使其光轴垂直于仪器的主轴。（详见实验十六"分光计的调节及棱镜玻璃折射率的测定"中对应部分内容。）

2. 光栅位置的调节

（1）根据前述原理的要求，光栅面应调节到垂直于入射光。

（2）根据衍射角测量的要求，光栅衍射面应调节到和观测面、度盘平面一致。

只有当分光计的调节完毕时，方可进行这部分的调节。

首先，使望远镜对准平行光管，从望远镜中观察被照亮的平行光管狭缝的像，使其和叉丝的竖直线重合。其次，参照图 3-39-2 所示，将光栅放在平台上。此时若因加入光栅使狭缝像又偏离叉丝交点，则应适当调节望远镜的转角，使其仍过叉丝交点，然后转动平台，并调节其下的螺钉 a、b，使望远镜中由光栅平面反射回来的叉丝像与叉丝对称，（即亮"十"字像在图 3-39-3 所示的位置），固定读数圆盘，此时平行光垂直照在光栅平面上。（注意：由于光栅两个平面不严格平行，故不必转动180°进行调节）。完成上述调节后，转动望远镜便看到一、二级衍射的光谱线，且正负级的谱线分别位于零级的两侧。如果左右两侧的光谱线相对于目镜中叉丝的水平线高低不等时（见图 3-39-4），说明光栅的衍射面和观察面不一致，这时可调节平台上的螺钉 c，使它们一致。这一步调好后，应再返回检查光栅平面是否仍与入射光垂直，若有变化，则应按以上步骤反复多次调节，直到以上两个要求都得到满足为止。

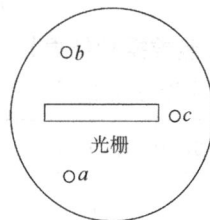

图 3-39-2　光栅的放置方法

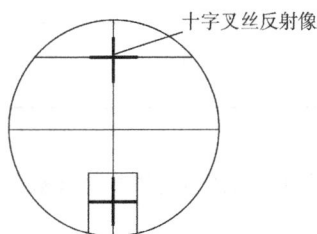

图 3-39-3　十字叉丝反射像

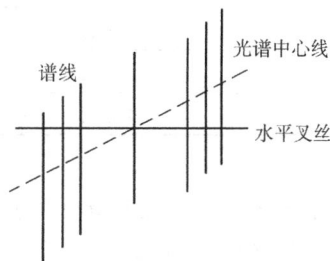

图 3-39-4　谱线

3. 测光栅常量 d

根据式（3-39-1），只要测出第 K 级光谱中波长 λ 已知的谱线的衍射角 θ，就可求出 d 值。

已知波长可用汞灯光谱中的绿线（$\lambda = 546.1$ nm），光谱级次 K 可取 1。

转动望远镜到光栅的一侧，使叉丝的竖直线对准已知波长的第 1 级谱线的中心，记录两

游标值；将望远镜转向光栅的另一侧，同上测量，同一游标的两次读数之差是衍射角 θ 的二倍。即：$\theta_1 = \frac{1}{4}(|\theta_{+1R} - \theta_{-1R}| + |\theta_{+1L} - \theta_{-1L}|)$。[注意：望远镜位置从左1级转到右1级时，要注意零刻度（即360°刻度）有没有越过游标R（或L）。当越过游标R时，有：$\theta_1 = \frac{1}{4}(360° - |\theta_{+1R} - \theta_{-1R}| + |\theta_{+1L} - \theta_{-1L}|)$；而当越过游标L时，有 $\theta_1 = \frac{1}{4}(|\theta_{+1R} - \theta_{-1R}| + 360° - |\theta_{+1L} - \theta_{-1L}|)$。以下测量中处理数据也类同。] 重复测量3次求出 $\bar{d}$。

4. 测量未知波长

由于光栅常量 d 已测出，因此，只要测出未知波长的第 K 级谱线的衍射角 θ，就可求出其波长值 λ。

选取汞灯光谱中的几条强谱线（蓝紫、黄1、黄2）作为波长未知的测量目标，K 亦取1，衍射角的测量同上，也测3次取平均。由测得的 $\bar{d}$ 和 $\bar{\theta}$ 求出未知波长的平均值 $\bar{\lambda}$，并与公认值（$\lambda_{蓝紫} = 435.8\,\mathrm{nm}$，$\lambda_{黄1} = 577.0\,\mathrm{nm}$，$\lambda_{黄2} = 579.0\,\mathrm{nm}$）比较，求相对误差。

5. 求光栅的角色散

将上述汞黄双线的衍射角差 $\Delta\theta$ 及求得的波长差 $\Delta\lambda$，代入定义公式 $D = \dfrac{\Delta\theta}{\Delta\lambda}$ 求出一级衍射的角色散，并与式 $D = \dfrac{k}{d\cos\theta}$ 算出结果相比较。

【实验数据和结果】

1. 测光栅常量 d

谱线类别	测量序次	度盘示数	左1级 θ_{-1}	右1级 θ_{+1}	θ_1	$d = \dfrac{\lambda}{\sin\theta_1}/\mathrm{m}$	$\bar{d}/\mathrm{m}$
绿（强）$\lambda = 546.1\,\mathrm{nm}$	I	R 游标					
		L 游标					
	II	R 游标					
		L 游标					
	III	R 游标					
		L 游标					

2. 测量未知波长 [以蓝紫（强）、黄1（强）、黄2（强）谱线作为测量对象]

（1）蓝紫（强）$\lambda_{蓝紫}$

光栅常量 d/m	测量序次	度盘示数	左1级 θ_{-1}	右1级 θ_{+1}	θ_1	$\bar{\theta}_1$	$\bar{\lambda}_{蓝紫} = \bar{d}\sin\bar{\theta}_1/\mathrm{nm}$
$\bar{d} =$	I	R 游标					
		L 游标					
	II	R 游标					
		L 游标					
	III	R 游标					
		L 游标					

与公认值比较，计算相对误差 $E = \dfrac{|\bar{\lambda}_{蓝紫} - \lambda_{蓝紫}|}{\lambda_{蓝紫}} \times 100\% =$

（2）其他谱线数据记录表格自拟，每条谱线测三次取平均。

3. 求光栅的角色散

$$D_{实} = \frac{\Delta\theta}{\Delta\lambda} = \frac{|\bar{\theta}_{1黄1} - \bar{\theta}_{1黄2}|}{|\bar{\lambda}_{黄1} - \bar{\lambda}_{黄2}|} =$$

$$D_{理} = \frac{k}{d\cos\theta} = \frac{1}{\bar{d}\cos\bar{\theta}_{黄}} = \frac{1}{\bar{d}\cos\left(\dfrac{\bar{\theta}_{1黄1} + \bar{\theta}_{1黄2}}{2}\right)} =$$

$$E = \frac{|D_{实} - D_{理}|}{D_{理}} \times 100\% =$$

【问题与讨论】

1. 比较棱镜和光栅分光光谱的主要区别。

2. 分析光栅面和入射平行光不严格垂直时对实验有何影响？

【实验注意事项】

1. 光栅位置调节的两项要求逐一满足后，应进行重复检查。因为调节后一项时，可能会稍微改变前一项的调整状况。

2. 光栅位置调好后，在实验中不应再移动。

3. 汞灯辐射紫外线较强，为防止眼睛受伤，不要直接注视汞灯。

实验四十　利用超声光栅测定液体中的声速

声波是一种在弹性媒质中传播的机械波，频率低于 20 Hz 的声波称为次声波；频率在 20 Hz ~ 20 kHz 的声波可以被人听到，称为可闻声波；频率在 20 kHz 以上的声波称为超声波。

超声波在媒质中的传播速度与媒质的特性及状态因素有关。因而通过媒质中声速的测定，可以了解媒质的特性或状态变化。例如，测量氯气（气体）、蔗糖（溶液）的浓度、氯丁橡胶乳液的比重以及输油管中不同油品的分界面等，这些问题都可以通过测定在这些物质中传播的声音的速度来解决。可见，声速的测定在工业生产上具有一定的实用意义。

【实验目的】

1. 观察声光衍射现象。

2. 学习利用这一现象测量超声波在液体中的传播速度。

3. 进一步熟悉分光计的使用。

【实验仪器】

WSG-1 型超声光栅声速仪、JJY1′型分光计及附件（光学平行平板、变压器等）、低压汞灯、测微目镜、待测液体（超纯水）等。

【实验原理】

1922 年，布里渊（L. Brillouin）曾预言，当高频声波在液体中传播时，如果有可见光通过该液体，可见光将产生衍射效应。这一预言在 1932 年被验证，这一现象被称作超声致光衍射（亦称声光效应）。超声波作为一种纵波在液体中传播时，其声压使液体分子产生周期性的变化，促使液体的折射率也作相应的周期性变化，形成疏密波。1935 年，拉曼（Raman）和奈斯（Nath）对这一效应进行研究发现，在一定条件下，声光效应的衍射光强分布类似于普通的光栅，所以也称为液体中的超声光栅。

压电陶瓷片（PZT）在高频信号源（频率约 10 MHz）产生的交变电场的作用下，发生周期性的压缩和伸长振动，其在液体中的传播就形成超声波。当一束平面超声波在液体中传播时，其声压使液体分子作周期性变化，液体的局部就会产生周期性的膨胀与压缩，这使得液体的密度在波传播方向上形成周期性分布，促使液体的折射率也做同样分布，形成了所谓疏密波，这种疏密波所形成的密度分布的层次结构，就是超声场的图像。此时，若有平行光沿垂直于超声波传播方向通过液体时，平行光会被衍射。以上超声场在液体中形成的密度分布层次结构是以行波运动的，为了使实验条件易于实现、衍射现象易于稳定观察，实验是在有限尺寸的液槽内形成稳定驻波条件下进行的。由于驻波振幅可以达到行波振幅的两倍，这样就加剧了液体疏密变化的程度。驻波形成后，在某一时刻 t，驻波某一节点两边的质点涌向该节点，使该节点附近成为质点密集区，在半个周期以后，即 $t + T/2$ 时刻，这个节点两边的质点又向左右扩散，使该波节附近成为质点稀疏区，而相邻的两波节附近成为质点密集区。在这些驻波中，稀疏作用使液体折射率减小，而压缩作用使液体折射率增大，在距离等于超声波波长 A 的两点，液体的密度相同，折射率也相等。图 3-40-1 为在 t 和 $t + T/2$（T 为超声振动周期）两时刻振幅 y、液体疏密分布和折射率 n 的变化分析。

单色平行光 λ 沿着垂直于超声波传播方向通过上述液体时，因折射率的周期性变化使光波的波阵面产生了相应的相位差，经透镜聚焦出现衍射条纹。这种现象与平行光通过透射光栅的情形相似。因超声波的波长很短，只要盛装液体的液体槽的宽度够维持平面波（宽度为 l），槽中的液体就相当于一个衍射光栅。图中行波的波长 A 相当于光栅常数。由超声波在液体中产生的光栅作用，称作超声光栅。当满足声光喇曼-奈斯衍射条件 $\dfrac{2\pi\lambda l}{A^2} \ll 1$ 时，这种衍射相似于平面光栅衍射，可得如下光栅方程：

$$A\sin\phi_k = k\lambda \qquad (3\text{-}40\text{-}1)$$

式中，k 为衍射级次；ϕ_k 为零级与 k 级间的夹角。

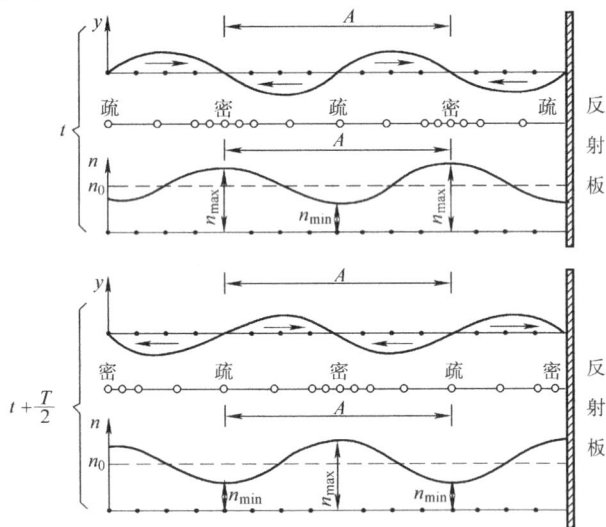

图 3-40-1　在 t 和 $t + T/2$ 两时刻振幅 y，液体疏密分布和折射率 n 的变化

在调好的分光计上，由单色光源和平行光管中的会聚透镜 L_1 与可调狭缝 S 组成平行光系统，如图 3-40-2 所示。

让光束垂直通过装有锆钛酸铅陶瓷片（或称 PZT 晶片）的液槽，在玻璃槽的另一侧，用自准直望远镜中的物镜 L_2 和测微目镜组成测微望远系统。若振荡器使 PZT 晶片发生超声

振动，形成稳定的驻波，从测微目镜即可观察到衍射光谱。从图 3-40-2 中可以看出，当 ϕ_k 很小时，有

$$\sin\phi_k \approx \tan\phi_k = \frac{l_k}{f} \tag{3-40-2}$$

式中，l_k 为衍射光谱零级至 k 级的距离；f 为透镜的焦距。所以超声波波长为

$$A = \frac{k\lambda}{\sin\phi_k} = \frac{k\lambda f}{l_k} \tag{3-40-3}$$

由式（3-40-3）可得

$$l_k = \frac{k\lambda f}{A}$$

$$l_{k+1} = \frac{(k+1)\lambda f}{A}$$

$$\Delta l_k = l_{k+1} - l_k = \frac{\lambda f}{A} \qquad 即 \qquad A = \frac{\lambda f}{\Delta l_k}$$

所以超声波在液体中的传播速度 v 可表示为

$$v = A\gamma = \frac{\lambda f\gamma}{\Delta l_k} \tag{3-40-4}$$

式中，λ 为光波波长；γ 为共振时频率计的读数；f 为望远镜物镜焦距（仪器数据 f = 170 mm）；Δl_k 为同一种颜色的衍射条纹间距。

【实验步骤】

1. 调节分光计：要求望远镜能接收平行光线，望远镜光轴与分光计的中心转轴垂直，平行光管与望远镜同轴并出射平行光，将平行光管狭缝调至最小。

2. 将待测液体（如蒸馏水、乙醇或其他液体）注入液槽内，液面高度以液槽侧面的刻线为准。将液槽座卡在分光计载物台上，缺口对准锁紧螺钉的位置，放置平稳，并用锁紧螺钉锁紧。再将液体槽（超声池）平稳地放置在液槽座中，

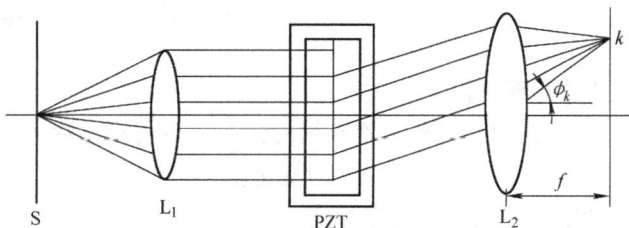

图 3-40-2 超声光栅衍射光路图

放置时，要求转动载物台时使超声池两测表面基本垂直于望远镜和平行光管的光轴。

3. 两条高频连接线的一端各插入液槽盖板上的接线柱，另一端接入超声光栅仪电源箱的高频信号输出端，然后将液槽盖板盖在液槽上。开启超声信号源，从阿贝目镜观察衍射条纹，仔细调节频率微调钮，使电振荡频率与锆钛酸铅陶瓷片固有频率共振，此时，衍射光谱的级次会显著增多且更为明亮。

4. 如此前已将分光计调整到位，则左右转动超声池，使射于超声池的平行光束完全垂直于超声束，同时观察视场内的衍射光谱左右级次亮度及对称性，直到从目镜中观察到稳定而清晰的左右各 2~3 级的衍射条纹为止。

5. 取下阿贝目镜，换上测微目镜，调焦目镜，使观察到的衍射条纹清晰。利用测微目镜逐级测量其位置读数（例如：从 −2、−1、0、+1、+2），再用逐差法求出其条纹间距的平均值。

6. 用公式 $v = \dfrac{\lambda f \gamma}{\Delta l_k}$ 计算声速，同时计算声速的平均值和相对误差。

【数据记录及处理】

样品：超纯水；　　　　　　　　　　　共振频率 $\gamma =$　　　　　　MHz；

实验温度：$t =$　　　　℃；　　　　　　　分光计中望远镜物镜焦距 $f = 170$ mm；

汞灯波长 λ：汞蓝紫光 435.8 nm，汞绿光 546.1 nm，汞黄光 578.0 nm（双黄线平均波长）。

1. 测微目镜中衍射条纹位置读数 l_k：　　　　　　　　　　　　　　（单位：mm）

色＼级	－2	－1	0	＋1	＋2
黄					
绿					
蓝紫					

2. 计算各色光衍射条纹平均间距 $\Delta \bar{l}_k$ 及声速 v：

光　色	衍射条纹平均间距/mm $\Delta \bar{l}_k = \dfrac{1}{6} \left[(l_{+2} - l_0) + (l_{+1} - l_{-1}) + (l_0 - l_{-2}) \right]$	$v = \dfrac{\lambda f \gamma}{\Delta \bar{l}_k} \Big/ \mathrm{m \cdot s^{-1}}$
黄		
绿		
蓝紫		

$$\bar{v} = \qquad\qquad v_t =$$

$$E = \frac{|\bar{v} - v_t|}{v_t} \times 100\%$$

【注意事项】

1. 超声池必须稳定置于载物台上，在实验过程中应避免震动，以使超声在液槽内形成稳定的驻波。导线分布电容的变化会对输出电频率有微小影响，测量数据时不能触碰连接超声池和高频信号源的两条导线。

2. 锆钛酸铅陶瓷片表面与对应面的玻璃槽壁表面必须平行，这样才能形成较好的表面驻波，因此实验时应将超声池的上盖盖平，而上盖与玻璃槽留有较小的空隙，实验时微微扭动一下上盖，有时也会改善衍射效果。

3. 一般共振频率在 11 MHz 左右，WSG-1 超声光栅声速仪给出 10 ~ 12 MHz 可调范围。在稳定共振时，数字频率计显示的频率值应是稳定的，最多只有最末尾有 1 ~ 2 个单位数的变动。

4. 实验时间不宜过长。其一，声波在液体中的传播与温度有关，时间过长，温度在小范围内变动，从而会影响测量精度，一般测量可用室温代替待测液体温度，精密测量可在超声池内插入温度计测量；其二，频率计长时间处于工作状态，会对其性能有一定影响，尤其在高频条件下，有可能使电路过热而损坏；实验时，应特别注意不要使频率计长时间调在 12 MHz 以上，以免振荡线路过热。

5. 实验中，液槽会产生一定的热量，并使媒质挥发，槽壁会有挥发气体凝露，一般不影响实验结果，但须注意在液面下降太多导致锆钛酸铅陶瓷片外露时，应及时补充液体至正常液面处。实验结束后，应将超声池内被测液体倒出，不要将锆钛酸铅陶瓷片长时间浸泡在液槽内。

6. 为避免螺旋空程引入的误差，在整个测量过程中测微目镜的鼓轮只能沿一个方向转动。

7. 以下两点可明显提高条纹清晰度和衍射级次：

1）将狭缝内的毛玻璃片卸除。

2）光源尽量靠近狭缝。

【附录】

1. 一些参数

20℃时，水（H$_2$O）中标准声速 $v_S = 1482.90$ m/s，水中的声速随温度作抛物线式变化，即 $v_t = 1557 - 0.0254(74 - t)^2$。

紫光波长　$\lambda = 435.8$ nm　　　　　黄 1 光波长　$\lambda = 577.0$ nm

绿光波长　$\lambda = 546.1$ nm　　　　　黄 2 光波长　$\lambda = 579.0$ nm

2. 测微目镜

测微目镜是带测微装置的目镜，可作为测微显微镜和测微望远镜等仪器的部件，在光学实验中有时也用来测量微小距离（长度）。图 3-40-3a 是一种常见的丝杠式测微目镜的结构剖面图。鼓轮转动时通过传动螺旋推动叉丝玻片移动；鼓轮反转时，叉丝玻片因受弹簧恢复力作用而反向移动。有 100 个分格的鼓轮每转一周，叉丝移动 1 mm，所以鼓轮上的最小刻度为 0.01 mm。图 3-40-3b 表示通过目镜看到的固定分划板上的毫米尺、可移动分划板上的叉丝与竖丝。

使用时应先调节目镜，看清叉丝（见图 3-40-3b），然后旋动鼓轮，推动分划板，使叉丝的交点或双线与被测物的像重合，便得到一个读数。旋动鼓轮，使叉丝的交点或刻线移到被测物像的另一端，又得到一读数，两读数之差，即为被测物的尺寸。

例：为了测量干涉条纹中的 10 个明（或暗）条纹距离，可以使叉丝和竖丝对准第 n 个明（或暗）条纹，先读毫米标尺上的整数，再加上鼓轮上读数，即为该条纹的位置 A。再慢慢移动叉丝和竖丝，对准第 $n+10$ 个明（或暗）条纹，得到位置 B。若 $y_A = 3.635$ mm，$y_B = 5.786$ mm，则 11 个条纹间的 10 个距离就是

$$10\Delta y = |y_A - y_B| = |3.635 - 5.786| \text{ mm} = 2.151 \text{ mm}。$$

测微目镜的结构很精密，使用时应注意：虽然分划板刻尺是 0～8 mm，但一般测量应尽

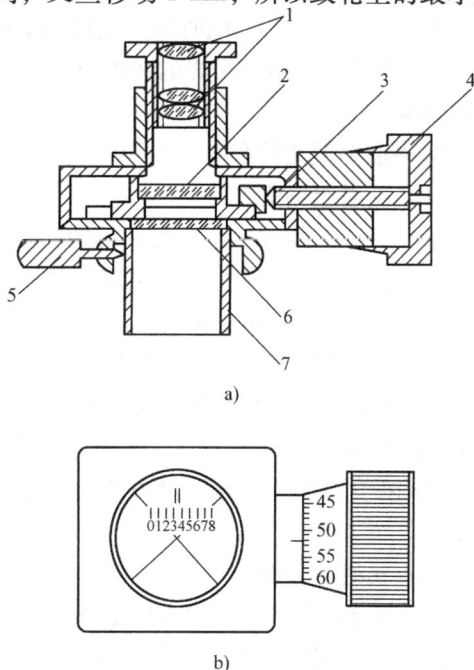

图 3-40-3　测微目镜结构剖面图及读数装置
1—复合目镜　2—分划板　3—螺杆
4—读数鼓轮　5—接管固定螺钉
6—防尘玻璃　7—接管（装接用）

量在 1 ~ 7 mm 范围内进行，竖丝或叉丝交点不许越出毫米尺刻线之外，这是为保护测微装置的准确度所必须遵守的规则。

实验四十一　偏振和旋光现象的观察和分析

【实验目的】

1. 观察光的偏振现象，加深对偏振光的了解。
2. 掌握产生和检验偏振光的原理和方法。
3. 了解旋光仪的结构原理，对旋光现象进行观察，并应用旋光仪测定糖溶液的旋光率。

【实验仪器】

偏振光实验系统、偏振片、1/4 波片和 1/2 波片、圆盘旋光仪、蔗糖溶液。

【实验原理】

光的干涉及衍射现象说明光的波动性，而光的偏振现象又进一步说明光波是横波。偏振是指电矢量 E 振动方向相对于波的传播方向的一种空间取向作用。它是横波的最重要特征。我们把振动方向与波的传播方向所确定的平面，称为振动面。若光波电矢量振动在传播过程中只局限于某一确定的平面内，这样的光称为平面偏振光（亦称线偏振光）。若振动只在某一确定的方向上占有相对优势，则称为部分偏振光。若电矢量随时间作有规则的变化，其末端在垂直于传播方向的平面上的轨迹呈圆形或椭圆形，则称为圆偏振光和椭圆偏振光。若电矢量 E 的取向与大小，随时间作无规则变化，各方向的几率相同，则称自然光。

能使自然光变成偏振光的装置或器件，称为起偏器，用来检验偏振光的装置或器件，称为检偏器。

1. 平面偏振光的产生

（1）反射起偏法

如图 3-41-1 所示，当一束平行的自然光从空气射到折射率为 n 的透明媒质（如玻璃、水等）界面时，如果入射角满足以下关系：

$$\tan i_0 = n \qquad (3\text{-}41\text{-}1)$$

则从界面上反射回来的光为平面偏振光，其振动面垂直入射面，而透射光为部分偏振光。式（3-41-1）称为布儒斯特定律，i_0 称为布儒斯特角，亦称全偏振角，对于 $n = 1.50$ 的玻璃来说，$i_0 = 56.3°$。

（2）透射起偏法

当一束平行的自然光以布儒斯特角入射到系在一起的多层玻璃片上时（见图 3-41-2），每经过一次反射，透射光中垂直于入射面的振动就递

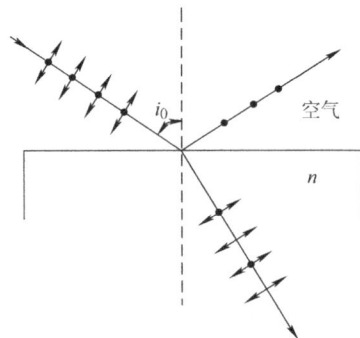

图 3-41-1　反射起偏法

减一部分，随着玻璃片数的增多，反射次数随之增多，垂直于入射面的振动越来越弱，这样透射光近乎是入射面内振动的平面偏振光了，这就是透射起偏法。在图 3-41-3 所示的带布儒斯特窗的激光器中，光波沿着轴线在反射镜 2、3 之间来回振荡，每通过激光管一次，就

通过两块布儒斯特窗；振荡多次，就相当于透过玻璃片堆，所以从输出镜 3 出射的将是振动面平行于纸面的线偏振光。

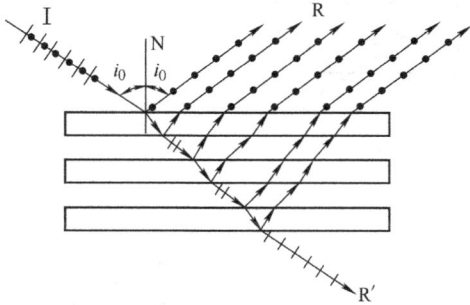

图 3-41-2 透射起偏法

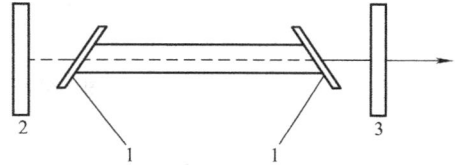

图 3-41-3 带布儒斯特窗的激光器
1—布儒斯特窗 2—全反射镜 3—输出镜

（3）由二向色性晶体的选择吸收产生偏振光

有些晶体（如电气石、人造偏振片）对两个相互垂直振动的电矢量具有不同的吸收能力，这种选择吸收性，称为二向色性。当自然光通过二向色性晶体时，其中一部分的振动几乎被完全吸收，而另一部分振动几乎无损失（见图 3-41-4），因此，透射光成为平面偏振光，但由于吸收不完全，所得的偏振光只能达到一定的偏振度，视偏振片的质量而定。

（4）晶体双折射产生偏振

当自然光入射到某些各向异性的晶体时，在晶体内部折射后分解为两束平面偏振光，并以不同的速度在晶体内传播，这种现象称为双折射，从晶体射出的两束平面偏振光，分别称为 o 光和 e 光。在实践中，为了把 o 光和 e 光分开，采用方解石制成的尼科尔棱镜。如图 3-41-5 所示，它是由两块经特殊切割的方解石晶体用加拿大树胶粘合制成的，透过尼科尔棱镜的平面偏振光的振动面平行于晶体的主截面。

尼科尔棱镜的特点是透光性能和偏振程度均比偏振片好，但价格较贵，并且光束截面积因受晶体大小的限制不可能很大。使用时还要注意它的进光孔径角对偏振程度的影响。

2. 圆偏振光和椭圆偏振光的产生与波片

当平面偏振光垂直入射到表面平行于光轴的双折射晶片时，o 光和 e 光的传播方向是一致的，但这两束振动面互相垂直的光在晶体中具有不同的速度。因此，经过一定厚度的晶片后，二者之间将产生一定的位相差。

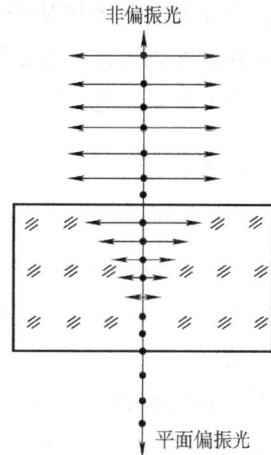

图 3-41-4 二向色性晶体的选择吸收产生偏振光

若入射平面偏振光的振动方向与晶片光轴的夹角为 α，振幅为 A，如图 3-41-6 所示，则 o 光和 e 光的振幅分别为

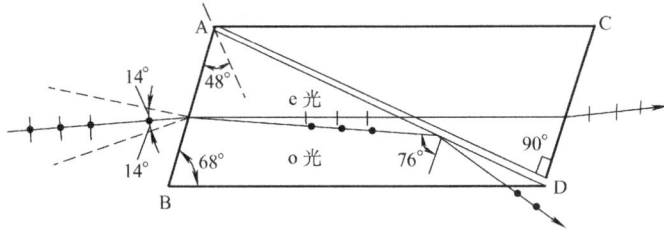

图 3-41-5　晶体双折射产生偏振

$$A_o = A\sin\alpha;\quad A_e = A\cos\alpha$$

如晶片厚度为 d，晶体中 o 光和 e 光折射率分别为 n_o、n_e，则经过晶片后 o 光和 e 光的相位差为

$$\delta = \frac{2\pi}{\lambda_0}(n_o - n_e)d \quad (3\text{-}41\text{-}2)$$

λ_0 为真空中的波长。则合振动矢量端点轨迹方程为

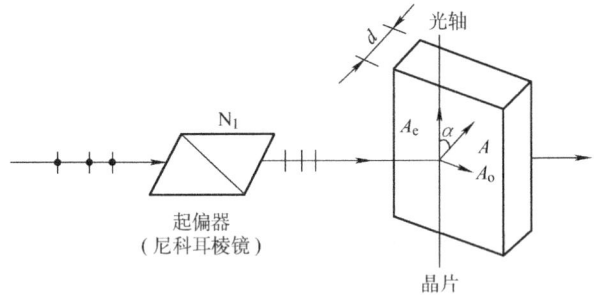

图 3-41-6　圆偏振光和椭圆偏振光的产生

$$\frac{E_x^2}{A_o^2} + \frac{E_y^2}{A_e^2} - \frac{2E_x E_y}{A_o A_e}\cos\delta = \sin^2\delta \tag{3-41-3}$$

（1）如果晶片的厚度使产生的相位差 $\delta = 2k\pi$，$k = 1，2，3，\cdots$，这样的晶片称为全波片。平面偏振光通过全波片后，仍为平面偏振光，其振动面与入射光的振动面相同。

（2）如果晶片的厚度使产生的相位差 $\delta = (2k+1)\pi$，$k = 0，1，2，\cdots$，这样的晶片称为 1/2 波片。如果入射平面偏振光的振动面与 1/2 波片光轴成的夹角为 α，则通过 1/2 波片后的光仍为平面偏振光，但其振动面相对于入射光的振动面转过 2α 角。

（3）如果晶片的厚度使产生的相位差 $\delta = \frac{1}{2}(2k+1)\pi$，$k = 0，1，2，\cdots$，这样晶片称为 1/4 波片，平面偏振光通过 1/4 波片后，透射光一般是椭圆偏振光，但当 $\alpha = 0$ 和 $\pi/2$ 时，椭圆偏振光退化为平面偏振光，而当 $\alpha = \pi/4$，即 $A_o = A_e$ 时，则为圆偏振光。总之，1/4 波片可将平面偏振光变成椭圆偏振光或圆偏振光；反之，它也可将椭圆偏振光或圆偏振光变成平面偏振光。

3. 振动面的旋转——旋光性

许多晶体和液体具有旋光的性质，即平面偏振光在通过这些物质后，透射光的振动面相对于原入射光的振动面转过了一个角度，实验表明，振动面的旋转角度 ϕ 与其所通过旋光性的物质厚度成正比，若为溶液，则又正比于溶液的浓度 C，此外，旋转角还与入射光的波长及溶液的温度等因素有关。对溶液来说，振动面旋转角

$$\Phi = \rho L C \tag{3-41-4}$$

式中，L 是以分米为单位的液柱长；C 为溶液的浓度，代表每立方厘米（毫升）溶液中所含溶质的克数；ρ 为比例常数，称为物质的旋光率，它是光通过单位长度单位浓度的溶液时振

动面所旋转的角度。如测得溶液厚度 L，偏振面旋转角 ϕ，在待测旋光性溶液浓度 C 已知的情况下就可由式(3-41-4)算出旋光率 ρ。

WXG-4 型圆盘旋光仪的结构如图 3-41-7 所示。为了准确测定旋转角 ϕ，仪器的读数装置采用双游标读数，以消除度盘的偏心差。度盘等分 360 格，每格 $1°$，游标在弧长 $19°$ 上等分 20 格，等于度盘 19 格，用游标可读到 $0.05°$。度盘和检偏镜固定联结成一体，利用度盘转动手轮作粗（小轮）、细（大轮）调节。游标窗前装有读数放大镜，供读数用。

仪器还在视场中采用了半荫法比较两束光的强度，其原理是在起偏镜后面加一块石英晶体片，石英片和起偏镜的中部在视场中重叠，如图 3-41-8 所示，将视场分为三部分。在石英片旁边装上一定厚度的玻璃片，以补偿

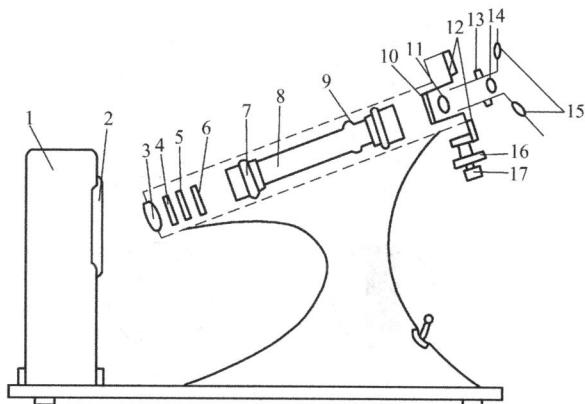

图 3-41-7　WXG-4 型旋光仪的结构
1—钠光灯　2—毛玻璃片　3—会聚透镜　4—滤色镜
5—起偏镜　6—石英片　7—测试管端螺线　8—测试管
9—测试管凸起部分　10—检偏镜　11—望远镜物镜
12—度盘和游标　13—望远镜调焦手轮　14—望远镜目镜
15—游标读数放大镜　16—度盘转动细调手轮
17—度盘转动粗调手轮

由于石英片的吸收而发生的光强变化，石英片的光轴平行于自身表面并与起偏镜透射轴成一小的角度 θ，称影荫角。由光源发出的光经过起偏镜后变成线偏振光，其中一部分再经过石英片。石英是各向异性晶体，光线通过它将发生双折射。可以证明，厚度适当的石英片（即半波片）会使穿过它的线偏振光的振动面转过 2θ 角。这样进入测试管的光是振动面间的夹角为 2θ 的两束线偏振光。下面讨论这两束光通过检偏镜的情况。

如图 3-41-9 所示，OP 表示通过起偏镜后的光矢量，而 OP' 则表示通过起偏镜与石英片的线偏振光的光矢量，OA 表示检偏镜的透射轴，OP 和 OP' 与 OA 的夹角分别为 β 和 β'，OP 和 OP' 在 OA 轴上的分量分别为 OP_A 和 OP_A'。转动检偏镜时，OP_A 和 OP_A' 的大小将发生变化，于是从目镜中所看到的三分视场的明暗也将发生变化，如图 3-41-9 所示的下半部分。图 3-41-9中画出了四种不同的情况：

（1）$\beta' > \beta$，$OP_A > OP_A'$，（见图 3-41-9a）。从目镜观察到三分视场中与石英片（半波片）对应的中部为暗区，与起偏镜直接对应的两侧为亮区，三分视场很清晰。当 $\beta' = \pi/2$ 时，亮区与暗区的反差最大。

（2）$\beta' = \beta$，$OP_A = OP_A'$，（见图 3-41-9b）。三分视场消失，整个视场为较暗的黄色。

（3）$\beta' < \beta$，$OP_A < OP_A'$，（见图 3-41-9c）。视场又分为三部分，与石英片对应的中部为亮区，与起偏镜直接对应的两侧为暗区。当 $\beta = \pi/2$ 时亮区与暗区的反差最大。

（4）$\beta' = \beta$，$OP_A = OP_A'$，（见图 3-41-9d）。三分

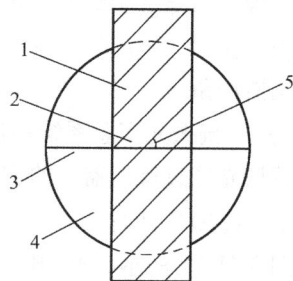

图 3-41-8　石英片和起偏镜中间
部分重叠将视场分为三部分
1—石英片　2—石英片光轴　3—起偏镜透射轴
4—起偏镜　5—起偏镜透射轴与
石英片光轴的夹角

视场消失。由于此时 OP 和 OP' 在 OA 轴上的分量比图 3-41-9b 情形时大，因此整个视场为较亮的黄色。

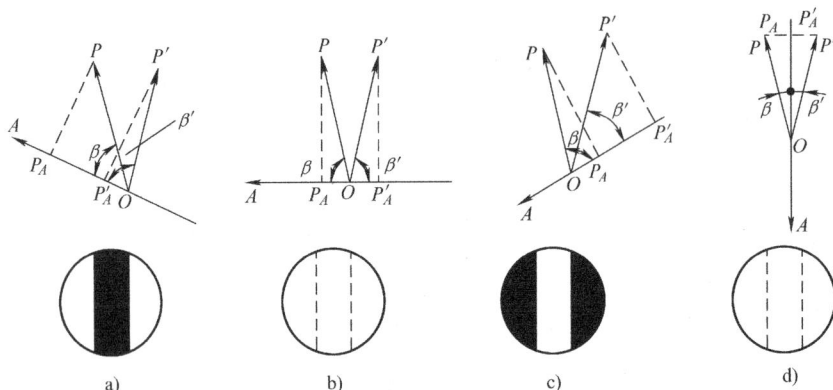

图 3-41-9　四种不同的起偏情况

由于在亮度较弱的情况下，人眼辨别亮度微小变化的能力较强，所以取图 3-41-9b 情形的视场为参考视场，并将此时检偏镜透射轴所在的位置取作刻度盘的零点。

实验时，将旋光性溶液注入已知长度为 L 的测试管中，把测试管放入旋光仪的试管筒内，这时 OP 和 OP' 两束线偏振光均通过测试管，它们的振动面都转过相同的角度 ψ，并保持两振动面间的夹角为 2θ 不变。转动检偏镜使视场再次回到图 3-41-9b 情形的状态，则检偏镜所转过的角度就是被测溶液的旋转角 ψ。

迎着射来的光线看去，如果旋光现象使偏振面向右（顺时针方向）旋转，这种溶液称右旋溶液，如葡萄糖、麦芽糖、蔗糖的水溶液。反之，使偏振面向左（逆时针方向）旋转，这种溶液称左旋溶液，如果糖的水溶液。

【实验步骤】

（一）用偏振光实验系统验证布儒斯特定律（选做）

按图 3-41-10 所示在光具座上布置光路。使氦氖激光器发出的光束通过一个偏振轴为水平方向的起偏器之后，照射立在光学测角台上的黑玻璃镜，转动测角台，使反射光束原路返回，以此位置为零度，再转动测角台，使入射角约达 56°～57°时锁紧度盘，利用滑动座升降微调装置适当降低测角台，然后放松转动臂，在光电探头随着转臂缓慢转动过程中测量反射光的相对光强。经反复观测，找到反射光为最暗（甚至为零）的位置，此时的入射角 θ_B 就是布儒斯特角。

（二）用偏振光实验系统验证马吕斯定律

线偏振光经过检偏器后的透射光强随起偏器和检偏器透振方向夹角 α 变化的规律为 $I_\alpha = I_0\cos^2\alpha$，此即马吕斯定律。

按图 3-41-11 所示，A、B、C、D、E 各部件都装在带有滑动座的支架上，先目测调节各部件同轴等高。点燃激光器，让光束通过放入光路中各部件（偏振片、波片、光电探头等）的中心，保证光束垂直入射到光电探头上。偏振片和波片安装在 X 轴旋转架（可作任意角度旋转）上。

将波片 C 移出光路，手动旋转 X 轴旋转架改变检偏器 D 的光轴，光功率测试仪的示

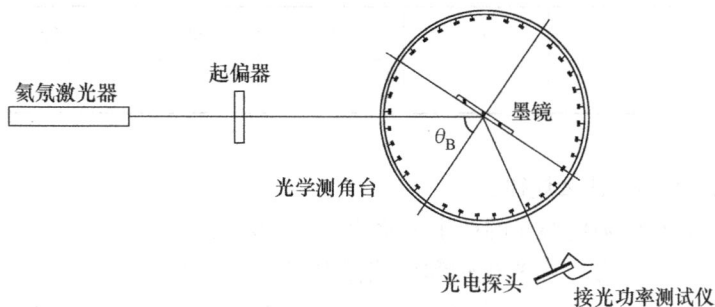

图 3-41-10　验证布儒斯特定律原理图

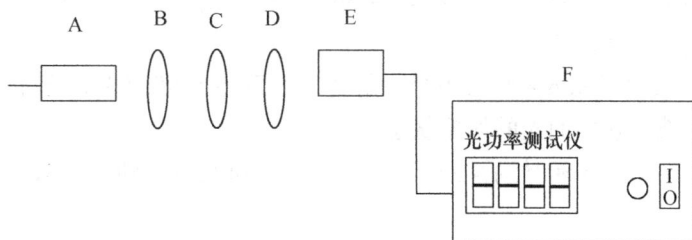

图 3-41-11　偏振光实验系统
A—激光器　B—起偏器　C—波片　D—检偏器
E—光电探头　F—光功率测试仪

值随之变化，可记录下旋转不同角度时的光功率测试仪示值。旋转检偏器 D 至消光位置（即光功率测试仪示值为 0），同时旋转 X 轴旋转架上指针示于 90°，此时 $\alpha = 90°$，使 $\alpha = 0°$，10°，20°，30°，40°，50°，60°，70°，80°，90°，记录下相应的光功率测试仪示值 I_α（mW），用作图法处理所得数据，绘制出 I_α 和 $\cos^2\alpha$ 的函数图形，从而验证马吕斯定律。

α	0°	10°	20°	30°	40°	50°	60°	70°	80°	90°
$\cos^2\alpha$										
光功率测试仪示值 I_α /mW										

（三）考察线偏振光通过 1/2 波片时的现象

1. 如图 3-41-11 所示，旋转 D 至消光（即光功率测试仪示值为 0，以下也类似），然后将装有 1/2 波片的 C 放入光路，旋转 1/2 波片至消光。

2. 将 1/2 波片转 15°，破坏其消光。转动检偏器 D 至消光位置，并记录 D 所转动的角度。

3. 继续将 1/2 波片转 15°（即总转动角为 30°），记录 D 达到消光所转总角度，依次使 1/2 波片总转角为 45°、60°、75°、90°，记录 D 消光时所转总角度。

1/2 半波片 C 总转动角	15°	30°	45°	60°	75°	90°
检偏器 D 总转动角						

从上面实验结果得出什么规律？

（四）圆偏振光和椭圆偏振光的产生和检验；1/4 波片。

1. 同步骤(三)–1，使偏振光光轴和检偏器 D 的光轴正交，用 1/4 波片代替 1/2 波片。转动 1/4 波片，直至再次消光（即光功率测试仪示值为 0），说明此时经过 1/4 波片后的透射光所具有的偏振状态。

2. 将 1/4 波片转过 $\alpha = 45°$，然后将 D 转 360°，记录所观察到的现象并说明此时由 1/4 波片射出的光所具有的偏振状态。

3. 将 1/4 波片转过任意 $\alpha \neq 45°$，90° 的角度，然后将 D 转 360°，记录所观察到的现象并说明此时由 1/4 波片射出的光的偏振状态。

4. 将 1/4 波片转过 $\alpha = 90°$ 然后将 D 转 360°，记录所观察的到的现象并说明 1/4 波片射出的光的偏振状态。

（五）旋光现象的观察和糖溶液旋光率的测定

1. 测定旋光仪的零点：接通旋光仪电源，约 5 min 后待钠光灯发光后，正常开始实验。在没有放测试管时，调节望远镜调焦手轮，使三分视场清晰。调节度盘转动手轮，当三分视场刚消失并且整个视场变为较暗的黄色时，从度盘的两个游标上读数。将读数相加除以 2 作为测量的结果。重复测 3 次，求其平均值，作为旋光仪的零点 $\overline{\psi_0}$。

2. 配制一定浓度的蔗糖溶液，注入长度分别为 1 dm 和 2 dm 的测试管内，注入时要装满试管，不能有气泡。试管头装上橡皮圈，再旋螺母，不要旋得太紧，不漏即可。否则护片玻璃会产生应力，影响实验的准确性。将试管两头残余溶液揩干，再将试管放入试管筒内，试管的凸起部分朝上，以便存放管内残存的气泡。调节望远镜的调焦手轮和度盘转动手轮，使视角中出现"半荫位置"（整个视场变为较暗的黄色），分别记下度盘游标的左右读数。重复测 3 次求其平均值 $\overline{\psi_0'}$。

3. 由 $\overline{\psi_0'} - \overline{\psi_0}$ 即得平面偏振光振动面的旋转角 ψ，将已知的溶液浓度值，及液柱长 L 代入式（3-41-4）即可得蔗糖溶液的旋光率 ρ。对另一长度的测试管照上法测 3 次求出 $\overline{\psi_0'}$ 和 $\overline{\rho}$。

4. 数据记录和处理

（1）测定旋光仪的零点

测 量 序 次	度盘游标示数		$\psi_0 = \frac{1}{2}(\psi_{0R} + \psi_{0L})$	$\overline{\psi_0}$
	ψ_{0R}	ψ_{0L}		
I				
II				
III				

（2）旋转角 ψ 的测定和旋光率的计算

$$C = \underline{\qquad 0.1 \qquad} \text{g/ml}$$

液柱长/dm	测量序次	度盘游标示数		$\psi_0' = \dfrac{1}{2}(\psi_{0R}' + \psi_{0L}')$	$\overline{\psi_0'}$	$\overline{\psi} = \overline{\psi_0'} - \overline{\psi_0}$	$\overline{\rho} = \dfrac{\overline{\psi}}{LC}$
		ψ_{0R}'	ψ_{0L}'				$/(° / dm \cdot g \cdot ml^{-1})$
1	Ⅰ						
	Ⅱ						
	Ⅲ						
2	Ⅰ						
	Ⅱ						
	Ⅲ						

注意：如果从 $\overline{\psi_0}$ 到 $\overline{\psi_0'}$ 时，零刻度越过了游标 R 和 L，则有 $\overline{\psi} = 180° - |\overline{\psi_0'} - \overline{\psi_0}|$

5. 注意事项

（1）测试管应轻拿轻放，防止打碎。

（2）所有镜片，包括测试管两头的护片玻璃都不能直接揩拭，应使用柔软的绒布或镜头纸揩拭。

（3）试管使用后，应及时用水冲洗干净，揩干收好。

【结果与讨论】

1. 描述前面各步骤中所要求观察到的现象，并解释之。

2. 阐述并归纳能把自然光、平面偏振光、椭圆偏振光、圆偏振光和部分偏振光区别开来的方法。

3. 怎样测定某种溶液的浓度？

4. 怎样区分旋光物质和波片？

实验四十二　调节分光计并用掠入射法测定介质折射率

【实验目的】

1. 进一步学习分光计的调节和使用方法。

2. 掌握用掠入射法测定介质的折射率。

【实验仪器】

分光计、三棱镜、单色光源（钠灯）、待测液体（水）、读数小灯、毛玻璃屏等。

【实验原理】

1. 用掠入射法测定液体折射率

将折射率为 n 的待测物质放在已知折射率为 n_1 的三棱镜的折射面 AB 上，且 $n < n_1$。若以单色的扩展光源照射分界面 AB 时，则从图 3-42-1 可以看出：入射角为 $\pi/2$ 的光线 Ⅰ 将掠射

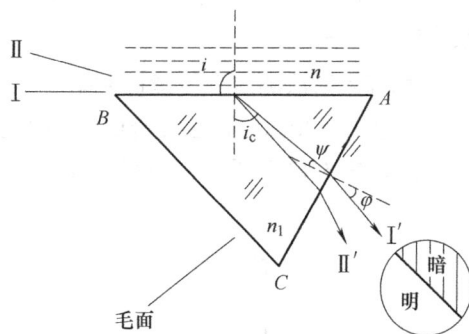

图　3-42-1

到 AB 界面而折射进入三棱镜内。显然，其折射角 i_c 应为临界角，因而满足关系式

$$\sin i_c = \frac{n}{n_1} \tag{3-42-1}$$

当光线 I 射到 AC 面，再经折射而进入空气时，设在 AC 面上的入射角为 ψ，折射角为 φ，则有

$$\sin\varphi = n_1\sin\psi \tag{3-42-2}$$

除掠入射光线 I 外，其他光线例如光线 II 在 AB 面上的入射角均小于 $\pi/2$，因此经三棱镜折射最后进入空气时，都在光线 I′的左侧。当用望远镜对准出射光方向观察时，视场中将看到以光线 I′为分界线的明暗半荫视场，如图 3-42-1 所示。

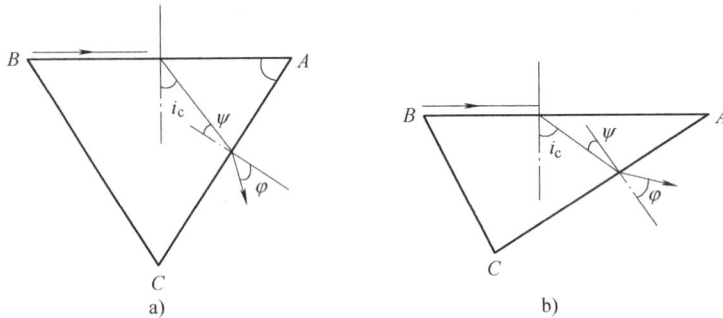

图　3-42-2

由图 3-42-2 可以看出，当三棱镜的棱镜角 A 大于角 i_c 时（见图 3-42-2a），A、i_c 和 ψ 有如下关系：

$$A = i_c + \psi \tag{3-42-3}$$

由式（3-42-1）、式（3-42-2）和式（3-42-3）消去 i_c 和 ψ 后可得

$$n = \sin A \sqrt{n_1^2 - \sin^2\varphi} - \cos A\sin\varphi \tag{3-42-4}$$

如果棱镜角 $A = 90°$，则上式简化为

$$n = \sqrt{n_1^2 - \sin^2\varphi} \tag{3-42-5}$$

因此，当直角棱镜的折射率 n_1 为已知时，测出 φ 角后即可计算出待测物质的折射率 n。上述测定折射率的方法称为掠入射法，是基于全反射原理［如果棱镜角 A 小于角 i_c（见图 3-42-2b），式（3-42-3）将为 $A = i_c - \psi$，式（3-42-4）将为 $n = \sin A \sqrt{n_1^2 - \sin^2\varphi} + \cos A\sin\varphi$。观察到的现象一样］。

2. 用掠入射法测定三棱镜折射率

设单色平行光源照在三棱镜的 AB 面上，经过两次折射，如图 3-42-3 所示，由折射定律及几何关系得

$$\begin{cases} \sin i = n\sin r \\ n\sin r' = \sin i' \\ r + r' = A \end{cases} \tag{3-42-6}$$

由以上三式消去 r 和 r'，得

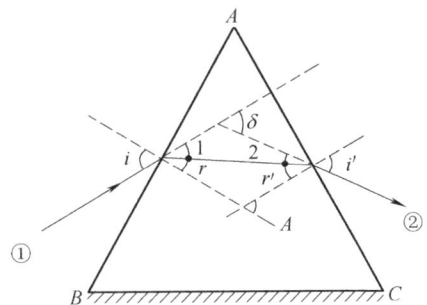

图　3-42-3

$$n = \frac{1}{\sin A} \sqrt{\sin^2 i \sin^2 A + (\sin i \cos A + \sin i')^2} \tag{3-42-7}$$

只要测出 i、i'、A 即可算出 n。

如果入射光以 90°角掠入射，有 $i \to 90°$，$\sin i \to 1$。此时出射角 $i' \to$ 极限角 i_m，$\sin i' \to \sin i_m$，则上式变为

$$n = \sqrt{1 + \left(\frac{\cos A + \sin i_m}{\sin A}\right)^2} \tag{3-42-8}$$

式中，A 是三棱镜的顶角；i_m 为光线掠入射时的出射极限角。要使光线准确地以 90°角掠入射棱镜，需选用扩展光源，一般是在光源前加一块毛玻璃，光向各方向漫反射成为扩展光源，把扩展光源的位置大致定在棱镜面 AB 的延长线上，如图 3-42-4 所示，当扩展光源的光线从各个方向射向 AB 面时，凡入射角小于 90°的光线，其出射角 i 必大于 i_m，大于 90°的光线不能进入棱镜，在 AC 侧面观察时，可看到由 $i < 90°$ 的光产生的各种方向的出射光，其出射角大于 i_m，形成亮视场；而 $i > 90°$ 的光被挡住，在出射角小于 i_m 的方向，

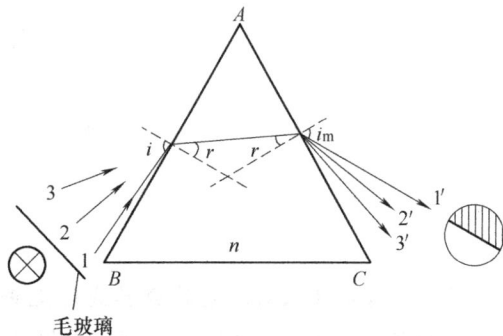

图　3-42-4

没有光线射出，形成暗视场。显然，明暗视场的分界线就是入射角 $i = 90°$ 掠入射引起的出射方向，如图 3-42-4 所示。转动望远镜使叉丝交点对准明暗分界线，便可以测定出射的极限方向，利用自准法再测出棱镜 AC 面的法线方向，求出这两个方向之间的夹角，便得到的折射极限角 i_m。

在实际测量中，常把棱镜顶角磨成 90°，折射率公式（3-42-8）又可进一步简化为

$$n = \sqrt{1 + \sin^2 i_m} \tag{3-42-9}$$

【实验步骤】

（一）用掠入射法测定液体折射率

1. 按本书"分光计的调节及棱镜玻璃折射率的测定"实验中有关内容将分光计调节好。即应用自准直方法将望远镜对无穷远调焦，并使其光轴垂直于仪器的转轴；调节棱镜的主截面也和仪器的转轴垂直。

2. 按图 3-42-5 所示，将待测液体滴 1~2 滴在等边三棱镜的光面 AB 的一端上，棱镜顶角 A 为 60°，并用毛玻璃的毛面从滴有待测液体的这一端沿 AB 面轻轻推进并与 AB 面相合，使液体在两者接触面间形成一均匀液层，不能含有气泡，然后置于分光计棱镜台上。（注意棱镜 ABC 的放置方法。）

3. 点亮钠灯照亮毛玻璃屏，将它放在折射棱 B 的附近，先用眼睛在出射光的方向观察半荫视场，旋转棱镜台，改变光源和棱镜的相对方位，使半荫视场的分界线位于棱镜台近中心处，将棱镜台固定。转动望远镜，使望远镜叉丝对准分界线，记下两游标读数（v_L，v_R）。将望远镜转离明暗分界线再转回，重复测量几次，取其平均值。

4. 再次转动望远镜，利用自准直的调节方法，测出 AC 面的法线方向（即使望远镜的光

轴垂直于 *AC* 面，也就是使 *AC* 面的十字叉丝反射像在如图 2-16-6 所示位置），记下两游标读数 (v_L', v_R')。重复测量几次，取其平均值。由此可得

$$\varphi = \frac{1}{2}\left[(v_L' - v_L) + (v_R' - v_R) \right]$$

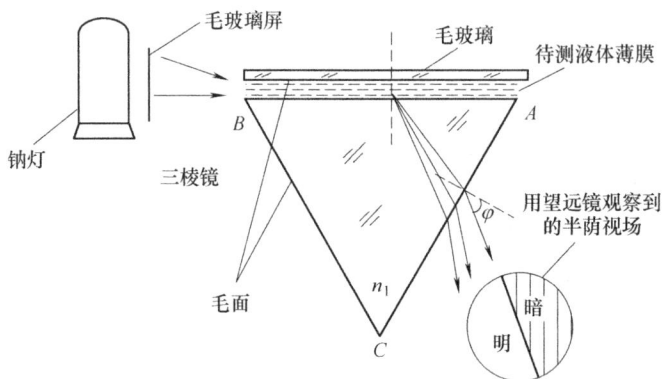

图　3-42-5

> 注意：望远镜从对准明暗分界线转至垂直于 *AC* 面的过程中，若零刻度（即 360°刻度）越过了游标 R（或 L）时，则要类似"分光计的调节及棱镜玻璃折射率的测定"实验一样处理数据。

5. 将 φ 值代入式（3-42-4），并取 $\angle A = 60°$ 即得

$$n = \frac{1}{2}\left(\sqrt{3(n_1^2 - \sin^2\varphi)} - \sin\varphi \right)$$

实验中要注意以下事项：

（1）注意审查看到的现象是否准确。

（2）两接触面间的液层一定要均匀，不能含有气泡，滴入液体不宜过多，避免大量渗漏在仪器上。

（3）当改选另一种被测液体时，必须将棱镜擦拭干净。

（二）用掠入射法测定三棱镜折射率

1. 分光计和棱镜的调节要求同上。

2. 按图 3-42-4 所示测量光线掠入射时的出射极限角 i_m。

3. 按式（3-42-8）计算三棱镜折射率。

【数据记录与处理】

自拟数据表格，记录相关数据并求出测量结果。

【思考题】

1. 用掠入射法测折射率，对光源有什么具体要求？

2. 望远镜中明暗分界线的半荫视场是如何形成的？

第四篇 设计与应用性实验

实验四十三 双光栅振动实验

精密测量在自动化控制的领域里一直扮演着重要的角色，其中光电测量因为有较好的精密性与准确性，加上轻巧、无噪声等优点，在测量的应用上常被采用。作为一种把机械位移信号转化为光电信号的手段，光栅式位移测量技术在长度与角度的数字化测量、运动比较测量、数控机床、应力分析等领域得到了广泛的应用。

【实验目的】

1. 了解利用光的多普勒频移形成光拍的原理并用于测量光拍拍频。
2. 学会使用精确测量微弱振动位移的一种方法。
3. 应用双光栅微弱振动实验仪测量音叉振动的微振幅。

【实验仪器】

双光栅微弱振动实验仪（见图4-43-1，包括激光源、信号发生器、频率计等）、音叉。

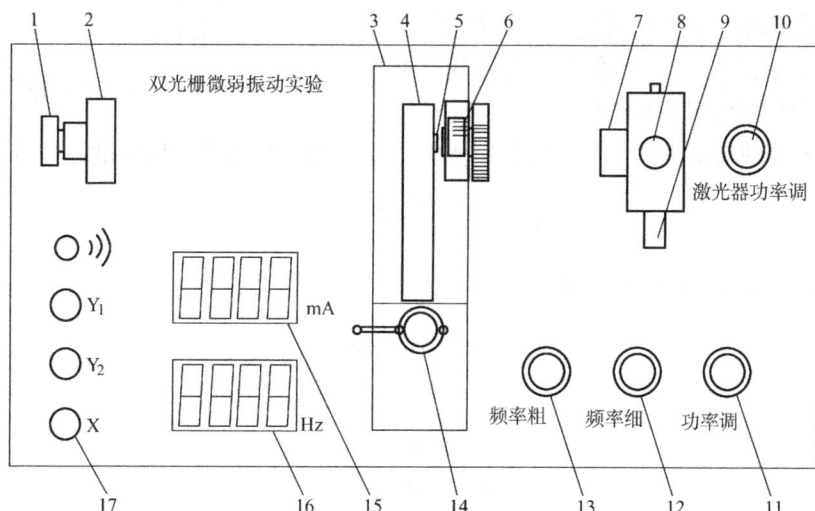

图4-43-1 双光栅微弱振动实验仪面板结构

1—光电池升降手轮 2—光电池座（在顶部有光电池盒，盒前有一小孔光阑）

3—音叉座 4—音叉 5—粘于音叉上的光栅 6—静光栅架 7—半导体激光器

8—上下调节器 9—左右调节器 10—激光器输出功率调节器 11—信号发

生器输出功率调节 12—信号发生器频率细调 13—信号发生器频率粗调

14—驱动音叉换能器 15—功率显示窗口 16—频率显示窗口

17—三个输出信号插口（Y_1 拍频信号，Y_2 音叉驱动信号，X 为示波器提供"外触发"）

双光栅微弱振动实验仪在实验中用于音叉振动分析、微振幅（位移）测量和光拍研究等。

【实验原理】

1. 静态光栅

（1）光垂直入射满足光栅方程

$$d\sin\theta = k\lambda \qquad (4\text{-}43\text{-}1)$$

式中，d 为光栅常数；θ 为衍射角；λ 为光波波长；k 为衍射级数，$k = 0$，1，…。

（2）若平面波入射平面光栅时，如图 4-43-2 所示，则光栅方程为

$$d(\sin\theta + \sin i) = k\lambda \qquad (4\text{-}43\text{-}2)$$

图　4-43-2

2. 光的多普勒频移

当光栅以速度 v 沿光的传播方向运动时，出射波阵面也以速度 v 沿同一方向移动，因而在不同时刻 Δt，它的位移量记作 $v\Delta t$。相应于光波位相发生变化 $\Delta\varphi(t)$

$$\Delta\varphi(t) = \frac{2\pi}{\lambda}v\Delta t \qquad (4\text{-}43\text{-}3)$$

3. 光拍的获得与检测

双光栅弱振动仪的光路简图如图 4-43-3 所示。

本实验采用两片完全相同的光栅平行紧贴。B 片静止只起衍射作用。A 片不但起衍射作用，并以速度 v 相对运动则起到频移作用。

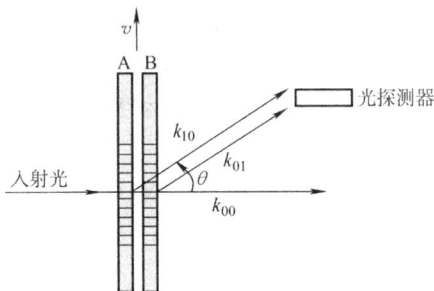

图 4-43-3　双光栅光路简图

由于 A 光栅的运动方向与其 1 级衍射光方向呈 θ 角，则造成衍射后的相位变化为

$$\Delta\varphi(t) = \frac{2\pi}{\lambda}v\sin\theta \cdot \Delta t \qquad (4\text{-}43\text{-}4)$$

将式（4-43-1）代入，且 k 取 1 级得

$$\Delta\varphi = 2\pi\frac{v}{d}\Delta t \qquad (4\text{-}43\text{-}5)$$

即

$$\varphi(t) - \varphi(t_0) = \frac{2\pi}{d}\left[s(t) - s(t_0)\right] \qquad (4\text{-}43\text{-}6)$$

此路光经 B 光栅衍射后，取其零级记作

$$E_1 = E_{10}\cos(\omega_0 t + \varphi(t) + \varphi_1) \qquad (4\text{-}43\text{-}7)$$

A 光栅的零级光因与振动方向垂直，不存在相位变化经 B 光栅衍射后取其 1 级。此路光记作

$$E_2 = E_{01}\cos(\omega_0 t + \varphi_2) \qquad (4\text{-}43\text{-}8)$$

由图 4-43-3 可看到 E_1、E_2 的衍射角均为 θ 角，沿同一方向传播，则在传播方向上放置光探测器。探测器接受到的两束光总光强为

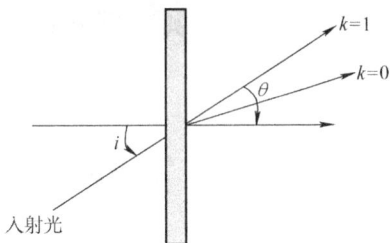

$$I = \rho(E_1 + E_2)^2 = \rho \begin{cases} E_{10}^2 \cos^2(\omega_0 t + \varphi(t) + \varphi_1) \\ + E_{01}^2 \cos^2(\omega_0 t + \varphi_2) \\ + E_{10}E_{01}\cos[\varphi(t) + (\varphi_2 - \varphi_1)] \\ + E_{10}E_{01}\cos[2\omega_0 t + \varphi(t) + (\varphi_2 + \varphi_1)] \end{cases} \tag{4-43-9}$$

由于光波的频率很高，探测器无法识别。最后探测器实际上只识别式（4-43-9）中第三项

$$\rho E_{10}E_{01}\cos[(\varphi(t) + (\phi_2 - \phi_1)] \tag{4-43-10}$$

光探测器能测得的"光拍"讯号的频率为拍频

$$F_{拍} = \frac{\omega_d}{2\pi} = \frac{v_A}{d} = v_A n_\theta \tag{4-43-11}$$

式中，$n_\theta = \dfrac{1}{d}$ 为光栅密度。

4. 微弱振动位移量的检测

从式（4-43-11）可知，$F_{拍}$ 与光频 ω_0 无关，但正比于光栅移动速度 v_A。如果将 A 光栅粘在音叉上，则 v_A 呈周期性变化，即光拍信号频率 $F_{拍}$ 也随时间变化。音叉振动时，其振幅为

$$A = \frac{1}{2}\int_0^{T/2} v_A \mathrm{d}t = \frac{1}{2n_\theta}\int_0^{T/2} F_{拍}(t)\mathrm{d}t \tag{4-43-12}$$

式中，T 为音叉振动周期；$\int_0^{T/2} F_{拍}(t)\mathrm{d}t$ 可通过在示波器的荧光屏上读出波形数而得到，如图 4-43-4 所示。因此，只要测得拍频波的波数，就可得到较弱振动的位移振幅。

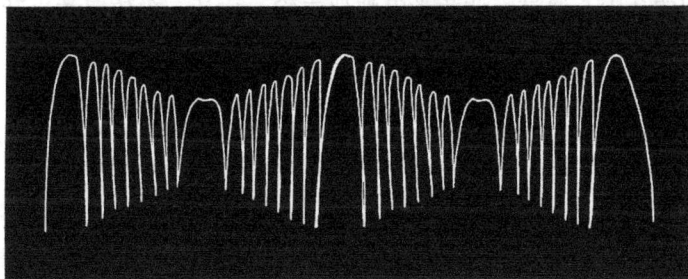

图 4-43-4　示波器显示拍频波形

波形数由完整波形数、波的首数和波的尾数三部分组成。根据示波器上显示的波形计算，波形的分数部分是一个不完整波形的首数及尾数，需在波群的两端，按反正弦函数折算为波形的分数部分，即波形数 = 整数波形数 + 波中满 1/2 或 1/4 或 3/4 个波形分数部分 + 尾数，即

$$波形数 = 整数波形数 + 波形分数 + \frac{\arcsin a}{360} + \frac{\arcsin b}{360} \tag{4-43-13}$$

式中，a、b 为波群的首、尾幅度和该处完整波形的振幅之比。波群指 $T/2$ 内的波形，分数波形数若满 1/2 个波形为 0.5，满 1/4 个波形为 0.25，满 3/4 个波形为 0.75。

$$s(t) - s(t_0) = \frac{d}{2\pi}[\varphi(t) - \varphi(t_0)] \qquad (4\text{-}43\text{-}14)$$

例：波形数计算举例。如图 4-43-5 所示，在 $T/2$ 内，整数波形数为 4，波形分数部分已满 1/4 波形，$a = 0$，$b = h/H = 0.6/1 = 0.6$。所以

$$\text{波形数} = 4 + 0.25 + \frac{\arcsin 0.6}{360°} = 4.25 + \frac{36.8°}{360°}$$

$$= 4.25 + 0.10 = 4.35$$

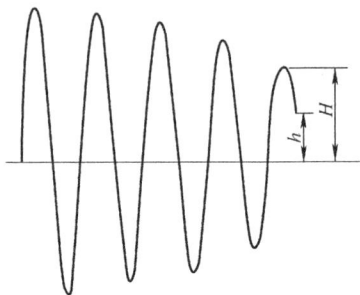

图 4-43-5　计算波形数

【实验内容】

1. 调整几何光路，调整双光栅，调节音叉振动，配合示波器，调出光拍频波。

2. 测量外力驱动音叉时的谐振曲线。

3. 改变音叉的有效质量，研究谐振曲线的变化趋势。

【实验步骤】

1. 连接

将双踪示波器的 Y_1、Y_2、X 外触发输入端接至双光栅微弱振动测量仪的 Y_1、Y_2（音叉激振信号，使用单踪示波器时此信号空置）、X（音叉激振驱动信号整形成方波，作示波器"外触发"信号）的输出插座上，示波器的触发方式置于"外触发"；Y_1 的 V/格置于 0.1 V/格—0.5 V/格；"时基"置于 0.2 ms/格；开启各自的电源。

2. 操作

（1）几何光路调整

小心取下"静光栅架"（不可擦伤光栅），微调半导体激光器的左右调节手轮，让光束从安装静止光栅架的孔中心通过。调节光电池架手轮，让某一级衍射光正好落入光电池前的小孔内。锁紧激光器。

（2）双光栅调整

小心地装上"静光栅架"，静光栅尽可能与动光栅接近（不可相碰！），用一屏放于光电池架处，慢慢转动光栅架，务必仔细观察调节，使得两条光束尽可能重合。去掉观察屏，轻轻敲击音叉，在示波器上应看到拍频波。（注意：如看不到拍频波，可将激光器的功率减小一些再试试。）在半导体激光器的电源进线处有一只电位器，转动电位器即可调节激光器的功率。过大的激光器功率照射在光电池上，将使光电池"饱和"而无信号输出。

（3）音叉谐振调节

先将"功率"旋钮置于 6~7 点钟附近，调节"频率"旋钮（500 Hz 附近），使音叉谐振。调节时用手轻按音叉顶部，找出调节方向。如音叉谐振太强烈，可将"功率"旋钮向小钟点方向转动，使在示波器上看到的 T/2 内光拍得波数为 10~20 个左右较合适。

（4）波形调节

光路粗调完成后，就可以看到一些拍频波，但欲获得光滑细腻的波形，还需反复进行一些仔细的调节。稍稍松开固定静光栅架的手轮，试着微微转动光栅架，改善动光栅衍射光斑与静光栅衍射光斑的重合度，看看波形有否改善；在两光栅产生的衍射光斑重合区域中，不是每一点都能产生拍频波。所以，当光斑正中心对准光电池上的小孔时，并不一定都能产生好的波形，有时光斑的边缘反而能产生好的波形。可以微调光电池架或激光器的 X-Y 微调

手轮，改变一下光斑在光电池上的位置，看看波形有否改善。

（5）测出外力驱动音叉时的谐振曲线

固定"功率"旋钮位置，小心调节"频率"旋钮，作出音叉的频率-振幅曲线。

（6）改变音叉的有效质量，研究谐振曲线的变化趋势，并说明原因。为了改变质量，可在音叉上用橡皮泥粘黏或吸附一小块磁铁。（注意：此时信号输出功率不能变。）

【实验数据】

1. 求出音叉谐振频率半周期内的光拍信号的平均周期和频率

表 4-43-1　音叉谐振时的光拍信号的周期和频率

$T/\mu s$						
f/Hz						

2. 求出音叉在谐振点时作微弱振动的位移振幅

3. 在坐标纸上画出音叉的频率-振幅曲线

表 4-43-2　不同频率的波形数

f/Hz	波形数测量				波数 $N(T/2)$	振　幅
	整数波形	分数波形	a	b		

4. 作出音叉的不同有效质量时的谐波曲线，定性讨论其变化趋势

【思考题】

1. 如何判断动光栅与静光栅的刻痕已平行？

2. 作谐振曲线时，为什么要固定信号功率？

3. 试分析"光拍"曲线不稳定的原因？

实验四十四　静、动摩擦因数的研究

【实验目的】

1. 观察平面运动的静、动摩擦现象。

2. 掌握 FB818-4 型平面静动摩擦实验仪的使用方法。

3. 测定不同材料间的静、动摩擦因数。

【实验原理】

1. 平面静、动摩擦实验仪原理

静摩擦力是利用受力平衡，通过测量其他外力得到的滑动摩擦力。一般是通过匀速直线运动来测量滑动摩擦因数。如当木块作匀速直线运动时，木块水平方向受到的拉力和木板对木块的摩擦力就是一对平衡力。根据两力平衡的条件，拉力大小应和摩擦力大小相等。所以弹簧秤测出了拉力大小也就是测出了摩擦力大小。但是这种方法比较粗糙，一是较难控制使物体匀速运动；二是未能真实地反映出物体的所受到摩擦力的变化情况。

2. 平面静、动摩擦实验仪设计思路

静、动摩擦实验仪如图 4-44-1 所示，由环形平皮带、被测摩擦因数的物体传送板（60 cm）、可控速电动机、传动可接力传感器连接计算机。

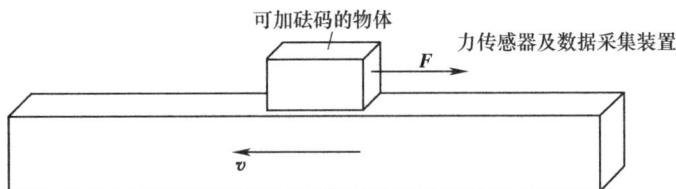

图 4-44-1　平面静、动摩擦研究实验研究装置设计示意图

【实验仪器】

FB818-4 型平面静、动摩擦力探索实验装置（图 4-44-2）1 套、各类材料等。

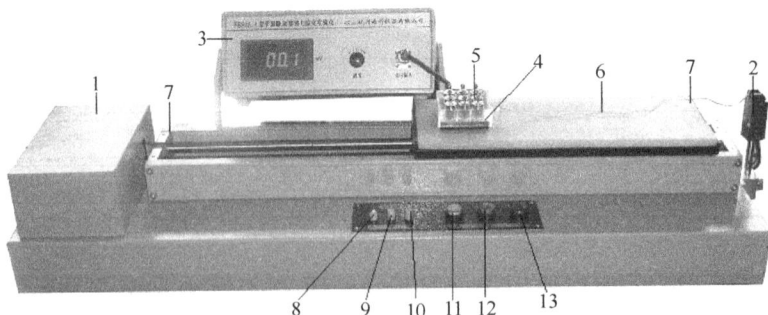

图 4-44-2　FB818-4 型平面静、动摩擦实验仪照片及功能

1—电源、电机　2—力传感器　3—力测量仪表　4—载物小滑车　5—10g 小砝码
6—测试滑板材料　7—运动限位开关　8—低速按钮　9—中速按钮　10—高速
按钮　11—逆向运动开关　12—停止运动开关　13—启动运动开关

【实验内容与方法】

1. 平面静、动摩擦实验仪操作

（1）按图 4-44-2 所示把实验装置安装好，接通工作电源，试一下电动机是否能正常转动并带动传送带一起运动。

（2）把压阻力敏传感器的支架旋转 90°，用随仪器提供的砝码对传感器进行标定，使仪表读数准确。

（3）实验时，将被测静摩擦因数的物体平板置于传送带上，将另一待测物块置于该平板上，通过专用调速开关（高、中、低速），控制可控调速电动机，通过传送带带动平板，使平板与物块作相对运动。

（4）物块则通过压阻力敏传感器，将所测的力转换成电压信号送至数字电压表，通过数字电压表或与计算机连接，可直接观测到物体的静、动摩擦力的变化曲线。

（5）该仪器原理明确，又能直观演示摩擦物块受到的静摩擦力从零逐渐增大到最大静摩擦力，最后又变为滑动摩擦力的动态变化过程及影响摩擦力的因素。

2. 平面静动摩擦实验仪可完成以下实验

（1）研究滑动摩擦力大小与物体运动速度的快慢关系。

（2）研究滑动摩擦力大小与物体间接触面积大小关系。

（3）研究滑动摩擦力大小与物体表面光滑程度的关系。

（4）通过配重砝码，可测滑动摩擦力大小与物体正压力 $f=\mu F_N$ 之间的关系。

（5）通过更换被测平板材料，测量不同材料物体之间的摩擦因数。

（6）研究描述最大静摩擦力曲线。

【数据记录及处理】

自行设计实验内容、步骤、记录数据表格，完成实验数据处理与实验报告等。

实验四十五　热敏电阻温度传感器特性研究

【实验目的】

1. 研究 Pt100 铂电阻、Cu50 铜电阻和热敏电阻（NTC 和 PTC）的温度特性及其测温原理。

2. 研究比较不同温度传感器的温度特性及其测温原理。

3. 掌握惠斯顿电桥及非平衡电桥的原理及其应用。

4. 了解温度控制的最小微机控制系统。

5. 掌握实验中单片机在温度实时控制、数据采集、数据处理等方面的应用。

6. 学习运用不同的温度传感器设计测温电路。

【实验原理】

1. Pt100 铂电阻的测温原理

金属铂（Pt）的电阻值随温度变化而变化，并且具有很好的重现性和稳定性，利用铂的此种物理特性制成的传感器称为铂电阻温度传感器，通常使用的铂电阻温度传感器零度阻值为 100Ω，电阻变化率为 0.3851 Ω/℃。铂电阻温度传感器精度高，稳定性好，应用温度范围广，是中低温区（ -200 ~ 650 ℃）最常用的一种温度检测器，不仅广泛应用于工业测温，而且被制成各种标准温度计（涵盖国家和世界基准温度）供计量和校准使用。

按 IEC751 国际标准，温度系数 TCR = 0.003851，Pt100（$R_0 = 100\ \Omega$）、Pt1000（$R_0 = 1000\ \Omega$）为统一设计型铂电阻。

$$TCR = (R_{100} - R_0) / (R_0 \times 100) \tag{4-45-1}$$

100 ℃ 时标准电阻值 $R_{100} = 138.51\ \Omega$。1000 ℃ 时标准电阻值 $R_{1000} = 1385.1\ \Omega$。

Pt100 铂电阻的阻值随温度变化而变化计算公式为

$$R_t = R_0 [1 + At + Bt^2 + C(t-100)t^3] \qquad -200\ ℃ < t < 0\ ℃ \tag{4-45-2}$$

$$R_t = R_0 (1 + At + Bt^2] \qquad 0\ ℃ < t < 850\ ℃ \tag{4-45-3}$$

式中，R_t 为在 t℃ 时的电阻值；R_0 为在 0 ℃ 时的电阻值；系数 A、B、C 的值各为：$A = 3.90802 \times 10^{-3}℃^{-1}$、$B = -5.802 \times 10^{-7}℃^{-2}$、$C = -4.27350 \times 10^{-12}℃^{-4}$。

三线制接法要求引出的三根导线截面积和长度均相同，测量铂电阻的电路一般是非平衡电桥，铂电阻作为电桥的一个桥臂电阻，将导线一根接到电桥的电源端，其余两根分别接到铂电阻所在的桥臂及与其相邻的桥臂上，当桥路平衡时，通过计算可知

$$R_t = \frac{R_1 R_3}{R_2} + \frac{rR_1}{R_2} - r \tag{4-45-4}$$

当 $R_1 = R_2$ 时，导线电阻的变化对测量结果没有任何影响，这样就消除了导线线路电阻带来的测量误差，但是必须为全等臂电桥，否则不可能完全消除导线电阻的影响，但分析可见，采用三线制会大大减小导线电阻带来的附加误差，工业上一般都采用三线制接法。

2. 热敏电阻温度特性原理（NTC 型）

热敏电阻是阻值对温度变化非常敏感的一种半导体电阻，它有负温度系数和正温度系数两种。负温度系数的热敏电阻（NTC）的电阻率随着温度的升高而下降（一般是按指数规律）；而正温度系数热敏电阻（PTC）的电阻率随着温度的升高而升高。金属的电阻率则是随温度的升高而缓慢地上升。热敏电阻对于温度的反应要比金属电阻灵敏得多，热敏电阻的体积也可以做得很小，用它来制成的半导体温度计，已广泛地使用在自动控制和科学仪器中，并在物理、化学和生物学研究等方面得到了广泛的应用。

在一定的温度范围内，半导体的电阻率 ρ 和温度 T 之间有如下关系：

$$\rho = A_1 e^{B/T} \tag{4-45-5}$$

式中，A_1、B 是与材料物理性质有关的常数；T 为热力学温度。对于截面均匀的热敏电阻，其阻值 R_T 可用下式表示：

$$R_T = \rho \frac{l}{s} \tag{4-45-6}$$

式中，R_T 的单位为 Ω；ρ 的单位为 $\Omega \cdot cm$；l 为两电极间的距离，单位为 cm；S 为电阻的横截面积，单位为 cm^2。

将式（4-45-5）代入式（4-45-6），令 $A = A_1 \dfrac{l}{s}$，可得

$$R_T = Ae^{B/T} \tag{4-45-7}$$

对一定的电阻而言，A、B 均为常数。

对式（4-43-7）两边取对数，则有

$$\ln R_T = B\frac{1}{T} + \ln A \tag{4-45-8}$$

$\ln R_T$ 与 $1/T$ 成线性关系，在实验中测得各个温度 T 的 R_T 值后，即可通过作图求出 B 和 A 值，代入式（4-45-7），即可得到 R_T 的表达式。式中 R_T 为在温度 T（K）时的电阻值（Ω），A 为在某温度时的电阻值（Ω），B 为常数（K），其值与半导体材料的成分和制造方法有关。从图 4-45-1 可以看出热敏电阻（NTC）与普通电阻的不同。

3. Cu50 铜电阻温度特性原理

铜电阻是利用物质在温度变化时本身电阻也随着发生变化的特性来测量温度的。铜电阻的受热部分（感温元件）是用细金属丝均匀地双绕在绝缘材料制成的骨架上，当被测介质中有温度梯度存在时，所测得的温度是感温元件所在范围内介质层中的平均温度。

4. 惠斯顿电桥原理

惠斯顿电桥线路如图 4-45-2 所示，四个电阻 R_1、R_2、R_0、R_x 连成一个四边形，称电桥的四个臂。四边形的一条对角线接有检流计，称为"桥"，四边形的另一个对角线上接电源 E，称为电桥的电源对角线。电源接通，电桥线路中各支路均有电流通过。

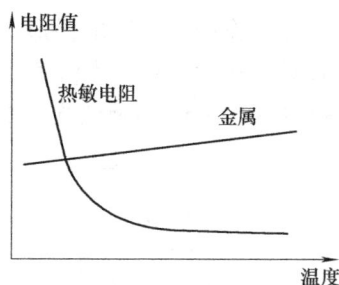

图　4-45-1

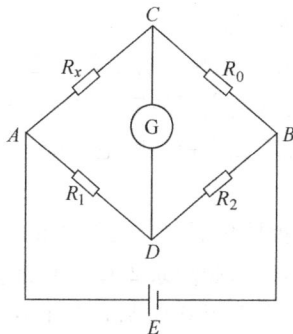

图　4-45-2

当 C、D 之间的电位不相等时，桥路中的电流 $I_g \neq 0$，检流计的指针发生偏转。当 C、D 两点之间的电位相等时，"桥"路中的电流 $I_g = 0$，检流计指针指零，这时我们称电桥处于平衡状态。

当电桥平衡时，$I_g = 0$，则有

$$\begin{cases} U_{AC} = U_{AD} \\ U_{CB} = U_{DB} \end{cases} \quad \text{即} \quad \begin{cases} I_1 R_x = I_2 R_1 \\ I_1 R_0 = I_2 R_2 \end{cases}$$

于是

$$\frac{R_x}{R_0} = \frac{R_1}{R_2}$$

根据电桥的平衡条件，若已知其中三个臂的电阻，就可以计算出另一个桥臂的电阻，因此，电桥测电阻的计算式为

$$R_x = \frac{R_1}{R_2} R_0 \tag{4-45-9}$$

式中，电阻 R_1/R_2 为电桥的比率臂；R_0 为比较臂，常用标准电阻箱；R_x 作为待测臂，在热敏电阻测量中用 R_T 表示。

【实验仪器】

九孔板，DH-VC1 直流恒压源恒流源，DH-SJ 型温度传感器实验装置，数字万用表，电阻箱。

【实验内容与步骤】

1. 用万用表直接测量法

1）参照附录的使用方法，将温度传感器直接插在温度传感器实验装置的恒温炉中。在传感器的输出端用数字万用表直接测量其电阻值。本实验的热敏电阻 NTC 温度传感器 25 ℃ 的阻值 5 kΩ；PTC 温度传感器 25 ℃ 的阻值 350 Ω。

2）在不同的温度下，观察 Pt100 铂电阻、热敏电阻（NTC 和 PTC）和 Cu50 铜电阻的阻值的变化，从室温到 120 ℃（注：PTC 温度实验从室温到 100 ℃。），每隔 5 ℃（或自定度数）测一个数据，将测量数据逐一记录在表格内。

3）以温标为横轴，以阻值为纵轴，按等精度作图的方法，用所测的各对应数据作出 R_T-t 曲线。

4）分析比较它们的温度特性。

2. 惠斯顿电桥法

1）根据惠斯顿电桥原理（图 4-45-6），按图 4-45-3 的方式连接成单臂电桥形式。运用万用表，自行判定三线制 Pt100 的接线。将 R_3 用电位器代替。用 DH-VC1 直流恒压源恒流源的恒压源来提供稳定的电压源，范围 0～5V。**注意：将电压由 0～5V 缓慢调节，具体电压自定。**

2）将温度传感器作为其中的一个臂。根据不同的温度传感器，参照附录 2 和 3 中的温度传感器在 0 ℃ 的对应阻值，把电阻器件调到与 Pt100 或 Cu50 温度传感器对应的阻值（Cu50 在 0 ℃ 的阻值是 50 Ω，用 100 Ω 并联 220 Ω 的电位器，比较臂 R_3 的阻值可以按照同样思路来匹配），仔细调节比较臂 R_3 使桥路平衡，即万用表的示数为零。NTC 和 PTC 温度传感器以 25 ℃ 时阻值为桥路平衡的零点。把电阻器件调到与 NTC 或 PTC 温度传感器对应的 25 ℃ 时的阻值（NTC 的阻值 5 kΩ，用 1 kΩ 的电阻串联 5 kΩ 和 220 Ω 的电位器，比较臂 R_3 的阻值可以按照同样思路来匹配），仔细调节比较臂 R_3 使桥路平衡，即万用表的示数为零。

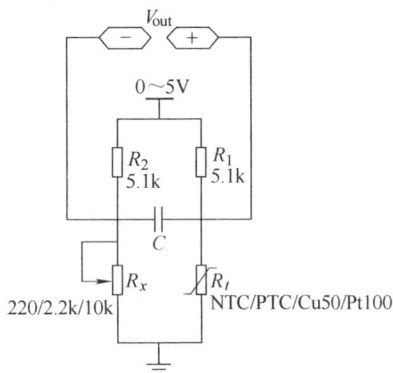

图　4-45-3

3）参照附录 B 的使用方法。直接插在温度传感器实验装置的恒温炉中。通过温控仪加热，在不同的温度下，观察 Pt100 铂电阻、热敏电阻（NTC 和 PTC）和 Cu50 铜电阻的阻值的变化，从室温到 120 ℃（注：PTC 温度实验从室温到 100 ℃），每隔 5℃（或自定度数）测一个数据，将测量数据逐一记录在表格内。

4）以温标为横轴，以电压为纵轴，按等精度作图的方法，用所测的各对应数据作出 V-t 曲线。

5）推导测量原理计算公式。

6）分析比较它们的温度特性。

3. 恒流法

1）按照图4-45-4接线。用DH-VC1来提供1 mA或0.1 mA直流电流源。用万用表测量取样电阻R_0，调节DH-VC1上的恒流源的电位器使其两端的电压为1 V或0.1 V。**注意：将电压由0~1 V缓慢调节。**

2）将温度传感器直接插在温度传感器实验装置的恒温炉中。通过温控仪加热，在不同的温度下，观察Pt100铂电阻、热敏电阻（NTC和PTC）和Cu50铜电阻的阻值的变化，从室温到120 ℃（注：PTC温度实验从室温到100 ℃），每隔5 ℃（或自定度数）测一个数据，将测量数据逐一记录在表格内。温控仪的使用方法详见附录。

3）以温标为横轴，以电压为纵轴，按等精度作图的方法，用所测的各对应数据作出V-t曲线。

4）推导测量原理计算公式。

5）分析比较它们的温度特性。

6）分析比较惠斯顿电桥法与恒流法这两种测量方法的特点。

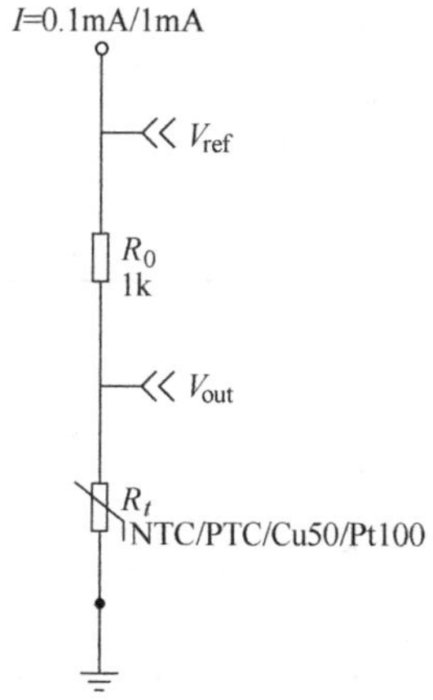

4. 学习运用电桥和差分放大器自行设计数字测温电路（图4-45-5）。

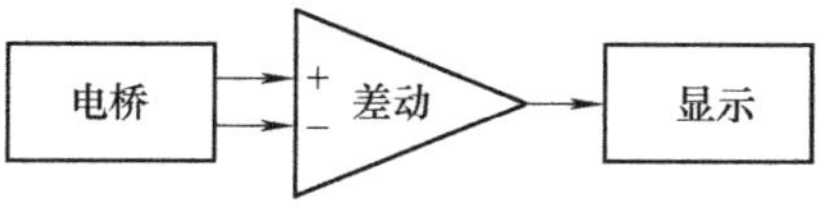

图　4-45-4

图　4-45-5

注意：正温度系数热敏电阻（PTC）随温度的变化成指数函数变化，在80 ℃以下阻值变化比较平滑，而在80 ℃以上变化非常快。整体成指数上升曲线。

【数据记录】

表4-45-1　Pt100铂电阻数据记录　　　　　　室温_____℃

序号	1	2	3	4	5	6	7	8	9	10
温度/℃										
R/Ω										
序号	11	12	13	14	15	16	17	18	19	20
温度/℃										
R/Ω										

表4-45-2　NTC负温度系数热敏电阻数据记录　　　　室温_____℃

序号	1	2	3	4	5	6	7	8	9	10
温度/℃										
R/Ω										
序号	11	12	13	14	15	16	17	18	19	20
温度/℃										
R/Ω										

表 4-45-3　PTC 正温度系数热敏电阻数据记录　　　　室温＿＿＿℃

序号	1	2	3	4	5	6	7	8	9	10
温度/℃										
R/Ω										
序号	11	12	13	14	15	16	17	18	19	20
温度/℃										
R/Ω										

表 4-45-4　Cu50 铜电阻数据记录　　　　室温＿＿＿℃

序号	1	2	3	4	5	6	7	8	9	10
温度/℃										
R/Ω										
序号	11	12	13	14	15	16	17	18	19	20
温度/℃										
R/Ω										

【附录 A】

温度传感器概述

温度是表征物体冷热程度的物理量。温度只能通过物体随温度变化的某些特性来间接测量。测温传感器就是将温度信息转换成易于传递和处理的电信号的传感器。

1. 测温传感器的分类

1.1　电阻式传感器

热电阻式传感器是利用导电物体的电阻率随温度而变化的效应制成的传感器。热电阻是中低温区最常用的一种温度检测器。它的主要特点是测量精度高，性能稳定。它分为金属热电阻和半导体热电阻两大类。金属热电阻的电阻值和温度一般可以用以下的近似关系式表示，即

$$R_t = R_{t0}\left[1 + \alpha(t - t_0)\right]$$

式中，R_t 为温度 t 时的阻值；R_{t0} 为温度 t_0（通常 $t_0 = 0$ ℃）时对应电阻值；α 为温度系数。

半导体热敏电阻的阻值和温度关系为

$$R_t = A e^{\frac{B}{t}}$$

式中，R_t 为温度为 t 时的阻值；A、B 为取决于半导体材料结构的常数。

常用的热电阻有铂热电阻、热敏电阻和铜热电阻。其中铂热电阻的测量精确度是最高的，它不仅广泛应用于工业测温，而且被制成标准的基准仪。

金属铂具有电阻温度系数大，感应灵敏；电阻率高，元件尺寸小；电阻值随温度变化而变化且基本呈线性关系；在测温范围内，物理、化学性能稳定，长期复现性好，测量精度高，是目前公认制造热电阻的最好材料。但铂在高温下，易受还原性介质的污染，使铂丝变

脆并改变电阻与温度之间的线性关系，因此使用时应装在保护套管中。利用铂的此种物理特性制成的传感器称为铂电阻温度传感器，利用铂的此种物理特性制成的传感器称为铂电阻温度传感器，通常使用的铂电阻温度传感器零度阻值为 100 Ω，电阻变化率为 0.3851 Ω/℃，$TCR = (R_{100} - R_0) / (R_0 \times 100)$，$R_0$ 为 0 ℃的阻值，R_{100} 为 100 ℃的阻值，按 IEC751 国际标准，温度因数 $TCR = 0.003851$，$Pt100(R_0 = 100\ \Omega)$、$Pt1000(R_0 = 1000\ \Omega)$ 为统一设计型铂电阻。

铂热电阻的特点是物理化学性能稳定。尤其是耐氧化能力强、测量精度高、应用温度范围广，有很好的重现性，是中低温区（$-200 \sim 650$ ℃）最常用的一种温度检测器。

热敏电阻（Thermally Sensitive Resistor，简称为 Thermistor）是对温度敏感的电阻的总称，是一种电阻元件，即电阻值随温度变化的电阻。一般分为两种基本类型：负温度因数热敏电阻（Negative Temperature Coefficient，NTC）和正温度因数热敏电阻（Positive Temperature Coefficient，PTC）。NTC 热敏电阻表现为随温度的上升，其电阻值下降；而 PTC 热敏电阻正好相反。

NTC 热敏热电阻大多数是由 Mn（锰）、Ni（镍）、Co（钴）、Fe（铁）和 Cu（铜）等金属的氧化物经过烧结而成的半导体材料制成。因此，不能在太高的温度场合下使用。一般的情况下，其通常的使用范围在 $-100 \sim 300$ ℃。但也不尽然，其使用范围有的也达到了 $-200 \sim 700$ ℃。

NTC 热敏热电阻热响应时间一般跟封装形式、阻值、材料常数（热敏指数）、热时间常数有关。材料常数（热敏指数）B 值反映了两个温度之间的电阻变化，热敏电阻的特性就是由它的大小决定的，B 值（K）被定义为

$$B = \frac{\ln R_1 - \ln R_2}{\dfrac{1}{T_1} - \dfrac{1}{T_2}} = 2.3026 \times \frac{\lg R_1 - \lg R_2}{\dfrac{1}{T_1} - \dfrac{1}{T_2}}$$

式中，R_1 为温度 T_1（K）时的零功率电阻值；R_2 为温度 T_2（K）时的零功率电阻值；T_1，T_2 为两个被指定的温度（K）。

对于常用的 NTC 热敏电阻，B 值范围一般在 $2000 \sim 6000$K 之间。热时间常数是指在零功率条件下，当温度突变时，热敏电阻的温度变化了始末两个温度差的 63.2% 时所需的时间。热时间常数与 NTC 热敏电阻的热容量成正比，与其耗散系数成反比。这两种热敏电阻均具有特定的特点和优点，以应用于不同的领域。

而铜（Cu50）热电阻测温范围小，在 $-50 \sim 150$ ℃范围内，稳定性好，价格便宜；但体积大，机械强度较低。铜电阻在测温范围内电阻值和温度呈线性关系，温度线数大，适用于无腐蚀介质，超过 150 ℃易被氧化。通常用于测量精度不高的场合。铜电阻有 $R_0 = 50\ \Omega$ 和 $R_0 = 100\ \Omega$ 两种，它们的分度号为 Cu50 和 Cu100。其中 Cu50 的应用最为广泛。

1.2　半导体温度传感器

PN 结半导体温度传感器是利用半导体 PN 结的温度特性制成的。其工作原理是 PN 结两端的电压随着温度的升高而减少。PN 结温度传感器则具有灵敏度高、线性好、热响应快和体积轻巧等特点，尤其是温度数字化、温度控制以及用微型计算机进行温度实时信号处理等方面，乃是其他温度传感器所不能比拟的。目前结型温度传感器主要以硅为材料，原因是硅材料易于实现功能化，即将测温单元和恒流、放大等电路组合成一块集成电路。

美国 Motorola 公司在 1979 年就开始生产测温晶体管及其组件，如今灵敏度高达 100

mV/℃、分辨率不低于 0.1 ℃ 的硅集成电路温度传感器。但是以硅为材料的这类温度传感器也不是尽善尽美的，在非线性不超过标准值 0.5% 的条件下，其工作温度一般为 −50～150 ℃，与其他温度传感器相比，测温范围的局限性较大，如果采用不同材料如锑化铟或砷化镓的 PN 结可以展宽低温区或高温区的测量范围。20 世纪 80 年代中期我国就研制成功 SiC 为材料的 PN 结温度传感器，其高温区可延伸到 500℃，并荣获国际博览会金奖。

1.3　晶体温度传感器

晶体温度传感器是利用晶体的各向异性，并通过选择适当的切割角度切割而成，这是一种可将温度转换成频率的传感器，这种传感器用于计算机测量时可省去模/数转换。因此，适合于计算机测温的应用。

1.4　非接触型温度传感器

非接触型温度传感器是利用物体表面散发出来的光或热来进行测量的。常用的非接触型传感器多数是红外传感器，适合于高速运行物体、带电体、高温及高压物体的温度测量。这种红外测温传感器具有反应速度快、灵敏度高、测量准确和测温范围广泛等特点。

1.5　热电式传感器

1.5.1　热电偶测温基本原理

将两种不同的金属丝一端熔合起来，如果给它们的连接点和基准点之间提供不同的温度，就会产生电压，即热电势。这种现象叫做塞贝克效应。

将两种不同材料的导体或半导体 A 和 B 焊接起来，构成一个闭合回路，如图 4-45-6 所示。当导体 A 和 B 的两个连接点 1 和 2 之间存在温差时，两者之间便产生电动势，因而在回路中形成一个大小的电流，这种现象称为热电效应。热电偶就是利用这一效应来工作的，属有源传感器。它能将温度直接转换成热电势。热电偶是工业上最常用的温度检测元件之一。其优点是：

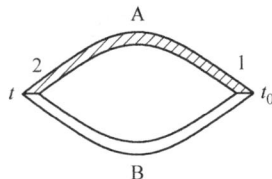

图　4-45-6

1）测量精度高。因热电偶直接与被测对象接触，不受中间介质的影响。

2）测量范围广。测温范围极宽、从 −270 ℃ 的极低温度到 2600 ℃ 的超高温度都可以测量，而且在 600～2000 ℃ 的温度范围内可以进行精确的测量（600 ℃ 以下时，铂电阻的测量精度更高）。某些特殊热电偶最低可测到 −269 ℃（如金铁镍铬），最高可达 2800 ℃（如钨-铼）。

3）构造简单，使用方便。热电偶通常是由两种不同的金属丝组成，而且不受大小和开头的限制，外有保护套管，用起来非常方便。

4）测温精度高、准确、可靠、性能稳定、热惯性小。通常用于高温炉的测量和快速测量方面。

1.5.2　热电偶的种类及结构形成

（1）热电偶的种类

常用热电偶可分为标准热电偶和非标准热电偶两大类。所谓标准热电偶是指国家标准规定了其热电势与温度的关系、允许误差、并有统一的标准分度表的热电偶，它有与其配套的显示仪表可供选用。非标准热电偶在使用范围或数量级上均不及标准热电偶，一般也没有统一的分度表，主要用于某些特殊场合的测量。我国从 1988 年 1 月 1 日起，热电偶和热电阻全部按 IEC 国际标准生产，并指定 S、B、E、K、R、J、T 七种标准热电偶为我国统一设计型热电偶。

（2）热电偶的结构形式

为了保证热电偶可靠、稳定地工作，对它的结构要求如下：

1）组成热电偶的两个热电极的焊接必须牢固。

2）两个热电极彼此之间应很好地绝缘，以防短路。

3）补偿导线与热电偶自由端的连接要方便可靠。

4）保护套管应能保证热电极与有害介质充分隔离。

1.5.3　热电偶冷端的温度补偿

由于热电偶的材料一般都比较贵重（特别是采用贵金属时），而测温点到仪表的距离都很远，为了节省热电偶材料，降低成本，通常采用补偿导线把热电偶的冷端（自由端）延伸到温度比较稳定的控制室内，连接到仪表端子上。必须指出，热电偶补偿导线的作用只是延伸热电极，使热电偶的冷端移动到控制室的仪表端子上，它本身并不能消除冷端温度变化对测温的影响，不起补偿作用。因此，还需采用其他修正方法来补偿冷端温度 $t_0 \neq 0$ ℃时对测温的影响。

在使用热电偶补偿导线时必须注意型号相配，极性不能接错，补偿导线与热电偶连接端的温度不能超过 100 ℃。

1.6　光纤温度传感器

光纤温度传感器分为相位调制型光纤温度传感器（灵敏度高）、热辐射光纤温度传感器（可监视一些大型电气设备，如电机、变压器等内部热点的变化情况）和传光型光纤温度传感器（体积小、灵敏度高、工作可靠、易制作）。

1.7　液压温度传感器

这种传感器流体受热会产生膨胀，膨胀程度与所加的热量成正比。在根据液压原理制成的温度传感器中，最普通的就是大家熟悉的水银温度计。

1.8　智能温度传感器

智能温度传感器由于在一个芯片上集成有温度传感器、处理器、存储器、A/D 转换器等部件。因此，这类传感器具有判断和信息处理能力，并可对测量值进行各种修正和误差补偿，同时还带有自诊断、自校准功能，可大大提高系统的可靠性，并能和计算机直接联机。

2. 目前热电阻的引线主要有三种方式

2.1　二线制

如图 4-45-7 所示，在热电阻的两端各连接一根导线来引出电阻信号的方式叫二线制：这种引线方法很简单，但由于连接导线必然存在引线电阻 r，r 大小与导线的材质和长度有关，因此这种引线方式只适用于测量精度较低的场合。

2.2　三线制

如图 4-45-8 所示，在热电阻的根部的一端连接一根引线，另一端连接两根引线的方式称为三线制，这种方式通常与电桥配套使

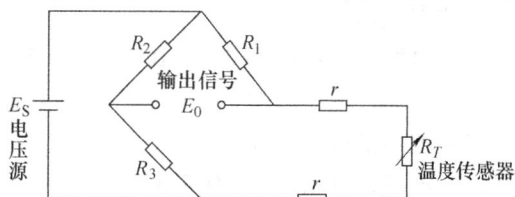

图　4-45-7

r—导线电阻

R_1、R_2、R_3—外加桥臂电阻

用，可以较好的消除引线电阻的影响，是工业过程控制中的最常用的引线电阻。

2.3 四线制

如图4-45-9所示，在热电阻的根部两端各连接两根导线的方式称为四线制，其中两根引线为热电阻提供恒定电流I，把R转换成电压信号U，再通过另两根引线把U引至二次仪表。可见这种引线方式可完全消除引线的电阻影响，主要用于高精度的温度检测。

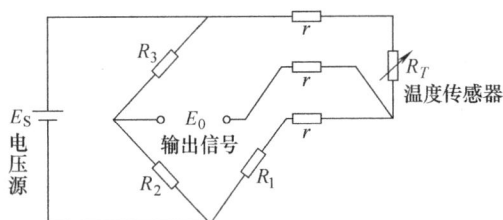

图   4-45-8

r—引线电缆电阻

R_1、R_1、R_3—外加桥臂电阻

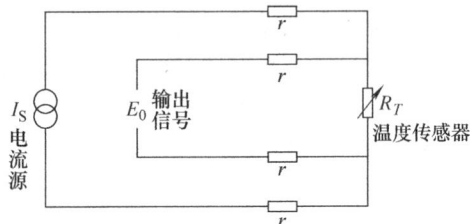

图   4-45-9

r—导线电阻

【附录 B】

DH-SJ5 温度传感器实验装置

1. 概述

DH-SJ5 型温度传感器实验装置是以分离的温度传感器探头元器件、单个电子元件、以九孔板为实验平台来测量温度的设计性实验装置。该实验装置提供了多种测温方法，自行设计测温电路来测量温度传感器的温度特性。实验配有铂电阻 Pt100、热敏电阻（NTC 和 PTC）、铜电阻 Cu50、铜-康铜热电偶、PN 结、AD590 和 LM35 等温度传感器。本实验装置采用智能温度控制器控温。具有以下的特点：

1）控温精度高、范围广、加热所需的温度可自由设定，采用数字显示。

2）使用低电压恒流加热、安全可靠、无污染。加热电流连续可调。

3）本仪器提供的是单个分离的温度传感器，形象直观，给实验带来了很大的方便，可对不同传感器的温度特性进行比较，更易于掌握它们的温度特性。

4）采用九孔板作为实验平台，提供设计性实验。

5）加热炉配有风扇，在做降温实验过程中可采用风扇快速降温。

6）整体结构设计新颖，紧凑合理，外形美观大方。

2. 主要技术指标

（1）电源电压：AC（220 ± 10%）V（50/60 Hz）

（2）工作环境：温度 0 ~ 40 ℃，相对湿度 < 80% 的无腐蚀性场合

（3）控温范围：室温 ~ 120 ℃

（4）温度控制精度：± 0.2 ℃

（5）分辨率：0.1 ℃

（6）控制方式：先进的 PID 控制

3. 温控仪与恒温炉的连线（图4-45-10）

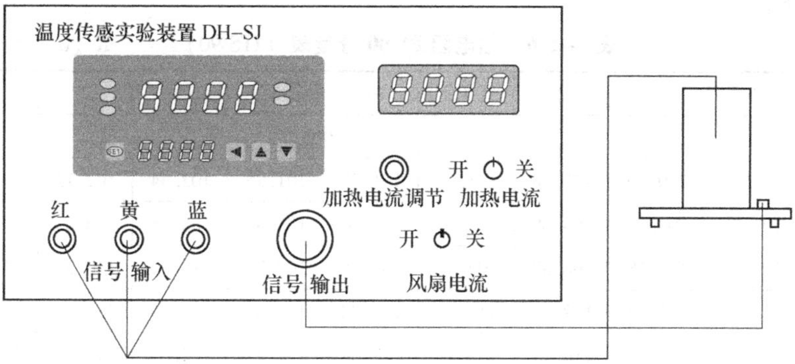

图　4-45-10

Pt100 的插头与温控仪上的插座颜色对应得相连接。红→红；黄→黄；蓝→蓝。

警告：在做实验中或做完实验后，禁止手触传感器的钢钾护套！

【表 4-45-5】

表 4-45-5　铜电阻 Cu50 的电阻-温度特性　　　　　$\alpha = 0.004280/℃$

温度/℃	0	1	2	3	4	5	6	7	8	9
	电阻值/Ω									
−50	39.24									
−40	41.40	41.18	40.97	40.75	40.54	40.32	40.10	39.89	39.67	39.46
−30	43.55	43.34	43.12	42.91	42.69	42.48	42.27	42.05	41.83	41.61
−20	45.70	45.49	45.27	45.06	44.84	44.63	44.41	42.20	43.98	43.77
−10	47.85	47.64	47.42	47.21	46.99	46.78	46.56	46.35	46.13	45.92
−0	50.00	49.78	49.57	49.35	49.14	48.92	48.71	48.50	48.28	48.07
0	50.00	50.21	50.43	50.64	50.86	51.07	51.28	51.50	51.81	51.93
10	52.14	52.36	52.57	52.78	53.00	53.21	53.43	53.64	53.86	54.07
20	54.28	54.50	54.71	54.92	55.14	55.35	55.57	55.78	56.00	56.21
30	56.42	56.64	56.85	57.07	57.28	57.49	57.71	57.92	58.14	58.35
40	58.56	58.78	58.99	59.20	59.42	59.63	59.85	60.06	60.27	60.49
50	60.70	60.92	61.13	61.34	61.56	61.77	61.93	62.20	62.41	62.63
60	62.84	63.05	63.27	63.48	63.70	63.91	64.12	64.34	64.55	64.76
70	64.98	65.19	65.41	65.62	65.83	66.05	66.26	66.48	66.69	66.90
80	67.12	67.33	67.54	67.76	67.97	68.19	68.40	68.62	68.83	69.04
90	69.26	69.47	69.68	69.90	70.11	70.33	70.54	70.76	70.97	71.18
100	71.40	71.61	71.83	72.04	72.25	72.47	72.68	72.90	73.11	73.33
110	73.54	73.75	73.97	74.18	74.40	74.61	74.83	75.04	75.26	75.47
120	75.68									

【表 4-45-6】

表 4-45-6 铂电阻 **Pt100** 分度表（ITS-90） R（0 ℃）= 100.00 Ω

温度/℃	0	1	2	3	4	5	6	7	8	9
					R/Ω					
0	100.00	100.39	100.78	101.17	101.56	101.95	102.34	102.73	103.12	103.51
10	103.90	104.29	104.68	105.07	105.46	105.85	106.24	106.63	107.02	107.40
20	107.79	108.18	108.57	108.96	109.35	109.73	110.12	110.51	110.90	111.29
30	111.67	112.06	112.45	112.83	113.22	113.61	114.00	114.38	114.77	115.15
40	115.54	115.93	116.31	116.70	117.08	117.47	117.86	118.24	118.63	119.01
50	119.40	119.78	120.17	120.55	120.94	121.32	121.71	122.09	122.47	122.86
60	123.24	123.63	124.01	124.39	124.78	125.16	125.54	125.93	126.31	126.69
70	127.08	127.46	127.84	128.22	128.61	128.99	129.37	129.75	130.13	130.52
80	130.90	131.28	131.66	132.04	132.42	132.80	133.18	133.57	133.95	134.33
90	134.71	135.09	135.47	135.85	136.23	136.61	136.99	137.37	137.75	138.13
100	138.51	138.88	139.26	139.64	140.02	140.40	140.78	141.16	141.54	141.91
110	142.29	142.67	143.05	143.43	143.80	144.18	144.56	144.94	145.31	145.69
120	146.07	146.44	146.82	147.20	147.57	147.95	148.33	148.70	149.08	149.46
130	149.83	150.21	150.28	150.96	151.33	151.71	152.08	152.46	152.83	153.21
140	153.58	153.96	154.33	154.71	155.08	155.46	155.83	156.20	156.58	156.95
150	157.33	157.70	158.07	158.45	158.82	159.19	159.56	159.94	160.31	160.95
160	161.05	161.43	161.80	162.17	162.54	162.91	163.29	163.66	164.03	164.40
170	164.77	165.14	165.51	165.89	166.26	166.63	167.00	167.37	167.74	168.11
180	168.48	168.85	169.22	169.59	169.96	170.33	170.70	171.07	171.43	171.80
190	172.17	172.54	172.91	173.28	173.65	174.02	174.38	174.75	175.12	175.49
200	175.86	176.22	176.59	176.96	177.33	177.69	178.06	178.43	178.79	179.16

【表 4-45-7】

表 4-45-7 铜-康铜热电偶分度表

温度/℃	热电势/mV									
	0	1	2	3	4	5	6	7	8	9
−10	−0.383	−0.421	−0.458	−0.496	−0.534	−0.571	−0.608	−0.646	−0.683	−0.720
−0	0.000	−0.039	−0.077	−0.116	−0.154	−0.193	−0.231	−0.269	−0.307	−0.345
0	0.000	0.039	0.078	0.117	0.156	0.195	0.234	0.273	0.312	0.351
10	0.391	0.430	0.470	0.510	0.549	0.589	0.629	0.669	0.709	0.749
20	0.789	0.830	0.870	0.911	0.951	0.992	1.032	1.073	1.114	1.155
30	1.196	1.237	1.279	1.320	1.361	1.403	1.444	1.486	1.528	1.569
40	1.611	1.653	1.695	1.738	1.780	1.865	1.882	1.907	1.950	1.992
50	2.035	2.078	2.121	2.164	2.207	2.250	2.294	2.337	2.380	2.424

（续）

温度/℃	热电势/mV									
	0	1	2	3	4	5	6	7	8	9
60	2.467	2.511	2.555	2.599	2.643	2.687	2.731	2.775	2.819	2.864
70	2.908	2.953	2.997	3.042	3.087	3.131	3.176	3.221	3.266	3.312
80	3.357	3.402	3.447	3.493	3.538	3.584	3.630	3.676	3.721	3.767
90	3.813	3.859	3.906	3.952	3.998	4.044	4.091	4.137	4.184	4.231
100	4.277	4.324	4.371	4.418	4.465	4.512	4.559	4.607	4.654	4.701
110	4.749	4.796	4.844	4.891	4.939	4.987	5.035	5.083	5.131	5.179
120	5.227	5.275	5.324	5.372	5.420	5.469	5.517	5.566	5.615	5.663
130	5.712	5.761	5.810	5.859	5.908	5.957	6.007	6.056	6.105	6.155
140	6.204	6.254	6.303	6.353	6.403	6.452	6.502	6.552	6.602	6.652
150	6.702	6.753	6.803	6.853	6.903	6.954	7.004	7.055	7.106	7.156
160	7.207	7.258	7.309	7.360	7.411	7.462	7.513	7.564	7.615	7.666
170	7.718	7.769	7.821	7.872	7.924	7.975	8.027	8.079	8.131	8.183
180	8.235	8.287	8.339	8.391	8.443	8.495	8.548	8.600	8.652	8.705
190	8.757	8.810	8.863	8.915	8.968	9.024	9.074	9.127	9.180	9.233
200	9.286									

注意：不同的热元件的输出会有一定的偏差，所以以上表格的数据仅供参考。

实验四十六　集成温度传感器及测温电路的设计

【实验目的】

1. 研究常用集成温度传感器（AD590 和 LM35）的测温原理及其温度特性。
2. 用集成温度传感器设计测温电路。
3. 比较常用的温度传感器与常用的集成温度传感器的温度特性。

【实验原理】

集成温度传感器实质上是一种半导体集成电路，它是利用晶体管的 BE 结压降的不饱和值 V_{BE} 与热力学温度 T 和通过发射极电流 I 的下述关系实现对温度的检测：

$$V_{BE} = \frac{KIT}{q}\ln I \tag{4-46-1}$$

式中，K 为玻耳兹曼常数；q 为电子电荷绝对值。

集成温度传感器具有线性好、精度适中、灵敏度高、体积小、使用方便等优点，得到广泛应用。集成温度传感器的输出形式分为电压输出和电流输出两种。电压输出型的灵敏度一般 10 mV/K，温度 0 ℃时输出为 0，温度 25 ℃时输出 2.982 V。电流输出型的灵敏度一般为 1 mA/K。

一、集成温度传感器电流型 AD590

1. AD590 概述

AD590 是美国模拟器件公司生产的单片集成两端感温电流源。它的主要特性如下：

1）流过器件的电流（mA）等于器件所处环境的热力学温度（K）度数，即

$$\frac{T_\tau}{T} = 1 \text{ mA/K}$$

式中，T_τ 为流过器件（AD590）的电流，单位为 mA；T 为热力学温度，单位为 K。

2）AD590 的测温范围为 $-55 \sim 150$ ℃。

3）AD590 的电源电压范围为 $4 \sim 30$ V。电源电压可在 $4 \sim 6$ V 范围变化，电流 I_τ 变化 1 mA，相当于温度变化 1 K。AD590 可以承受 44 V 正向电压和 20 V 反向电压，因而器件反接也不会被损坏。

4）输出阻抗 >10 MΩ。

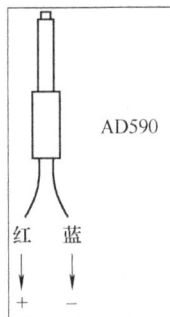

图 4-46-1

5）精度高。AD590 共有 I、J、K、L、M 五挡，其中 M 挡精度最高，在 $-55 \sim 150$ ℃范围内，非线性误差为 ± 0.3 ℃。

AD590 可测量热力学温度、摄氏温度、两点温度差、多点最低温度、多点平均温度的具体电路，广泛应用于不同的温度控制场合。由于 AD590 精度高、价格低、不需辅助电源、线性好，常用于测温和热电偶的冷端补偿。

2. AD590 的应用电路

1）基本应用电路

图 4-46-2 所示为 AD590 用于测量热力学温度的基本应用电路。因为流过 AD590 的电流与热力学温度成正比，当电阻 R_1 和电位器 R_2 的电阻之和为 1 kΩ 时，输出电压 V_0 随温度的变化为 1 mV/K。但由于 AD590 的增益有偏差，电阻也有误差，因此应对电路进行调整。调整的方法为：把 AD590 放于冰水混合物中，调整电位器 R_2，使 $V_0 = 273.2$ mV。或在室温（25 ℃）条件下调整电位器，使 $V_0 = (273.2 + 25)$ mV $= 298.2$ mV。但这样调整只可保证在 0 ℃ 或 25 ℃ 附近有较高精度。

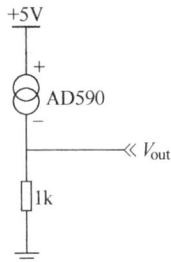

图 4-46-2

2）摄氏温度测量电路

如图 4-46-3 所示，电位器 R_2 用于调整零点，R_4 用于调整运放 LF355 的增益。调整方法如下：在 0 ℃时调整 R_2，使输出 $V_0 = 0$，然后在 100 ℃ 时调整 R_4 使 $V_0 = 100$ mV。如此反复调整多次，直至 0 ℃ 时 $V_0 = 0$ mV，100 ℃ 时 $V_0 = 100$ mV 为止。最后在室温下进行校验。例如，若室温为 25 ℃，那么 V_0 应为 25 mV。冰水混合物是 0 ℃ 环境，沸水为 100 ℃ 环境。

要使图 4-46-3 中的输出为 200 mV/℃，可通过增大反馈电阻（图中反馈电阻由 R_3 与电位器 R_4 串联而成）来实现。另外，测量华氏温度（符号为°F）时，因华氏温度等于热力学温度减去 255.4 再乘以 9/5，故若要求输出为 1 mV/°F，则调整反馈电阻约为 180kΩ。当温度 0 ℃ 时，$V_0 = 17.8$ mV；温度为 100 ℃ 时，$V_0 = 197.8$ mV。AD581 是高精度集成稳压器，输入电压最大为 40 V，输出 10 V。

3）温差测量电路及其应用

电路与原理分析

图 4-46-4 所示为利用两个 AD590 测量两点温度差的电路。在反馈电阻为 100 kΩ 的情况

下，设 $1^{\#}$ 和 $2^{\#}$AD590 处的温度分别为 t_1（℃）和 t_2（℃），则输出电压为

$$V_{\text{out}} = (t_1 - t_2)100 \text{ mV/℃}$$

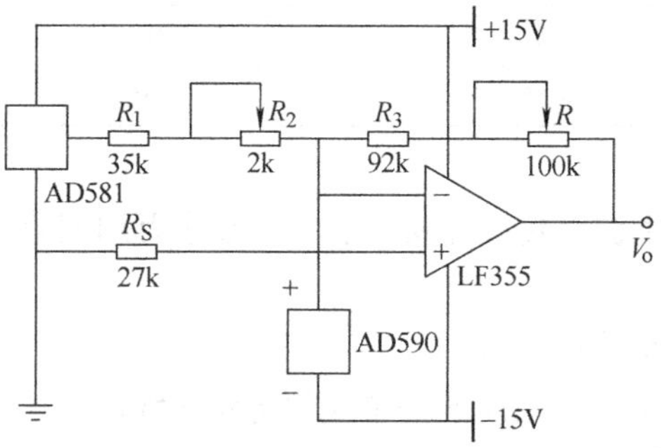

图 4-46-3

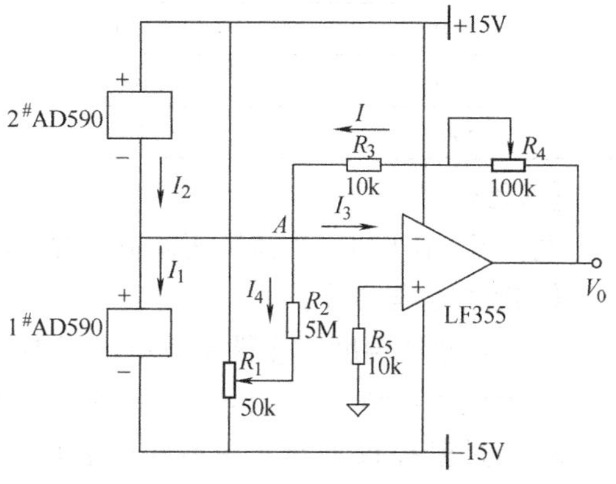

图 4-46-4

图中电位器 R_2 用于调零。电位器 R_4 用于调整运放 LF355 的增益。

由基尔霍夫电流定律 $\qquad I + I_2 = I_1 + I_3 + I_4 \qquad (4\text{-}46\text{-}2)$

由运算放大器的特性知 $\qquad I_3 = 0 \qquad (4\text{-}46\text{-}3)$

$$V_\lambda = 0 \qquad (4\text{-}46\text{-}4)$$

调节调零电位器 R_2 使 $\qquad I_4 = 0 \qquad (4\text{-}46\text{-}5)$

由式（4-46-1）、式（4-46-2）、式（4-46-4）可得 $I = I_1 - I_2$。

设 $R_4 = 90 \text{ kW}$，则有

$$V_0 = I(R_3 + R_4) = (I_1 - I_2)(R_3 - R_4) = (t_1 - t_2)100 \text{ mV/℃} \qquad (4\text{-}46\text{-}6)$$

其中 $(t_1 - t_2)$ 为温度差，单位为℃。由式（4-46-5）知，改变 $(R_3 + R_4)$ 的值可以改变 V_0 的大小。

二、集成温度传感器电压型 LM35

LM35 是由 National Semiconductor 所生产的集成温度传感器，其输出电压值与摄氏温标呈线性关系，转换公式如（4-46-6），在 0 ℃时其电压输出为 0 V，温度每升高 1 ℃时其电压输出就增加 10 mV。在常温下，LM35 不需要额外的校准处理，其精度就可达到 ±1/4 ℃ 的准确率。LM35 的测温范围是 −55 ~ 150 ℃。

$$V_0 = 10 \text{ mV/℃} \times t℃ \qquad (4\text{-}46\text{-}7)$$

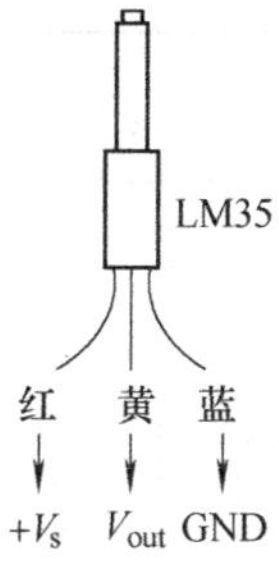

图 4-46-5

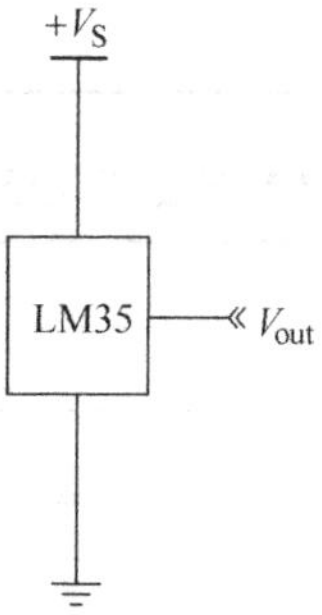

图 4-46-6

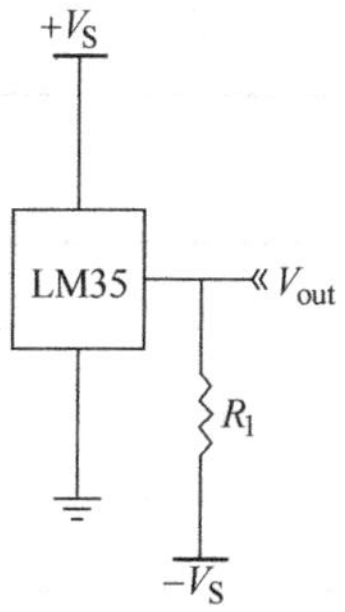

图 4-46-7

图 4-46-7 中 $R_1 = -V_S/50\ \mu A$，其电压输出值与温度的对应关系为

电压/mV	对应温度/℃	电压/mV	对应温度/℃
+1500	+150	+250	+25
+1000	+100	0	0
+500	+50	−550	−55

【实验仪器】

九孔板，DH-VC1 直流恒压源恒流源，DH-SJ 型温度传感器实验装置，数字万用表等。

【实验内容与步骤】

1. 了解集成温度传感器 AD590 的引脚、功能及其封装图。

2. 参照图 4-46-2 温度传感器 AD590 用于测量热力学温度的基本应用电路接线。

3. 通过温控仪加热，在不同的温度下，观察温度传感器 AD590 的变化，从室温到 120 ℃，每隔 5 ℃（或自定度数）测一个数据，将测量数据逐一记录在表格内。

4. 了解集成温度传感器 LM35 的引脚、功能及其封装图。

5. 参照图 4-46-6 和图 4-46-7 分别连线做实验。根据 $R_1 = -V_S/50\ \mu A$ 关系式，自行选择取样电阻 R_1 和电源电压 V_S。例如：电源电压 $V_S = 5$ V，则 $-V_S = -5$ V；根据 $R_1 = -V_S/50\ \mu A$ 关系式，$R_1 = 100k\Omega$，R_1 的阻值可以用 99 kΩ 电阻与 2.2 kΩ 电位器串联来实现。

6. 通过温控仪加热，在不同的温度下，观察温度传感器 LM35 的变化，从室温到 120 ℃，每隔 5 ℃（或自定度数）测一个数据，将测量数据逐一记录在表格内。

7. 以温标为横轴，以电压为纵轴，按等精度作图的方法，用所测的各对应数据作出 V-t 曲线。

8. 分析比较它们的温度特性以及温度传感器与常用的集成温度传感器的温度特性。

温度传感器的特性和 DH-SJ5 型温度传感器实验装置见实验四十五附录。

【数据记录】

AD590 数据记录　　　　　室温_____℃

序号	1	2	3	4	5	6	7	8	9	10
温度/℃										
电压/V										
序号	11	12	13	14	15	16	17	18	19	20
温度/℃										
电压/V										

LM35 数据记录　　　　　室温_____℃

序号	1	2	3	4	5	6	7	8	9	10
温度/℃										
电压/V										
序号	11	12	13	14	15	16	17	18	19	20
温度/℃										
电压/V										

实验四十七　指针式电表的设计与校准

电表在电学测量中有着广泛的应用，因此了解如何使用电表就显得十分重要。由于构造的原因，电流计（表头），一般只能测量较小的电流和电压。如果要用它来测量较大的电流或电压，就必须进行改装，以扩大其量程。万用表就是对微安表头进行多量程改装而成的，在电路的测量和故障检测中得到了广泛的应用。

【实验目的】

1. 测量表头内阻 R_g 及满度电流 I_g。

2. 掌握将 $100\ \mu A$ 表头改成较大量程的电流表和电压表的方法。

3. 设计一个 $R_{中} = 10\ k\Omega$ 的欧姆表，要求 E 在 $1.35 \sim 1.6\ V$ 范围内使用能调零。

4. 用电阻器校准欧姆表，画校准曲线，并根据校准曲线用组装好的欧姆表测未知电阻。

5. 学会校准电流表和电压表的方法。

【实验原理】

常见的磁电式电流计主要由放在永久磁场中的由细漆包线绕制的可以转动的线圈、用来产生机械反力矩的游丝、指示用的指针和永久磁铁所组成。当电流通过线圈时，载流线圈在磁场中就产生一磁力矩 $M_{磁}$，使线圈转动并带动指针偏转。线圈偏转角度的大小与线圈通过的电流大小成正比，所以可由指针的偏转角度直接指示出电流值。

一、测量量程 I_g、内阻 R_g

电流计允许通过的最大电流称为电流计的量程，用 I_g 表示，电流计的线圈有一定内阻，用 R_g 表示，I_g 与 R_g 是两个表示电流计特性的重要参数。

测量内阻 R_g 常用方法有：

1. 半值法（也称中值法）

半值法测量原理如图 4-47-1 所示。当被测电流计接在电路中时，使电流计满偏，再用十进位电阻箱（R_2）与电流计并联作为分流电阻改变电阻值即改变分流程度，当电流计指针指示到中间值，且总电流强度仍保持不变，显然这时分流电阻值就等于电流计的内阻。

2. 替代法

替代法测量原理如图 4-47-2 所示。当被测电流计接在电路中时，用十进位电阻箱（R_2）替代它，且改变电阻值，当电路中的电压不变时，且电路中的电流亦保持不变，则电阻箱的电阻值即为被测电流计内阻。替代法是一种运用很广的测量方法，具有较高的测量准确度。

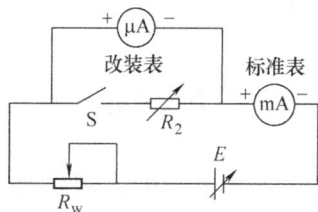

图 4-47-1　半值法测量表头内阻　　　　　图 4-47-2　替代法测量表头内阻

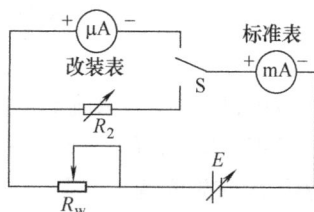

二、改装为大量程电流表

根据电阻并联规律可知，如果在表头两端并联上一个阻值适当的电阻 R_2，如图 4-47-3 所示，可使表头不能承受的那部分电流从 R_2 上分流通过。这种由表头和并联电阻 R_2 组成的整体（图中点画线框住的部分）就是改装后的电流表。如需将量程扩大 n 倍，则不难得出

$$R_2 = R_g / (n - 1) \qquad (4\text{-}47\text{-}1)$$

图 4-47-3 为扩流后的电流表原理图。用电流表测量电流时，电流表应串联在被测电路中，所以要求电流表应有较小的内阻。另外，在表头上并联阻值不同的分流电阻，便可制成多量程的电流表。

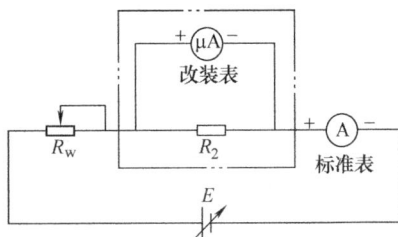

图 4-47-3　改装电流表实验线路图

三、改装为电压表

一般表头能承受的电压很小，不能用来测量较大的电压。为了测量较大的电压，可以给表头串联一个阻值适当的电阻 R_m，如图 4-47-4 所示，使表头上不能承受的那部分电压降落在电阻 R_m 上。这种由表头和串联电阻 R_m 组成的整体就是电压表，串联的电阻 R_m 叫做扩程电阻。选取不同大小的 R_m，就可以得到不同量程的电压表。由图 4-47-4 可求得扩程电阻值为

$$R_m = \frac{U}{I_g} - R_g \qquad (4\text{-}47\text{-}2)$$

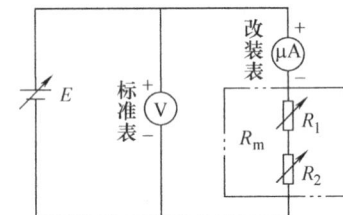

图 4-47-4　改装电压表实验线路图

实际的扩展量程后的电压表原理如图 4-47-4 所示，用电压表测电压时，电压表总是并联在被测电路上。为了不致因为并联了电压表而改变电路中的工作状态，要求电压表应有较高的内阻。

四、改装微安表为欧姆表

用来测量电阻大小的电表称为欧姆表。根据调零方式的不同，可分为串联分压式和并联分流式两种。其原理电路如图 4-47-5 所示。

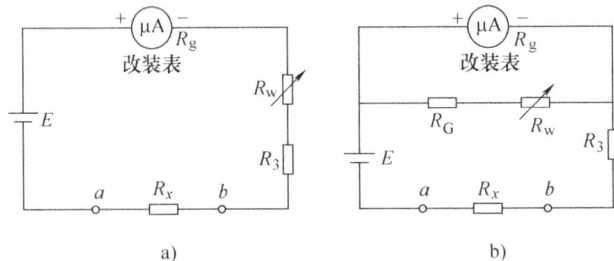

a)　　　　　　　　　　　　b)

图 4-47-5　改装欧姆表实验原理图
a) 串联分压式　b) 并联分压式

图中 E 为电源，R_3 为限流电阻，R_W 为调"零"电位器，R_x 为被测电阻，R_g 为等效表头内阻。图 4-47-5b 中，R_G 与 R_W 一起组成分流电阻。

欧姆表使用前先要调"零"点，即 a、b 两点短路，（相当于 $R_x = 0$），调节 R_W 的阻值，使表头指针正好偏转到满度。可见，欧姆表的零点是就在表头标度尺的满刻度（即量限）处，与电流表和电压表的零点正好相反。

在图 4-47-5a 中，当 a、b 端接入被测电阻 R_x 后，电路中的电流为

$$I = \frac{E}{R_g + R_W + R_3 + R_x} \qquad (4\text{-}47\text{-}3)$$

对于给定的表头和线路来说，R_g、R_W、R_3 都是常量。由此可见，当电源端电压 E 保持不变时，被测电阻和电流值有一一对应的关系。即接入不同的电阻，表头就会有不同的偏转读数，R_x 越大，电流 I 越小。短路 a、b 两端，即 $R_x = 0$ 时，指针满偏，即

$$I = \frac{E}{R_g + R_W + R_3} = I_g \qquad (4\text{-}47\text{-}4)$$

而当 $R_x = R_g + R_W + R_3$ 时，电流为

$$I = \frac{E}{R_g + R_W + R_3 + R_x} = \frac{1}{2} I_g \qquad (4\text{-}47\text{-}5)$$

这时指针在表头的中间位置，对应的阻值为中值电阻，显然 $R_{中} = R_g + R_W + R_3$。

当 $R_x = \infty$（相当于 a、b 开路）时，$I = 0$，即指针在表头的机械零位。

所以欧姆表的标度尺为反向刻度，且刻度是不均匀的，电阻 R 越大，刻度间隔越密。如果表头的标度尺预先按已知电阻值刻度，就可以用电流表来直接测量电阻了。

并联分流式欧姆表利用对表头分流来进行调零的，具体参数可自行设计

欧姆表在使用过程中电池的端电压会有所改变，而表头的内阻 R_g 及限流电阻 R_3 为常量，故要求 R_W 要跟着 E 的变化而改变，以满足调"零"的要求，设计时用可调电源模拟电池电压的变化，范围取 $1.35 \sim 1.6$ V 即可。

【实验仪器】

FB308 型电表改装与校准实验仪 1 台（见图 4-47-6），附专用连接线等。

图 4-47-6　FB308 型电表改装与校准实验仪面板图

【实验内容】

1. 用半值法或替代法测出表头的内阻

（1）半值法测量可参考图 4-47-1 接线。先将 E 调至 0 V，接通 E、R_W，被改装表和标准电流表后，先不接入电阻箱 R，调节 E 中 R_W 使改装表头满偏，记住标准表的读数，此电流

即为改装表头的满度电流，$I_g =$ _____ μA；再接入电阻箱 R（图中虚线所示）。改变 R 数值，使被测表头指针从满度 100 μA 降低到 50 μA 处。注意调节 E 或 R_W，使标准电流表的读数保持不变。$R_g =$ _____ Ω。

（2）替代法测量可参考图 4-47-2 接线。先将 E 调至 0 V，接通 E、R_W，被改装表和标准电流表后，调节 E 中 R_W 使改装表头满偏，记录标准表的读数，此值即为被改装表头的满度电流，$I_g =$ _____ μA；再断开接到改装表头的接线，转接到电阻箱 R（图中虚线所示），调节 R 使标准电流表的电流保持刚才记录的数值。这时电阻箱 R 的数值即为被测表头内阻 $R_g =$ _____ Ω。

2. 将一个量程为 100 μA 的表头改装成 1 mA（或自选）量程的电流表

（1）根据电路参数，估计 E 值大小，并根据式（4-47-1）计算出分流电阻值。

（2）按图 4-47-3 接线，先将 E 调至 0 V，检查接线正确后，调节 E 和滑动变阻器 R_W，使改装表指到满量程，这时记录标准表读数。注意：R_W 作为限流电阻，阻值不要调至最小值。然后每隔 0.2 mA 逐步减小读数直至零点，再按原间隔逐步增大到满量程，每次记下标准表相应的读数于表 4-47-1 中。

（3）以改装表读数为横坐标，标准表由大到小及由小到大调节时两次读数的平均值为纵坐标，在坐标纸上作出电流表的校正曲线，并根据两表最大误差的数值定出改装表的准确度等级。

表 4-47-1

改装表读数/μA	标准表读数/mA			误差 ΔI/mA
	递减时	递增时	平均值	
20				
40				
60				
80				
100				

（4）重复以上步骤，将 100 μA 表头改成 10 mA 表头，可按每隔 2 mA 测量一次（可选做）。

（5）将 R_G 和表头串联，作为一个新的表头，重新测量一组数据，并比较扩流电阻有何异同（可选做）。

3. 将一个量程为 100 μA 的表头改装成 1.5 V（或自选）量程的电压表

（1）根据电路参数估计 E 的大小，根据式计算扩程电阻 R_m 的阻值，可用电阻箱 R 进行实验。按图 4-47-4 进行连线，先调节 R 值至最大值，再调节 E；用标准电压表监测到 1.5 V 时，再调节 R 值，使改装表指示为满度。于是 1.5 V 电压表就改装好了。

（2）用数显电压表作为标准表来校准改装的电压表。调节电源电压，使改装表指针指到满量程（1.5 V），记下标准表读数。然后每隔 0.3 V 逐步减小改装读数直至零点，再按原间隔逐步增大到满量程，每次记下标准表相应的读数于表 4-47-2 中。

表　4-47-2

改装表读数/V	标准表读数/V			示值误差 ΔU/V
	减小时	增大时	平均值	
0.3				
0.6				
0.9				
1.2				
1.5				

（3）以改装表读数为横坐标，标准表由大到小及由小到大调节时两次读数的平均值为纵坐标，在坐标纸上作出电压表的校正曲线，并根据两表最大误差的数值定出改装表的准确度等级。

（4）重复以上步骤，将 100 μA 表头改成 10 V 表头，可按每隔 2 V 测量一次（可选做）。

（5）将 R_G 和表头串联，作为一个新的表头，重新测量一组数据，并比较扩程电阻有何异同（可选做）。

4. 改装欧姆表及标定表面刻度

（1）根据表头参数 I_g 和 R_g 以及电源电压 E，选择 R_W 为 4.7 kΩ，R_3 为 10 kΩ

（2）按图 4-47-5a 进行连线。调节电源 $E = 1.5$ V，短路 a、b 两接点，调 R_W 使表头指示为零。如此，欧姆表的调零工作即告完成。

（3）测量改装成的欧姆表的中值电阻。将电阻箱 R（即 R_x）接于欧姆表的 a、b 测量端，调节 R，使表头指示到正中，这时电阻箱 R 的数值即为中值电阻，$R_{中} = $ _____ Ω。

（4）取电阻箱的电阻为一组特定的数值 R_{xi}，读出相应的偏转格数。利用所得读数 R_{xi}、div 绘制出改装欧姆表的标度盘。

表 4-47-3　$E = $ _____ V, $R_{中} = $ _____ Ω

R_{xi}/Ω	$\frac{1}{5}R_{中}$	$\frac{1}{4}R_{中}$	$\frac{1}{3}R_{中}$	$\frac{1}{2}R_{中}$	$R_{中}$	$2R_{中}$	$3R_{中}$	$4R_{中}$	$5R_{中}$
偏转格数/div									

（5）确定改装欧姆表的电源使用范围。短接 a、b 两测量端，将工作电源放在 0~2 V 一挡，调节 $E = 1$ V 左右，先将 R_W 逆时针调到低，调节 E 直至表头满偏，记录 E_1 值；接着将 R_W 顺时针调到低，再调节 E 直至表头满偏，记录 E_2 值，$E_1 \sim E_2$ 值就是欧姆表的电源使用范围。

（6）按图 4-47-5b 进行连线，设计一个并联分流式欧姆表并进行连线、测量。试与串联分压式欧姆表比较，有何异同（选做）。

【思考题】

1. 测量电流计内阻应注意什么？是否还有别的办法来测定电流计内阻？能否用欧姆定律来进行测定？能否用电桥来进行测定？

2. 设计 $R_{中} = 10$ kΩ 的欧姆表，现有两块量程 100 μA 的电流表，其内阻分别为 2500 Ω

和 1000 Ω，你认为选哪块较好？

3. 若要求制作一个线性量程的欧姆表，用什么方法可以实现？

实验四十八　非平衡电桥的设计与应用

电桥可分为平衡电桥和非平衡电桥，非平衡电桥也称不平衡电桥或微差电桥。以往在教学中往往只做平衡电桥实验。近年来，非平衡电桥在教学中受到了较多的重视，因为通过它可以测量一些变化的非电量，这就把电桥的应用范围扩展到很多领域，所以在工程测量中非平衡电桥也得到了广泛的应用。

【实验目的】

1. 掌握非平衡电桥的工作原理以及与平衡电桥的异同。

2. 掌握利用非平衡电桥的输出电压来测量变化电阻的原理和方法。

3. 设计一个数显温度计，掌握非平衡电桥测量温度的方法，并类推至测其他非电量。

【实验仪器】

DHQJ 型非平衡电桥、温度传感实验装置等。

【实验原理】

图 4-48-1 为非平衡电桥的原理图。

非平衡电桥在构成形式上与平衡电桥相似，但测量方法上有很大差别。平衡电桥是调节 R_3 使 $I_0 = 0$，从而得到 $R_x = \dfrac{R_2}{R_1} R_3$，非平衡电桥则是使 R_1、R_2、R_3 保持不变，R_x 变化时则 U_0 变化。再根据 U_0 与 R_x 的函数关系，通过检测 U_0 的变化从而测得 R_x。由于可以检测连续变化的 U_0，所以可以检测连续变化的 R_x，进而检测连续变化的非电量。

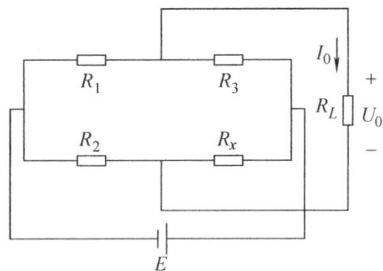

图　4-48-1

一、非平衡电桥的桥路形式

1. 等臂电桥

电桥的四个桥臂阻值相等，即 $R_1 = R_2 = R_3 = R_{x0}$；其中 R_{x0} 是 R_x 的初始值，这时电桥处于平衡状态，$U_0 = 0$。

2. 卧式电桥也称输出对称电桥

这时电桥的桥臂电阻对称于输出端，即 $R_1 = R_3$，$R_2 = R_{x0}$，但 $R_1 \neq R_2$

3. 立式电桥也称电源对称电桥

这时从电桥的电源端看桥臂电阻对称相等即

$R_1 = R_2$　　$R_{x0} = R_3$　　但 $R_1 \neq R_3$

4. 比例电桥

这时桥臂电阻成一定的比例关系，即 $R_1 = kR_2$，$R_3 = kR_{x0}$ 或 $R_1 = kR_3$，$R_2 = kR_{x0}$，k 为比例系数。实际上这是一般形式的非平衡电桥。

二、非平衡电桥的输出

非平衡电桥的输出接负载大小分类又可分为两种。一种是负载阻抗相对于桥臂电阻很大，如输入阻抗很高的数字电压表或输入阻抗很大的运算放大电路；另一种是负载阻抗较小，和桥臂电阻相比拟。后一种由于非平衡电桥需输出一定的功率，故又称为功率电桥。

根据戴维南定理，图 4-48-1 所示的桥路可等效为图 4-48-2a 所示的二端口网络。其中，U_{oc} 为等效电源，R_i 为等效内阻。

由图 4-48-1 可知，在 $R_L = \infty$ 时，等效电源电压值为 $U_{0C} = E\left(\dfrac{R_x}{R_2 + R_x} + \dfrac{R_3}{R_1 + R_3}\right)$。

根据戴维南定理，将 E 电源短路，得到图 4-48-2b 电路，据此可求出电桥等效内阻

$$R_i = \frac{R_2 R_x}{R_2 + R_x} + \frac{R_1 R_3}{R_1 + R_3}$$

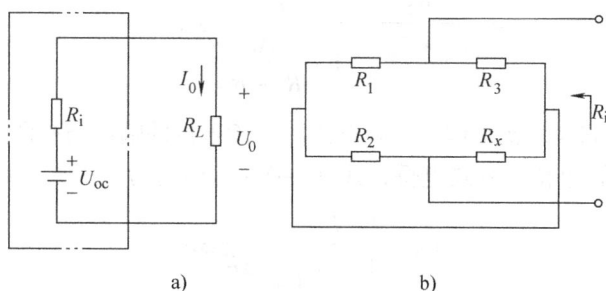

图　4-48-2

根据图 4-48-2a 电路，得到电桥接有负载 R_L 时的输出电压

$$U_0 = \frac{R_L}{R_i + R_L}\left(\frac{R_x}{R_2 + R_x} - \frac{R_3}{R_1 + R_3}\right)E \tag{4-48-1}$$

电压输出的情况下 $R_L \to \infty$，所以有

$$U_0 = \left(\frac{R_x}{R_2 + R_x} - \frac{R_3}{R_1 + R_3}\right)E \tag{4-48-2}$$

根据式（4-48-1），可进一步分析电桥输出电压和被测电阻值关系。

令 $R_x = R_{x0} + \Delta R$，R_x 为被测电阻，ΔR 为电阻变化量。根据式（4-48-1），有

$$
\begin{aligned}
U_0 &= \frac{R_L}{R_i + R_L}\left(\frac{R_x}{R_2 + R_x} - \frac{R_3}{R_1 + R_3}\right)E \\
&= \frac{R_L}{R_i + R_L}\left(\frac{R_{x0} + \Delta R}{R_2 + R_{x0} + \Delta R} - \frac{R_3}{R_1 + R_3}\right)E \\
&= \frac{R_L}{R_i + R_L}\frac{R_3 R_2 - R_1 R_{x0} + R_1 \Delta R}{(R_2 + R_{x0} + \Delta R)(R_1 + R_3)}E
\end{aligned}
$$

因为 R_{x0} 为其初始值，此时电桥平衡，有 $R_1 R_{x0} = R_3 R_2$，所以

$$U_0 = \frac{R_L}{R_i + R_L} \frac{R_1 \Delta R}{(R_2 + R_{x0} + \Delta R)(R_1 + R_3)} E \tag{4-48-3}$$

当 $R_L = \infty$ 时，有　　　　　$U_0 = \frac{R_1}{R_1 + R_3} \frac{\Delta R E}{R_2 + R_{x0} + \Delta R}$

因为 $R_1 R_{x0} = R_3 R_2$，所以 $R_1 = \dfrac{R_2 R_3}{R_{x0}}$，代入上式有

$$U_0 = \frac{R_2}{R_2 + R_{x0}} \frac{E}{\dfrac{R_2 + R_{x0} + \Delta R}{R_2 + R_{x0}}(R_2 + R_{x0})} \Delta R$$

$$= \frac{R_2}{(R_2 + R_{x0})^2} \frac{E}{1 + \dfrac{\Delta R}{R_2 + R_{x0}}} \Delta R \tag{4-48-4}$$

式（4-48-3）、式（4-48-4）就是作为一般形式非平衡电桥的输出与被测电阻的函数关系。

特殊地，对于等臂电桥和卧式电桥，式（4-48-4）简化为

$$U_0 = \frac{1}{4} \frac{E}{R_{x0}} \frac{1}{1 + \dfrac{\Delta R}{2 R_{x0}}} \Delta R \tag{4-48-5}$$

立式电桥和比例电桥的输出与式（4-46-4）相同。

被测电阻的 $\Delta R \ll R_{x0}$ 时，式（4-46-4）可简化为

$$U_0 = \frac{R_2}{(R_2 + R_{x0})^2} E \Delta R \tag{4-48-6}$$

式（4-46-5）可进一步简化为

$$U_0 = \frac{1}{4} \frac{E}{R_{x0}} \Delta R \tag{4-46-7}$$

这时 U_0 与 ΔR 成线性关系。

三、用非平衡电桥测量电阻的方法

习惯上，人们称 $R_L = \infty$ 的非平衡应用的电桥叫非平衡电桥；称具有负载 R_L 的非平衡应用的电桥叫功率电桥。下述的"非平衡电桥"都是指 $R_L = \infty$ 的非平衡应用的电桥。

1）将被测电阻（传感器）接入非平衡电桥，并进行初始平衡，这时电桥输出为 0。改变被测的非电量，则被测电阻发生变化，这时电桥输出电压 $U_0 \neq 0$，开始作相应变化。测出这个电压后，可根据式（4-48-4）或式（4-48-5）计算得到 ΔR。对于 $\Delta R \ll R_{x0}$ 的情况下可按式（4-48-6）或式（4-48-7）计算得到 ΔR 值。

2）根据测量结果求得 $R_x = R_{x0} + \Delta R$，并可作 U_0-ΔR 曲线，曲线的斜率就是电桥的测量灵敏度。根据所得曲线，可由 U_0 的值得到 ΔR 的值，也就是可根据电桥的输出 U_0 来测得被测电阻 R_x 值。

四、用非平衡电桥测温度方法

1. 用线性电阻测温度

一般来说，金属的电阻随温度的变化，可用下式描述：

$$R_x = R_{x0}(1 + \alpha t + \beta t^2) \tag{4-48-8}$$

如铜电阻传感器 $R_{x0} = 50 \ \Omega$（$t = 0 \ ℃$时的电阻值）

$$\alpha = 4.289 \times 10^{-3} ℃^{-1}$$

$$\beta = -2.133 \times 10^{-7} ℃^{-1}$$

一般分析时，在温度不是很高的情况下，忽略温度二次项 βt^2，可将金属的电阻值随温度变化视为线性变化，即

$$R_x = R_{x0}(1 + \alpha t) = R_{x0} + \alpha t R_{x0}$$

所以 $\Delta R = \alpha R_{x0} \Delta t$，代入式（4-48-4）有

$$\alpha R_{x0} = \frac{R_{x2} - R_{x1}}{t_2 - t_1}, \quad U_0 = \frac{R_2}{(R_2 + R_{x0})^2} \frac{E}{1 + \dfrac{\alpha R_{x0} \Delta t}{R_2 + R_{x0}}} \alpha R_{x0} \Delta t \tag{4-48-9}$$

式中，αR_{x0}值可由以下方法测得。

取两个温度 t_1、t_2，测得 R_{x1}，R_{x2} 则

$$\alpha R_{x0} = \frac{R_{x2} - R_{x1}}{t_2 - t_1}$$

这样可根据式（4-48-9），由电桥的输出 U_0 求得相应的温度变化量 Δt，从而求得 $t = t_0 + \Delta t$。

特殊地，当 $\Delta R \ll R_{x0}$ 时，式（4-48-9）可简化为

$$U_0 = -\frac{R_2}{(R_2 + R_{x0})^2} E \alpha R_{x0} \Delta t \tag{4-48-10}$$

这时 U_0 与 Δt 成线性关系。

2. 利用热敏电阻测温度

半导体热敏电阻具有负的电阻温度因数，电阻值随温度升高而迅速下降，这是因为热敏电阻由一些金属氧化物如 Fe_3O_4、$MgCr_2O_4$ 等半导体制成，在这些半导体内部，自由电子数目随温度的升高增加得很快，导电能力很快增强；虽然原子振动也会加剧并阻碍电子的运动，但这种作用对导电性能的影响远小于电子被释放而改变导电性能的作用，所以温度上升会使电阻值迅速下降。

热敏电阻的电阻温度特性可以用下述指数函数来描述：

$$R_T = A e^{\frac{B}{T}} \tag{4-48-11}$$

式中，A 是与材料性质的电阻器几何形状有关的常数；B 为与材料半导体性质有关的常数；T 为热力学温度。

为了求得准确的 A 和 B，可将式（4-48-11）两边取对数

$$\ln R_T = \ln A + \frac{B}{T} \tag{4-48-12}$$

选取不同的温度 T，得到不同的 R_T。

根据式（4-48-12），当 $T = T_1$ 时，有

$$\ln R_{T1} = \ln A + B/T_1$$

$T = T_2$ 时，有

$$\ln R_{T2} = \ln A + B/T_2$$

将上两式相减后得

$$B = \frac{\ln R_{T1} - \ln R_{T2}}{\dfrac{1}{T_1} - \dfrac{1}{T_2}} \tag{4-48-13}$$

将式（4-48-13）代入式（4-48-11）可得

$$A = R_{T_1} e^{-\frac{B}{T_1}} \tag{4-48-14}$$

常用半导体热敏电阻的 B 值约为 1500 ~ 5000 K 之间。

不同的温度时 R_T 有不同的值，电桥的 U_0 也会有相应的变化。可以根据 U_0 与 T 的函数关系，经标定后，用 U_0 测量温度 T，但这时 U_0 与 T 的关系是非线性的，显示和使用不是很方便。这就需要对热敏电阻进行线性化。线性化的方法很多，常见的有：

1）串联法。通过选取一个合适的低温度因数的电阻与热敏电阻串联，就可使温度与电阻的倒数成线性关系；再用恒压源构成测量电源，就可使测量电流与温度成线性关系。

2）串并联法。在热敏电阻两端串并联电阻。总电阻是温度的函数，在选定的温度点进行级数展开，并令展开式的二次项为 0，忽略高次项，从而求得串并联电阻的阻值，这样就可使总电阻与温度成正比，展开温度常为测量范围的中间温度，详细推导可由学生自己完成。

3）非平衡电桥法。选择合适的电桥参数，可使电桥输出与温度在一定的范围内成近似的线性关系。

4）用运算放大的结合电阻网络进行转换，使输出电压与温度成一定的线性关系。

这里我们重点讲述一下用非平衡电桥进行线性化设计的方法。

在图 4-48-1 中，R_1、R_2、R_3 为桥臂测量电阻，具有很小的温度因数，R_x 为热敏电阻，由于只检测电桥的输出电压，故 R_L 开路，根据式（4-48-2）有

$$U_0 = \left(\frac{R_x}{R_2 + R_x} - \frac{R_3}{R_1 + R_3} \right) E$$

式中，$R_x = A e^{\frac{B}{T}}$。

可见 U_0 是温度 T 的函数，将 U_0 在需要测量的温度范围的中点温度 T_1 处，按泰勒级数展开得

$$U_0 = U_{01} + U_0'(T - T_1) + U_n \tag{4-48-15}$$

式中，U_{01} 为常数项，不随温度变化；$U_0'(T - T_1)$ 为线性项；$U_n = \dfrac{1}{2} U_0''(T - T_1)^2 + \displaystyle\sum_{n=3}^{\infty} \dfrac{1}{n!} U_0^{(n)} (T - T_1)^n$，$U_n$ 代表所有的非线性项，它的值越小越好。

为此令 $U_0'' = 0$，则 U_n 的三次项可看做是非线性项，从 U_n 的四次项开始数值很小，可以

忽略不计。

式（4-48-15）中 U_0 的一阶导数为

$$U_0' = \left(\frac{R_x}{R_2 + R_x} - \frac{R_3}{R_1 + R_3} \right)' E$$

将 $R_x = Ae^{\frac{B}{T}}$ 代入上式并展开求导可得

$$U_0' = -\frac{BR_2 Ae^{\frac{B}{T}}}{(R_2 + Ae^{\frac{B}{T}})^2 T^2} E$$

U_0 的二阶导数为

$$U_0'' = \frac{BR_2 Ae^{\frac{B}{T}}}{(R_2 + Ae^{\frac{B}{T}})^3 T^4} \left[R_2(B + 2T) - (B - 2T)Ae^{\frac{B}{T}} \right] E$$

令 $U_0'' = 0$，可得

$$R_2(B + 2T) - (B - 2T)Ae^{\frac{B}{T}} = 0$$

即

$$Ae^{\frac{B}{T}} = \frac{B + 2T}{B - 2T} R_2$$

也就是

$$R_x = \frac{B + 2T}{B - 2T} R_2 \tag{4-48-16}$$

根据以上的分析，将式（4-48-15）改为如下表达式：

$$U_0 = \lambda + m(t - t_1) + n(t - t_1)^3 \tag{4-48-17}$$

式中，t 和 t_1 分别 T 和 T_1 对应的摄氏温度，线性函数部分为

$$U_0 = \lambda + m(t - t_1) \tag{4-48-18}$$

式中，λ 为 U_0 在温度 T_1 时的值

$$\lambda = U_0 = \left(\frac{R_{x(T_1)}}{R_2 + R_{x(T_1)}} - \frac{R_3}{R_1 + R_3} \right) E$$

将 $R_{x(T_1)} = Ae^{\frac{B}{T_1}} = \frac{B + 2T_1}{B - 2T_1} R_2$ 代入上式，可得

$$\lambda = \left(\frac{B + 2T_1}{2B} - \frac{R_3}{R_1 + R_3} \right) E \tag{4-48-19}$$

式（4-48-18）中 m 的值为 U_0' 在温度 T_1 时的值：

$$m = U_0' = -\frac{BR_2 Ae^{\frac{B}{T_1}}}{(R_2 + Ae^{\frac{B}{T_1}})^2 T_1^2} E$$

将 $R_{x(T_1)} = Ae^{\frac{B}{T_1}} = \frac{B + 2T_1}{B - 2T_1} R_2$ 代入上式，可得

$$m = \left(\frac{4T_1^2 - B^2}{4BT_1^2} \right) E \tag{4-48-20}$$

非线性部分为 $n(t-t_1)^3$ 是系统误差，这里忽略不计。

线性化设计的过程如下：

根据给定的温度范围确定 T_1 的值，一般为温度中间值，例如设计一个 30.0 ~ 50.0 ℃ 的数字表，则 T_1 选 313 K，即 $t_1 = 40.0$ ℃。B 值由热敏电阻的特性决定，可根据式（4-48-13）求得。

根据非平衡电桥的显示表头适当选取 λ 和 m 的值，可使表头的显示数正好为摄氏温度值，λ 为测温范围的中心值 mt_1（mV）。这样 λ 为数字温度计测量范围的中心温度，m 就是测温的灵敏度。

确定 m 值后，E 的值可由式（4-48-20）求得：

$$E = \frac{4BT_1^2}{4T_1^2 - B^2}m \tag{4-48-21}$$

由式（4-48-16）可得

$$R_2 = \frac{B-2T}{B+2T}R_x$$

R_2 的值可取 T_1 温度时的 R_{xT_1} 值计算：

$$R_2 = \frac{B-2T_1}{B+2T_1}R_{xT_1} \tag{4-48-22}$$

由式（4-48-19）可得

$$\frac{R_1}{R_3} = \frac{2BE}{(B+2T_1)E - 2B\lambda} - 1 \tag{4-48-23}$$

这样选定 λ 值后，就可求得 R_1 与 R_3 的比值。选好 R_1 与 R_3 的比值后，根据 R_1 与 R_3 的阻值可调范围，确定 R_1 与 R_3 的值。

【实验内容】

1. 用非平衡电桥测量热敏电阻的温度特性。

2. 用热敏电阻为传感器结合非平衡电桥设计测量范围为 30.0 ~ 50.0 ℃ 的数显温度计。

【实验过程及数据处理】

非平衡电桥和温度传感器实验装置的使用操作详见说明书。

一、用非平衡电桥测量铜电阻

（1）预调电桥平衡。起始温度可以选室温或测量范围内的其他温度。

选等臂电桥或卧式电桥做一组 U_0、ΔR 数据。将温度传感器实验装置的"铜电阻"端接到非平衡电桥输入端。调节合适的桥臂电阻，使 $U_0 = 0$，测出 $R_{x0} = $ _____ Ω，并记下初始温度 $t_0 = $ _____ ℃。

（2）调节控温仪，使铜电阻升温，根据数字温控表的显示温度，读取相应的电桥输出 U_0。ΔR 的值根据式（4-48-5）可求得，即 $\Delta R = \frac{4R_{x0}U_0}{R - 2U_0}$。每隔一定温度测量一次，记录于表 4-48-1。

表　4-48-1

温度/℃										
U_0/mV										
ΔR										
铜电阻 R_x										

（3）根据测量结果作 R_x-t 曲线，由图求出 $\alpha = \dfrac{\Delta R}{R} \Delta t$，试与理论值比较，并作图求出某一温度_____℃时的电阻值 $R_x(℃) = $ _____ Ω。

*（4）用立式电桥或比例电桥，重复以上步骤，ΔR 的值根据下式求得：

$$\Delta R = \frac{(R_2 + R_{x0})^2 U_0}{R_2 E - (R_2 + R_{x0}) U_0}$$

做一组数据，列入表4-48-2 中。

表　4-48-2

温度/℃										
U_0/mV										
ΔR										
铜电阻 R_x										

（5）根据电桥的测量结果作 R_x-t 曲线，试与前一曲线比较。

（6）分析以上测量的误差大小，并讨论原因。

二、用铜电阻测量温度

根据前面的实验结果，由式（4-48-9）可得

$$\Delta t = \frac{(R_2 + R_{x0})^2}{R_2 E - (R_2 + R_{x0}) U_0} \frac{U_0}{\alpha R_{x0}} \tag{4-48-24}$$

用等臂电桥或卧式电桥实验时则简化为

$$\Delta t = \frac{4}{E - 2U_0} \frac{U_0}{\alpha} \tag{4-48-25}$$

实际的 α 值根据公式 $\alpha R_{x0} = \dfrac{R_{x2} - R_{x1}}{t_2 - t_1}$ 可得

$$\alpha = \frac{R_{x2} - R_{x1}}{(t_2 - t_1) R_{x0}} \tag{4-48-26}$$

取两个温度 t_1、t_2，测得 R_{x1}，R_{x2} 则可求得 α。

这样可根据式（4-48-24）或式（4-48-25），由电桥的输出 U_0 求得相应的温度变化量 Δt，从而求得：$t = t_0 + \Delta t$。

根据测量结果作 U_0-t 曲线。

三、用非平衡电桥测温度

选 2.7 kΩ 的热敏电阻，设计的温度测量范围为 30.0～50.0 ℃（夏天室温较高时，也可以将设计温度适当提高，例如改为 35～55 ℃、40～60 ℃）。

（1）在测量温度之前，先要获得热敏电阻的温度特性。为了获得较为准确的电阻测量值，我们可以用惠斯通电桥测量不同温度下的热敏电阻值。

将温度传感实验装置接到电桥的 R_x 端，用单电桥测量，一般取 5 位有效数字即可。调节控温仪，使热敏电阻升温。每隔一定温度，测出 R_x，并记下相应的温度 t 于表 4-48-3 中。

表　4-48-3

温度/℃	25	30	35	40	45	50	55	60	
热敏电阻 R_x									

（2）根据表 4-48-3 测得的数据，绘制 $\ln R_T$-$1/T$ 曲线，并根据式（4-48-13）、式（4-48-14）求得 $A =$ _____ 和 $B =$ _____，**注意：这里的 $T = (273 + t)$ K。**

（3）根据非平衡电桥的表头，选择 λ 和 m，根据式（4-48-20）计算可知 m 为负值，相应的 λ 也为负值。本实验如使用 2 V 表头，可选 m 为 – 10 mV/℃，λ 为测温范围的中心值 – 400 mV，这样该数字温度计的分辨率为 0.01 ℃。

（4）按式（4-48-21）求得 $E =$ _____ V。调节"电压调节"旋钮，将"数字表输入"端用导线接至"电源输出"，接通"G"按钮，用数字表头的合适量程进行测量，调节电源电压 E 为所需值。保持电位器位置不变，"数字表输入"端用测量导线接至电桥的输出端，即面板上 G 两端的插孔中，这时非平衡电桥的 E 已调好。

（5）按式（4-48-22）求得 $R_2 =$ _____ Ω。按式（4-48-23）求得 $R_1/R_3 =$ _____，根据 R_1、R_3 的阻值范围确定 $R_1 =$ _____ Ω（可选 100 Ω），$R_3 =$ _____ Ω。

（6）按求得的 R_1、R_2、R_3 值，接好非平衡电桥电路。设定温度 $t = 40.0$ ℃，待温度稳定后，电桥应输出 $U_0 = – 400$ mV。如果不为 – 400 mV，再微调 R_2、R_3 值。最后的 $R_1 =$ _____ Ω，$R_2 =$ _____ Ω，$R_3 =$ _____ Ω。

（7）在 30 ~ 50 ℃ 的温度测量范围内测量 U_0 与 t 的关系，并作记录。

（8）对 U_0-t 关系作图并直线拟合，检查该温度测量系统的线性和误差。

（9）在 30 ~ 50 ℃ 的温度测量范围内外任意设定加热装置的几个温度点作为未知温度，用该温度计测量这些未知温度，并计算误差。

【思考题】

1. 非平衡电桥与平衡电桥有何异同？

2. 用非平衡电桥设计热敏电阻温度计有什么特点？所测温度的范围受哪些因素限制？

【附录】

功率电桥的输出

当非平衡电桥的输出端接有一定阻值的负载时，电桥将输出一定的功率，这时称为功率电桥。输出电压为式（4-48-3），即

$$U_0 = \frac{R_L}{R_i + R_L} \frac{R_1 \Delta R}{(R_2 + R_{x0} + \Delta R)(R_1 + R_3)} E$$

其中

$$R_i = \frac{R_2 R_x}{R_2 + R_x} + \frac{R_1 R_3}{R_1 + R_3}$$

可见这时的输出电压降低了，所以电桥的电压测量灵敏度降低了。输出电流为

$$I_0 = \frac{1}{R_i + R_L} \frac{R_1 \Delta R}{(R_2 + R_{x0} + \Delta R)(R_1 + R_3)} E$$

输出功率为

$$P = U_L I_0 = \frac{R_L}{(R_i + R_L)^2} \left[\frac{\Delta R R_1}{(R_2 + R_{x0} + \Delta R)(R_1 + R_3)} \right]^2 E^2$$

当 $R_L = R_i$ 时，P 有最大值 P_m

$$P_m = \frac{1}{4R_i} \left[\frac{\Delta R R_1}{(R_2 + R_{x0} + \Delta R)(R_1 + R_3)} \right]^2 E^2$$

下面分别讨论 $R_L = R_i$ 时各种桥路的输出情况

1. 等臂电桥

$$U_L = \frac{E}{8R_{x0}} \frac{1}{1 + \dfrac{\Delta R}{2R_{x0}}} \Delta R$$

$$I_0 = \frac{E}{8R_{x0}^2} \frac{1}{1 + \dfrac{\Delta R}{2R_{x0}}} \Delta R$$

$$P_m = \frac{E^2}{64R_{x0}^3} \frac{1}{\left(1 + \dfrac{\Delta R}{2R_{x0}}\right)^2} \Delta R^2$$

2. 卧式电桥

$$U_L = \frac{E}{8R_{x0}} \frac{1}{1 + \dfrac{\Delta R}{2R_{x0}}} \Delta R$$

$$I_0 = \frac{E}{4R_{x0}(R_{x0} + R_3)} \frac{1}{1 + \dfrac{\Delta R}{2R_{x0}}} \Delta R$$

$$P_m = \frac{E^2}{32R_{x0}^2(R_{x0} + R_3)} \frac{1}{\left(1 + \dfrac{\Delta R}{2R_{x0}}\right)^2} \Delta R^2$$

3. 立式电桥和比例电桥

$$U_L = \frac{E}{2} \frac{R_2}{(R_2 + R_{x0})^2} \frac{1}{1 + \dfrac{\Delta R}{R_2 + R_{x0}}} \Delta R$$

$$I_0 = -\frac{U_L}{R_L} = \frac{U_L}{R_i}$$

$$P_m = U_L I_0 = \frac{U_L^2}{R_i}$$

其中，$R_i = \dfrac{R_2 R_x}{R_2 + R_x} + \dfrac{R_1 R_3}{R_1 + R_3}$。

可见，当 $\Delta R \ll R_{x0}$ 时，则 U_L、I_0 与 ΔR 成线性关系，P_m 与 ΔR^2 成线性关系。且当 $R_L \neq R_i$ 时，U_L、I_0 与 ΔR 仍成线性关系。故在功率电桥情况下，仍可用输出电压、输出电流和输出功率来测得 ΔR 的值。

实验四十九　非线性电阻伏安特性的研究

【实验目的】

1. 学会探索物理规律、建立经验公式的实验思想和实验方法。
2. 学会测量未知物理量之间的关系曲线，熟练测量二极管和小灯泡的伏安特性曲线。
3. 学会通过合理选择接线方式减小电表接入系统误差的方法。
4. 掌握用变量代换法把曲线改直。进行线性拟合，或通过计算机软件作图用最小二乘法进行曲线拟合。
5. 掌握建立经验公式的基本方法。

【实验仪器】

电压表、电流表、滑线变阻器、稳压电源、2CW104 稳压二极管、小灯泡、开关、导线等。

【实验原理】

1. 测量伏安特性曲线

电学元件的电流和电压之间关系曲线称为伏安特性曲线，不同电学元件的伏安特性曲线不同。电阻的伏安特性曲线——线性，小灯泡的伏安特性曲线——非线性，二极管（正向和反向）的伏安特性曲线——非线性。

测量电阻元件伏安特性曲线的一般方法，是在电阻元件上加不同的电压，测量相应的电流。采用电压表和电流表同时测量电压和电流的测量线路有两种接法，电流表内接和电流表外接。为了减小电表接入产生的误差，一般情况，待测对象阻值很大，采用电流表内接；待测对象阻值很小，采用电流表外接。为了消除电表接入误差，可以采用理论修正的方法。

因此，测量二极管正向和小灯泡伏安特性曲线时，采用电流表外接电路；测量二极管反向伏安特性曲线时，采用电流表内接电路。

正向（死区电压），最高电压很小，2 CW 型稳压二极管一般约 1 V 左右。反向，一旦达到击穿电压，继续增加电压，电流变化相当快。因此，测量时须仔细调节电压电流，不要使电流超过最大工作电流。

2. 建立经验公式

通过实验方法探索物理规律，寻找两个相关物理量之间的函数关系式，建立经验公式。基本方法如下：

（1）实验测量相关两个物理量的变化关系数据。

（2）用直角坐标作出物理量之间的关系曲线，并根据曲线形状选择函数关系的形式，建立数学模型。

（3）利用数据处理的有关知识，求解函数关系中的常数，确定经验公式。一般采用最小二乘法，通过计算机进行曲线拟合，也可以通过曲线改直，用作图法、最小二乘法、逐差法等数据处理方法进行计算。

（4）用实验数据验证经验公式。

3. 伏安特性曲线的函数形式

二极管正向伏安特性曲线函数形式：$U = B + A\lg(I + 1)$

小灯泡伏安特性曲线的函数形式：$I = A\lg(U + 1)$

【实验内容与要求】

1. 实验内容

（1）测量2CW型二极管的正向伏安特性。

（2）测量2CW型二极管的反向伏安特性。

（3）测量小灯泡的伏安特性曲线。

2. 测量与数据处理要求

（1）正确选用电流表内接法或外接法连接测量电路，合理选择电压表和电流表量程，练习熟悉不同量程下电表的正确读数。

（2）测量二极管正向伏安特性曲线时，在电流值1 mA以下，从0开始，以电压变化为基准，每隔0.1 V测量一个点；在电流值1 mA以上，电压每隔0.02 V测量一个点；测量电流最大值必须小于额定工作电流。

（3）测量二极管反向伏安特性曲线时，在电流值1 mA以下，从0开始，以电压变化为基准，每隔1 V测量一个点；在电流值1 mA以上，电流每隔5 mA测量一个点；测量电压最大值必须小于额定工作电压。

（4）测量小灯泡伏安特性曲线时，在电压值1V以下，从0开始，以电压变化为基准，每隔0.2V测量一个点；在电压值1 V以上，每隔0.5 V测量一个点；测量电压最大值小于额定工作电压6.3 V。

（5）在同一张直角坐标纸上画出2CW型二极管的正向和反向伏安特性曲线，分析二极管的伏安特性。正确选择坐标轴比例，标明刻度、单位和图名，逐点连出半滑的曲线。

（6）在直角坐标纸上画出小灯泡的伏安特性曲线，并与二极管的正向伏安特性比较分析伏安特性。

【数据记录与处理】

1. 测量二极管的正向、反向伏安特性曲线

表4-49-1　测量2CW型二极管的正向伏安特性数据记录表

电流 I/mA	0	1	2	4	8	16	25	45	65	80	100	120	150
电压 U/V													

表4-49-2　测量2CW型二极管的反向伏安特性数据记录表

电流 I/mA	0.0	5.0	10.0	15.0	20.0	25.0	30.0
电压 U/V							

2. 测量小灯泡伏安特性曲线

表4-49-3　测量小灯泡伏安特性曲线的数据记录表

电压 U/V	0.00	0.50	1.00	1.50	2.00	2.50	3.00	3.50	4.00	4.50	5.00	5.50	6.00
电流 I/mA													

【注意事项】

1. 测量过程中不要改变电压表和电流表的量程，以免测量曲线出现跳变。

2. 操作时必须注意二极管和小灯泡的正、反向电流（或电压）不能超过额定值，否则可能会损坏二极管和小灯泡。

3. 二极管的正向和反向伏安特性曲线可以画在同一张坐标纸上。此时坐标轴比例可选取不同值，以使曲线大小合适。

4. 为了了解小灯泡伏安曲线的全貌，测量范围要适当宽一点，比如对额定电压是 6.3V 的小灯泡，最好取电压测量范围 0～6 V。

5. 对描点法画伏安特性曲线的要求：

（1）二极管的伏安特性曲线：平滑（或光滑，有取平均的含义）、细、曲线。

（2）小灯泡的伏安特性曲线：细、直线（包含取平均的含义）。

（3）写图名，标上刻度和单位。

（4）习惯上，二极管的正向伏安特性曲线画在第一象限，反向伏安特性曲线画在第三象限，横坐标表示电压，纵坐标表示电流。

实验五十　测定空气折射率

【实验目的】

1. 熟练掌握迈克耳孙干涉光路的调节方法。

2. 应用迈克耳孙干涉仪测量常温下空气的折射率。

【实验仪器】

迈克耳孙干涉仪、He-Ne 激光器、扩束镜、数显空气折射率测量仪。

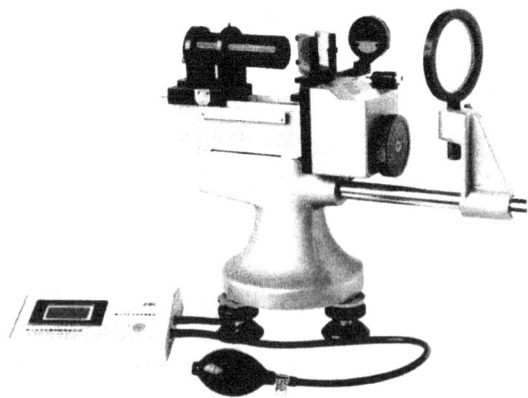

迈克耳孙干涉仪如图 4-50-1 所示，带数显空气折射率测量仪的迈克耳孙干涉仪如图 4-50-2 所示。

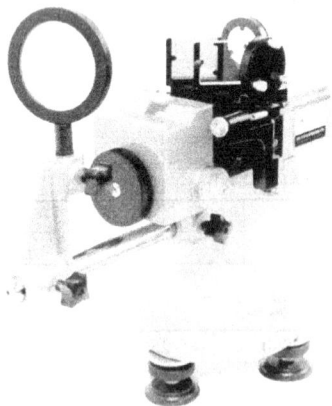

图 4-50-1　迈克耳孙干涉仪　　　图 4-50-2　带数显空气折射率测量仪的迈克耳孙干涉仪

数显空气折射率测量仪性能指标：

1. 输入电压：220V、50 Hz

2. 测量范围：$0 \sim 0.12$ MPa

3. 仪器精度：2.5%

注：本实验要求，开始时气室内压强与外大气压强差大于 0.09 MPa。

【实验原理】

本实验是建立在迈克耳孙干涉光路基础上的。迈克耳孙干涉仪的原理见"迈克耳孙干涉仪的调节和使用"实验。测定空气折射率的实验原理如图 4-50-3 所示。

如图 4-50-3 所示，在迈克耳孙干涉仪的一支光路中加入了一个与打气筒相连的密封管，其长度为 L，数字仪表用来测管内气压，它的读数为管内压强高于室内大气压强的差值。在 E 处用毛玻璃作接收屏，在它上面可看到干涉条纹。当管内压强由大气压强 p_b 变到 0 时，折射率由 n 变到 1，若屏上某一点（通常观察屏的中心）的条纹变化数为 N，则有

$$n - 1 = \frac{N\lambda}{2L} \qquad (4\text{-}50\text{-}1)$$

通常在温度处于 $15 \sim 30$ ℃范围内，空气折射率可用下式求得

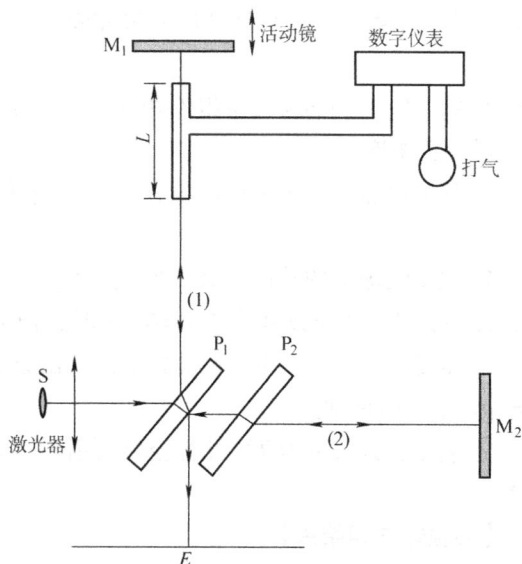

图 4-50-3 实验原理图

$$(n-1)_{t,p} = \frac{2.8793p}{1 + 0.003671t} \times 10^{-9} \qquad (4\text{-}50\text{-}2)$$

式中，t 为温度（℃）；p 为压强（Pa）。在室温下，温度变化不大时，$(n-1)$ 可以看成是压强的线性函数。

设从压强 p_b 变成真空时，条纹变化数为 N；从压强 p_1 变成真空时，条纹变化数为 N_1；从压强 p_2 变成真空时，条纹变化数为 N_2；则有

$$\frac{N}{p_b} = \frac{N_1}{p_1} = \frac{N_2}{p_2} \qquad (4\text{-}50\text{-}3)$$

根据等比性质，整理得

$$N = \frac{N_2 - N_1}{p_2 - p_1} p_b \qquad (4\text{-}50\text{-}4)$$

代入式（4-50-1）得

$$n - 1 = \frac{\lambda}{2L} \cdot \frac{N_2 - N_1}{p_2 - p_1} p_b \qquad (4\text{-}50\text{-}5)$$

式中，p_b 为大气压强，将 $p_2 \to p_1$ 时，压强变化记为 $\Delta p (= |p_2 - p_1|)$，条纹变化记为 $\Delta N (= |N_2 - N_1|)$，则有

$$n - 1 = \frac{\lambda}{2L} \cdot \frac{\Delta N}{\Delta p} p_b \qquad (4\text{-}50\text{-}6)$$

即 $$n = 1 + \frac{\lambda}{2L} \cdot \frac{\Delta N}{\Delta p} p_b \qquad (4\text{-}50\text{-}7)$$

【实验内容】

1. 在迈克耳孙干涉仪活动镜 M_1 前加入一个与打气筒相连的密封管，按"迈克耳孙干涉仪的调节和使用"实验类似的步骤调出干涉条纹。调节时注意：由于气室的通光窗玻璃可能产生多次反射光点，可调节活动镜和固定镜背后的螺钉来判断，能使光点发生变化的螺丝即是。

2. 将气管 1 一端与气室组件相连，另一端与数字仪表的出气孔相连；气管 2 与数字仪表的进气孔相连。

3. 接通数显空气折射率测量仪电源，电源指示灯亮，按电源开关调零，使液晶屏显示".000"。

4. 关闭气球上的阀门，鼓气使气压值大于 0.09MPa，读出数字仪表的数值 p_2，打开阀门，慢慢放气，当条纹变化 $\Delta N = 60$ 个时，记下数字仪表的数值 p_1。

5. 重复步骤 4，一共取 6 组数据，求出条纹变化 $\Delta N = 60$ 个所对应管内压强变化量 Δp（$= |p_2 - p_1|$）的平均值。

6. 利用公式（4-50-7）计算空气折射率，并与式（4-50-2）求得的理论值比较，求相对误差。

【实验数据和结果】

大气压强 $p_b = $ _____ Pa；室温 $t = $ _____ ℃；$L = 95$mm；$\lambda = 632.8$nm；$\Delta N = 60$。

测量次数	1	2	3	4	5	6
p_2/MPa						
p_1/MPa						
$\Delta p = |p_2 - p_1|$/MPa						
$\overline{\Delta p}$/MPa						

$$\overline{n} = 1 + \frac{\lambda}{2L} \cdot \frac{\Delta N}{\overline{\Delta p}} p_b =$$

$$n_{理} = 1 + \frac{2.8793p}{1 + 0.003671t} \times 10^{-9} =$$

$$E = \frac{|\overline{n} - n_{理}|}{n_{理}} \times 100\% =$$

【注意事项】

1. 迈克耳孙干涉仪的 M_1 和 M_2 及 P_1 和 P_2 均为精密光学元件，调节过程中，严禁触碰所有光学表面。同时，M_1 和 M_2 两反射镜不能受力过大。

2. 实验前和实验结束后，所有调节螺钉均应处于放松状态，调节时应先使之处于中间状态，以便有双向调节的余地，调节动作要均匀缓慢。

3. 激光束很强，不要直接用眼睛接收激光。

4. 气室和气压表防止摔坏，以免封闭性减弱。

5. 鼓气阀门不要用力旋转，以免损坏。

6. 气压表打气时，严禁超出气压表量程范围。

实验五十一　激光全息照相

全息照相，就是利用干涉方法将自物体发出光的振幅和相位信息同时完全地记录在感光材料上，所得的光干涉图样再经光化学处理后就成为全息图；当按照所需要的光照明此全息图时，能使原先记录的物体光波的波前重现。这是 20 世纪 60 年代发展起来的一种新的照相技术，是激光的一种重要的应用。

全息照相是英国科学家伽博（D. Gabor）于 1947 年研究成功的，他也因此获得了 1971 年诺贝尔物理学奖。由于当时还没有相干性好的光源，所以全息照相在那以后的 10 年间没有什么重大的发展。到了 20 世纪 60 年代初，由于激光的发明，在大量新型相干性极好的激光光源的帮助和一些技术进展的支持下，全息照相不久便成为一门受到广泛研究并有远大前景的课题。这次全息照相的复兴发源于美国密执安大学的雷达实验室，是以利思（E-. N. Leith）和乌帕特尼克斯（J. Upatnieks）的工作为标志的。他们于 1962 年发表了划时代的全息术研究成果，他们成功地得到了物体的立体重现像。全息图最惊人的特征和最引人感兴趣的地方就在于它能产生极为逼真的三维幻觉。这种逼真的性质大大推动了全息照相技术的发展。

【实验目的】

1. 学习和了解全息照相的基本原理。

2. 拍摄物体的三维全息图。

3. 了解全息图的基本性质。

【实验仪器】

激光器、分束镜、全反射镜、扩束镜、全息干板、被摄物、全息防震台、显影粉、定影粉。

【实验原理】

普通照相是把从物体表面上各点发出的光（反射光或散射光）的强弱变化经照相物镜成像，并记录在感光底片上的过程。但这样的操作，只记录了物光波的光强（振幅）信息，而失去了描述光波的另一个重要因素——相位信息，于是在照相底片上能显示的只是物体的二维平面像。全息照相则不仅可以把物光波的强度分布信息记录在感光底片上，而且可以把物波光的相位分布信息记录下来，即把物体的全部光学信息完全地记录下来，然后通过一定方法重现原始物光波，即再现三维物体的原像。这就是全息照相的基本原则，由三维物体所构成的全息图能够再现三维物体的原像。

全息照相的基本原理是利用相干性好的参考光束 R 和物光束 O 的干涉和衍射，将物光波的振幅和相位信息"冻结"

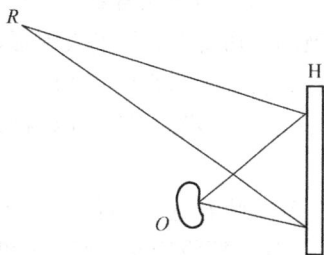

图 4-51-1　全息图记录

在感光底片上，即以干涉条纹的形式记录下来，如图 4-51-1 所示。在底片上所记录的干涉图样的微观细节与发自物体上各点的光束对应，不同的物光束（物体）将产生不同的干涉图样。因此，全息图上只有密密麻麻的干涉条纹，相当于一块复杂的光栅，当用与记录时的参考光完全相同的光以同样的角度照射全息图时，就能在这"光栅"的衍射光波中得到原来的物光波，被"冻结"在全息片上的物光波就能"复活"，通过全息图片就能看见一个逼真的虚像在原来放置物体的地方（尽管原物体已不存在），这就是全息图的物光波前再现。

全息照相分两步，第一步是波前记录。设 x-y 平面为全息干板记录平面，底片上一点 (x, y) 处物光束 O 和参考光束 R 的复振幅分布分别为 $O_0(x,y)$ 和 $R_0(x,y)$。

$$O(x,y) = O_0(x,y)\exp[j\varphi_O(x,y)]$$
$$R(x,y) = R_0(x,y)\exp[j\varphi_R(x,y)]$$

(4-51-1)

由于它们系相干光束，所以物光和参考光在底片上相干迭加后的光强分布为

$$I(x,y) = |O(x,y) + R(x,y)|^2 = (O(x,y) + R(x,y)) \cdot (O(x,y) + R(x,y))^*$$
$$= |O(x,y)|^2 + |R(x,y)|^2 + O(x,y)R^*(x,y) + O^*(x,y)R(x,y)$$

(4-51-2)

若全息干板的曝光和冲洗都控制在振幅透过率 t 随曝光量 $E[E = (光强) \times (曝光时间)]$ 变化曲线的线性部分，则全息干板的透射系数 $t(x,y)$ 与光强 $I(x,y)$ 呈线性关系，即

$$t(x,y) = t_0 + \beta I(x,y)$$

(4-51-3)

式中，t_0 为底片的灰雾度；β 为比例常数，对于负片 $\beta < 0$，这就是全息图的记录过程。

第二步是波前再现。若用光波 P 照明全息图，在全息图 (x, y) 点处该光波的复振幅为 $P_0(x, y)$，于是该光波用下式表示

$$P(x,y) = P_0(x,y)\exp[j\varphi_P(x,y)]$$

(4-51-4)

则透过全息图的光波在 x-y 平面上的复振幅分布为

$$D(x,y) = P(x,y)t(x,y) = t_0 P(x,y) + \beta P(x,y)I(x,y)$$
$$= t_0 P(x,y) + \beta P(x,y)[|O(x,y)|^2 + |R(x,y)|^2]$$
$$+ \beta P(x,y)O(x,y)R^*(x,y)$$
$$+ \beta P(x,y)O^*(x,y)R(x,y)$$

(4-51-5)

式中，第一、二项代表的是强度衰减了的照明光 P 的直接透射光，亦称零级衍射光。在第三项中，当取照明光和参考光相同时，即 $P(x,y) = R(x,y)$，则再现光波为

$$D_3(x,y) = \beta O_0 R_0^2 \exp[i\varphi_0(x,y)]$$

(4-51-6)

$R_0^2(x, y) = $ 实常数。因此这一项正比于 $O(x, y)$，即除振幅大小改变外，具有原始物光波的一切特性，波前发射形成物体（在原来位置上）的虚像，如用眼睛接收到这样的光波，就会看到原来的"物"——原始像。当照明光与参考光的共轭相同时，即 $P(x,y) = R^*(x,y)$，第四项有与原始物共轭的相位

$$D_4(x,y) = \beta O_0 R_0^2 \exp[-j\varphi_0(x,y)]$$

(4-51-7)

这意味着这一项代表一个实像，它不在原来的方向上而是有偏移，称之为"共轭实像"。通常把原始像的衍射光波称为 +1 级衍射波，把形成其共轭像的光波称为 −1 级衍射波，如图 4-51-2 和图 4-51-3 所示。

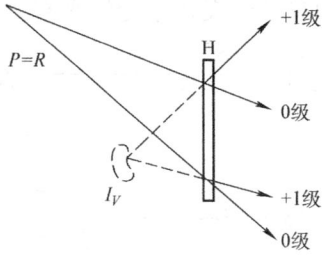

图 4-51-2　全息图虚像的观察

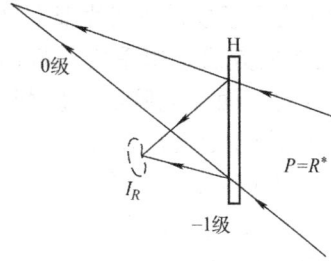

图 4-51-3　全息图实像的观察

全息照相的基本条件是：①参考光束和物光束必须是相干光（因此需用激光来作为照相光源，且一般使物光程与参考光程相当）；②记录介质（底片的感光乳胶）要有足够的分辨率和对所使用的激光波长有足够的感光灵敏度。记录介质的分辨率通常以每毫米能分辨明暗相间的条纹数来表示。如果全息底片对于物光和参考光的照射方向是对称放置的，则干涉条纹的间距公式为

$$d = \frac{\lambda}{2\sin(\theta/2)} \tag{4-51-8}$$

式中，θ 为物光和参考光之间的夹角。可见夹角 θ 越大，干涉条纹的间距越小，条纹越密，这就要求底片具有较高的分辨率（通常全息记录介质的分辨率 > 1000 条/mm）。③光学系统必须有足够的机械稳定性，由于全息底片上记录的是精细的干涉条纹，在记录过程中若受到某种干扰（如地面的震动，光学零件支架的自振和变形，以及空气的紊流等）则将引起干涉条纹的混乱和迭加，导致衍射像亮度下降，甚至完全看不到像。因此，在曝光时间内，干涉条纹的移动不得超过条纹间距的 1/4，需要把整个拍摄系统安装在可靠的防震台上。另外，在全息底片的光谱灵敏范围内应设法增加激光的输出功率，以便缩短曝光时间，减少外界因素的影响。

全息照相的基本方法是把从激光器发出的单束相干光分为两束，一束照明物体，另一束作为参考光束，并将光束扩展到具有一定的截面。参考光束一般为未受调制的球面波或平面波，参考光束的取向应使它能与物体反射（或散射）的物光束相交，在两束光重叠的区域内形成由干涉图样构成的光强分布，当感光介质放在重叠区域内，就会由于曝光产生光化学变化，经适当的处理后把这些变化转变为介质的光透射率的变化，即成了全息图。

【实验装置】

我们采用的是记录离轴的菲涅耳全息图光路。注意拍好全息图的基本条件，应使光束共轴等高且物光程近似等于参考光程，所拍摄的物体（物体和底片距离在 10cm 左右）应有均匀的激光照明，且有较高的漫反射率，在全息干板处物光强与参考光强之比可控制在 1:3～1:5。拍摄全息图的另一个重要因素是物光束与参考光束的几何排列，这影响到全息图的空间分辨率。因此，入射到记录底片上的两束光之间的夹角 θ 应取在 20°～50° 之间，如图 4-51-4 所示。

【实验步骤】

1. 布置好光路（参考图 4-51-4），使得物光束和参考光束的夹角在 20°～50° 之间，光强比在 1:3～1:5，光程近似相等，以提高拍摄全息图质量。

2. 将全息干板放置在底片架上（干板大约与物光和参考光夹角平分线垂直），乳胶面（分辨乳胶面的方法是用手摸干板的边缘部分，感觉不光滑的一面是乳胶面）应朝向被拍摄物体，待整个系统稳定（即在所有元件就绪后，一般需要经 3~5 min 的"静台"）后再进行曝光，曝光时间由物光的强弱而定。

3. 全息干板按常规感光底片显影定影冲洗处理。

4. 全息图的重现。将拍摄好的全息图放回原先的底片架上，遮住物光和被摄物体，用参考光束照明全息图（其乳胶面仍须朝向原物体），

图 4-51-4　三维全息图记录光路
S—激光器　P—分束镜　M—全反射镜
L—扩束镜　O—物体　H—全息干板

通过全息图就可看到一个虚像，像即呈现在原物所在的位置上，就如通过一扇窗来观察外面的物体，不论从窗（全息图）的哪个角落往外看，都能看到整个物体；随着观察位置的改变，再现像的透视面也随着变化，图上远近物体的视差是明显的（见图 4-51-2）。由于全息图的每一部分都含有原物体所有的信息，所以当用激光束照明全息图的不同部分（或破碎全息图的任一小部分）都仍然可以看到完整的再现像。不过，全息图的每一部分将再现出物体的稍微不同的透视图，随着所用全息图面积的减少，像的分辨率就下降，因为分辨本领与成像系统的孔径大小有关。

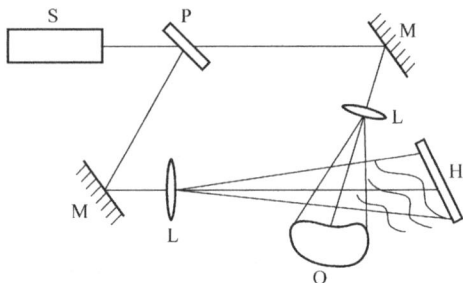

【思考题】

1. 全息照相与普通照相有什么区别？

2. 你认为全息照相的基本条件是什么？

实验五十二　液体变温黏滞系数的研究

当液体内各部分之间有相对运动时，接触面之间存在内摩擦力，阻碍液体的相对运动，这种性质称为液体的黏滞性，液体的内摩擦力称为黏滞力。黏滞力的大小与接触面面积以及接触面处的速度梯度成正比，比例系数 η 称为黏度（或黏滞系数）。

对液体黏滞性的研究在流体力学、化学化工、医疗和水利等领域都有广泛的应用，例如在用管道输送液体时要根据输送液体的流量、压力差、输送距离及液体黏度，设计输送管道的口径。测量液体黏度可用落球法、毛细管法和转筒法等方法，其中落球法（又称斯托克斯法）适用于测量黏度较高的液体。黏度的大小取决于液体的性质与温度，温度升高，黏度将迅速减小。例如对于蓖麻油，在室温附近温度改变1℃，黏度值改变约10%。因此，测定液体在不同温度的黏度有很大的实际意义，欲准确测量液体的黏度，必须精确控制液体温度。本实验中用秒表来测量小球在液体中下落的时间。

【实验目的】

1. 了解测量液体的变温黏滞系数的意义。

2. 掌握用水循环加热被测液体的实验方法。

3. 了解 PLD 温度控制的原理，掌握 PLD 控温实验仪的设置使用方法。

4. 掌握用落球法测量不同温度下液体的黏滞系数。

【实验仪器】

FB1002 型水循环加热 PID 控温实验仪，FB328B 型变温液体黏滞系数测定仪、千分尺、电子秒表、钢卷尺（1 m）、小钢球、镊子、磁性拾物杆和待测液体（如蓖麻油）等。

【实验原理】

在稳定流动的液体中，由于各层的液体流速不同，互相接触的两层液体之间存在相互作用，快的一层给慢的一层以阻力，这一对力称为流体的内摩擦力或黏滞力。实验证明：若以液层垂直的方向作为 x 轴方向，则相邻两个流层之间的内摩擦力 F 与所取流层的面积 S 及流层间速度的空间变化率 dv/dx 的乘积成正比

$$F = \eta S dv/dx \tag{4-52-1}$$

式中，η 称为液体的黏滞系数，它决定液体的性质和温度。

黏滞性随着温度升高而减小。如果液体是无限广延的，液体的黏滞性较大，小球的半径很小，且在运动时不产生旋涡。那么根据斯托克斯定律，小球受到的黏滞阻力 F 为

$$F = 6\pi\eta r v \tag{4-52-2}$$

式中，η 称为液体的黏滞系数；r 为小球半径；v 为小球运动的速度。

若小球在无限广延的液体中下落，受到的黏滞力为 F，重力为 $\rho V g$，这里 V 为小球的体积，ρ 和 ρ_0 分别为小球和液体的密度，g 为重力加速度。小球开始下降时速度较小，相应的黏滞力也较小，小球作加速运动。随着速度的增加，黏滞力也增加，最后球的重力、浮力及黏滞力三力达到平衡，小球作匀速运动，此时的速度称为收尾速度。即

$$\rho V g - \rho_0 V g - 6\pi\eta r v = 0 \tag{4-52-3}$$

小球的体积为

$$V = \frac{4}{3}\pi r^3 = \frac{1}{6}\pi d^3 \tag{4-52-4}$$

把式（4-52-4）代入式（4-52-3），得

$$\eta = \frac{(\rho - \rho_0)g d^2}{18 v} \tag{4-52-5}$$

式中，v 为小球的收尾速度；d 为小球的直径。

由于式（4-52-1）只适合无限广延的液体，在本实验中，小球是在直径为 D 的装有液体的圆柱形有机玻璃圆筒内运动，不是无限广延的液体，考虑到管壁对小球的影响，式（4-52-5）应修正为

$$\eta = \frac{(\rho - \rho_0)g d^2}{18 v_0\left(1 + K\dfrac{d}{D}\right)} \tag{4-52-6}$$

式中，v_0 为实验条件下的收尾速度；D 为量筒的内直径；K 为修正系数，这里取 $K = 2.4$。

收尾速度 v_0 可以通过测量玻璃量筒外两个标号线 A 和 B 的距离 S 和小球经过 S 距离的时间 t 得到，即 $v_0 = S/t$。

式（4-52-6）可表示为

$$\eta = \frac{(\rho - \rho_0)g d^2 t}{18 S\left(1 + 2.4\dfrac{d}{D}\right)} \tag{4-52-7}$$

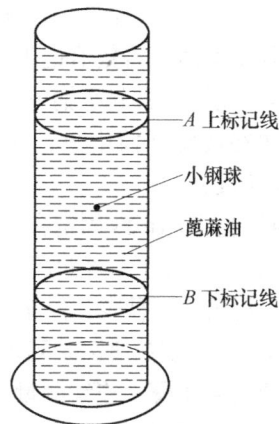

图 4-52-1　黏滞系数测定仪示意图

把金属圆环标记固定在玻璃圆筒外适当高度位置 A 和 B 处，如图 4-52-1 所示。注意上标记 A 必须固定在小球开始作匀速运动以下的位置，如果位置太高，下落小球还没有进入匀速运动状态，那么测量到的速度还不是收尾速度，用该数据来计算液体的黏滞系数将带来很大的误差。

【实验内容和步骤】

1. 参照图 4-52-2 安装好实验装置，连接好加热皮管，测温传感器信号输出插座与测试仪的介质温度传感器插座相连接。打开电源开关，以便从仪器面板水位显示器上观察水位情况。首次使用时，需用把锅炉水箱加满水，锅炉水箱容积大约为 750 ml。在系统缺水的情况下，加热器因自动保护不能启动。

2. 加水步骤：先打开机箱顶部的加水口和后面的溢水管口塑料盖，用漏斗从加水口往系统内加水，管路中的气体将从溢水管口跑出，直到系统的水位计仅有上方一个红灯亮，其余都转变为绿灯时，可以先关闭溢水管口塑料盖。接着可以按下强制冷却按钮，让循环水泵试运行，由于系统内可能存在大量气泡，造成水位计显示虚假水位，通过循环水泵试运行过程，把系统内气体排出，这时候水位会有所下降，仪器自动保护停机。（说明：为了保护加热器不损坏，仪器设计了自动保护装置，只有水位正常状态才能启动加热或强制冷却装置，系统水位过低、缺水将自动停机。）因此，在虚假水位显示已满的情况下，可采用反复启动强制冷却按钮，利用循环水泵的间断工作把管路中的空气排除，即启动强制冷却按钮→自动停机→再加水的反复过程，直到最终系统的水位计稳定显示，水位计只剩上方一个红灯未转变为绿灯，此时必须停止加水，以防水从系统溢出，流淌到实验桌上。

3. 调节玻璃量筒，使其中心轴处于铅直位置。接下来即可进行正常实验，实验过程中如发现水位下降，应该适时补充。

4. 设置好温度控制器加热温度：待测介质的加热温度设定值可根据需要的温度值设置。

5. 正常测量时，按下加热按钮（高速或低速均可，但低速挡由于功率小，一般最多只能加热到 50 ℃左右），观察被测介质温度的变化，直至温度等于所需温度值（例如 35 ℃）。

6. 测量并记录数据

1）玻璃圆筒的内径 $D = 22$ mm（数据由生产厂家提供），用圆筒上的刻度尺记录 A、B 之间的距离。记录开始实验时的室温 θ。测定或查表并记录液体的密度值。

2）用千分尺测量小钢球的直径 d，共测 6 个钢球，并记下千分尺的初读数 d_0，求出钢球直径平均值，将数值记于表 4-52-1 中。

3）用镊子夹起小钢球，为了使其表面完全被所测的油浸润，先将小球在油中浸一下，然后放在玻璃圆筒中央，使小球沿圆筒轴线下落，观察小球在什么位置开始作匀速运动（收尾速度）。

4）把上标记线固定在小球开始进入匀速运动略低的位置，这样就可以进行正常测量。

5）当小球下落经过标记线 A 时，立即启动秒表，使秒表开始计时，当小球到达标记线 B 时，再按一下秒表，停止计时，于是秒表记录了小球从 A 下落到 B（即经过距离 S）所需的时间 t，把该数值记录到表 4-52-2 中。

重复 4 步骤，连续测量 3 个相同质量小球下落的时间。

6）改变温度设置值，重复以上步骤，一一填入表 4-52-2 中。

7）实验结束用磁性拾物杆取出小钢球，妥善安置。

注意事项：

1. 本实验温度设置不应高于 50 ℃，否则液体黏度太小，小球下落速度过快（甚至不出现匀速运动），造成实验不能正常进行。

2. 当实验仪器较长时期不用应把锅炉水箱的水放掉（放水阀门在机箱底部）。

3. 循环水太脏应及时更换干净的水。

【数据记录】

量筒内直径 $D =$ _____　A、B 间距离 $S =$ _____

液体密度 $\rho_0 =$ _____，钢珠的密度 $\rho = 7.80 \ g/cm^3$

室温 $\theta =$ _____℃，千分尺初读数 $d_0 =$ _____ mm

表 4-52-1　小钢球直径测量数据记录

实验次数 项　目	1	2	3	4	5	6
千分尺读数值 d/mm						
小钢珠实际直径 $d_i = d - d_0/mm$						
直径平均值 $\bar{d}/mm$						

表 4-52-2　在不同温度下，小钢球从标记 A 到标记 B 匀速下落时间的记录

液体温度/℃ 下落时间	室温	25	30	35	40	45
钢球 1/s						
钢球 2/s						
钢球 3/s						
对应温度时钢球下落时间平均值 $\bar{t_i}/s$						
收尾速度 $v_{0i}/(m/s)$						

【数据处理】

将 $v_0 = S/t$ 代入，得

$$\eta = \frac{(\rho - \rho_0) g \ \bar{d}^2 \bar{t}}{18S\left(1 + K\dfrac{\bar{d}}{D}\right)} \qquad (K = 2.4) \tag{4-52-8}$$

实验结果为
$$\eta = \bar{\eta} \pm \Delta\eta =$$

重复以上步骤，对不同温度值的 ρ_0 和 v_0，计算 η 值。作 η-t 关系曲线。

【思考题】

1. 试分析选用不同的密度和不同半径的小球做此实验时，对实验结果有何影响？

2. 在特定的液体中，当小球的半径减小时，它的收尾速度如何变化？当小球的速度增加时，又将如何变化？

【附录一】

实验仪器介绍：

1. 落球法变温黏度测量仪

FB328 型变温黏滞系数实验仪的外形如图 4-52-2 所示。待测液体装在细长的样品管中，样品管外面是密封的玻璃夹层（即加热水套），样品管外的加热水套连接到 FB1002 型温控仪，温度控制实验仪通过循环水泵，把热水不断送到玻璃夹层中，通过热循环水加热样品。使被测液体温度较快的与加热水温达到平衡。样品管壁上有刻度线和上、下标志线，用于精确测量小球下落的距离。底座装有调节螺钉，用于调节样品管的铅直。

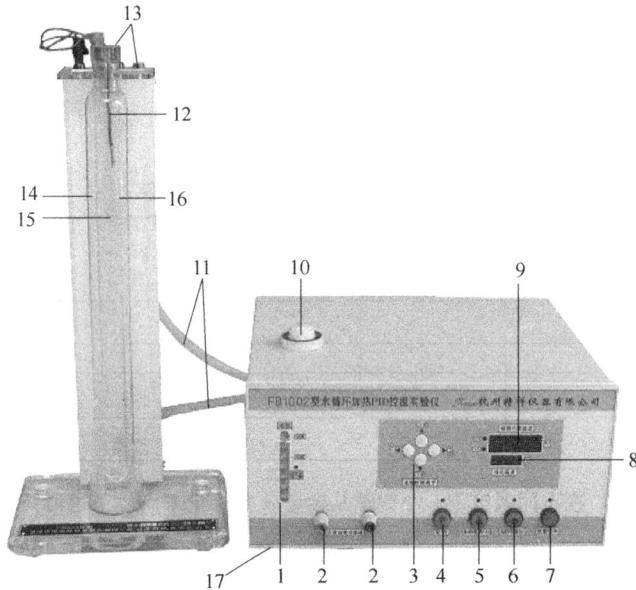

图 4-52-2　FB328B 变温黏滞系数实验仪照片及功能

1—水位指示　2—温度传感器信号输入　3—温控设置　4—复位按钮　5—高速加热　6—低速加热
7—强制风冷　8—设定温度指示　9—介质温度指示　10—水箱加水口　11—循环水管　12—介
质温度传感器　13—测温信号输出　14—加热夹套　15—测试介质　16—带刻度尺内筒
17—锅炉水箱放水阀门

2. FB1002 型水循环加热 PID 控温实验仪

控温实验仪包含锅炉水箱、水泵、加热器、控制及显示电路等部分。本温控实验仪（图 4-52-3）内置微处理器，温度值用数码管显示，可以根据实验要求对 PID 控温参数进行设置，以满足实验需要。

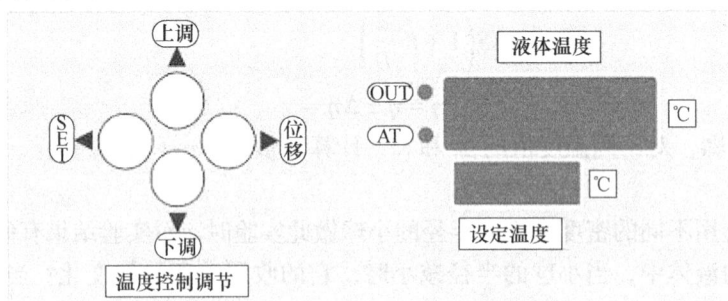

图 4-52-3　PID 温控器面板分布

开机后，水泵开始运转，设定温度参数。使用"SET"键选择设置项目，按"▲上调"、"▼下调"键设置控温值。

实验五十三　观察白光干涉并测量透明薄片的厚度

迈克耳孙干涉仪设计巧妙，它的光源、两个反射面和观察者（或接收器）四者在空间完全分开，这样两束相干光各有一段光路是分开的，在其中的一支光路中放进被研究对象并不会影响另一支光路。据此，本实验将用它测量透明薄片的厚度。

【实验目的】

1. 进一步熟悉迈克耳孙干涉仪工作的光学原理。

2. 进一步学习调节光路的方法。

3. 观察白光干涉现象并测量透明薄片的厚度。

【实验仪器】

迈克耳孙干涉仪、氦氖激光器、白光光源、待测薄玻璃片及座。

【实验简要原理】

迈克耳孙干涉仪的基本原理见本书"迈克耳孙干涉仪的调节和使用"实验。

迈克耳孙干涉仪是测量波长的最常见实验仪器，通常情况下，我们看到的都是等倾干涉条纹。若用白光作光源，由于各种波长的光所产生的干涉条纹明暗交错重叠，无法观察到清晰的条纹。分析迈克耳孙干涉仪产生干涉的原理可知，如果用氦氖激光器作光源，当可移动反射镜 M_1 与固定反射镜 M_2 的像 M_2' 大致重合且有微小倾角时，视场中会出现直线干涉条纹，我们称之为等厚干涉条纹。此时换上白光光源，即可见到彩色直条纹，其中中央为一黑（暗）条纹，两旁是对称分布的彩色条纹，稍远处即看不到任何条纹。所以找到等光程位置，是观察到白光干涉条纹的必要条件。

我们在进行透明薄片厚度的测量时，必须先用激光将两臂调节到几乎近似对称的时候，即条纹要非常宽的时候，再将白光光源放上，继续细心调节微动手轮直至出现彩色条纹，记下此时 M_1 镜的位置 d_1。在 M_1 镜前放置厚度为 δ 的待测薄玻璃片，由于玻璃的折射率 n 大于空气的折射率，玻璃的插入导致两束光光程差的增加，从而白光干涉条纹消失。再重新调节微动手轮，直到我们在视场中重新看到彩色条纹，记下此时 M_1 镜的位置 d_2。则 M_1 镜移动的距离 $\Delta d = \mid d_1 - d_2 \mid$ 应等于插入玻璃片所产生的光程差改变量的一半，即 $\Delta d = \mid d_1 - d_2 \mid = (n-1)\delta$。可见，对于给定折射率 n 的透明薄片，测出 Δd 后就可由 $\delta = \Delta d/(n-1)$ 计算出透明薄片的厚度 δ。

【实验步骤】

1. 按"迈克耳孙干涉仪的调节和使用"实验，以氦氖激光器作光源，用毛玻璃屏观察，调出非定域干涉圆条纹，并使条纹基本居中。

2. 转动粗动手轮，使条纹逐渐变疏变粗，直至圆条纹变成直条纹（条纹从一个弯曲方向往另一个弯曲方向改变时）。

3. 移去激光光源，换用白光光源，移去毛玻璃屏，直接用眼观察，略微转动微动手轮，转动方向为向观察者方向转（即逆时针方向），直至视场中出现彩色条纹。

4. 调节白光光源的调光钮，使看到的彩色条纹具有较好的对比度和适当的亮度。

5. 读出此时 M_1 镜的位置 d_1。

6. 在可移动镜 M_1 前放置薄片，注意使之尽量与光路垂直，即与移动镜平行，此时彩色条纹消失。

7. 继续逆时针转动微动手轮，直至彩色条纹又出现，读出此时 M_1 镜的位置 d_2。

8. 计算出透明薄片的厚度 δ。

【实验注意事项】

1. 迈克耳孙干涉仪调节和使用的注意事项参见本书"迈克耳孙干涉仪的调节和使用"实验。

2. 由于透明薄片材料为石英，既薄又脆，实验过程中务必轻拿轻放。

3. 由于透明薄片两面的平行度不是很高，所以加入薄片后观察的彩色条纹会有弯曲现象。

4. 单个测量过程中，微动手轮必须是同一方向转动，且测量前要调零。

5. 微动手轮转动要缓慢，否则彩色条纹会一晃而过，不易找到。

【实验报告要求】

1. 写明实验的目的及所用仪器设备。

2. 阐述实验的基本原理。

3. 记录实验步骤。

4. 观察实验现象，设计数据记录表格，记录数据并处理。

5. 对测量结果进行分析和讨论。

实验五十四　　光敏传感器特性的测量和应用

光敏传感器是将光信号转换为电信号的传感器，也称为光电式传感器，它可用于检测直接引起光强度变化的非电量（如光强、光照度）以及作辐射测温和气体成分分析等；也可用来检测能转换成光量变化的其他非电量，如零件直径、表面粗糙度、位移、速度、加速度及物体形状、工作状态识别等。光敏传感器具有非接触、响应快和性能可靠等特点，因而在工业自动控制及智能机器人中得到广泛应用。

光敏传感器的物理基础是光电效应，即光敏材料的电学特性都因受到光的照射而发生变化。光电效应通常分为外光电效应和内光电效应两大类。外光电效应是指在光照射下，电子逸出物体表面的外发射的现象，也称光电发射效应，基于这种效应的光电器件有光电管、光电倍增管等。内光电效应是指入射的光强改变物质电导率的物理现象，称为光电导效应。大多数光电控制应用的传感器，如光敏电阻、光敏二极管、光敏晶体管和硅光电池等都是内光电效应类传感器。当然近年来新的光敏器件不断涌现，如具有高速响应和放大功能的 APD 雪崩式光敏二极管、半导体光敏传感器、光电闸流晶体管、光导摄像管和 CCD 图像传感器等，为光敏传感器的应用开创了新的一页。本实验主要是研究光敏电阻、硅光电池、光敏二极管和光敏晶体管等四种光敏传感器的基本特性以及光纤传感器基本特性和光纤通信基本原理。

【实验目的】

1. 理解光敏电阻的基本特性，测出它的伏安特性曲线和光照特性曲线。

2. 理解光敏二极管的基本特性，测出它的伏安特性和光照特性曲线。

3. 理解硅光电池的基本特性，测出它的伏安特性曲线和光照特性曲线。

4. 理解光敏晶体管的基本特性，测出它的伏安特性和光照特性曲线。

5. 理解光纤传感器基本特性和光纤通信基本原理。

6. 根据各类光电传感器的特性，自行设计各种应用电路。

【实验原理】

一、光敏传感器的基本特性及实验原理

1. 伏安特性

光敏传感器在一定的入射光强照度下，光敏元件的电流 I 与所加电压 U 之间的关系称为光敏器件的伏安特性。改变照度则可以得到一组伏安特性曲线，它是传感器应用设计时选择电参数的重要依据。某种光敏电阻、硅光电池、光敏二极管和光敏晶体管的伏安特性曲线如图 4-54-1 ~ 图 4-54-4 所示。

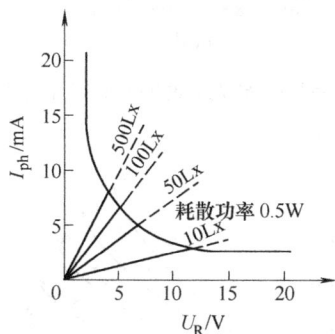

图 4-54-1　光敏电阻的伏安特性曲线

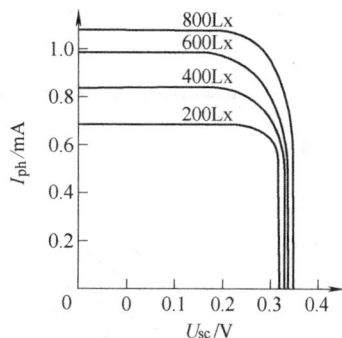

图 4-54-2　硅光电池的伏安特性曲线

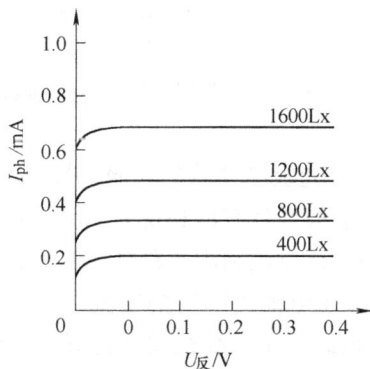

图 4-54-3　光敏二极管的伏安特性曲线

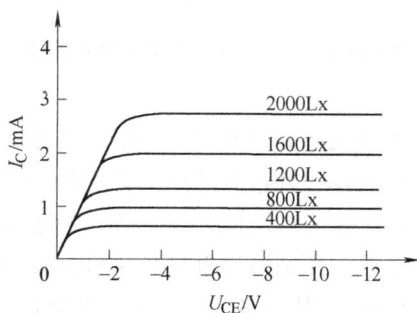

图 4-54-4　光敏晶体管的伏安特性曲线

从上述四种光敏器件的伏安特性可以看出，光敏电阻类似一个纯电阻，其伏安特性线性良好，在一定照度下，电压越大光电流越大，但必须考虑光敏电阻的最大耗散功率，超过额定电压和最大电流都可能导致光敏电阻的永久性损坏。光敏二极管的伏安特性和光敏晶体管的伏安特性类似，但光敏晶体管的光电流比同类型的光敏二极管大好几十倍，零偏压时，光敏二极管有光电流输出，而光敏晶体管则无光电流输出。在一定光照度下硅光电池的伏安特性呈非线性。

2. 光照特性

光敏传感器的光谱灵敏度与入射光强之间的关系称为光照特性，有时光敏传感器的输出电压或电流与入射光强之间的关系也称为光照特性，它也是光敏传感器应用设计时选择参数的重要依据之一。某种光敏电阻、硅光电池、光敏二极管、光敏晶体管的光照特性如图 4-54-5 ~ 图 4-54-8 所示。

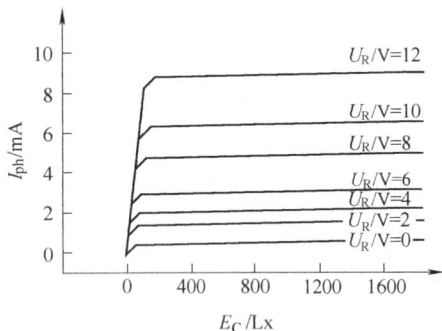

图 4-54-5　光敏电阻的光照特性曲线　　　　图 4-54-6　硅光电池的光照特性曲线

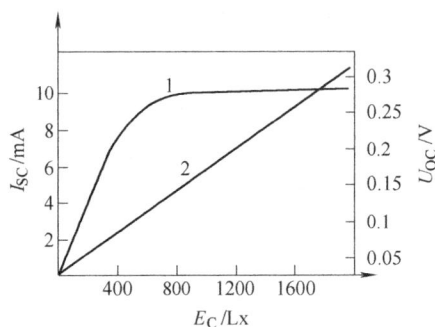

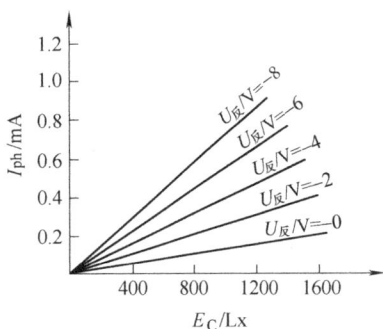

图 4-54-7　光敏二极管的光照特性曲线　　　　图 4-54-8　光敏晶体管的光照特性曲线

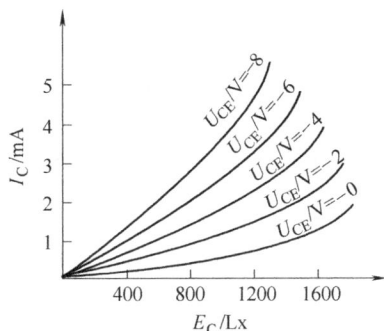

从上述四种光敏器件的光照特性可以看出光敏电阻、光敏晶体管的光照特性呈非线性，一般不适合作线性检测元件，硅光电池的开路电压也呈非线性且有饱和现象，但硅光电池的短路电流呈良好的线性，故以硅光电池作测量元件应用时，应该利用短路电流与光照度的良好线性关系。所谓短路电流是指外接负载电阻远小于硅光电池内阻时的电流，一般负载在 20 Ω 以下时，其短路电流与光照度呈良好的线性，且负载越小，线性关系越好、线性范围越宽。光敏二极管的光照特性亦呈良好线性，而光敏晶体管在大电流时有饱和现象，故一般在作线性检测元件时，可选择光敏二极管而不能用光敏晶体管。

【实验仪器】

DH-SJ3 光敏传感器设计实验仪由下列部分组成：光敏电阻板、硅光电池板、光敏二极管板、光敏晶体管板、红光发射管 LED3、接受管（包括 PHD 101 光敏二极管和 PHT 101 光敏晶体管）、$\Phi 2.2$ 和 $\Phi 2$ 光纤、光纤座、测试架、DH-VC3 直流恒压源、九孔板、万用表、电阻元件盒以及转接盒等组成。

【实验内容】

实验中对应的光照强度均为相对光强，可以通过改变点光源电压或改变点光源到光敏电阻之间的距离来调节相对光强。光源电压的调节范围为 0 ~ 12V，光源和传感器之间的距离调节有效范围为 0 ~ 200mm，实际距离为 50 ~ 250mm。

一、光敏电阻特性实验

1. 光敏电阻伏安特性测试实验

（1）按原理图 4-54-9 接好实验线路，将光源用的标准钨丝灯和光敏电阻板置于测试架中，电阻盒以及转接盒插在九孔板中，电源由 DH-VC3 直流恒压源提供。

（2）通过改变光源电压或调节光源到光敏电阻之间的距离以提供一定的光强，每次在一定的光照条件下，测出加在光敏电阻上电压 U 为 +2 V、+4 V、+6 V、+8 V、+10 V 时 5 个光电流数据，即 $I_{ph} = \dfrac{U_R}{1.00\ k\Omega}$，同时算出此时光敏电阻的阻值 $R_p = \dfrac{U - U_R}{I_{ph}}$。以后逐步调大相对光强重复上述实验，进行 5 ~ 6 次不同光强实验数据测量。

（3）根据实验数据画出光敏电阻的一组伏安特性曲线。

2. 光敏电阻的光照特性测试实验

（1）按原理图 4-54-9 接好实验线路，将光源用标准钨丝灯和检测用光敏电阻置于测试架中，电阻盒以及转接盒插在九孔板中，电源由 DH-VC3 直流恒压源提供。

（2）从 $U = 0$ 开始到 $U = 12$ V，每次在一定的外加电压下测出光敏电阻在相对光照强度从"弱光"到逐步增强的光电流数据，即 $I_{ph} = \dfrac{U_R}{1.00\ k\Omega}$，同时算出此时光敏电阻的阻值，即 $R_p = \dfrac{U - U_R}{I_{ph}}$。

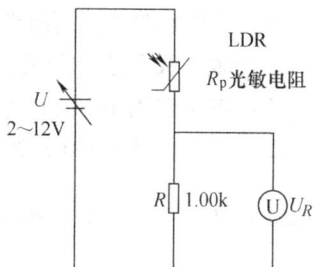

图 4-54-9　光敏电阻伏安特性测试电路

（3）根据实验数据画出光敏电阻的一组光照特性曲线。

二、硅光电池的特性实验

1. 硅光电池的伏安特性实验

（1）将硅光电池板置于测试架中、电阻盒置于九孔插板中，电源由 DH-VC3 直流恒压源提供，R_x 接到暗箱边的插孔中以便于同外部电阻箱相连。按图 4-54-10 连接好实验线路，开关 K 指向"1"时，电压表测量开路电压 U_{OC}，开关指向"2"时，R_x 短路，电压表测量 R 电压 U_R。光源用钨丝灯，光源电压 0 ~ 12 V（可调），串接好电阻箱（0 ~ 10000 Ω 可调）。

（2）先将可调光源调至相对光强为"弱光"位置，每次在一定的照度下，测出硅光电池的光电流 I_{ph} 与光电压 U_{SC} 在不同的负载条件下的关系（0 ~ 10000 Ω）数据，其中，$I_{ph} = \dfrac{U_R}{10.00\ \Omega}$。（取样电阻 R 为 10.00 Ω），以后逐步调大相对光强（5 ~ 6 次），重复上述实验。

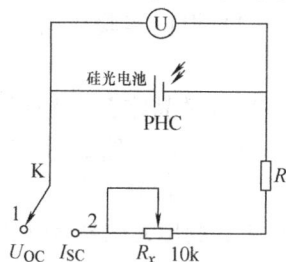

图 4-54-10　硅光电池特性测试电路

（3）根据实验数据画出硅光电池的一组伏安特性曲线。

2. 硅光电池的光照度特性实验

（1）实验线路见图 4-54-10，电阻箱调到 0 Ω。

（2）先将可调光源调至相对光强为"弱光"位置，每次在一定的照度下，测出硅光电池的开路电压 U_{OC} 和短路电流 I_S，

其中短路电流为 $I_S = \dfrac{U_R}{10.00\ \Omega}$（取样电阻 R 为 10.00 Ω），以后逐步调大相对光强（5~6次），重复上述实验。

（3）根据实验数据画出硅光电池的光照特性曲线。

三、光敏二极管的特性实验

1. 光敏二极管伏安特性实验

（1）按原理图 4-54-11 接好实验线路，将光敏二极管板置于测试架中、电阻盒置于九孔插板中，电源由 DH-VC3 直流恒压源提供，光源电压 0~12 V（可调）。

（2）先将可调光源调至相对光强为"弱光"的位置，每次在一定的照度下，测出加在光敏二极管上的反偏电压与产生的光电流的关系数据，其中，光电流 $I_{ph} = \dfrac{U_R}{1.00\ k\Omega}$（取样电阻 R 为 1.00 kΩ），以后逐步调大相对光强（5~6 次），重复上述实验。

（3）根据实验数据画出光敏二极管的一组伏安特性曲线。

2. 光敏二极管的光照度特性实验

（1）按原理图 4-54-11 接好实验线路。

（2）反偏压从 $U = 0$ 开始到 $U = 12$ V，每次在一定的反偏电压下，测出光敏二极管在相对光照度为"弱光"到逐步增强的光电流数据，其中光电流 $I_{ph} = \dfrac{U_R}{1.00\ k\Omega}$（取样电阻 R 为 1.00 kΩ）。

（3）根据实验数据画出光敏二极管的一组光照特性曲线。

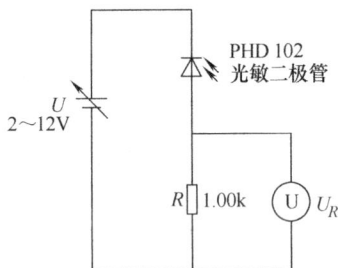

图 4-54-11　光敏二极管特性测试电路

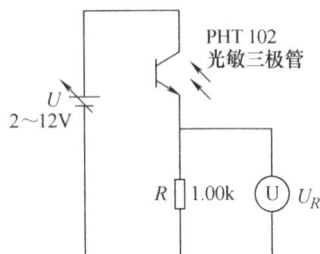

四、光敏晶体管特性实验

1. 光敏晶体管的伏安特性实验

（1）按原理图 4-54-12 接好实验线路，将光敏晶体管板置于测试架中、电阻盒置于九孔插板中，电源由 DH-VC3 直流恒压源提供，光源电压 0~12 V（可调）。

（2）先将可调光源调至相对光强为"弱光"的位置，每次在一定的光照条件下，测出加在光敏晶体管的偏置电压 U_{CE} 与产生的光电流 I_C 的关系数据。其中光电流 $I_C = \dfrac{U_R}{1.00\ k\Omega}$（取样电阻 R 为 1.00 kΩ）。

（3）根据实验数据画出光敏晶体管的一组伏安特性曲线。

2. 光敏晶体管的光照度特性实验

（1）实验线路如图 4-54-12 所示。

（2）偏置电压 U_C 从 0 开始到 12 V，每次在一定的偏置电压下，测出光敏晶体管在相对光照度为"弱光"到逐步增强的光电流 I_C 的数据，其中光电流 $I_C = \dfrac{U_R}{1.00\ k\Omega}$（电阻 R 取样为 1.00 kΩ）。

图 4-54-12　光敏晶体管特性测试实验

（3）根据实验数据画出光敏晶体管的一组光照特性曲线。

五、光纤传感器原理及其应用

1．光纤传感器基本特性研究

图 4-54-13 和图 4-54-14 分别是用光敏晶体管和光敏二极管构成的光纤传感器原理图。图中 LED3 为红光发射管，提供光纤光源；光通过光纤传输后由光敏晶体管或光敏二极管接收。LED3、PHT 101、PHD 101 上面的插座用于插光纤座和光纤。

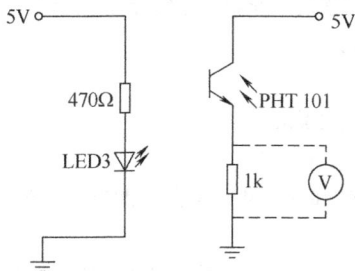

图 4-54-13　光纤传感器之光敏晶体管　　　　图 4-54-14　光纤传感器之光敏二极管

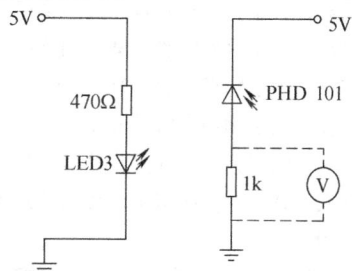

（1）通过改变红光发射管供电电流的大小来改变光强，分别测量通过光纤传输后，光敏晶体管和光敏二极管上产生的光电流，得出它们之间的函数关系。注意：流过红光发射管 LED3 的最大电流不要超过 40mA；光敏晶体管的最大集电极电流为 20 mA，功耗最大为 75 mW/25 ℃。

（2）红光发射管供电电流的大小不变，即光强不变，通过改变光纤的长短来测量产生的光电流的大小与光纤长短之间的函数。

2．光纤通信的基本原理

实验时按图 4-54-15 进行接线，把波形发生器设定为正弦波输出，幅度调到合适值，示波器将会有波形输出；改变正弦波的幅度和频率，接受的波形也将随之改变，并且扬声器也发出频率和响度不一样的单频声音。注意：流过 LED3 的最高峰值电流为 180 mA/1 kHz。

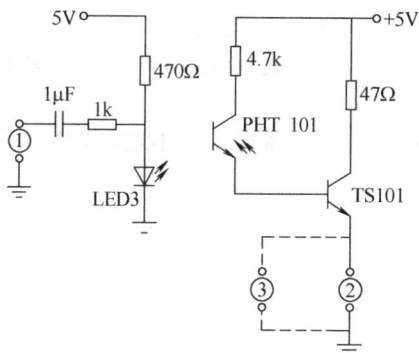

图 4-54-15　光纤通信的基本应用原理图

【思考题】

1．验证光照强度与距离的平方成反比（把实验装置近似为点光源）。

2．当光敏电阻所受光强发生改变时，光电流要经过一段时间才能达到稳态值，光照突然消失时，光电流也不立刻为零，这说明光敏电阻有延时特性。试研究这一特性。

3．什么叫光敏电阻的光谱特性以及频率特性？如何研究？

参 考 文 献

[1] 李长真. 大学物理实验教程 [M]. 北京：科学出版社，2009.

[2] 王华，任明放. 大学物理实验 [M]. 广州：华南理工大学出版社，2008.

[3] 吴泳华，霍剑青，浦其荣. 大学物理实验（第一册）[M]. 2版. 北京：高等教育出版社，2005.

[4] 谢行恕，康士秀，霍剑青. 大学物理实验（第二册）[M]. 2版. 北京：高等教育出版社，2005.

[5] 方利广. 大学物理实验 [M]. 上海：同济大学出版社，2006.

[6] 郑建洲. 大学物理实验 [M]. 北京：科学出版社，2007.

[7] 倪新蕾. 大学物理实验 [M]. 广州：华南理工大学出版社，2006.

[8] 丁慎训，张连芳. 物理实验教程 [M]. 北京：清华大学出版社，2005.

[9] 杨述武，赵立竹，沈国士. 普通物理实验1——力学及热学部分 [M]. 4版. 北京：高等教育出版社，2007.

[10] 杨述武，赵立竹，沈国士. 普通物理实验2——电磁学部分 [M]. 4版. 北京：高等教育出版社，2007.

[11] 杨述武，赵立竹，沈国士. 普通物理实验3——光学部分 [M]. 4版. 北京：高等教育出版社，2007.

[12] 杨述武，赵立竹，沈国士. 普通物理实验4——综合及设计部分 [M]. 4版. 北京：高等教育出版社，2007.

[13] 沈元华. 基础物理实验 [M]. 北京：高等教育出版社，2003.

[14] 戴道宣，戴乐山. 近代物理实验 [M]. 北京：高等教育出版社，2006.

[15] 杜义林. 实验物理学 [M]. 合肥：中国科学技术大学出版社，2006.

[16] 吴振森，武颖丽，胡荣旭，等. 综合设计性物理实验 [M]. 西安：西安电子科技大学出版社，2007.

[17] 张天喆，董有尔. 近代物理实验 [M]. 北京：科学出版社，2004.